夏省祥　察可文　著

经典数值算法及其Maple实现

清華大学出版社
北京

内 容 简 介

本书主要介绍了求解数值问题的经典算法的算法原理及其 Maple 实现，偏重于算法的实现，强调例题的分析和算法的应用。内容包括：线性方程组的直接解法和迭代解法，插值和函数逼近，数值积分，数值优化，矩阵的特征值问题，解非线性方程和方程组的数值方法，常微分方程和偏微分方程的数值解法。

本书适合数学与应用数学、信息与计算科学和计算机应用等专业的本科生和工科硕士研究生使用，也可供从事科学与工程计算的技术人员参考。

图书在版编目(CIP)数据

经典数值算法及其 Maple 实现/夏省祥，察可文著. —北京：清华大学出版社，2023.2
ISBN 978-7-302-62507-0

Ⅰ. ①经… Ⅱ. ①夏… ②察… Ⅲ. ①数值计算－应用软件－高等学校－教材 Ⅳ. ①O245

中国国家版本馆 CIP 数据核字(2023)第 020200 号

责任编辑：佟丽霞 陈凯仁
封面设计：刘艳芝
责任校对：欧 洋
责任印制：杨 艳

出版发行：清华大学出版社
网 址：http://www.tup.com.cn，http://www.wqbook.com
地 址：北京清华大学学研大厦 A 座 **邮 编**：100084
社 总 机：010-83470000 **邮 购**：010-62786544
投稿与读者服务：010-62776969，c-service@tup.tsinghua.edu.cn
质量反馈：010-62772015，zhiliang@tup.tsinghua.edu.cn
印 装 者：三河市龙大印装有限公司
经 销：全国新华书店
开 本：185mm×260mm **印 张**：23.25 **字 数**：561 千字
版 次：2023 年 2 月第 1 版 **印 次**：2023 年 2 月第1 次印刷
定 价：79.00 元

产品编号：081540-01

前言

随着科学技术的发展，科学工程中需要解决的问题越来越多，也越来越复杂，计算机与计算数学的关系也越来越密切，古老的计算数学发展成了现代意义下的一门新学科——科学计算。科学计算在国防、经济、天气预报、工程领域、航空航天工业、自然科学等领域有着广泛的应用，科学计算已和理论计算、实验并列为三大科学方法。科学计算离不开计算机，但它更离不开计算方法。美国著名的计算数学家 Babuska 曾说过："没有好的计算方法，超级计算机就是超级废铁。"人类的计算能力等于计算工具的效率与计算方法的效率的乘积。这一形象化的公式表达了硬件与计算方法对于计算能力的同等重要性。现代意义下的计算数学要研究的是在计算机上进行大规模计算的有效算法及其相应的数学理论，它是科学计算的核心。

本书系统地阐述了求解数值问题的经典数值算法，给出了详细的计算公式，用目前最流行的三大数学软件 MATLAB，Maple 和 Mathematica 之一的 Maple 实现了这些数值算法，并提供了丰富的范例与典型问题，以帮助读者理解、掌握、改进数值算法，提高数值分析的技能。在编程过程中采用高效的计算方式，注重减少不必要的重复计算，尽量减少函数的调用以及误差的传播等编程细节，具有较高的实用价值。

本书的结构体系主要参考了《Visual C++常用数值算法程序集》（科学出版社，2002）、《常用算法程序集（C 语言描述）（第 3 版）》（清华大学出版社，2004）和《常用数值算法及其 MATLAB 实现》（清华大学出版社，2014）等书籍，首先介绍数值算法的详细计算方法（公式）和相关概念，其次给出实现算法的 Maple 程序，最后给出范例。在内容范围方面，主要参考了《现代应用数学手册——计算与数值分析卷》和国外的十几本数值分析教材，它包括了常用的数值算法，比现有的大多数数值分析教材的内容更广。

本书一个特色是源程序完全开放。尽管 Maple 程序包中包含了一些数值计算程序，但是读者一般无法看到这些程序的源代码，只能使用，无法根据自己的需求进行修改。本书对常用的数值算法作了系统、详细的阐述，并全部用 Maple 程序实现了这些数值算法，源程序完全开放，程序全部用形式参数书写，读者只需输入参数、函数和数据等就可方便地使用它们，当然也可以根据自己的需求更改这些程序。每个算法后都列举了典型范例，并对一些算法的适用范围、优劣和误差以及参数和初始值对计算结果的影响进行了分析。对大多数例题采用多种数值解法（包括 Maple 程序包中的数值算法），并尽量用图形显示计算结果，直观观察、比较不同方法的计算效果。

对有精确解(解析解)的问题,将数值算法求出的数值解与精确解比较,客观地评价数值算法的优劣,以便选择精度高的最佳数值算法。

本书另一个特色是实用。本书介绍了常用的经典数值算法的算法原理,力求把最实用、最重要的知识讲清楚,把最有效的算法和最实用的程序展现给大家。本书从数十本国内外教材和几十篇论文中精选了160多个典型例题,通过大量的数据结果和140多个图表详细地介绍了算法的应用,引导读者轻松入门,深刻理解、掌握算法原理,并迅速应用。本书中的所有算法程序和例题都在Maple 12和Maple 2016中验证通过(有些例题在不同的计算机上和不同的Maple版本中输出结果的精度稍有差别),并通过不同的算法或精确解检验了程序的正确性。

国家自然科学基金项目(项目编号: 61471409)和浪潮卓越工程师数据分析课程开发项目(项目编号: 2015079)对本书的出版给予了资助,清华大学出版社佟丽霞等同志为本书的出版做了大量有益的工作,在此表示衷心的感谢。

由于著者水平所限,书中不妥或错误之处在所难免,恳请读者批评指正。

著　者

2020年6月

目录

第 1 章　引论 …… 1

1.1　误差的来源 …… 1

1.1.1　舍入误差 …… 1

1.1.2　截断误差 …… 3

1.2　误差的传播 …… 4

1.2.1　尽量避免两个相近的数相减 …… 4

1.2.2　防止接近零的数作除数 …… 7

1.2.3　防止大数吃小数 …… 8

1.2.4　简化计算步骤,减少运算次数 …… 8

1.3　数值算法的稳定性 …… 9

第 2 章　线性方程组的解法 …… 13

2.1　Gauss 顺序消元法 …… 13

2.2　Gauss 列主元消元法 …… 19

2.3　Gauss-Jordan 消元法 …… 24

2.4　LU 分解法 …… 31

2.5　平方根法 …… 40

2.6　改进的平方根法 …… 43

2.7　追赶法 …… 45

2.8　QR 分解法 …… 48

2.9　方程组的性态与误差分析 …… 53

2.9.1　误差分析 …… 53

2.9.2　迭代改善 …… 55

2.10　Jacobi 迭代法 …… 61

2.11　Gauss-Seidel 迭代法 …… 63

2.12　松弛迭代法 …… 67

2.13　迭代法的收敛性分析 …… 70

第 3 章　函数的插值 …… 76

3.1　Lagrange 插值 …… 76

3.2　Newton 插值 …… 79

3.3 Hermite 插值 …… 83
3.4 分段三次 Hermite 插值 …… 85
3.5 三次样条插值函数 …… 90
3.5.1 紧压样条插值函数 …… 91
3.5.2 端点曲率调整样条插值函数 …… 95
3.5.3 非节点样条插值函数 …… 98
3.5.4 周期样条插值函数 …… 102

第 4 章 函数的逼近 …… 105

4.1 最佳一致逼近多项式 …… 105
4.2 近似最佳一致逼近多项式 …… 109
4.3 最佳平方逼近多项式 …… 111
4.4 用正交多项式作最佳平方逼近 …… 114
4.4.1 用 Legendre 多项式作最佳平方逼近 …… 114
4.4.2 用 Chebyshev 多项式作最佳平方逼近 …… 117
4.5 曲线拟合的最小二乘法 …… 120
4.5.1 线性最小二乘拟合 …… 120
4.5.2 用正交多项式作最小二乘拟合 …… 123
4.5.3 非线性最小二乘拟合举例 …… 125
4.6 Pade 有理逼近 …… 129

第 5 章 数值积分 …… 134

5.1 复合求积公式 …… 134
5.1.1 复合梯形公式 …… 134
5.1.2 复合 Simpson 公式 …… 137
5.1.3 复合 Cotes 公式 …… 138
5.2 变步长的求积公式 …… 140
5.2.1 变步长的梯形公式 …… 140
5.2.2 变步长的 Simpson 公式 …… 141
5.2.3 变步长的 Cotes 公式 …… 142
5.3 Romberg 积分法 …… 143
5.4 自适应积分法 …… 146
5.5 Gauss 求积公式 …… 147
5.5.1 Gauss-Legendre 求积公式 …… 148
5.5.2 Gauss-Chebyshev 求积公式 …… 150
5.5.3 Gauss-Laguerre 求积公式 …… 153
5.5.4 Gauss-Hermite 求积公式 …… 155
5.6 预先给定节点的 Gauss 求积公式 …… 157
5.6.1 Gauss-Radau 求积公式 …… 157

5.6.2　Gauss-Lobatto 求积公式 …… 158
5.7　二重积分的数值计算 …… 160
5.7.1　复合 Simpson 公式 …… 160
5.7.2　变步长的 Simpson 公式 …… 164
5.7.3　复合 Gauss 公式 …… 168
5.8　三重积分的数值计算 …… 171

第6章　数值优化 …… 178

6.1　黄金分割搜索法 …… 178
6.2　Fibonacci 搜索法 …… 179
6.3　二次逼近法 …… 181
6.4　三次插值法 …… 184
6.5　Newton 法 …… 185

第7章　矩阵特征值与特征向量的计算 …… 188

7.1　上 Hessenberg 矩阵和 QR 分解 …… 188
7.1.1　化矩阵为上 Hessenberg 矩阵 …… 188
7.1.2　矩阵的 QR 分解 …… 190
7.2　乘幂法与反幂法 …… 193
7.2.1　乘幂法 …… 193
7.2.2　反幂法 …… 195
7.2.3　移位反幂法 …… 197
7.3　Jacobi 方法 …… 200
7.4　对称 QR 方法 …… 204
7.5　QR 方法 …… 206
7.5.1　上 Hessenberg 的 QR 方法 …… 206
7.5.2　原点移位的 QR 方法 …… 209
7.5.3　双重步 QR 方法 …… 212

第8章　非线性方程求根 …… 216

8.1　迭代法 …… 216
8.2　迭代法的加速收敛 …… 219
8.2.1　Aitken 加速法 …… 219
8.2.2　Steffensen 加速法 …… 220
8.3　二分法 …… 222
8.4　试位法 …… 223
8.5　Newton-Raphson 法 …… 225
8.6　割线法 …… 229
8.7　改进的 Newton 法 …… 232

8.8 Halley 法 …… 236
8.9 Brent 法 …… 240
8.10 抛物线法 …… 244

第 9 章 非线性方程组的数值解法 …… 249

9.1 不动点迭代法 …… 249
9.2 Newton 法 …… 252
9.3 修正 Newton 法 …… 254
9.4 拟 Newton 法 …… 256
9.5 数值延拓法 …… 259
9.6 参数微分法 …… 262

第 10 章 常微分方程初值问题的数值解法 …… 265

10.1 Euler 方法 …… 265
10.1.1 Euler 方法 …… 265
10.1.2 改进的 Euler 方法 …… 268
10.2 Runge-Kutta 方法 …… 270
10.2.1 二阶 Runge-Kutta 方法 …… 270
10.2.2 三阶 Runge-Kutta 方法 …… 272
10.2.3 四阶 Runge-Kutta 方法 …… 274
10.3 高阶 Runge-Kutta 方法 …… 277
10.3.1 Kutta-Nyström 五阶六级方法 …… 277
10.3.2 Huta 六阶八级方法 …… 278
10.4 Runge-Kutta-Fehlberg 方法 …… 280
10.5 线性多步法 …… 284
10.6 预测-校正方法 …… 291
10.6.1 四阶 Adams 预测-校正方法 …… 291
10.6.2 改进的 Adams 四阶预测-校正方法 …… 294
10.6.3 Hamming 预测-校正方法 …… 296
10.7 变步长的多步法 …… 299
10.8 Gragg 外推法 …… 302
10.9 常微分方程组和高阶微分方程的数值解法 …… 307
10.9.1 常微分方程组的数值解法 …… 308
10.9.2 高阶微分方程的数值解法 …… 314

第 11 章 常微分方程边值问题的数值解法 …… 316

11.1 打靶法 …… 316
11.1.1 线性边值问题的打靶法 …… 316
11.1.2 非线性边值问题的打靶法 …… 319

11.2 有限差分法 …… 322
11.2.1 线性边值问题的差分方法 …… 322
11.2.2 非线性边值问题的差分方法 …… 325

第 12 章 偏微分方程的数值解法 …… 329

12.1 椭圆型方程 …… 329
12.2 抛物型方程 …… 334
12.2.1 显式向前 Euler 方法 …… 334
12.2.2 隐式向后 Euler 方法 …… 337
12.2.3 Crank-Nicholson 方法 …… 339
12.2.4 二维抛物型方程 …… 342
12.3 双曲型方程 …… 346
12.3.1 一维波动方程 …… 346
12.3.2 二维波动方程 …… 351

参考文献 …… 354

程序索引 …… 357

引　论

1.1 误差的来源

在解决工程和科学问题时，可由不同的原因产生误差。首先，误差可能来自数学模型，一般情况下，数学模型无法确切地表达实际问题，这种由数学模型与实际问题之间产生的误差称为模型误差。其次，数学模型中常包含一些通过观察所得到的数据，由观测值而产生的误差称为观测误差。由于这两种误差不是科学计算过程能够避免的，因此，在科学计算中，我们重点关注如下两种误差：舍入误差和截断误差。

1.1.1 舍入误差

由于计算机硬件只支持有限位机器数的运算，因此有时不能确切地表示实数的真实值，这种误差称为舍入误差。对于普通的数，Maple 总是进行精确的计算，这种规则对有理数和实数是相同的。例如，

```
> restart;
> q := sqrt(3);
  w := q * q;
```

$$q := \sqrt{3}$$
$$w := 3$$

如果对$\sqrt{3}$进行 10 位的浮点近似，则有

```
> q := evalf(sqrt(3));
  w := q * q;
```

$$q := 1.732050808$$
$$w := 3.000000001$$

例 1.1　考查积分 $T(n)=\int_0^1 \frac{x^n}{x+9}\mathrm{d}x$，利用 Maple 程序求 $n=30$ 的积分值。

解　在计算之前，先估计一下积分值：$0 \leqslant \int_0^1 \frac{x^n}{x+9}\mathrm{d}x \leqslant \int_0^1 x^n \mathrm{d}x =$

$\frac{1}{n+1}$。在 Maple 工作区输入：

```
> Int(x^30/(x+9), x=0..1)=int(x^30/(x+9), x=0..1);
```

$$\int_0^1 \frac{x^{30}}{x+9}dx = 423911582752162035142944332 01 * \ln(2) + 423911582752162035142944332 01 * \ln(5) - 847823165504324070285888664 02 * \ln(3) - 165119669408554817093356157849312132531/36969675600 \tag{1.1}$$

其浮点值为

```
> Int(x^30/(x+9), x=0..1)=evalf(int(x^30/(x+9), x=0..1));
```

$$\int_0^1 \frac{x^{30}}{x+9}dx = -3.5\times 10^{19}$$

这显然是个错误的结果，下面分析产生错误的原因。注意到 $T(n)+9T(n-1)=\int_0^1 \frac{x^n+9x^{n-1}}{x+9}dx=\int_0^1 x^{n-1}dx=\frac{1}{n}, T(0)=\int_0^1\frac{1}{x+9}dx=\ln\frac{10}{9}$。利用 Maple 求解此递推关系。

```
> Recurrence :=rsolve({T(0)=ln(10/9), T(n)=-9 * T(n-1)+1/n}, T(n));
```

$$\text{Recurrence} := (\ln(2)+\ln(5)-2\ln(3))(-9)^n + \sum_{n_0=1}^{n}\frac{(-9)^{n-n_0}}{n_0} \tag{1.2}$$

将 $n=30$ 代入上式求值，得

```
> T(30) :=evalf(subs(n=30, Recurrence));
```

$$T(30) := -3.5\times 10^{19}$$

如果我们直接用递推方法求 $T(30)$，则得到如下结果：

```
> TT :=ln(10/9);
  for n from 1 to 30 do
  TT :=evalf(-9 * TT+1/n);
  od:
  T(30) :=TT;
```

$$T(30) := -2.449383283\times 10^{18}$$

是什么原因导致的错误呢？也许你已经猜到，是舍入误差。在运算时用到的初值是 ln(10/9)（在 Maple 的输出中它被写成了：ln(2)+ln(5)−2ln(3)），此数在计算机中无法精确表达，如果你的计算机是 32 位精度的，计算机表示数 ln(10/9)的舍入误差大约是 2^{-32}。当我们对式(1.1)、式(1.2)进行计算时，误差将变为：

```
> Error :=evalf(2^(-32) * 9^30);
```

$$\text{Error} := 9.869960666\times 10^{18}$$

如果用数值积分命令“evalf(Int(f,x=a..b))”，可计算 $T(30)$ 为

```
> evalf(Int(x^30/(x+9), x=0..1));
```

$$0.003235948737$$

1.1.2 截断误差

用一个基本的表达式替换一个比较复杂的表达式时所产生的误差，称为截断误差。这一术语是从用截断泰勒级数替换一个复杂表达式的技术中衍生的。

例 1.2 对无穷泰勒级数 $e^x=1+x+\frac{x^2}{2!}+\frac{x^3}{3!}+\cdots+\frac{x^n}{n!}+\cdots$，用有限项近似表达 e^x 时的图像比较。

解 取 $n=2,3,5$，在 Maple 工作区输入如下命令，可得

```
> TL := (n, x) -> sum(x^k/k!, k=0..n);
plot([exp(x), TL(2, x), TL(3, x), TL(5, x)], x=-5..5, -3..20, color=[black, blue, green, red], legend=["e^x", "TL(2, x)","TL(3, x)","TL(5, x)"]);
```

$$\mathrm{TL}:=(n,x)\to\sum_{k=0}^{n}\frac{x^k}{k!}$$

所绘制的图像如图 1.1 所示。

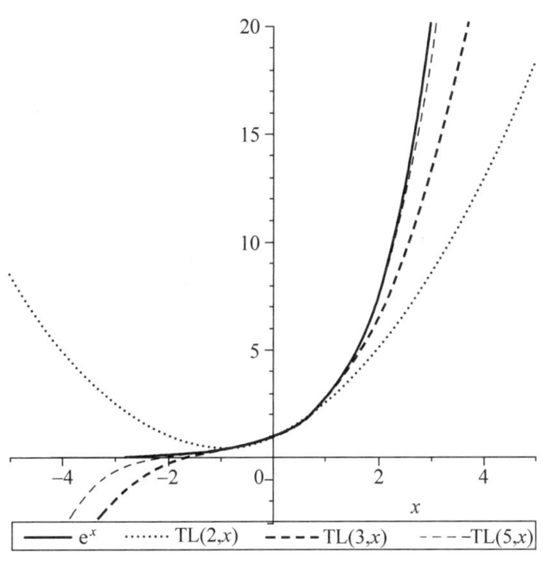

图 1.1 e^x 及其近似表达式的图形

用部分和 $S_N=\sum_{n=0}^{N}\frac{x^n}{n!}$ 近似代替无限和 $e^x=\sum_{n=0}^{\infty}\frac{x^n}{n!}$，所产生的理论误差为 $E_N=\sum_{n=N+1}^{\infty}\frac{x^n}{n!}$。当 x 接近于 0 时，级数收敛速度较快，此时舍入误差的实质部分包含在舍入部分的第一项中。这样就可一直求和，直到第 N 项满足

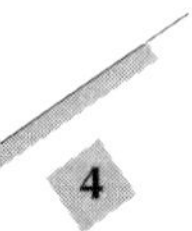

$$\frac{|\text{term}_N|}{|S_N|} < \varepsilon \quad \text{或} \quad |\text{term}_N| < \varepsilon |S_N|$$

为止，其中 ε 是我们要求的相对误差。例如，计算 e^7。

```
> evalf(exp(7), 15);
```

$$1096.63315842846$$

如果用 10 位精度进行计算，并要求相对误差为 10^{-9}，则 e^7 的近似值和所要计算的项数分别为 SUM=1096.633158 和 $k=30$。

```
> TERM := 1:
  SUM := TERM:
  k := 1:
  while TERM/SUM>=10^(-9) do
  TERM := TERM * 7/k;
  SUM := SUM+TERM;
  k := k+1;
  od:
  SUM := evalf(SUM);
  k := k;
```

$$\text{SUM} := 1096.633158$$

$$k := 30$$

当我们计算到第 30 项时，截断误差为 $\sum_{n=31}^{\infty} \frac{7^n}{n!}$，约为 2.45×10^{-8}，上述级数的第一项为 $\frac{7^{31}}{31!}$，约为 1.92×10^{-8} 是截断误差 2.45×10^{-8} 的实质部分。

1.2　误差的传播

在进行计算时，如果参与运算的量有误差，则计算结果也会有误差。参与运算的量的误差可以通过一系列的运算进行传播，如四则运算、函数运算等。

尽管在某种程度上无法避免误差的影响，但是对计算误差负责的是我们自己，而不是计算机。当计算机对无意的谎言坚持自己是清白的时候，编程者和使用者必须对所用算法产生的误差负责，而且还要为自己的粗心付出被机器欺骗的代价。因此，我们应尽力减少误差量并最小化误差量对最终结果的影响。下面是避免误差增大的几条原则。

1.2.1　尽量避免两个相近的数相减

如果对两个相近的数进行减法运算，将造成有效数字的严重损失，相对误差迅速增加。设 $f(x_1, x_2, \cdots, x_n)$ 是 n 元函数，则 f 最大可能的误差为

$$|\Delta f| \approx \left|\frac{\partial f}{\partial x_1}\Delta x_1\right| + \left|\frac{\partial f}{\partial x_2}\Delta x_2\right| + \cdots + \left|\frac{\partial f}{\partial x_n}\Delta x_n\right| \tag{1.3}$$

例 1.3 若 $z=f(x,y)=x-y$，由式(1.3)得 $|\Delta z|=\left|\frac{\partial z}{\partial x}\Delta x\right|+\left|\frac{\partial z}{\partial y}\Delta y\right|=|\Delta x|+|\Delta y|$，所以 Δz 的相对误差为

$$\left|\frac{\Delta z}{z}\right|=\frac{|\Delta x|+|\Delta y|}{|x-y|}$$

如果 $x=3\pm0.001$，$y=3.003\pm0.001$，则 $\left|\frac{\Delta z}{z}\right|=\frac{|0.001|+|0.001|}{|3-3.003|}\approx0.6667$。

例 1.4 设 $f(x)=x(\sqrt{x+1}-\sqrt{x})$，$g(x)=\frac{x}{\sqrt{x+1}+\sqrt{x}}$，用 10 位精度计算 $f(5000)$，$g(5000)$。

解：

```
> f := x -> x * (sqrt(x+1) - sqrt(x));
```

$$f:=x\rightarrow x(\sqrt{x+1}-\sqrt{x})$$

```
> g := x -> x/(sqrt(x+1) + sqrt(x));
```

$$g:=x\rightarrow\frac{x}{\sqrt{x+1}+\sqrt{x}}$$

```
> evalf(f(5000), 10);
```

$$35.3537$$

```
> evalf(g(5000), 10);
```

$$35.35357148$$

理论上讲，$f(x)=g(x)$，由于两个相近的数$\sqrt{5001}$ 和$\sqrt{5000}$相减导致 $f(5000)$的精度损失。

例 1.5 设 $f(x)=\frac{1-\cos(x)}{x^2}$。

(1) 画出 $f(x)$在$-5\pi\leqslant x\leqslant5\pi$ 上的图形。

(2) 在适当的画图命令中，用表达式“evalf[10]f(x)”和“evalf[20]f(x)”画出 $f(x)$在区间 $-4\times10^{-5}\leqslant x\leqslant4\times10^{-5}$ 上的图形。

(3) 求出 $f(x)$的 Maclaurin 级数的前 4 项。

(4) 验证$\lim_{x\to0}f(x)=\frac{1}{2}$。

(5) 取 $x_0=11\times10^{-6}$。

① 用 20 位精度，求 $f(x)$的 Maclaurin 级数前 4 项和在 x_0 处的值。

② 用 30 位精度，求 $f(x)$在 x_0 处的值。

③ 用 10 位精度，求 $f(x)$在 x_0 处的值(注：为了不让 Maple 以$\frac{1}{x_0^2}-\frac{\cos(x_0)}{x_0^2}$的形式计算 $f(x_0)$，先计算出 x_0 的浮点值)。

解 (1)

```
> f := x -> (1-cos(x))/x^2:
  'f(x)'=f(x):
  plot(f(x), x=-5*Pi..5*Pi);
```

所绘制的图像如图 1.2 所示。

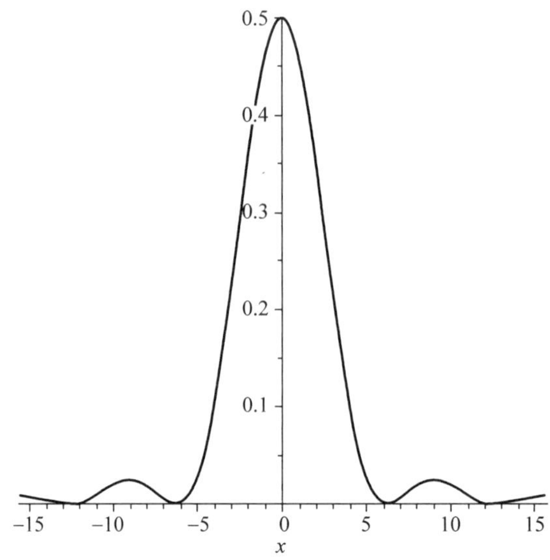

图 1.2　$f(x)$在[-5π, 5π]上的图形

(2)

```
> f := x -> (1-cos(x))/x^2:
  'f(x)'=f(x):
  plot(['evalf[10](f(x))', 'evalf[20](f(x))'], x=-4e-5..4e-5, -.1..1,
  color=[red, blue], numpoints=100, axes=framed, linestyle=[dot, solid]);
```

所绘制的图像如图 1.3 所示,图中虚线、实线分别为第一、二种表达方式的图像。

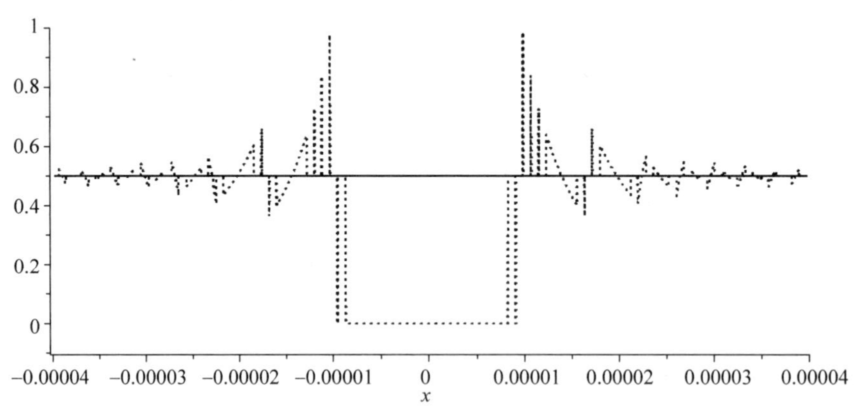

图 1.3　用两种精度算出的 $f(x)$在原点附近的图形对比

(3) 利用 Maple 的命令 taylor,求出 $f(x)$在 0 处的 7 阶泰勒展开式,并将其转化为多项式 $p(x)$。

```
> taylor(f(x), x=0, 7);
  p := unapply(convert(%, polynom), x):
  'p(x)'=p(x);
```

$$\frac{1}{2}-\frac{1}{24}x^2+\frac{1}{720}x^4-\frac{1}{40320}x^6+o(x^8)$$

$$p(x)=\frac{1}{2}-\frac{1}{24}x^2+\frac{1}{720}x^4-\frac{1}{40320}x^6$$

$f(x)$的 Maclaurin 级数的前 4 项是$\frac{1}{2!}-\frac{x^2}{4!}+\frac{x^4}{6!}-\frac{x^6}{8!}$。

(4)

```
> f := x -> (1-cos(x))/x^2:
  Limit(f(x), x=0)=limit(f(x), x=0);
```

$$\lim_{x\to 0}\frac{1-\cos(x)}{x^2}=\frac{1}{2}$$

(5) ①

```
> x0 :=11 * 10^(-6):
  Eval(p(x), x=x0);
  ''=value(%);
  evalf[20](%);
```

$$\left(\frac{1}{2}-\frac{1}{24}x^2+\frac{1}{720}x^4-\frac{1}{40320}x^6\right)\bigg|_{x=\frac{11}{1000000}}=0.49999999999495833333$$

②

```
> Eval(f(x), x=x0);
  ''=value(%);
  evalf[30](%);
```

$$\left(\frac{1-\cos x}{x^2}\right)\bigg|_{x=\frac{11}{1000000}}=0.49999999999495833333$$

③

```
> x0 := evalf[10](11 * 10^(-6)):
  Eval(f(x), x=x0);
  ''=value(%);
```

$$\left(\frac{1-\cos x}{x^2}\right)\bigg|_{x=\frac{11}{1000000}}=0.8264462810$$

当 x 接近于 0 时，$1-\cos x\approx\frac{x^2}{2}$，由于两个近似相等的数 1 和 $\cos x$ 相减，导致误差增大。

1.2.2 防止接近零的数作除数

分母接近零的数会产生大的误差或溢出，可以用数学公式化简后再计算。

例 1.6 当 $x\gg 1$ 时，计算 $f(x)=\frac{58}{\sqrt{x+1}-\sqrt{x}}$，可改为 $g(x)=58(\sqrt{x+1}+\sqrt{x})$ 进行计算。理论上，$f(x)=g(x)$。

解 取 $x=10^8, 10^9$，分别计算 $f(x)$，$g(x)$，得到如下结果。

```
> restart;
  f := x-> 58/(sqrt(x+1)-sqrt(x)):
  g := x-> 58 * (sqrt(x+1)+sqrt(x)):
  for x in [10^9, 10^10] do
  printf("x= %d, f(x)= %e\n", x, f(x));
  printf("x= %d, g(x)= %e\n", x, g(x));
  od;
```

$$x = 1000000000,\ f(x) = 2.900000e+06$$
$$x = 1000000000,\ g(x) = 3.668242e+06$$
$$x = 10000000000,\ f(x) = \text{Inf}$$
$$x = 10000000000,\ g(x) = 1.160000e+07$$

1.2.3　防止大数吃小数

当两个绝对值相差很大的数进行加法或减法运算时，绝对值小的数有可能被绝对值大的数“吃掉”，从而引起错误的结果。

例 1.7　用 5 位浮点数，计算 $S=12345+0.3+0.3+0.4$。

解　$S=0.12345\times10^5+0.000003\times10^5+0.000003\times10^5+0.000004\times10^5=12345$。

在 S 中，重新排序计算，可得

$$S=0.000003\times10^5+0.000003\times10^5+0.000004\times10^5+0.12345\times10^5=12346$$

```
> Digits := 5:
  12345+0.3+0.3+0.4;
  0.3+0.3+0.4+12345;
```

$$12345.$$
$$12346.$$

1.2.4　简化计算步骤，减少运算次数

简化计算步骤是提高程序执行速度的关键，它不仅可以节省时间，还能减少舍入误差。例如，计算 n 次多项式 $p_n(x)=a_nx^n+a_{n-1}x^{n-1}+\cdots+a_1x+a_0$ 的值时，如果先求 a_kx^k 再求和，需要 $2n-1$ 次乘法，n 次加法。如果按

$$p_n(x)=x(\cdots x(x(a_nx+a_{n-1})+a_{n-2})+\cdots+a_1)+a_0 \tag{1.4}$$

计算，则只需要 n 次乘法，n 次加法，这就是计算多项式著名的秦九韶算法。

例 1.8　用上述两种方法计算多项式 $p_{n-1}(x)=a_nx^{n-1}+a_{n-1}x^{n-2}+\cdots+a_2x+a_1$，其中，$n=10^5$，$[a_1,a_2,\cdots,a_n]=[1,2,\cdots,10^5]$，在 $x=1.0012$ 时的值。

解

```
> x := 1.0012:
  t := 1:
  s := k-> k:
  a := Vector(s, 10^5):          # 生成向量 a=[a1,a2,…,an]=[1,2,…,10^5]
  ts := time():                  # 开始计时
```

```
suu:=a[1]:
for k from 2 to 10^5 do
t:=t*x;
suu:=a[k]*t+suu;             #按计算 a_k x^k 方式计算
od:
suu:=suu;
ts1:=time()-ts;              #计算从上次计时到现在所用时间
ts:=time():                  #开始计时
pn:=a[10^5]:
for k from 1 to 10^5-1 do
pn:=pn*x+a[10^5-k];          #按秦九韶算法计算
od:
pn:=pn;
ts2:=time()-ts;              #计算从上次计时到现在所用时间
```

$$suu := 9.7649 \times 10^{59}$$

$$ts1 := 1.110$$

$$pn := 9.7612 \times 10^{59}$$

$$ts2 := 0.500$$

1.3 数值算法的稳定性

对于一个算法，如果初始数据的较小误差不会对最终结果产生较大的影响，则称此算法是数值稳定的，否则称此算法为不稳定的。衡量算法好坏的两个重要指标是稳定性和计算复杂性。计算复杂性包括时间复杂性和空间复杂性。时间复杂性即计算量，也是一个算法所需四则运算总次数，在实际中通常以乘法、除法的次数作为算法的计算量，单位是 flop。空间复杂性即存储量。

例 1.9 设 $\boldsymbol{A},\boldsymbol{B},\boldsymbol{C},\boldsymbol{D}$ 分别是 10×20，20×50，50×1，1×100 的矩阵，试按不同的算法求矩阵乘积 $\boldsymbol{E}=\boldsymbol{ABCD}$。

解 由矩阵乘法的结合律，可有如下算法：

(1) $\boldsymbol{E}=((\boldsymbol{AB})\boldsymbol{C})\boldsymbol{D}$，计算量 $N=11500$flop。

(2) $\boldsymbol{E}=\boldsymbol{A}(\boldsymbol{B}(\boldsymbol{CD}))$，计算量 $N=125000$flop。

(3) $\boldsymbol{E}=(\boldsymbol{A}(\boldsymbol{BC}))\boldsymbol{D}$，计算量 $N=2200$flop。

例 1.10 用无限精度算法结合如下两个方案，可递归生成序列 $\{a_n\}=\left\{\frac{1}{3^n}\right\}_{n=0}^{\infty}$：

$$x_0=1, x_n=\frac{1}{3}x_{n-1}, n=1,2,\cdots \tag{Ⅰ}$$

$$y_0=1, y_1=\frac{1}{3}, y_n=\frac{10}{3}y_{n-1}-y_{n-2}, n=2,3,\cdots \tag{Ⅱ}$$

在实际计算时，如果取初值 $x_0=y_0=1, x_1=y_1=\frac{1}{3}\approx0.33333$，分别用上述两种递归方式求序列 $\{a_n\}$ 的近似值。

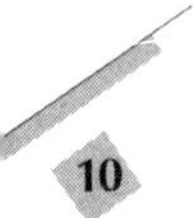

解 首先验证递推关系 $y_n=\frac{10}{3}y_{n-1}-y_{n-2}(n=2,3,\cdots)$的通解为 $y_n=c_1\frac{1}{3^n}+c_2 3^n$。由于该递推关系的特征方程为 $x^2-\frac{10}{3}x+1=0$，它的两个根为 $x_1=\frac{1}{3}$，$x_2=3$，故其通解为 $y_n=c_1\frac{1}{3^n}+c_2 3^n$。当 $y_0=1,y_1=\frac{1}{3}$时，求得 $c_1=1,c_2=0$，所以 $y_n=\frac{1}{3^n}$，故式(Ⅱ)生成序列$\{a_n\}$。当 $y_0=1,y_1=0.33333$(取 5 位精度)，利用通解式重新求得 $c_1=1,c_2=-0.12500\times10^{-5}$，记此时的递推公式为：$yy_n=\frac{1}{3^n}-0.00000125\times3^n$。用 yy_n 近似代替 a_n 的舍入误差为 $a_n-yy_n=0.12500\times10^{-5}\times3^n$，它随指数增长，因此，递推公式(Ⅱ)是不稳定的。当 $x_0=1,x_1\approx0.33333$ 时，记此时的递推公式为：$xx_n=0.33333xx_{n-1}$，用 xx_n 近似代替 a_n 的舍入误差为 $a_n-xx_n=\frac{1}{3^n}-(0.33333)^n\approx(0.33333+0.33333\times10^{-5})^n-(0.33333)^n\approx n\times(0.33333)^n\times10^{-5}$，它随指数减小，因此，递推公式(Ⅰ)是稳定的。

在 Maple 工作区输入如下命令，即得各序列前 11 项的近似值、绝对误差、相对误差，相关数据见表 1.1。

```
> Digits:=5:
 a[0]:=1:
 xx[0]:=1:
 yy[0]:=1:
 for k from 1 to 10 do
 a[k]:=1/3^k;
 xx[k]:=0.33333*xx[k-1];
 yy[k]:=evalf(1/3^k-0.12500*10^(-5)*3^k);
 od:
> for k from 0 to 10 do
 xxero[k]:=abs(a[k]-xx[k]);
 xxreler[k]:=xxero[k]/a[k];
 yyero[k]:=abs(a[k]-yy[k]);
 yyreler[k]:=yyero[k]/a[k];
 od:
> with(Spread):
 tableoutput := CreateSpreadsheet("表 1.1 各序列的近似值,绝对误差和相对误差");
 SetCellFormula(tableoutput, 1, 1, 序号);
 SetCellFormula(tableoutput, 1, 2, an 的值);
 SetCellFormula(tableoutput, 1, 3, xxn 的值);
 SetCellFormula(tableoutput, 1, 4, yyn 的值);
 SetCellFormula(tableoutput, 1, 5, xxn 的绝对误差);
 SetCellFormula(tableoutput, 1, 6, yyn 的绝对误差);
 SetCellFormula(tableoutput, 1, 7, xxn 的相对误差);
 SetCellFormula(tableoutput, 1, 8, yyn 的相对误差);
  for i from 0 to 10 do
 SetCellFormula(tableoutput, i+2, 1, i);
```

```
SetCellFormula(tableoutput, i+2, 2, a[i] = evalf(a[i]));
SetCellFormula(tableoutput, i+2, 3, xx[i]);
SetCellFormula(tableoutput, i+2, 4, yy[i]);
SetCellFormula(tableoutput, i+2, 5, xxero[i]);
SetCellFormula(tableoutput, i+2, 6, yyero[i]);
SetCellFormula(tableoutput, i+2, 7, xxreler[i]);
SetCellFormula(tableoutput, i+2, 8, yyreler[i]);
od;
EvaluateSpreadsheet(tableoutput);
```

表 1.1 各序列的近似值、绝对误差和相对误差

序号	a_n 的值	xx_n 的值	yy_n 的值	xx_n 的绝对误差	yy_n 的绝对误差	xx_n 的相对误差	yy_n 的相对误差
0	1	1	1	0	0	0	0
1	0.33333	0.33333	0.33333	0	0	0	0
2	0.11111	0.11111	0.11110	0	0.00001	0	0.00009
3	0.037037	0.037036	0.037003	0.000001	0.000034	0.000027	0.000918
4	0.012346	0.012345	0.012245	0.000001	0.000101	0.000081	0.008181
5	0.0041152	0.0041150	0.0038114	2×10^{-7}	0.0003038	0.0000486	0.073823
6	0.0013717	0.0013717	0.00046045	0	0.00091125	0	0.66430
7	1/2187	0.00045723	−0.0022766	2×10^{-8}	0.0027338	0.00004374	5.9788
8	1/6561	0.00015241	−0.0080488	1×10^{-8}	0.0082012	0.00006561	53.0808
9	1/19683	0.000050803	−0.024553	2×10^{-9}	0.024604	0.000039366	484.28
10	1/59049	0.000016934	−0.073794	1×10^{-9}	0.073811	0.000059049	4358.5

在数值算法的程序执行中，执行速度主要依赖于调用函数(子程序)的个数和计算量。因此，算法中应尽量少调用函数，减少计算量。

例 1.11 计算 $S(M)=\sum_{k=0}^{M}\frac{\lambda^k}{k!}$ 在 $\lambda=160, M=230$ 时的值。

解 分别用嵌套结构和调用 Maple 的阶乘函数 factorial 的方式，计算如下：

```
> restart;
  lam := 160:
  M := 230:
  p := exp(-lam):
  S := 0:
  tt := time():
  for k from 1 to M do
  p := p * lam/k;                #嵌套结构
  S := S+p;
  od:
  evalf(S);
  tt := time()-tt;
```

0.9999999186

tt := 0.015

```
> lam := 160: M := 230:
 S := 0:
 tt := time():
 for k from 1 to M do
 p := lam^k/factorial(k);            # 调用阶乘函数
 S := S+p;
 od:
 S := evalf(S * exp(-lam));
 tt := time()-tt;
```

$$S := 0.9999999186$$

$$tt := 0.031$$

注意到 $S(M)$是泊松(Poisson)概率分布函数,所以它随 M 的增大而接近于 1。M 越大,两种算法执行时间的差距越大,嵌套结构的优势越明显。

线性方程组的解法

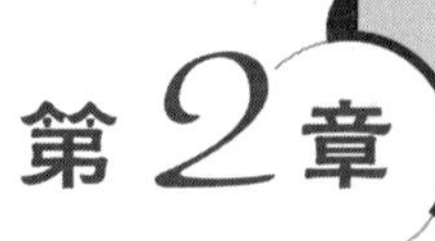

第2章

在科学和工程技术领域中，有很多实际问题涉及解线性方程组。在计算机上求解线性方程组常用的方法有两类：一类是直接法；另一类是迭代法。直接法是指在没有舍入误差的条件下，经过有限次四则运算而求得方程组的精确解的方法。例如，Gauss 消元法、LU 分解法、追赶法都属于直接法。在计算机上计算时，不可能保证每一步的运算都是精确的，求得的一般是方程组的近似解，因此需要进行误差分析。迭代法的基本思想是按照某种规则生成向量序列$\{\boldsymbol{x}^{(k)}\}$，如果此序列收敛，则当 k 充分大时，可取 $\boldsymbol{x}^{(k)}$ 作为线性方程组的近似解。

2.1 Gauss 顺序消元法

```
> restart;
> with(LinearAlgebra):
  interface(rtablesize=infinity):
```

为使程序运行打开各小节，请将光标放在提示符>后面的任意处按回车键。

1. 功能

将矩阵 $\boldsymbol{A}$ 化为上三角矩阵。

2. 计算方法

(1) 记矩阵 $\boldsymbol{A}=(a_{ij}^{(1)})(i=1,2,\cdots,n;\ j=1,2,\cdots,n+1)$。

(2) 第 $k-1$ 步后的矩阵记为：$(a_{ij}^{(k)})$。第 k 步的计算为：在 $a_{kk}^{(k)}$，$a_{(k+1)k}^{(k)},\cdots,a_{nk}^{(k)}$ 中寻找第一个非零元素 $a_{jk}^{(k)}$，若 $k\neq j$，则将第 k 行与第 j 行互换，若找不到非零元素，则退出。$a_{kk}^{(k)}\neq 0$，记 $l_{ik}^{(k)}=\dfrac{a_{ik}^{(k)}}{a_{kk}^{(k)}}$，第 k 行乘以 $-l_{ik}^{(k)}$，加到第 i 行$(i=k+1,k+2,\cdots,n)$。第 k 步后的矩阵记为：$(a_{ij}^{(k+1)})$。

(3) $a_{ij}^{(k+1)}$ 的计算公式为：$a_{ij}^{(k+1)}=a_{ij}^{(k)}-l_{ik}^{(k)}a_{kj}^{(k)}$，$i,j=k+1,k+2,\cdots,n$。$(a_{ij}^{(k+1)})$与$(a_{ij}^{(k)})$的前 k 行元素相同。

3. 使用说明

Gausseli(*A*)；

Gausseli(*A*，info=true)；

式中,第一个参数 **A** 为矩阵,可以输入第二个参数,其形式为"info=true"或"info=false",默认"info=false",如果输入"info=true",则显示全部的消元信息,否则只输出最后结果。为了能使顺序消元法进行,当出现零主元时,在列中选取非零元素作为主元。

4. Maple 程序

```
> Gausseli := proc(AA)
local m, n, i, j, k, multiplier, A, t, p, info, Options;
if not type(AA, 'Matrix') then
error "输入的参数 AA 必需是矩阵";
end if;
info :=false;
if nargs=2 then
    Options :=args[2];
    if not type(Options, equation) then
      error"输入的第二个参数必须是方程式"
    end if;
info :=rhs(args[2]);
end if;
m :=LinearAlgebra['RowDimension'](AA);
n :=LinearAlgebra['ColumnDimension'](AA);
A :=Matrix(m,n);
for i to m do
   for j to n do
          A[i, j] :=eval(AA[i, j]);
   end do;
end do;
if hastype(eval(A), float) then
          A :=map(evalf, A);
end if;
printf('对矩阵实施不选主元素的 Gauss 消元法');
print(eval(AA));
  p :=0;
     for  k from 1 to m-1 do
        for i from k to m do
           if A[i, k]<>0 then
                p :=i;
                break;
           end if;
        end do;
        if p<>k and p>0 then
           if info then
           print('在第' || k || '列搜索主元');
           print('主元是', A[p, k]);
           print('第' || k || '行与第' || p || '行互换');
           end if;
```

```
            A[[p, k], 1..-1] := A[[k, p], 1..-1];
            if info then
            print(eval(A));
            end if;
        elif p=0 then
             print('在第' || k || '列搜索主元');
             print('第' || k || '列中无主元，请重新输入矩阵');
             break;
        end if;
      for i from k+1 to m do
              multiplier := A[i, k]/A[k, k];
        if info then
          if multiplier=0 then
               next;
           elif multiplier=1 then
             print('第' || i || '行减去第' || k || '行');
           elif multiplier=-1 then
             print('第' || k || '行加到第' || i || '行');
           elif multiplier>0 then
             print('第' || i || '行减去第' || k || '行的',  multiplier, '倍');
           elif  multiplier<0 then
             print('第' || k || '行的', -multiplier, '倍加到第' || i || '行');
           end if;
           end if;
           for t from k to n do
               A[i, t] := A[i, t]-multiplier * A[k, t];
           end do;
         A[i, k] :=0;
        if info then
        print(eval(A));
        end if;
     end do;
  end do;
eval(A);
end:
```

例 2.1　求解线性方程组 $\begin{cases}2y+z=3\\x-y+2z=2\\x+3y+5z=5\end{cases}$ 。

解　写出方程组的增广矩阵。

```
> A := <<0, 1, 1>|<2, -1, 3>|<1, 2, 5>>;
  b := <3, 2, 5>;
  Ab := <A|b>;
```

$$A := \begin{bmatrix} 0 & 2 & 1 \\ 1 & -1 & 2 \\ 1 & 3 & 5 \end{bmatrix}, \quad b := \begin{bmatrix} 3 \\ 2 \\ 5 \end{bmatrix}$$

$$Ab := \begin{bmatrix} 0 & 2 & 1 & 3 \\ 1 & -1 & 2 & 2 \\ 1 & 3 & 5 & 5 \end{bmatrix}$$

利用程序 Gasseli 将 ***Ab*** 化为上三角矩阵。

```
> U:=Gausseli(Ab, info=true);
```

对矩阵实施不选主元的高斯消元法：

$$\begin{bmatrix} 0 & 2 & 1 & 3 \\ 1 & -1 & 2 & 2 \\ 1 & 3 & 5 & 5 \end{bmatrix} \xrightarrow[\text{第 1 行与第 2 行互换}]{\text{在第 1 列搜索主元，}} \begin{bmatrix} 1 & -1 & 2 & 2 \\ 0 & 2 & 1 & 3 \\ 1 & 3 & 5 & 5 \end{bmatrix} \xrightarrow{\text{第 3 行减去第 1 行}} \begin{bmatrix} 1 & -1 & 2 & 2 \\ 0 & 2 & 1 & 3 \\ 0 & 4 & 3 & 3 \end{bmatrix}$$

$$\xrightarrow{\text{第 3 行减去第 2 行的 2 倍}} \begin{bmatrix} 1 & -1 & 2 & 2 \\ 0 & 2 & 1 & 3 \\ 0 & 0 & 1 & -3 \end{bmatrix} \longrightarrow U := \begin{bmatrix} 1 & -1 & 2 & 2 \\ 0 & 2 & 1 & 3 \\ 0 & 0 & 1 & -3 \end{bmatrix}$$

利用回代命令，即可求得方程组的解。

```
> with(LinearAlgebra):
> X := BackwardSubstitute(U);
```

$$X := \begin{bmatrix} 11 \\ 3 \\ -3 \end{bmatrix}$$

例 2.2　求解线性方程组 $\begin{cases} 2x+y+5z=4 \\ 3x-2y+2z=2 \\ 5x-8y-4z=-2 \end{cases}$。

解　写出方程组的增广矩阵。

```
> A:=Matrix(3, 3, [2, 1, 5, 3, -2, 2, 5, -8, -4]):
b:=<4, 2, -2>:
  Ab:=<A|b>;
```

$$Ab := \begin{bmatrix} 2 & 1 & 5 & 4 \\ 3 & -2 & 2 & 2 \\ 5 & -8 & -4 & -2 \end{bmatrix}$$

利用程序 Gasseli 将 ***Ab*** 化为上三角矩阵。

```
> U:=Gausseli(Ab, info=false);
```

对矩阵实施不选主元的 Gauss 消元法。

$$U := \begin{bmatrix} 2 & 1 & 5 & 4 \\ 0 & -\frac{7}{2} & -\frac{11}{2} & -4 \\ 0 & 0 & 0 & 0 \end{bmatrix}$$

注意到 $\boldsymbol{U}$ 的最后一行全为零，这意味着第三个变量可取任意实数。方程组的全部解仍可用 LinearAlgebra 程序包中的回代命令 BackwardSubstitute 求得。

```
> with(LinearAlgebra):
> X := BackwardSubstitute(U);
```

$$X := \begin{bmatrix} \frac{10}{7} - \frac{12}{7}\_t0_1 \\ \frac{8}{7} - \frac{11}{7}\_t0_1 \\ \_t0_1 \end{bmatrix}$$

$\_t0_1$ 是参数，我们可代入方程验证有，$\boldsymbol{AX}=\boldsymbol{b}$。

```
> Multiply(A, X);
```

$$\begin{bmatrix} 4 \\ 2 \\ -2 \end{bmatrix}$$

例 2.3 求解线性方程组 $\begin{cases} 6x+2y+2z=-2 \\ 2x+\frac{2}{3}y+\frac{z}{3}=1 \\ x+2y-z=0 \end{cases}$ 。

解 首先用 solve 命令求得方程组的精确解。

```
> sys := {6 * x+2 * y+2 * z=-2,
         2 * x+2/3 * y+z/3=1,
         x+2 * y-z=0};
solve(sys, {x, y, z});
```

$$sys := \left\{ 6x + 2y + 2z = -2, 2x + \frac{2}{3}y + \frac{1}{3}z = 0, x + 2y - z = 0 \right\}$$

$$\left\{ x = \frac{13}{5}, y = -\frac{19}{5}, z = -5 \right\}$$

我们也可以用消元法，将增广矩阵化为上三角形矩阵。

```
> sys := [6 * x+2 * y+2 * z=-2,
         2 * x+2/3 * y+z/3=1,
         x+2 * y-z=0];
vars := [x, y, z];
(A,b) := GenerateMatrix(sys, vars);
Ab := <A|b>;
```

$$sys := \left\{ 6x + 2y + 2z = -2, 2x + \frac{2}{3}y + \frac{1}{3}z = 0, x + 2y - z = 0 \right\}$$

$$vars := [x, y, z]$$

$$A,b := \begin{bmatrix} 6 & 2 & 2 \\ 2 & \frac{2}{3} & \frac{1}{3} \\ 1 & 2 & -1 \end{bmatrix}, \begin{bmatrix} -2 \\ 1 \\ 0 \end{bmatrix}$$

$$Ab := \begin{bmatrix} 6 & 2 & 2 & -2 \\ 2 & \frac{2}{3} & \frac{1}{3} & 1 \\ 1 & 2 & -1 & 0 \end{bmatrix}$$

```
> U := Gausseli(Ab, info=false);
```

对矩阵实施不选主元的 Gauss 消元法：

$$U := \begin{bmatrix} 6 & 2 & 2 & -2 \\ 0 & \frac{5}{3} & -\frac{4}{3} & \frac{1}{3} \\ 0 & 0 & -\frac{1}{3} & \frac{5}{3} \end{bmatrix}$$

```
> X := BackwardSubstitute(U);
```

$$X := \begin{bmatrix} \frac{13}{5} \\ -\frac{19}{5} \\ -5 \end{bmatrix}$$

我们采用 5 位精度的浮点数，将增广矩阵 ***Ab*** 中的分数转化为 5 位精度的小数，重新求解例 2.3 中的方程组。

```
> UseHardwareFloats := false:
  Digits := 5:
  A_b := evalf(Ab);
```

$$A\_b := \begin{bmatrix} 6 & 2 & 2 & -2 \\ 2 & 0.66667 & 0.33333 & 1 \\ 1 & 2 & -1 & 0 \end{bmatrix}$$

```
> U := Gausseli(A_b, info=true);
```

对矩阵实施不选主元的 Gauss 消元法：

$$\begin{bmatrix} 6 & 2 & 2 & -2 \\ 2 & 0.66667 & 0.33333 & 1 \\ 1 & 2 & -1 & 0 \end{bmatrix} \xrightarrow{\text{第 2 行减去第 1 行的 0.33333 倍}}$$

$$\begin{bmatrix} 6 & 2 & 2 & -2 \\ 0 & 0.00001 & -0.33333 & 1.6667 \\ 1 & 2 & -1 & 0 \end{bmatrix} \xrightarrow{\text{第 3 行减去第 1 行的 0.16667 倍}}$$

$$\begin{bmatrix} 6 & 2 & 2 & -2 \\ 0 & 0.00001 & -0.33333 & 1.6667 \\ 0 & 1.6667 & -1.3333 & 0.3334 \end{bmatrix} \xrightarrow{\text{第 3 行减去第 2 行的 } 0.16667\times 10^5 \text{ 倍}}$$

$$\begin{bmatrix} 6 & 2 & 2 & -2 \\ 0 & 0.00001 & -0.33333 & 1.6667 \\ 0 & 0 & 55555 & -2.7779\times 10^5 \end{bmatrix}$$

$$U := \begin{bmatrix} 6 & 2 & 2 & -2 \\ 0 & 0.00001 & -0.33333 & 1.6667 \\ 0 & 0 & 55555 & -2.7779\times 10^5 \end{bmatrix}$$

```
> X := BackwardSubstitute(U);
```

$$X := \begin{bmatrix} 1.3335 \\ 0 \\ -5.0003 \end{bmatrix}$$

代入方程验证知,这是一个错误的结果。

```
> Multiply(A, X);
```

$$\begin{bmatrix} -2.0000 \\ 1.0003 \\ 6.3338 \end{bmatrix}$$

为何出现这样的错误?这是由第 2 个主元 0.00001 导致了这样的错误,与上面的精确解法对比,可见相应的主元为 0,这使得必须交换两行得到不同的主元。而 0.00001 是精确值 0 的近似值,它在 Gauss 顺序消元法被选作了主元。事实上,可另选主元以避免这样的问题。下面讨论列主元的 Gauss 消元法。

2.2 Gauss 列主元消元法

1. 功能

将矩阵 **A** 化为上三角矩阵。

2. 计算方法

(1) 记矩阵 $\mathbf{A}=(a_{ij}^{(1)})(i=1,2,\cdots,n;\ j=1,2,\cdots,n+1)$。

(2) 第 $k-1$ 步后的矩阵记为:$(a_{ij}^{(k)})$。第 k 步的计算为:在 $a_{kk}^{(k)},a_{(k+1)k}^{(k)},\cdots,a_{nk}^{(k)}$ 中寻找绝对值最大的元素——一个非零元素 $a_{jk}^{(k)}$,若 $k\neq j$,则将第 k 行与第 j 行互换,若找不到非零元素,则退出。如果是符号矩阵,则按元素的长度选取主元 $a_{kk}^{(k)}\neq 0$,记 $l_{ik}^{(k)}=\dfrac{a_{ik}^{(k)}}{a_{kk}^{(k)}}$,第 k 行乘以 $-l_{ik}^{(k)}$,加到第 i 行($i=k+1,k+2,\cdots,n$)。第 k 步后的矩阵记为:$(a_{ij}^{(k+1)})$。

(3) $a_{ij}^{(k+1)}$ 的计算公式为:$a_{ij}^{(k+1)}=a_{ij}^{(k)}-l_{ik}^{(k)}a_{kj}^{(k)}(i,j=k+1,k+2,\cdots,n)$。$(a_{ij}^{(k+1)})$ 与 $(a_{ij}^{(k)})$ 的前 k 行元素相同。

3. 使用说明

Gausselimpiv(A);

Gausselimpiv(A ,info=true);

式中,第一个参数 **A** 为矩阵,可以输入第二个参数,其形式为"info=true"或"info=false",默认"info=false",如果输入"info=true",则显示全部的消元信息,否则只输出最后结果。

4. Maple 程序

```
> Gausselimpiv := proc(AA)
local m, n, i, j, k, multiplier, A, t, p, s, symb, info, Options;
if not type(AA, 'Matrix') then
error "输入的参数 AA 必须是矩阵";
end if;
info :=false;
if nargs=2 then
    Options :=args[2];
    if not type(Options, equation) then
      error"输入的第二个参数必须是方程式"
    end if;
info :=rhs(args[2]);
end if;
m :=LinearAlgebra['RowDimension'](AA);
n :=LinearAlgebra['ColumnDimension'](AA);
A :=Matrix(m, n);
for i to m do
   for j to n do
          A[i, j] :=eval(AA[i, j]);
   end do;
end do;
if hastype(eval(A), float) then
         A :=map(evalf, A);
end if;
symb :=hastype(A, symbol);
if symb then
        A :=map(normal, A);
end if;
    printf('对矩阵实施选列主元的 Gauss 消元法');
    print(eval(A));
s :=0;
for k from 1 to m-1 do
            if symb then
              s :=length(A[k, k]);
              p :=k;
            else
              s :=A[k, k];
```

```
          p:=k;
        end if;
    for i from k to m do
            if not symb then
                if abs(A[i, k])> abs(s) then
                    p:=i;
                    s:=A[i, k];
                end if;
            else
                if length(A[i, k])> s then
                  p:=i;
                  s:=lenth(A[i, k]);
                end if;
            end if;
    end do;
if s=0 then
     print('在第'‖k‖'列搜索主元');
     print('第'‖k‖'列中无主元,请重新输入矩阵');
            break;
      elif p<>k   then
        if info then
             print('在第'‖k‖'列搜索主元');
             print('主元是', A[p, k]);
             print('第'‖k‖'行与第'‖p‖'行互换');
        end if;
             A[[p, k], 1..-1]:=A[[k, p], 1..-1];
        if info then
             print(eval(A));
        end if;
      elif p=k then
        if info then
             print('在第'‖k‖'列搜索主元');
             print('主元是', A[p, k]);
        end if;
      end if;
      for i from k+1 to m do
      multiplier:=A[i, k]/A[k, k];
      if symb then
          multiplier:=normal(multiplier);
      end;
      if info then
        if multiplier=0 then
             next;
        elif multiplier=1 then
          print('第'‖i‖'行减去第'‖k‖'行');
        elif multiplier=-1 then
          print('第'‖k‖'行加到第'‖i‖'行');
        else
```

```
                print('第' || i || '行减去第' || k || '行的',  multiplier,'倍');
              end if;
            end if;
                for t from k to n do
                      A[i, t] :=A[i, t]-multiplier * A[k, t];
                      if symb then
                      A[i, t] :=normal(A[i, t]);
                      end;
                end do;
              A[i, k] :=0;
          if info then
          print(eval(A));
          end if;
      end do;
   end do;
eval(A);
end:
```

采用 5 位精度的浮点数，将例 2.3 中方程组的增广矩阵 $\boldsymbol{Ab}$ 中的分数转化为 5 位精度的小数，利用列主元消去法重新求解。

```
> sys := [6 * x+2 * y+2 * z=-2,
          2 * x+2/3 * y+z/3=1,
          x+2 * y-z=0]:
vars := [x, y, z]:
(A, b) := GenerateMatrix(sys, vars):
Ab := < A|b>;
```

$$Ab := \begin{bmatrix} 6 & 2 & 2 & -2 \\ 2 & \frac{2}{3} & \frac{1}{3} & 1 \\ 1 & 2 & -1 & 0 \end{bmatrix}$$

```
> UseHardwareFloats := false:
Digits := 5:
A_b := evalf(Ab);
```

$$A\_b := \begin{bmatrix} 6 & 2 & 2 & -2 \\ 2 & 0.66667 & 0.33333 & 1 \\ 1 & 2 & -1 & 0 \end{bmatrix}$$

```
> U :=Gausselimpiv(A_b, info=true);
```

对矩阵实施选列主元的 Gauss 消元法

$$\begin{bmatrix} 6 & 2 & 2 & -2 \\ 2 & 0.66667 & 0.33333 & 1 \\ 1 & 2 & -1 & 0 \end{bmatrix} \xrightarrow[\text{第 2 行减去第 1 行的 0.33333 倍}]{\text{在第 1 列搜索主元为 6}}$$

$$\begin{bmatrix}6&2&2&-2\\0&0.00001&-0.33333&1.6667\\1&2&-1&0\end{bmatrix}\xrightarrow{\text{第 3 行减去第 1 行的 0.16667 倍}}$$

$$\begin{bmatrix}6&2&2&-2\\0&0.00001&-0.33333&1.6667\\0&1.6667&-1.3333&0.3334\end{bmatrix}\xrightarrow[\text{第 2 行与第 3 行互换}]{\text{在第 2 列搜索主元为 1.6667}}$$

$$\begin{bmatrix}6&2&2&-2\\0&1.6667&-1.33333&0.3334\\0&0.00001&-0.33333&1.6667\end{bmatrix}\xrightarrow{\text{第 3 行减去第 2 行的 0.0000059999 倍}}$$

$$\begin{bmatrix}6&2&2&-2\\0&1.6667&-1.33333&0.3334\\0&0&-0.33332&1.6667\end{bmatrix}$$

$$U:=\begin{bmatrix}6&2&2&-2\\0&1.6667&-1.33333&0.3334\\0&0&-0.33332&1.6667\end{bmatrix}$$

```
> X := BackwardSubstitute(U);
```

$$X:=\begin{bmatrix}2.6002\\-3.8001\\-5.0003\end{bmatrix}$$

与精确解$(2.6, -3.8, -5)^{\mathrm{T}}$比较可知,$\boldsymbol{X}=(2.6002, -3.8001, -5)^{\mathrm{T}}$是例 2.3 方程组的一个近似解。

例 2.4 用 6 位精度的浮点数,利用 Gauss 列主元消元法求解方程组

$$\begin{cases}4x+3y+2z=5\\-3x-2.213y+z=1.738\\3x+y-z=1\end{cases}。$$

解 首先用 solve 命令求得方程组的精确解。

```
> sys1 := [4 * x+3 * y+2 * z=5,
      -3 * x-2.213 * y+z=1.738,
      3 * x+y-z=1]:
> with(LinearAlgebra):
solve(sys1, {x, y, z});
```

$$\{x=1.828606760, y=-2.257213520, z=2.228606760\}$$

```
> (A1,b1) := GenerateMatrix(sys1, [x, y, z]):
Ab1 := <A1|b1>;
```

$$Ab_1:=\begin{bmatrix}4&3&2&5\\-3&-2.213&1&1.738\\3&1&-1&1\end{bmatrix}$$

```
> UseHardwareFloats := false:
Digits := 6:
```

```
> U1 := Gausselimpiv(Ab1, info=false);
```

对矩阵实施选列主元的 Gauss 消元法。

$$U_1 := \begin{bmatrix} 4 & 3 & 2 & 5 \\ 0 & -1.25000 & -2.50000 & -2.75000 \\ 0 & 0 & 2.42600 & 5.40660 \end{bmatrix}$$

```
> X := BackwardSubstitute(U1);
```

$$X := \begin{bmatrix} 1.82861 \\ -2.25722 \\ 2.22861 \end{bmatrix}$$

2.3　Gauss-Jordan 消元法

1. 功能

将矩阵 **A** 化为简化梯形矩阵。

注　矩阵称为简化梯形矩阵，如果它满足：

(1) 全为零的行在矩阵的底部。

(2) 任一行的第一个非零元素为 1，并且它一定在上一行的第一个非零元素的右边。

(3) 任一行的第一个非零元素 1 所在列的其他元素全为零。

例如，$\begin{bmatrix} 0 & 1 & 0 & 2 \\ 0 & 0 & 1 & 3 \end{bmatrix}$，$\begin{bmatrix} 0 & 1 & 0 & 5 \\ 0 & 0 & 1 & 6 \\ 0 & 0 & 0 & 0 \end{bmatrix}$，$\begin{bmatrix} 1 & 0 & 0 \\ 0 & 1 & 0 \\ 0 & 0 & 1 \\ 0 & 0 & 0 \end{bmatrix}$ $\begin{bmatrix} 0 & 1 & 0 & 1 & 0 \\ 0 & 0 & 1 & 3 & 0 \\ 0 & 0 & 0 & 0 & 1 \\ 0 & 0 & 0 & 0 & 0 \end{bmatrix}$都是简化梯形矩阵。

2. 计算方法

对矩阵实施初等行变换。

3. 使用说明

GaussJor(A);

GaussJor(A, info=true);

式中，第一个参数 **A** 为矩阵，可以输入第二个参数，其形式为"info=true"或"info=false"，默认"info=false"，如果输入"info=true"，则显示全部的消元信息，否则只输出最后结果。如果矩阵 **A** 中有小数形式的元素，则将所有元素转化为小数，并按选列主元，否则只选非零元素作为主元。

4. Maple 程序

```
> GaussJor := proc(AA)
local m, n, i, j, k, multiplier, A, t, p, s, symb, flt, info, Options;
if not type(AA, 'Matrix') then
error "输入的参数 AA 必须是矩阵";
end if;
info := false;
if nargs=2 then
```

```
        Options := args[2];
        if not type(Options, equation) then
          error"输入的第二个参数必须是方程式"
        end if;
info := rhs(args[2]);
end if;
m := LinearAlgebra['RowDimension'](AA);
n := LinearAlgebra['ColumnDimension'](AA);
A := Matrix(m, n);
flt := false;
for i to m do
    for j to n do
            A[i, j] := eval(AA[i, j]);
    end do;
end do;
if hastype(eval(A), float) then
            flt := true;
            A := map(evalf, A);
end if;
symb := hastype(A, symbol);
if symb then
            A := map(normal, A);
end if;
      print('对矩阵实施 Gauss-Jordan 消元法');
      print(eval(A));
p := 0;
for   k from 1 to m do
       for i from k to m do
            if symb then
              if length(A[i, k])<> 0 then
                  p := i;
                  break;
              end if;
            end if;
            if not flt then
              if A[i,k]<> 0 then # 在 A[i..m,k]中检查是否有非零元素
                  p := i;
                  break;
              end if;
            else
              s := A[k, k];
              p := k;
              if abs(A[i, k])> abs(s) then
                      p := i;
                      s := A[i, k];
```

```
            end if;
          end if;
        end do;
        if s=0 then
                  print('在第'||k||'列搜索主元');
        print('第'||k||'列中无主元,请重新输入矩阵');
                  break;
        end if;
        if p<>k and p>0 then
          if info then
            print('在第'||k||'列搜索主元');
            print('主元是', A[p, k]);
            print('第'||k||'行与第'||p||'行互换');
           end if;
            A[[p, k], 1..-1]:=A[[k, p], 1..-1];
           if info then
            print(eval(A));
          end if;
      elif p=k then
          if info then
            print('在第'||k||'列搜索主元');
            print('主元是', A[p,k]);
          end if;
      elif p=0 then
      print('第'||k||'列中无主元, 请重新输入矩阵');
          break;
    end if;

  if A[k, k]<>1 then
        if info then
            print('第'||k||'行除以', A[k, k]);
        end if;
           A[k, k+1..-1]:=A[k, k+1..-1]/A[k, k];
           A[k, k]:=1;
        if info then
           print(eval(A));
        end if;
  end if;
      for i from 1 to m do
        if i<>k then
           multiplier:=A[i, k];
           if symb then
                multiplier:=normal(multiplier);
            end;
        if info then
```

```
            if not symb then
              if multiplier=0 then
                next;
              elif multiplier=1 then
                print('第'||i||'行减去第'||k||'行');
              elif multiplier=-1 then
                print('第'||k||'行加到第'||i||'行');
              elif multiplier<0  then
              print('第'||i||'行加上第'||k||'行的',  -multiplier,'倍');
              else
                print('第'||i||'行减去第'||k||'行的',  multiplier,'倍');
             end if;
            end if;
          if symb then
              if multiplier=0 then
                next;
              elif multiplier=1 then
                print('第'||i||'行减去第'||k||'行');
              elif multiplier=-1 then
                print('第'||k||'行加到第'||i||'行');
              else
                print('第'||i||'行减去第'||k||'行的',  multiplier,'倍');
              end if;
          end if;
        end if;
              for t from k to n do
                  A[i, t]:=A[i, t]-multiplier*A[k, t];
                  if symb then
                    A[i, t]:=normal(A[i, t]);
                  end if;
              end do;
            if info then
              print(eval(A)):
            end if;
          end if;
      end do;
end do;
eval(A);
end:
```

例 2.5 求解线性方程组 $\boldsymbol{Ax}=\boldsymbol{b}$，其中 $\boldsymbol{A}=\begin{bmatrix}0 & 1 & 5\\-1 & -1 & 2\\-2 & 0 & 5\end{bmatrix}$，$\boldsymbol{b}=\begin{bmatrix}15\\2\\16\end{bmatrix}$。

解 建立增广矩阵 $\boldsymbol{Ab}$。

```
> A:=<<0, -1, -2>|<1, -1, 0>|<5, 2, 5>>:
```

```
b := <15, 2, 16>:
Ab := <A|b>;
```

$$Ab := \begin{bmatrix} 0 & 1 & 5 & 15 \\ -1 & -1 & 2 & 2 \\ -2 & 0 & 5 & 16 \end{bmatrix}$$

```
> G := GaussJor(Ab, info=true);
```

$$\begin{bmatrix} 0 & 1 & 5 & 15 \\ -1 & -1 & 2 & 2 \\ -2 & 0 & 5 & 16 \end{bmatrix} \xrightarrow[\text{第 1 行与第 2 行互换}]{\substack{\text{对矩阵实施 Gauss-Jordan 消元法,} \\ \text{在第 1 列搜索主元为 } -1}} \begin{bmatrix} -1 & -1 & 2 & 2 \\ 0 & 1 & 5 & 15 \\ -2 & 0 & 5 & 16 \end{bmatrix} \xrightarrow{\text{第 1 行除以 } -1}$$

$$\begin{bmatrix} 1 & 1 & -2 & -2 \\ 0 & 1 & 5 & 15 \\ -2 & 0 & 5 & 16 \end{bmatrix} \xrightarrow{\text{第 3 行加上第 1 行的 2 倍}} \begin{bmatrix} 1 & 1 & -2 & -2 \\ 0 & 1 & 5 & 15 \\ 0 & 2 & 1 & 12 \end{bmatrix} \xrightarrow[\text{第 1 行减去第 2 行}]{\text{在第 2 列搜索主元为 1}}$$

$$\begin{bmatrix} 1 & 0 & -7 & -17 \\ 0 & 1 & 5 & 15 \\ 0 & 2 & 1 & 12 \end{bmatrix} \xrightarrow{\text{第 3 行减去第 2 行的 2 倍}} \begin{bmatrix} 1 & 0 & -7 & -17 \\ 0 & 1 & 5 & 15 \\ 0 & 0 & -9 & -18 \end{bmatrix} \xrightarrow[\text{第 3 行除以 } -9]{\text{在第 3 列搜索主元为 } -9}$$

$$\begin{bmatrix} 1 & 0 & -7 & -17 \\ 0 & 1 & 5 & 15 \\ 0 & 0 & 1 & 2 \end{bmatrix} \xrightarrow{\text{第 1 行加上第 3 行的 7 倍}} \begin{bmatrix} 1 & 0 & 0 & -3 \\ 0 & 1 & 5 & 15 \\ 0 & 0 & 1 & 2 \end{bmatrix} \xrightarrow{\text{第 2 行减去第 3 行的 5 倍}} \begin{bmatrix} 1 & 0 & 0 & -3 \\ 0 & 1 & 0 & 5 \\ 0 & 0 & 1 & 2 \end{bmatrix}$$

$$G := \begin{bmatrix} 1 & 0 & 0 & -3 \\ 0 & 1 & 0 & 5 \\ 0 & 0 & 1 & 2 \end{bmatrix}$$

提取最后一列,即得方程组的解,并检验知结果正确。

```
> with(LinearAlgebra):
x1 := Column(G, 4);
```

$$x_1 := \begin{bmatrix} -3 \\ 5 \\ 2 \end{bmatrix}$$

```
> Multiply(A, x1);
```

$$\begin{bmatrix} 15 \\ 2 \\ 16 \end{bmatrix}$$

例 2.6　求解线性方程组 $\boldsymbol{Ax}=\boldsymbol{b}$, 其中 $\boldsymbol{A}=\begin{bmatrix} 2 & -3 & 100 \\ 1 & 10 & -0.001 \\ 3 & -100 & 0.01 \end{bmatrix}$, $\boldsymbol{b}=\begin{bmatrix} 1 \\ 0 \\ 0 \end{bmatrix}$。

解　建立增广矩阵 $\boldsymbol{Ab}$。

```
> A := <<2, 1, 3>|<-3, 10, -100>|<100, -0.001, 0.01>>:
```

```
b :=<1, 0, 0>:
Ab :=<A|b>;
```

$$Ab := \begin{bmatrix} 2 & -3 & 100 & 1 \\ 1 & 10 & -0.001 & 0 \\ 3 & -100 & 0.01 & 0 \end{bmatrix}$$

```
> UseHardwareFloats :=false:
  Digits :=6:
> G := GaussJor(Ab, info=false);
```

$$G := \begin{bmatrix} 1 & 0 & 0 & 0.000003 \\ 0 & 1 & 0 & 0.0000011 \\ 0 & 0 & 1 & 0.0100000 \end{bmatrix}$$

提取 $\boldsymbol{G}$ 的第 4 列，得方程组的解 x_1，并检验知，x_1 是原方程组的近似解。

```
> x1 :=Column(G, 4);
```

$$x_1 := \begin{bmatrix} 0.000003 \\ 0.0000011 \\ 0.0100000 \end{bmatrix}$$

```
> Multiply(A, x1);
```

$$\begin{bmatrix} 1 \\ 0.0000040000 \\ -0.000001000 \end{bmatrix}$$

```
> UseHardwareFloats := deduced:
```

当求解几个方程组 $\boldsymbol{Ax}=\boldsymbol{b}_1,\boldsymbol{Ax}=\boldsymbol{b}_2,\cdots$，而这几个方程组具有相同的系数矩阵 $\boldsymbol{A}$ 时，只是常数向量 $\boldsymbol{b}_1,\boldsymbol{b}_2,\cdots$ 不同。将这些常数向量作为列向量增加至 $\boldsymbol{A}$ 的右边，就可同时求解这些方程组。

例 2.7 求解线性方程组 $\boldsymbol{Ax}=\boldsymbol{b}_1,\boldsymbol{Ax}=\boldsymbol{b}_2$，其中 $\boldsymbol{A}=\begin{bmatrix} 1 & -1 & 1 \\ 3 & -2 & 1 \\ 4 & 1 & -3 \end{bmatrix}$，$\boldsymbol{b}_1=\begin{bmatrix} 3 \\ 10 \\ 20 \end{bmatrix}$，$\boldsymbol{b}_2=\begin{bmatrix} 7 \\ -3 \\ 1 \end{bmatrix}$。

解 在矩阵 $\boldsymbol{A}$ 的右边增加列向量 $\boldsymbol{b}_1,\boldsymbol{b}_2$。

```
> A := <<1, 3, 4>|<-1, -2, 1>|<1, 1, -3>>:
  b1 := <3, 10, 20>:
  b2 := <7, -3, 1>:
  Ab := <A|b1|b2>;
```

$$Ab := \begin{bmatrix} 1 & -1 & 1 & 3 & 7 \\ 3 & -2 & 1 & 10 & -3 \\ 4 & 1 & -3 & 20 & 1 \end{bmatrix}$$

利用 Gauss-Jordan 消元法，对 $\boldsymbol{A}$ 实施初等行变换，把它变为 3 阶单位矩阵，则 $\boldsymbol{Ab}$ 的后两列就是解向量 $\boldsymbol{x}_1,\boldsymbol{x}_2$。

```
> H := GaussJor(Ab, info=false);
```

对矩阵实施 Gauss-Jordan 消元法

$$\begin{bmatrix}1 & -1 & 1 & 3 & 7\\3 & -2 & 1 & 10 & -3\\4 & 1 & -3 & 20 & 1\end{bmatrix}$$

$$H := \begin{bmatrix}1 & 0 & 0 & 5 & 14\\0 & 1 & 0 & 3 & 38\\0 & 0 & 1 & 1 & 31\end{bmatrix}$$

```
> with(LinearAlgebra):
x1 := Column(H,4);
x2 := Column(H,5);
```

$$x_1 := \begin{bmatrix}5\\3\\1\end{bmatrix},\quad x_2 := \begin{bmatrix}14\\38\\31\end{bmatrix}$$

例 2.8　利用程序 GaussJor 可以求可逆矩阵的逆。设 $\boldsymbol{A}=\begin{bmatrix}1 & 3 & 2\\4 & 5 & 1\\4 & 7 & 2\end{bmatrix}$，求 $\boldsymbol{A}^{-1}$。

解　建立矩阵 $\boldsymbol{A}$，并在其右边增加 3 阶单位矩阵 $\boldsymbol{E}$。

```
> A := <<1, 2, 3>|<3, 5, 6>|<0, 1, 2>>:
E := IdentityMatrix(3):
AE := <A|E>;
```

$$AE := \begin{bmatrix}1 & 3 & 0 & 1 & 0 & 0\\2 & 5 & 1 & 0 & 1 & 0\\3 & 6 & 2 & 0 & 0 & 0\end{bmatrix}$$

```
> H1 := GaussJor(AE, info=false);
```

对矩阵实施 Gauss-Jordan 消元法

$$H_1 := \begin{bmatrix}1 & 0 & 0 & 4 & -6 & 3\\0 & 1 & 0 & -1 & 2 & -1\\0 & 0 & 1 & -3 & 3 & -1\end{bmatrix}$$

删除 $\boldsymbol{H}_1$ 的前 3 列，即得到 $\boldsymbol{A}$ 的逆，并用矩阵乘法检验可知，结果正确。

```
> Ainv :=DeleteColumn(H1, 1..3);
```

$$\text{Ainv} := \begin{bmatrix}4 & -6 & 3\\-1 & 2 & -1\\-3 & 3 & -1\end{bmatrix}$$

```
> A.Ainv;
```

$$\begin{bmatrix} 1 & 0 & 0 \\ 0 & 1 & 0 \\ 0 & 0 & 1 \end{bmatrix}$$

例 2.9 利用程序 GaussJor,求一般矩阵 $\boldsymbol{A}=\begin{bmatrix} a & b \\ c & d \end{bmatrix}$ 的逆。

解 用 Maple 程序求解如下。

```
> unassign('a', 'b', 'c', 'd');
A := Matrix([[a, b], [c, d]]):
E := IdentityMatrix(2):
AE := <A|E>;
```

$$AE := \begin{bmatrix} a & b & 1 & 0 \\ c & d & 0 & 1 \end{bmatrix}$$

```
> H2 := GaussJor(AE, info=false);
```

对矩阵实施 Gauss-Jordan 消元法

$$\begin{bmatrix} a & b & 1 & 0 \\ c & d & 0 & 1 \end{bmatrix}$$

$$H_2 := \begin{bmatrix} 1 & 0 & \frac{d}{ad-bc} & -\frac{b}{ad-bc} \\ 0 & 1 & -\frac{c}{ad-bc} & \frac{a}{ad-bc} \end{bmatrix}$$

删除前两列即得 $\boldsymbol{A}^{-1}$。

```
> Ainv :=DeleteColumn(H2, 1..2);
```

$$\text{Ainv} := \begin{bmatrix} \frac{d}{ad-bc} & -\frac{b}{ad-bc} \\ -\frac{c}{ad-bc} & \frac{a}{ad-bc} \end{bmatrix}$$

```
> A.Ainv:
> map(normal, %); #对上述结果简化
```

$$\begin{bmatrix} 1 & 0 \\ 0 & 1 \end{bmatrix}$$

2.4 LU 分解法

```
> restart;
> with(LinearAlgebra):
interface(rtablesize=infinity):
```

为使程序运行、打开各小节,请在将光标放在提示符>后面的任意处按回车键。

1. 功能

将非退化矩阵 $\boldsymbol{A}$ 分解成单位下三角矩阵 $\boldsymbol{L}$ 与上三角矩阵 $\boldsymbol{U}$ 的乘积。即 $\boldsymbol{PA}=\boldsymbol{LU}$,其中

$\boldsymbol{P}$ 是置换矩阵。

2. 计算方法

(1) 采用与 Gauss 列主元消元法类似的做法，在进行分解时，先选列主元，再进行分解计算，即选主元的 Doolittle 分解法。

(2) 作 $\boldsymbol{A}$ 的 LU 分解：$\boldsymbol{PA}=\boldsymbol{LU}=\begin{pmatrix} 1 & & & & \\ l_{21} & 1 & & & \\ l_{31} & l_{32} & 1 & & \\ & \vdots & & \ddots & \\ l_{n1} & l_{n2} & l_{n3} & l_{nn-1} & 1 \end{pmatrix}\begin{pmatrix} u_{11} & u_{12} & u_{13} & \cdots & u_{1n} \\ & u_{22} & u_{23} & \cdots & u_{2n} \\ & & u_{33} & \cdots & u_{3n} \\ & & & \ddots & \vdots \\ & & & & u_{nn} \end{pmatrix}$

记矩阵 $\boldsymbol{A}=(a_{ij})(i,j=1,2,\cdots,n)$。第 k 步分解时，$\boldsymbol{A},\boldsymbol{L},\boldsymbol{U}$ 的元素计算如下：

① 依照对选主元设置 false(或 true)，分别在 $a_{kk},a_{(k+1)k},\cdots,a_{nk}$ 中寻找第一个非零元素(或绝对值最大的元素)a_{jk}，若 $j\neq k$，则将第 k 行与第 j 行互换，若找不到非零元素，则退出。记录下交换的两行。$a_{kk}\neq 0$，记 $a_{ik}=\dfrac{a_{ik}}{a_{kk}}$，第 k 行乘以 $-a_{ik}$，加到第 i 行($k=1,\cdots,n-1$)，$a_{ij}=a_{ij}-a_{ik}a_{kj}(i,j=k+1,\cdots,n)$。

② $\boldsymbol{L}$ 的元素 l_{ij} 取 $\boldsymbol{A}$ 的主对角线以下的相应元素 a_{ij}，$\boldsymbol{U}$ 的元素 u_{ij} 取 $\boldsymbol{A}$ 的主对角线以上(含对角线)的相应元素 a_{ij}。

3. 使用说明

LUDecomp(A);

LUDecomp(A,pivot=true);

式中，第一个参数为要分解的矩阵 $\boldsymbol{A}$，可以输入第二个参数，其形式为"pivot=true"或"pivot=false"。默认"pivot=false"，当出现零主元时，在列中选取非零元素作为主元。如果输入"pivot=true"，对数值型矩阵，在列中选取绝对值最大者作为主元，对符号型矩阵，按元素长度选取主元。执行程序后，按顺序返回 3 个矩阵 $\boldsymbol{L},\boldsymbol{U},\boldsymbol{P}$ 使得 $\boldsymbol{PA}=\boldsymbol{LU}$。

4. Maple 程序

```
> LUDecomp := proc(AA)
local m, n, i, j, k, multiplier, A, t, p, q, s, symb, L, U, P, pivot, Options;
if not type(AA, 'Matrix') then
error "输入的参数 AA 必须是矩阵";
end if;
pivot :=false;
if nargs=2 then
    Options :=args[2];
      if not type(Options, equation) then
     error"输入的第二个参数必须是方程式"
     end if;
   pivot :=rhs(args[2]);
end if;
m :=LinearAlgebra['RowDimension'](AA);
n :=LinearAlgebra['ColumnDimension'](AA);
if m <> n then
```

```
        error "输入的必须是方阵"
    end if;
    A := Matrix(n);
    for i to m do
        for j to n do
                A[i, j] := eval(AA[i, j]);
        end do;
    end do;
    P := Matrix(n);
    L := LinearAlgebra['IdentityMatrix'](n, compact=false);
    U := Matrix(n);
    if hastype(eval(A), float) then
            A := map(evalf, A);
    end if;
    symb := hastype(A, symbol);
    if symb then
            A := map(normal, A);
    end if;
    p := Array(1..n);
    for i from 1 to n do
         p[i] := i;
    end do;
    s := 0;
    for k from 1 to n-1 do #对矩阵实施 LU-Doolittle 分解
         for i from k to n do
                if not pivot then
                    if  symb then
                        if length(A[i, k])> 0 then
                            q := i;
                            s := length(A[i, k]);
                            break;
                        end if;
                    else
                         if abs(A[i, k])> 0 then
                            q := i;
                            s := A[i, k];
                            break;
                            end if;
                    end if;
                 else
                    if symb then
                        s := infinity;
                        if length(A[i, k])< s then
                            q := i;
                            s := length(A[i, k]);
```

```
                end if;
            else
                if abs(A[i, k])> abs(s) then
                    q := i;
                    s := A[i, k];
                end if;
            end if;
        end if;
    end do;
  if q <> k  then
        A[[q, k], 1..-1] := A[[k, q], 1..-1]; #两行互换
        t := p(q);
        p(q) := p[k];
        p[k] := t;
   end if;
   if s=0 then
      print('输入的矩阵是退化的,无法进行 LU 分解');
      break;
    end if;
  for i from k+1 to n do
        multiplier := A[i, k]/A[k, k];
        A[i, k] := multiplier;
        if symb then
            multiplier := normal(multiplier);
            A[i, k] := normal(A[i, k]);
        end if;
          if multiplier=0 then
            next;
          end if;
          for t from k+1 to n do
          A[i, t] := A[i, t]-multiplier * A[k,t];
            if symb then
              A[i, t] := normal(A[i, t]);
            end if;
          end do;
    end do;
end do;
for i from 1 to n do
   for j from 1 to n do
     if i<=j then
          U[i, j] := A[i, j];
       else
          L[i, j] := A[i, j];
     end if;
   end do;
```

```
end do;
for i from 1 to n do
    for j from 1 to n do
      if i=p[j] then
            P[i, j] :=1
            else
            P[i, j] :=0;
      end if;
    end do;
end do;
return L,U,P;
end:
```

例 2.10 求解方程组 $\boldsymbol{Ax}=\boldsymbol{b}$，其中 $\boldsymbol{A}=\begin{bmatrix}1 & 2 & 6\\ 4 & 8 & -1\\ -2 & 3 & 5\end{bmatrix}$，$\boldsymbol{b}=\begin{bmatrix}1\\1\\2\end{bmatrix}$。

解 建立矩阵 $\boldsymbol{A}$ 及向量 $\boldsymbol{b}$，用程序 LUDecomp 将 $\boldsymbol{A}$ 分解。

```
> A :=Matrix(3, 3, [1, 2, 6, 4, 8, -1, -2, 3, 5]):
  b :=<1, 1, 2>:
> (L, U, P) :=LUDecomp(A);
```

$$L,U,P=\begin{bmatrix}1 & 0 & 0\\ -2 & 1 & 0\\ 4 & 0 & 1\end{bmatrix},\begin{bmatrix}1 & 2 & 6\\ 0 & 7 & 17\\ 0 & 0 & -25\end{bmatrix},\begin{bmatrix}1 & 0 & 0\\ 0 & 0 & 1\\ 0 & 1 & 0\end{bmatrix}$$

原方程 $\boldsymbol{Ax}=\boldsymbol{b}$ 可以写为 $\boldsymbol{PAx}=\boldsymbol{Pb}$，即 $\boldsymbol{LUx}=\boldsymbol{Pb}$。设 $\boldsymbol{Ux}=\boldsymbol{y}$，则有 $\boldsymbol{Ly}=\boldsymbol{Pb}$，现在求解此方程。

```
> b1 :=MatrixVectorMultiply(P, b);
```

$$b_1 := \begin{bmatrix}1\\2\\1\end{bmatrix}$$

利用 LinearAlgebra 程序包中的向前替代命令 ForwardSubstitute 可求出 $\boldsymbol{y}$。

```
> y :=ForwardSubstitute(L, b1);
```

$$y := \begin{bmatrix}1\\4\\-3\end{bmatrix}$$

最后从 $\boldsymbol{Ux}=\boldsymbol{y}$ 中解出 $\boldsymbol{x}$。

```
> x :=BackwardSubstitute(U, y);
```

$$x := \begin{bmatrix}-\frac{7}{25}\\ \frac{7}{25}\\ \frac{3}{25}\end{bmatrix}$$

检验结果有 $\boldsymbol{Ax}=\boldsymbol{b}$，结论正确。

例 2.11　设 $\boldsymbol{A}=\begin{bmatrix}1 & 2 & 9\\ 7 & 1 & 0\\ -5 & 3 & 2\end{bmatrix}$，$\boldsymbol{B}=\begin{bmatrix}-3 & 4\\ 5 & 3\\ 1 & 6\end{bmatrix}$。求出矩阵 $\boldsymbol{A}$ 的 LU 分解，并由此解矩阵方程 $\boldsymbol{AX}=\boldsymbol{B}$。

```
> A := Matrix([[1, 2, 9], [7, 1, 0], [-5, 3, 2]]):
> (L, U, P):=LUDecomp(A);
```

$$L,U,P=\begin{bmatrix}1 & 0 & 0\\ 7 & 1 & 0\\ -5 & -1 & 1\end{bmatrix},\begin{bmatrix}1 & 2 & 9\\ 0 & -13 & -63\\ 0 & 0 & -16\end{bmatrix},\begin{bmatrix}1 & 0 & 0\\ 0 & 1 & 0\\ 0 & 0 & 1\end{bmatrix}$$

```
> B := Matrix([[-3, 4], [5, 3], [1, 6]]);
```

$$B:=\begin{bmatrix}-3 & 4\\ 5 & 3\\ 1 & 6\end{bmatrix}$$

用向前替代求解 $\boldsymbol{LY}=\boldsymbol{B}$。

```
> with(LinearAlgebra):
Y := ForwardSubstitute(L, B);
```

$$Y:=\begin{bmatrix}-3 & 4\\ 26 & -25\\ 12 & 1\end{bmatrix}$$

用向后回代求解 $\boldsymbol{UX}=\boldsymbol{Y}$。

```
> X := BackwardSubstitute(U, Y);
```

$$X:=\begin{bmatrix}\frac{25}{52} & \frac{23}{208}\\ \frac{85}{52} & \frac{463}{208}\\ -\frac{3}{4} & -\frac{1}{16}\end{bmatrix}$$

经检验可知，$\boldsymbol{AX}=\boldsymbol{B}$。

```
> A.X;
```

$$B:=\begin{bmatrix}-3 & 4\\ 5 & 3\\ 1 & 6\end{bmatrix}$$

例 2.12　利用矩阵 $\boldsymbol{A}$ 的 LU 分解，求矩阵 $\boldsymbol{A}=\begin{bmatrix}2 & -5 & 2 & 4\\ -3 & 1 & 6 & 8\\ 7 & 8 & 3 & -3\\ -6 & -5 & 1 & 1\end{bmatrix}$ 的逆。

解　设 $\boldsymbol{E}$ 是 4 阶单位矩阵，求 $\boldsymbol{A}$ 的逆等价于求解矩阵方程 $\boldsymbol{AX}=\boldsymbol{E}$。

```
> A := Matrix([[1, -3, 1, 0], [-3, 1, 6, 1], [2, 5, 3, -3], [-6, 0, 1, 1]]):
```

```
(L,U,P):=LUDecomp(A);
```

$$L,U,P=\begin{bmatrix}1&0&0&0\\-3&1&0&0\\2&-\frac{11}{8}&1&0\\-6&\frac{9}{4}&-\frac{106}{107}&1\end{bmatrix},\begin{bmatrix}1&-3&1&0\\0&-8&9&1\\0&0&\frac{107}{8}&-\frac{13}{8}\\0&0&0&-\frac{306}{107}\end{bmatrix},\begin{bmatrix}1&0&0&0\\0&1&0&0\\0&0&1&0\\0&0&0&1\end{bmatrix}$$

```
> E:=IdentityMatrix(4);
```

$$E:=\begin{bmatrix}1&0&0&0\\0&1&0&0\\0&0&1&0\\0&0&0&1\end{bmatrix}$$

用向前替代求解 $\boldsymbol{LY}=\boldsymbol{E}$。

```
> Y := ForwardSubstitute(L, E);
```

$$Y:=\begin{bmatrix}1&0&0&0\\3&1&0&0\\\frac{17}{8}&\frac{11}{8}&1&0\\\frac{145}{107}&-\frac{95}{107}&\frac{106}{107}&1\end{bmatrix}$$

用向后回代求解 $\boldsymbol{UX}=\boldsymbol{Y}$。

```
> X := BackwardSubstitute(U, Y);
```

$$X:=\begin{bmatrix}-\frac{19}{306}&\frac{23}{306}&-\frac{8}{153}&-\frac{71}{306}\\-\frac{49}{153}&\frac{11}{153}&-\frac{1}{153}&-\frac{14}{153}\\\frac{31}{306}&\frac{43}{306}&\frac{5}{153}&-\frac{13}{306}\\-\frac{145}{306}&\frac{95}{306}&-\frac{53}{306}&-\frac{107}{306}\end{bmatrix}$$

经验证可知,$\boldsymbol{X}$ 是 $\boldsymbol{A}$ 的逆。

例 2.13 设 $\boldsymbol{A}=\begin{bmatrix}9.4087&-5.2720&-11.9160\\-11.2053&12.5373&-6.3323\\6.7898&-2.0758&5.5332\end{bmatrix}$,$\boldsymbol{b}=\begin{bmatrix}0.3570\\1\\1.560\end{bmatrix}$,求解方程 $\boldsymbol{Ax}=\boldsymbol{b}$。

注 对具有小数元素的矩阵,如果 Digits 的值小于 15,不管初始数据具有多少位数字,将对矩阵运用硬件浮点数(hardware floating point numbers)进行计算,它一般在 15～18 位小数。如果 Digits 的设置大于 15,则按 Digits 的值计算。这一特性由全局变量 UseHardwareFloats 控制,其缺省值是 deduced。Maple 根据 UseHardwareFloats 的值判断硬件或软件("hardware"

or "software")计算环境,并按照 Digits 的设置进行浮点计算。

```
> UseHardwareFloats;
```

deduced

要想用 5 位软件浮点数计算,须将 UseHardwareFloats 设置为 false。

```
> UseHardwareFloats := false:
Digits :=5:
```

解　由于矩阵的元素为小数形式,我们选用带主元的 LU 分解,首先建立矩阵 $\boldsymbol{A}$。

```
> A := Matrix([[9.4087, -5.2720, -11.9160], [-11.2053, 12.5373, -6.3323], [6.7898, -2.0758, 5.5332]]);
> (L, U, P) :=LUDecomp(A, pivot=true);
```

$$L,U,P=\begin{bmatrix}1 & 0 & 0\\ -0.83969 & 1 & 0\\ -0.6596 & 1.0506 & 1\end{bmatrix},\begin{bmatrix}-11.205 & 12.537 & -6.3323\\ 0 & 5.2550 & -17.233\\ 0 & 0 & 19.801\end{bmatrix},\begin{bmatrix}1 & 0 & 0\\ 0 & 1 & 0\\ 0 & 0 & 1\end{bmatrix}$$

方程 $\boldsymbol{Ax}=\boldsymbol{b}$ 等价于 $\boldsymbol{PAx}=\boldsymbol{Pb}$,即 $\boldsymbol{LUx}=\boldsymbol{Pb}$。

```
> b :=<0.3570, 1, 1.560>:
b1 :=P.b;
```

$$b_1:=\begin{bmatrix}1\\ 0.3570\\ 1.560\end{bmatrix}$$

用向前替代求解 $\boldsymbol{Ly}=\boldsymbol{b}_1$。

```
> y := ForwardSubstitute(L, b1);
```

$$y:=\begin{bmatrix}1.000\\ 1.1967\\ 0.90870\end{bmatrix}$$

用向后回代求解 $\boldsymbol{Ux}=\boldsymbol{y}$。

```
> x := BackwardSubstitute(U, y);
```

$$x:=\begin{bmatrix}0.30801\\ 0.37823\\ 0.045892\end{bmatrix}$$

验证结果。

```
> A.x;
```

$$\begin{bmatrix}0.35715\\ 1.0000\\ 1.5601\end{bmatrix}$$

```
> x := 'x':
UseHardwareFloats := deduced:
```

例 2.14 设 $\boldsymbol{A}=\begin{bmatrix} p & \frac{1}{p} & p^2-1 \\ 1 & 2p & -1 \\ p & p^2 & \frac{p-1}{p+1} \end{bmatrix}$,求出矩阵 $\boldsymbol{A}$ 的 LU 分解。

解 建立矩阵 $\boldsymbol{A}$。

```
> p := 'p':
A := Matrix([[p, 1/p, p^2-1], [1, 2*p, -1], [p, p^2, (p-1)/(p+1)]]) :
> (L, U, P) :=LUDecomp(A);
```

$$L,U,P=\begin{bmatrix} 1 & 0 & 0 \\ \frac{1}{p} & 1 & 0 \\ 1 & \frac{(p^3-1)p}{2p^3-1} & 1 \end{bmatrix},\begin{bmatrix} p & \frac{1}{p} & p^2-1 \\ 0 & \frac{2p^3-1}{p^2} & -\frac{p+p^2-1}{p} \\ 0 & 0 & -\frac{-4p^4+2p+p^6+p^3+p^2-1}{(p+1)(2p^3-1)} \end{bmatrix},$$
$$\begin{bmatrix} 1 & 0 & 0 \\ 0 & 1 & 0 \\ 0 & 0 & 1 \end{bmatrix}$$

检验结果,算得 $\boldsymbol{LU}=\boldsymbol{P}$,结论正确。

```
> L.U:
> map(normal, %); # 对上述结果 L.U 化简
```

$$\begin{bmatrix} p & \frac{1}{p} & p^2-1 \\ 1 & 2p & -1 \\ p & p^2 & \frac{p-1}{p+1} \end{bmatrix}$$

LinearAlgebra 程序包中的 LUDecomposition 程序也可用来求解上述例子。例如,

```
> LinearAlgebra[LUDecomposition](A);
```

$$\begin{bmatrix} 1 & 0 & 0 \\ 0 & 1 & 0 \\ 0 & 0 & 1 \end{bmatrix},\begin{bmatrix} 1 & 0 & 0 \\ \frac{1}{p} & 1 & 0 \\ 1 & \frac{(p^3-1)p}{2p^3-1} & 1 \end{bmatrix},\begin{bmatrix} p & \frac{1}{p} & p^2-1 \\ 0 & \frac{2p^3-1}{p^2} & -\frac{p+p^2-1}{p} \\ 0 & 0 & -\frac{-4p^4+2p+p^6+p^3+p^2-1}{(p+1)(2p^3-1)} \end{bmatrix}$$

两个程序算得的结果相同。

2.5　平方根法

1. 功能

将正定对称矩阵 $\boldsymbol{A}$ 分解成下三角矩阵 $\boldsymbol{L}$ 与 $\boldsymbol{L}$ 的转置的乘积，即 $\boldsymbol{A}=\boldsymbol{L}\boldsymbol{L}^{\mathrm{T}}$(Cholesky 分解)。

2. 计算方法

(1) 设 $\boldsymbol{A}=(a_{ij})=\boldsymbol{L}\boldsymbol{L}^{\mathrm{T}}$，即

$$\boldsymbol{A}=\boldsymbol{L}\boldsymbol{L}^{\mathrm{T}}=\begin{pmatrix} l_{11} & & & & \\ l_{21} & l_{22} & & & \\ l_{31} & l_{32} & l_{33} & & \\ \vdots & \vdots & & \ddots & \\ l_{n1} & l_{n2} & l_{n3} & l_{nn-1} & l_{nn} \end{pmatrix}\begin{pmatrix} l_{11} & l_{21} & l_{31} & \cdots & l_{n1} \\ & l_{22} & l_{32} & \cdots & l_{n2} \\ & & l_{33} & \cdots & l_{n3} \\ & & & \ddots & \vdots \\ & & & & l_{nn} \end{pmatrix}$$

(2) $\boldsymbol{L}$ 的元素计算如下：

① $l_{11}=\sqrt{a_{11}}$；

② $l_{j1}=\dfrac{a_{j1}}{l_{11}},j=2,\cdots,n$；

③ $l_{jj}=\left(a_{jj}-\sum\limits_{k=1}^{j-1}l_{jk}^{2}\right)^{\frac{1}{2}},l_{ij}=\left(a_{ij}-\sum\limits_{k=1}^{j-1}l_{jk}l_{ik}\right)\Big/l_{jj}\,(j=2,\cdots,n;\ i=3,\cdots,n)$。

(3)　利用命令 ForwardSubstitute 和 BackwardSubstitute 求解方程。

3. 使用说明

LLtdecomp(*A*)；

LLtdecomp(*A*,*b*)；

式中，第一个参数为要分解的矩阵 $\boldsymbol{A}$，执行程序后，返回矩阵 $\boldsymbol{L}$ 使得 $\boldsymbol{A}=\boldsymbol{L}\boldsymbol{L}^{\mathrm{T}}$。如果输入第二个参数向量(或矩阵)$\boldsymbol{b}$，执行程序后，则按顺序返回方程组 $\boldsymbol{A}\boldsymbol{x}=\boldsymbol{b}$ 的解 $\boldsymbol{x}$ 和矩阵 $\boldsymbol{L}$。

4. Maple 程序

```
> LLtdecomp := proc(A, b)
local m, n, i, j, judge, k, s, t, x, y, L, Lt, H;
m := LinearAlgebra['RowDimension'](A);
n := LinearAlgebra['ColumnDimension'](A);
if m <> n then
        error "输入的必须是方阵"
end if;
H := LinearAlgebra[Transpose](A);
judge := LinearAlgebra[Equal](A, H);
if not judge then
error "输入的参数 A 必须是对称矩阵";
end if;
L := Matrix(n);
s := A[1, 1];
if s <= 0 then
```

```
        error"矩阵 A 不是正定矩阵,无法进行 Cholesky 分解"
    else
    L[1,1] := sqrt(s);
    end if;
    for j from 2 to n do
            L[j, 1] := A[j, 1]/L[1, 1];
    end do;
    for j from 2 to n do
            t := 0;
            for k from 1 to j-1 do
              t := t+(L[j, k])^2;
            end do;
      s := A[j, j]-t;
            if s > 0 then
            L[j, j] := sqrt(s);
      else
      # error"矩阵 A 不是正定矩阵,无法进行 Cholesky 分解"
      end if;
      for i from j+1 to n do
            t := 0;
            for k from 1 to j-1 do
              t := t+(L[j, k]) * L[i, k];
            end do;
       L[i, j] := (A[i, j]-t)/L[j, j];
      end do;
     end do;
    if nargs=2 then
       y := LinearAlgebra[ForwardSubstitute](L, b);
       Lt := LinearAlgebra[Transpose](L);
       x := LinearAlgebra[BackwardSubstitute](Lt, y);
     print('Ax=b 的解 x 及 A 的 Cholesky 分解中的 L 分别为');
       return x, L;
    else
      print('A 的 Cholesky 分解中的 L 为');
      return L;
    end if;
    end:
```

例 2.15 设 $\boldsymbol{A}=\begin{bmatrix}4 & -1 & 1\\ -1 & \frac{17}{4} & \frac{11}{4}\\ 1 & \frac{11}{4} & \frac{9}{2}\end{bmatrix}$,$\boldsymbol{b}=\begin{bmatrix}-1\\ 1\\ -\frac{3}{2}\end{bmatrix}$,求 $\boldsymbol{A}$ 的 Cholesky 分解,并解方程组 $\boldsymbol{Ax}=\boldsymbol{b}$。

解 建立矩阵 $\boldsymbol{A}$ 和向量 $\boldsymbol{b}$,代入程序 LLtdecomp 即得。

```
> A := Matrix(3, 3, [4, -1, 1, -1, 17/4, 11/4, 1, 11/4, 9/2]):
b := <-1, 1, -3/2>:
```

```
> (x, L) := LLtdecomp(A, b);
```

$\boldsymbol{Ax}=\boldsymbol{b}$ 的解 $\boldsymbol{x}$ 及 $\boldsymbol{A}$ 的 Cholesky 分解中的 $\boldsymbol{L}$ 分别为

$$x, L := \begin{bmatrix} \frac{99}{512} \\ \frac{111}{128} \\ -\frac{29}{32} \end{bmatrix}, \begin{bmatrix} 2 & 0 & 0 \\ -\frac{1}{2} & 2 & 0 \\ \frac{1}{2} & \frac{3}{2} & \sqrt{2} \end{bmatrix}$$

检验结果，有 $\boldsymbol{LL}^{\mathrm{T}}=\boldsymbol{A}$，$\boldsymbol{Ax}=\boldsymbol{b}$。

```
> with(LinearAlgebra):
Lt := Transpose(L):
> L.Lt;
```

$$\begin{bmatrix} 4 & -1 & 1 \\ -1 & \frac{17}{4} & \frac{11}{4} \\ 1 & \frac{11}{4} & \frac{9}{2} \end{bmatrix}$$

```
> A.x;
```

$$\begin{bmatrix} -1 \\ 1 \\ -\frac{3}{2} \end{bmatrix}$$

例 2.16　求解矩阵方程 $\boldsymbol{AX}=\boldsymbol{B}$，其中 $\boldsymbol{A}=\begin{bmatrix} 5 & 3 & 6 & 5 \\ 3 & 10 & 8 & 7 \\ 6 & 8 & 10 & 9 \\ 5 & 7 & 9 & 10 \end{bmatrix}$，$\boldsymbol{B}=\begin{bmatrix} 19 & 1 \\ 28 & 0 \\ 33 & -1 \\ 31 & 2 \end{bmatrix}$。

解

```
> A := <<5, 3, 6, 5>|<3, 10, 8, 7>|<6, 8, 10, 9>|<5, 7, 9, 10>>:
B := <<19, 28, 33, 31>|<1, 0, -1, 2>>:
> (X, L) := LLtdecomp(A, B);
```

$\boldsymbol{AX}=\boldsymbol{B}$ 的解 $\boldsymbol{X}$ 及 $\boldsymbol{A}$ 的 Cholesky 分解中的 $\boldsymbol{L}$ 分别为

$$x, L := \begin{bmatrix} -107 & 105 \\ 65 & -63 \\ 29 & -28 \\ -15 & 17 \end{bmatrix}, \begin{bmatrix} \sqrt{5} & 0 & 0 & 0 \\ \frac{7}{5}\sqrt{5} & \frac{\sqrt{5}}{5} & 0 & 0 \\ \frac{6}{5}\sqrt{5} & -\frac{2}{5}\sqrt{5} & \sqrt{2} & 0 \\ \sqrt{5} & 0 & \frac{3}{2}\sqrt{2} & \frac{\sqrt{2}}{2} \end{bmatrix}$$

2.6 改进的平方根法

1. 功能

将满足某些条件(如,各阶顺序主子式不为0)的对称矩阵或正定对称矩阵 $\boldsymbol{A}$ 分解成单位下三角矩阵 $\boldsymbol{L}$,对角矩阵 $\boldsymbol{D}$ 和 $\boldsymbol{L}$ 的转置的乘积,即 $\boldsymbol{A}=\boldsymbol{LDL}^{\mathrm{T}}$(Cholesky 分解)。

2. 计算方法

(1) 设 $\boldsymbol{A}=(a_{ij})=\boldsymbol{LDL}^{\mathrm{T}}$,即

$$\boldsymbol{A}=\boldsymbol{LDL}^{\mathrm{T}}=\begin{pmatrix}1 & & & & \\ l_{21} & 1 & & & \\ l_{31} & l_{32} & 1 & & \\ \vdots & \vdots & & \ddots & \\ l_{n1} & l_{n2} & l_{n3} & l_{nn-1} & 1\end{pmatrix}\begin{bmatrix}d_1 & & & & \\ & d_2 & & & \\ & & d_3 & & \\ & & & \ddots & \\ & & & & d_n\end{bmatrix}\begin{pmatrix}1 & l_{21} & l_{31} & \cdots & l_{n1} \\ & 1 & l_{32} & \cdots & l_{n2} \\ & & 1 & \cdots & l_{n3} \\ & & & \ddots & \vdots \\ & & & & 1\end{pmatrix}$$

(2) $\boldsymbol{L}$、$\boldsymbol{D}$ 的元素计算如下:

① $d_1=a_{11}$;

② $l_{j1}=a_{j1}/d_1(j=2,\cdots,n)$;

③ $d_j=a_{jj}-\sum_{k=1}^{j-1}l_{jk}^2d_k$,

$$l_{ij}=\left(a_{ij}-\sum_{k=1}^{j-1}l_{ik}l_{jk}d_k\right)\Big/d_j\,(j=2,\cdots,n;\ i=3,\cdots,n)。$$

(3) 利用命令 ForwardSubstitute 和 BackwardSubstitute 求解方程。

3. 使用说明

LDLtdecomp(*A*);

LDLtdecomp(*A*, *b*);

式中,第一个参数为要分解的矩阵 $\boldsymbol{A}$,执行程序后,返回矩阵 $\boldsymbol{L}$ 和 $\boldsymbol{D}$ 使得 $\boldsymbol{A}=\boldsymbol{LDL}^{\mathrm{T}}$。如果输入第二个参数向量(或矩阵)$\boldsymbol{b}$,执行程序后,则按顺序返回方程组 $\boldsymbol{Ax}=\boldsymbol{b}$ 的解 $\boldsymbol{x}$ 和矩阵 $\boldsymbol{L}$,$\boldsymbol{D}$。

4. Maple 程序

```
> LDLtdecomp := proc(A, b)
local m, n, n1, i, j, judge, k ,s, t, x, y, AT, L, Lt, DD;
m :=LinearAlgebra['RowDimension'](A);
n :=LinearAlgebra['ColumnDimension'](A);
if m <> n then
        error "输入的必须是方阵"
end if;
AT :=LinearAlgebra[Transpose](A);
judge :=LinearAlgebra[Equal](A,AT);
if not judge then
```

```
error "输入的参数 A 必需是对称矩阵";
end if;
L := LinearAlgebra['IdentityMatrix'](n, compact=false);
DD := Matrix(n);
DD[1, 1] := A[1, 1];
for i from 2 to m do
   L[i, 1] := A[i, 1]/DD[1, 1];
end do;
for i from 3 to m do
   for j from 2 to m do
       s := 0;
       for k from 1 to j-1 do
          s := s+DD[k, k] * (L[j, k])^2;
       end do;
       DD[j, j] := A[j, j]-s;
       t := 0;
       for k from 1 to j-1 do
          t := t+DD[k, k] * L[i, k] * L[j, k];
       end do;
     L[i, j] := (A[i, j]-t)/DD[j, j];
  end do;
end do;
if nargs=2 then
   y := LinearAlgebra[ForwardSubstitute](L, b);
    if type(b, Vector) then
       for k from 1 to m do
         y[k] := y[k]/DD[k, k];
       end do;
    else
      n1 := LinearAlgebra[ColumnDimension](y);
        for k from 1 to m do
           y[k, 1..n1] := y[k, 1..n1]/DD[k, k];
        end do;
    end if;
  Lt := LinearAlgebra[Transpose](L);
  x := LinearAlgebra[BackwardSubstitute](Lt, y);
  print('Ax=b 的解,单位下三角矩阵和对角矩阵分别是');
  return x, L, DD;
else
  return L, DD;
end if;
end:
```

例 2.17 求解矩阵方程 $\boldsymbol{AX}=\boldsymbol{B}$,其中 $\boldsymbol{A}=\begin{bmatrix}-3 & 1 & 1\\ 1 & 2 & -1\\ 1 & -1 & 2\end{bmatrix}$,$\boldsymbol{B}=\begin{bmatrix}0.65 & 1\\ 0 & 3\\ 1.5 & -2\end{bmatrix}$。

解 建立矩阵 $\boldsymbol{A}$,$\boldsymbol{B}$,并执行程序 LDLtdecomp,则有

```
> A := Matrix(3, 3, [-3, 1, 1, 1, 2, -1, 1, -1, 2]):
B := Matrix(3, 2, [0.65, 1, 0, 3, 1.5, -2]):
> UseHardwareFloats := false:
Digits := 7:
> (X, L, DD) := LDLtdecomp(A, B);
```

$\boldsymbol{AX}=\boldsymbol{B}$ 的解,单位下三角矩阵和对角矩阵分别是

$$\boldsymbol{X},\boldsymbol{L},\boldsymbol{DD}:=\begin{bmatrix}0.1700001 & -2.0000\ 10^{-7}\\ 0.3300001 & 1.333333\\ 0.8300003 & -0.3333335\end{bmatrix},\begin{bmatrix}1 & 0 & 0\\ -\frac{1}{3} & 1 & 0\\ -\frac{1}{3} & -\frac{2}{7} & 1\end{bmatrix},\begin{bmatrix}-3 & 0 & 0\\ 0 & \frac{7}{3} & 0\\ 0 & 0 & \frac{15}{7}\end{bmatrix}$$

检验结果,则有 $L.\mathrm{DD}.\mathrm{Lt}=A$,$\boldsymbol{AX}\approx\boldsymbol{B}$。

```
> Lt := Transpose(L): # Lt 为 L 的转置
> L.DD.Lt;
```

$$\begin{bmatrix}-3 & 1 & 1\\ 1 & 2 & -1\\ 1 & -1 & 2\end{bmatrix}$$

```
> A.X;
```

$$\begin{bmatrix}0.6500001 & 1.000000\\ 0 & 3.000000\\ 1.500001 & -2.000000\end{bmatrix}$$

```
> UseHardwareFloats := deduced:
```

2.7 追赶法

1. 功能

将满足某些条件[如,按行(列)严格对角占优]的三对角矩阵 $\boldsymbol{A}$ 分解成下三角矩阵 $\boldsymbol{L}$ 和单位上三角矩阵 $\boldsymbol{U}$ 的乘积,即 $\boldsymbol{A}=\boldsymbol{LU}$(Crout 分解),并可求解线性方程组 $\boldsymbol{Ax}=\boldsymbol{d}$。

2. 计算方法

(1) 设

$$\boldsymbol{A}=\begin{pmatrix}b_1 & c_1 & & & \\ a_2 & b_2 & c_2 & & \\ & \ddots & \ddots & \ddots & \\ & & a_{n-1} & b_{n-1} & c_{n-1}\\ & & & a_n & b_n\end{pmatrix}$$

$$=\begin{pmatrix} l_1 & & & & & & & \\ m_2 & l_2 & & & & & & \\ & \ddots & \ddots & & & & & \\ & & m_i & l_i & & & & \\ & & & m_{i+1} & l_{i+1} & & & \\ & & & & \ddots & \ddots & & \\ & & & & & m_{n-1} & l_{n-1} & \\ & & & & & & m_n & l_n \end{pmatrix}\begin{pmatrix} 1 & u_1 & & & & & \\ & 1 & u_2 & & & & \\ & & \ddots & \ddots & & & \\ & & & 1 & u_{i-1} & & \\ & & & & 1 & u_i & \\ & & & & & 1 & \ddots \\ & & & & & & \ddots & u_{n-1} \\ & & & & & & & 1 \end{pmatrix}$$

(2) 各元素计算如下：

① $l_1=b_1, u_1=\dfrac{c_1}{l_1}(u_1=m_j=a_j)$；

② $l_j=b_j-m_j u_{j-1}(j=2,\cdots,n)$；

$u_j=\dfrac{c_j}{l_j}(j=2,\cdots,n-1)$。

(3) $\boldsymbol{Ax}=\boldsymbol{d}$ 等价于 $\boldsymbol{LUx}=\boldsymbol{d}$，即 $\boldsymbol{Ly}=\boldsymbol{d}$，$\boldsymbol{Ux}=\boldsymbol{y}$，可分别求解。

① 追过程(解 $\boldsymbol{Ly}=\boldsymbol{d}$)：$y_1=\dfrac{d_1}{b_1}, y_j=\dfrac{d_j-a_j y_{j-1}}{b_j-a_j u_{j-1}}(j=2,\cdots,n)$；

② 赶过程(解 $\boldsymbol{Ux}=\boldsymbol{y}$)：$x_n=y_n, x_j=y_j-u_j x_{j+1}(j=n-1,\cdots,1)$。

3. 使用说明

Tridiag($\boldsymbol{a}$, $\boldsymbol{b}$, $\boldsymbol{c}$, $\boldsymbol{d}$);

式中，参数 $\boldsymbol{a}$，$\boldsymbol{b}$，$\boldsymbol{c}$ 分别是矩阵 $\boldsymbol{A}$ 的次对角线、主对角线和上对角线构成的向量；$\boldsymbol{d}$ 是方程组 $\boldsymbol{Ax}=\boldsymbol{d}$ 的常数向量。如果只输入 $\boldsymbol{a}$，$\boldsymbol{b}$，$\boldsymbol{c}$，执行程序后，返回矩阵 $\boldsymbol{L}$ 和 $\boldsymbol{U}$ 使得 $\boldsymbol{A}=\boldsymbol{LU}$。如果输入常数向量 $\boldsymbol{d}$，执行程序后，则按顺序返回方程组 $\boldsymbol{Ax}=\boldsymbol{d}$ 的解 $\boldsymbol{x}$ 和矩阵 $\boldsymbol{L}$，$\boldsymbol{U}$。

4. Maple 程序

```
> Tridiag := proc(a, b, c, d)
local i, x, m, n, t, L, U;
m :=LinearAlgebra[Dimension](b);
L :=Matrix(m);
U :=LinearAlgebra[IdentityMatrix](m, compact=false);
L[1, 1] :=b[1];
if L[1, 1]=0 then
     error"不满足分解条件,无法分解";
else
   U[1, 2] :=c[1]/L[1, 1];
end if;
for i from 2 to m do #进行 Crout 分解
          L[i, i-1] :=a[i-1];
          L[i, i] :=b[i]-a[i-1] * U[i-1, i];
   if L[i, i]<> 0 and i < m then
        U[i, i+1] :=c[i]/ L[i, i];
     elif L[i, i]=0 then
```

```
        error"不满足分解条件,无法分解"
      end if;
  end do;
  if nargs=3 then
  return L, U;
  else
    n :=LinearAlgebra[Dimension](d);
    if m <> n then
        error "输入的向量维数不一致,请重新输入"
      end if;
  x :=Vector(n);
  x[1] :=d[1]/b[1];
  for i from 2 to n do
    x[i] :=(d[i]-a[i-1] * x[i-1])/(b[i]-a[i-1] * U[i-1, i]);
  end do;
  for i from n-1 by -1 to 1 do
     x[i] :=x[i]-U[i, i+1] * x[i+1];
  end do;
  return x, L, U;
  end if;
  end:
> ;
```

例 2.18 设三对角矩阵 $\boldsymbol{A}=\begin{bmatrix}2 & -1 & 0 & 0\\ -1 & 2 & -1 & 0\\ 0 & -1 & 2 & -1\\ 0 & 0 & -1 & 2\end{bmatrix}$,利用追赶法求 $\boldsymbol{A}$ 的 Crout 分解。

解 建立矩阵 $\boldsymbol{A}$ 的三个对角线向量。

```
> a :=Vector(3,-1);
b :=Vector(4,2);
c :=a;
```

$$a := \begin{bmatrix}-1\\ -1\\ -1\end{bmatrix},\quad b := \begin{bmatrix}2\\ 2\\ 2\\ 2\end{bmatrix},\quad c := \begin{bmatrix}-1\\ -1\\ -1\end{bmatrix}$$

```
>(L,U) :=Tridiag(a,b,c);
```

$$L,U := \begin{bmatrix}2 & 0 & 0 & 0\\ -1 & \frac{3}{2} & 0 & 0\\ 0 & -1 & \frac{4}{3} & 0\\ 0 & 0 & -1 & \frac{5}{4}\end{bmatrix},\ \begin{bmatrix}1 & -\frac{1}{2} & 0 & 0\\ 0 & 1 & -\frac{2}{3} & 0\\ 0 & 0 & 1 & -\frac{3}{4}\\ 0 & 0 & 0 & 1\end{bmatrix}$$

例 2.19 $A=\begin{bmatrix}-10 & -2 & 0 & 0 & 0 & 0\\ 9 & -1 & -2 & 0 & 0 & 0\\ 0 & -2 & -11 & -11 & 0 & 0\\ 0 & 0 & 2 & 1 & -8 & 0\\ 0 & 0 & 0 & 4 & 2 & -1\\ 0 & 0 & 0 & 0 & -9 & 9\end{bmatrix}$，$d=\begin{bmatrix}-6\\13\\15\\-2\\-1\\9\end{bmatrix}$，求解 $Ax=d$。

解　建立矩阵 A 的三个对角线向量。

```
> a:=<9|-2|2|4|-9>;
b:=<-10|-1|-11|1|2|9>;
c:=<-2|-2|-11|-8|-1>;
d:=<-6|13|15|-2|-1|9>;
```

$$a := [9 \quad -2 \quad 2 \quad 4 \quad -9]$$
$$b := [-10 \quad -1 \quad -11 \quad 1 \quad 2 \quad 9]$$
$$c := [-2 \quad -2 \quad -11 \quad -8 \quad -1]$$
$$d := [-6 \quad 13 \quad 15 \quad -2 \quad -1 \quad 9]$$

执行程序 Tridiag，求得解向量 x。

```
>(x,L,U):=Tridiag(a,b,c,d):
x;
```

$$x := \begin{bmatrix}1\\-2\\-1\\0\\0\\1\end{bmatrix}$$

2.8　QR 分解法

定义 2.1　设 $w\in\mathbb{R}^n$ 且 $\|w\|_2=1$，则矩阵 $H=I-2ww^{\mathrm{T}}$ 称为 Householder 矩阵或反射矩阵，这里 I 是 n 阶单位矩阵。

易验证 H 是正交对称矩阵，且 $\mathrm{Det}(H)=-1$.

1. 功能

用 Gram-Schmidt 正交化过程或 Householder 变换将实方阵 A 分解成正交矩阵 Q 和上三角矩阵 R 的乘积，即 $A=QR$(QR 分解)，并可求解线性方程组 $Ax=b$。

2. 计算方法

对于浮点数型的矩阵，采用数值稳定的 Householder 变换。具体构造如下：

设 n 阶方矩阵 $A=(a_1,a_2,\cdots,a_n)$，其中 a_k 是 A 的第 k 列构成的向量。设 $a_k=$

$\begin{pmatrix} a_{1k} \\ a_{2k} \\ \vdots \\ a_{nk} \end{pmatrix}$，由定理知，存在 Householder 矩阵 $\boldsymbol{P}_k$ 使得 $\boldsymbol{P}_k \begin{pmatrix} a_{1k} \\ a_{2k} \\ \vdots \\ a_{nk} \end{pmatrix} = \begin{pmatrix} a_{1k} \\ \vdots \\ a_{(k-1)k} \\ m_k \\ 0 \\ \vdots \\ 0 \end{pmatrix} = \boldsymbol{y}_k$，其中 $m_k = \left(\sum_{j=k}^{n} a_{jk}^2\right)^{\frac{1}{2}}$。$\boldsymbol{P}_k$ 的构造：令 $\boldsymbol{w} = \dfrac{\boldsymbol{a}_k - \boldsymbol{y}_k}{\|\boldsymbol{a}_k - \boldsymbol{y}_k\|_2}$，则 $\boldsymbol{P}_k = \boldsymbol{I} - 2\boldsymbol{w}\boldsymbol{w}^{\mathrm{T}}(k=1,2,\cdots,n-1)$。这样对 $\boldsymbol{A}$ 实施 $n-1$ 次变换 $\boldsymbol{P}_1, \boldsymbol{P}_2, \cdots, \boldsymbol{P}_{n-1}$ 后，$\boldsymbol{R} = \boldsymbol{P}_{n-1} \cdots \boldsymbol{P}_2 \boldsymbol{P}_1 \boldsymbol{A}$ 就是上三角矩阵。令 $\boldsymbol{P} = \boldsymbol{P}_{n-1} \cdots \boldsymbol{P}_2 \boldsymbol{P}_1$，$\boldsymbol{Q} = \boldsymbol{P}^{\mathrm{T}}$，则 $\boldsymbol{P}, \boldsymbol{Q}$ 是正交矩阵，且 $\boldsymbol{A} = \boldsymbol{QR}$。由于对 $\boldsymbol{A}$ 实施正交变换 $\boldsymbol{P}_k$ 时，它不改变 $\boldsymbol{A}$ 的前 $k-1$ 行，所以 $\boldsymbol{R}$ 的第 k 列(理论上)就是 $\boldsymbol{y}_k$，故程序中直接令 $\boldsymbol{y}_k$ 为 $\boldsymbol{R}$ 的第 k 列。

对于代数运算，则使用 Gram-Schmidt 算法。

3. 使用说明

QRDecom($\boldsymbol{A}$)；

QRDecom($\boldsymbol{A}, \boldsymbol{b}$)；

式中，输入第一个参数矩阵 $\boldsymbol{A}$，执行程序后，返回矩阵 $\boldsymbol{Q}, \boldsymbol{R}$ 使得 $\boldsymbol{A} = \boldsymbol{QR}$。如果输入第二个参数向量 $\boldsymbol{b}$，执行程序后，则按顺序返回方程组 $\boldsymbol{Ax} = \boldsymbol{b}$ 的解 $\boldsymbol{x}$ 和矩阵 $\boldsymbol{Q}, \boldsymbol{R}$。

注 更全面的 QR 分解参见 LinearAlgebra 程序包中的 QRDecomposition。

4. Maple 程序

```
> QRDecom := proc(AA, b)
local m, n, j, k, A, Q, R, r, s, E, flt, T, P, P1, u, v, w, x;
m := LinearAlgebra[RowDimension](AA);
n := LinearAlgebra[ColumnDimension](AA);
if m <> n then
error"此函数只能对方阵进行 QR 分解";
end if;
flt := false;
A := Matrix(n);
for k to m do
    for j to n do
            A[k, j] := eval(AA[k, j]);
    end do;
end do;
if hastype(eval(A), float) then
          flt := true;
          A := map(evalf, A);
end if;
Q := Matrix(n);
R := Matrix(n);
#用 Gram-Schmidt 正交化将 n 阶方阵 A 分解为正交 Q 与上三角矩阵 R 的乘积,即 A=QR.
if not flt then
```

```
    for k from 1 to n do
        r:=norm(A[1..n, k], 2);
        R[k,k]:=r;
        if r=0 then
            error"无法对 A 进行 QR 分解";
        end if;
        Q[1..n, k]:=A[1..n, k]/r;
        for j from k+1 to n do
s:=LinearAlgebra[DotProduct](Q[1..n, k], A[1..n, j]);
            R[k, j]:=s;
            A[1..n, j]:=A[1..n, j]-s*Q[1..n, k];
        end do;
    end do;
    if nargs=1 then
        return Q,R;
        else
        x:=LinearAlgebra[Transpose](Q).b;
        x:=LinearAlgebra[BackwardSubstitute](R, x);
        return x, Q, R;
     end if
else
#用 Householder 变换将 n 阶方阵 A 分解为正交 Q 与上三角矩阵 R 的乘积,即 A=QR;
T:=Matrix(1,n);
P:=Matrix(n);
P1:=Matrix(n);
w:=Vector(n);
E:=LinearAlgebra['IdentityMatrix'](n, compact=false);
P1:=E;
    for k from 1 to n-1 do
        s:=A[k, k];
        R[k, k]:=sign(s)*norm(A[k..n, k], 2);
        s:=-sign(s)*norm(A[k..n, k], 2);
        if k=1 then
          u:=LinearAlgebra[Column](A, k);
          u:=u(2..n);
          w:=<A[1, 1]+s, u>;
          w:=convert(w, Matrix);
        else
          v:=Vector(k-1);
          u:=LinearAlgebra[Column](A, k);
          u:=u(k+1..n);
          w:=<v, A[k, k]+s, u>;
          w:=convert(w, Matrix);
          R[1..k-1, k]:=A[1..k-1, k]; #构造 R 的第 k 列
        end if;
        s:=1/norm(w, 2);
        w:=s*w;
       T:=LinearAlgebra[Transpose](w);
       P:=LinearAlgebra[MatrixMatrixMultiply](w, T);
       P:=LinearAlgebra[MatrixAdd](E, -2*P);
       A:=LinearAlgebra[MatrixMatrixMultiply](P, A);
```

```
        P1 := LinearAlgebra[MatrixMatrixMultiply](P, P1);
      end do;
    R[1..n,n] := A[1..n, n];
    Q := LinearAlgebra[Transpose](P1);
      if nargs=1 then
        return Q, R;
      else
        x := P1.b;
        x := LinearAlgebra[BackwardSubstitute](R, x);
        return x, Q, R;
      end if
    end if;
    end:
```

例 2.20 设 $\boldsymbol{A}=\begin{bmatrix}1 & 2 & 1 & -1\\ 1 & 0 & 2 & 1\\ 1 & -1 & 1 & 2\\ -1 & 1 & -3 & 1\end{bmatrix}$，$\boldsymbol{b}=\begin{bmatrix}1\\0\\1\\1\end{bmatrix}$，求 $\boldsymbol{A}$ 的 QR 分解，并解方程组 $\boldsymbol{Ax}=\boldsymbol{b}$。

解 建立矩阵 $\boldsymbol{A}$，向量 $\boldsymbol{b}$，执行程序 QRDecom，即得结果。

```
> A := Matrix([[1, 2, 1, -1], [1, 0, 2, 1], [1, -1, 1, 2], [-1, 1, -3, 1]]):
b :=<1, 0, 1, 1>:
> (x, Q, R) :=QRDecom(A, b);
```

$$x,Q,R:=\begin{bmatrix}2\\0\\-1\\0\end{bmatrix},\begin{bmatrix}\frac{1}{2} & \frac{\sqrt{6}}{3} & -\frac{\sqrt{3}}{30} & -\frac{\sqrt{2}}{5}\\ \frac{1}{2} & 0 & \frac{\sqrt{3}}{10} & \frac{3}{5}\sqrt{2}\\ \frac{1}{2} & -\frac{\sqrt{6}}{6} & -\frac{13}{30}\sqrt{3} & -\frac{\sqrt{2}}{10}\\ -\frac{1}{2} & \frac{\sqrt{6}}{6} & -\frac{11}{30}\sqrt{3} & \frac{3\sqrt{2}}{10}\end{bmatrix},\begin{bmatrix}2 & 0 & \frac{7}{2} & \frac{1}{2}\\ 0 & \sqrt{6} & -\frac{\sqrt{6}}{3} & -\frac{\sqrt{6}}{2}\\ 0 & 0 & \frac{5}{6}\sqrt{3} & -\frac{11}{10}\sqrt{3}\\ 0 & 0 & 0 & \frac{9}{10}\sqrt{2}\end{bmatrix}$$

如果利用 LinearAlgebra 程序包中的 QRDecomposition 将矩阵 $\boldsymbol{A}$ 分解，则有下述结果。

```
> with(LinearAlgebra):
> Q1, R1 :=QRDecomposition(A);
```

$$\begin{bmatrix}\frac{1}{2} & \frac{\sqrt{6}}{3} & -\frac{\sqrt{3}}{30} & -\frac{\sqrt{2}}{5}\\ \frac{1}{2} & 0 & \frac{\sqrt{3}}{10} & \frac{3}{5}\sqrt{2}\\ \frac{1}{2} & -\frac{\sqrt{6}}{6} & -\frac{13}{30}\sqrt{3} & -\frac{\sqrt{2}}{10}\\ -\frac{1}{2} & \frac{\sqrt{6}}{6} & -\frac{11}{30}\sqrt{3} & \frac{3\sqrt{2}}{10}\end{bmatrix},\begin{bmatrix}2 & 0 & \frac{7}{2} & \frac{1}{2}\\ 0 & \sqrt{6} & -\frac{\sqrt{6}}{3} & -\frac{\sqrt{6}}{2}\\ 0 & 0 & \frac{5}{6}\sqrt{3} & -\frac{11}{10}\sqrt{3}\\ 0 & 0 & 0 & \frac{9}{10}\sqrt{2}\end{bmatrix}$$

比较可知，$\boldsymbol{Q}=\boldsymbol{Q}_1$，$\boldsymbol{R}=\boldsymbol{R}_1$，分解的结果相同。检验结果，有 $\boldsymbol{QR}=\boldsymbol{A}$，$\boldsymbol{Q}_1\boldsymbol{R}_1=\boldsymbol{A}$。

如果将矩阵 **A** 的一个元素改写为小数形式，值不变，分别利用 QRDecom 和 QRDecomposition 进行分解，则结果略有不同。

```
> A := Matrix([[1.0, 2, 1, -1], [1, 0, 2, 1], [1, -1, 1, 2], [-1, 1, -3, 1]]);
```

$$A := \begin{bmatrix} 1.0 & 2 & 1 & -1 \\ 1 & 0 & 2 & 1 \\ 1 & -1 & 1 & 2 \\ -1 & 1 & -3 & 1 \end{bmatrix}$$

```
> UseHardwareFloats := false:
Digits :=6:
> Q, R :=QRDecom(A);
```

$$Q,R := \begin{bmatrix} 0.500000 & 0.816495 & 0.057744 & -0.282865 \\ 0.500000 & 0.000007 & -0.173225 & 0.848555 \\ 0.500000 & -0.408251 & 0.750562 & -0.141421 \\ -0.500000 & 0.408251 & 0.635082 & 0.424269 \end{bmatrix},$$

$$\begin{bmatrix} 2.00000 & 0 & 3.50000 & 0.500000 \\ 0 & 2.44948 & -0.816498 & -1.22474 \\ 0 & 0 & -1.44338 & 1.90523 \\ 0 & 0 & 0 & 1.27284 \end{bmatrix}$$

```
> Q1, R1 :=QRDecomposition(A);
```

$$Q_1,R_1 := \begin{bmatrix} -0.500000 & 0.816502 & -0.0577395 & -0.282848 \\ -0.500000 & -0.000003 & 0.173212 & 0.848529 \\ -0.500000 & -0.408251 & -0.750550 & -0.141411 \\ 0.500000 & 0.408251 & -0.635078 & 0.424270 \end{bmatrix},$$

$$\begin{bmatrix} -2.00000 & -0.00001 & -3.50000 & -0.499999 \\ 0 & 2.44949 & -0.81651 & -1.22476 \\ 0 & 0 & -1.44338 & 1.90523 \\ 0 & 0 & 0 & 1.27282 \end{bmatrix}$$

经检验可知，对小数形式的矩阵，QR 分解一般得不到精确解。

```
> Q.R;
```

$$\begin{bmatrix} 1.00000 & 1.99999 & 0.999984 & -1.00002 \\ 1.00000 & 0.0000171464 & 2.00002 & 1.00003 \\ 1.00000 & -1.00000 & 0.99999 & 1.99998 \\ -1.00000 & 1.00000 & -3.00000 & 1.00001 \end{bmatrix}$$

```
> Q1.R1;
```

$$\begin{bmatrix} 1.00000 & 2.00002 & 0.999980 & -1.00003 \\ 1.00000 & 0.00000234847 & 2.00001 & 1.00002 \\ 1.00000 & -1.00000 & 1.00001 & 1.99999 \\ -1.00000 & 1.00000 & -3.00000 & 0.999980 \end{bmatrix}$$

2.9 方程组的性态与误差分析

当我们用直接法求解线性方程组时，有时求得的解是不精确的，出现这种情况的原因可能是方法不当，也可能是方程组本身的性态问题。若方程组的系数矩阵或右端常数项有微小扰动，就能引起方程组解的巨大变化，这样的方程组称为病态方程组，其系数矩阵称为病态矩阵。否则称为良态方程组，其系数矩阵称为良态矩阵。

2.9.1 误差分析

方程组 $\boldsymbol{Ax}=\boldsymbol{b}$ 系数矩阵 $\boldsymbol{A}$，常数项 $\boldsymbol{b}$ 的扰动与解的扰动之间有如下关系。

定理 2.1 设 $\boldsymbol{Ax}=\boldsymbol{b},\boldsymbol{b}\neq 0$，$\boldsymbol{A}$ 非奇异，$\boldsymbol{A}$ 与 $\boldsymbol{b}$ 的扰动分别为 $\delta\boldsymbol{A}$ 和 $\delta\boldsymbol{b}$，解 $\boldsymbol{x}$ 有扰动 $\delta\boldsymbol{x}$，即 $(\boldsymbol{A}+\delta\boldsymbol{A})(\boldsymbol{x}+\delta\boldsymbol{x})=\boldsymbol{b}+\delta\boldsymbol{b}$。当 $\|\boldsymbol{A}^{-1}\|\,\|\delta\boldsymbol{A}\|<1$ 时，则有

$$\frac{\|\delta\boldsymbol{x}\|}{\|\boldsymbol{x}\|}\leqslant\frac{\operatorname{cond}(\boldsymbol{A})}{1-\operatorname{cond}(\boldsymbol{A})\dfrac{\|\delta\boldsymbol{A}\|}{\|\boldsymbol{A}\|}}\left(\frac{\|\delta\boldsymbol{b}\|}{\|\boldsymbol{b}\|}+\frac{\|\delta\boldsymbol{A}\|}{\|\boldsymbol{A}\|}\right)。$$

其中，$\operatorname{cond}(\boldsymbol{A})=\|\boldsymbol{A}^{-1}\|\cdot\|\boldsymbol{A}\|$，称为矩阵 $\boldsymbol{A}$ 的条件数，$\|\cdot\|$ 是矩阵的算子范数。

由定理 2.1 可见，$\boldsymbol{A}$ 的条件数反映了方程组的解受输入数据扰动的影响程度，即方程组的病态程度。$\boldsymbol{A}$ 的条件数只与系数矩阵 $\boldsymbol{A}$ 有关，而与求解方程组 $\boldsymbol{Ax}=\boldsymbol{b}$ 的算法无关，若所解的方程组是病态的，则不管用什么算法，方程组的解对于输入数据都是敏感的。

定理 2.2 设 $\boldsymbol{Ax}=\boldsymbol{b},\boldsymbol{b}\neq\boldsymbol{0}$，$\boldsymbol{A}$ 非奇异，$\boldsymbol{x}$ 是方程的近精确解，$\boldsymbol{x}^*$ 是方程的近似解，$\boldsymbol{r}=\boldsymbol{b}-\boldsymbol{Ax}^*$（称 $\boldsymbol{r}$ 为残余或剩余向量），则有

$$\frac{1}{\operatorname{cond}(\boldsymbol{A})}\cdot\frac{\|\boldsymbol{r}\|}{\|\boldsymbol{b}\|}\leqslant\frac{\|\boldsymbol{x}-\boldsymbol{x}^*\|}{\|\boldsymbol{x}\|}\leqslant\operatorname{cond}(\boldsymbol{A})\cdot\frac{\|\boldsymbol{r}\|}{\|\boldsymbol{b}\|}$$

定理 2.2 表明，$\operatorname{cond}(\boldsymbol{A})\approx 1$ 时，剩余向量 $\boldsymbol{r}$ 的相对误差是解的相对误差 $\dfrac{\|\boldsymbol{x}-\boldsymbol{x}^*\|}{\|\boldsymbol{x}\|}$ 的很好的度量。若 $\boldsymbol{Ax}=\boldsymbol{b}$ 是病态方程组，由于 $\operatorname{cond}(\boldsymbol{A})$ 相对很大，即使 $\boldsymbol{r}$ 相对误差很小，近似解的相对误差也可能很大。

```
> restart;
with(LinearAlgebra):
> H := HilbertMatrix(6);
```

$$H:=\begin{bmatrix}1&\frac{1}{2}&\frac{1}{3}&\frac{1}{4}&\frac{1}{5}&\frac{1}{6}\\[4pt] \frac{1}{2}&\frac{1}{3}&\frac{1}{4}&\frac{1}{5}&\frac{1}{6}&\frac{1}{7}\\[4pt] \frac{1}{3}&\frac{1}{4}&\frac{1}{5}&\frac{1}{6}&\frac{1}{7}&\frac{1}{8}\\[4pt] \frac{1}{4}&\frac{1}{5}&\frac{1}{6}&\frac{1}{7}&\frac{1}{8}&\frac{1}{9}\\[4pt] \frac{1}{5}&\frac{1}{6}&\frac{1}{7}&\frac{1}{8}&\frac{1}{9}&\frac{1}{10}\\[4pt] \frac{1}{6}&\frac{1}{7}&\frac{1}{8}&\frac{1}{9}&\frac{1}{10}&\frac{1}{11}\end{bmatrix}$$

例 2.21　求解方程 $\boldsymbol{Hx}=\boldsymbol{b}$，其中 $\boldsymbol{b}=(1,1,2,0,-3,5)^{\mathrm{T}}$。

解　先求精确解 $\boldsymbol{x}_{\mathrm{e}}$。

```
> b:=<1, 1, 2, 0, -3, 5>:
> G:=GaussianElimination(<H|b>);
```

$$G := \begin{bmatrix} 1 & \frac{1}{2} & \frac{1}{3} & \frac{1}{4} & \frac{1}{5} & \frac{1}{6} & 1 \\ 0 & \frac{1}{12} & \frac{1}{12} & \frac{3}{40} & \frac{1}{15} & \frac{5}{84} & \frac{1}{2} \\ 0 & 0 & \frac{1}{180} & \frac{1}{120} & \frac{1}{105} & \frac{5}{504} & \frac{7}{6} \\ 0 & 0 & 0 & \frac{1}{2800} & \frac{1}{1400} & \frac{1}{1008} & -\frac{49}{20} \\ 0 & 0 & 0 & 0 & \frac{1}{44100} & \frac{1}{17640} & -\frac{7}{10} \\ 0 & 0 & 0 & 0 & 0 & \frac{1}{698544} & \frac{2759}{252} \end{bmatrix}$$

```
> xe:=BackwardSubstitute(G);
```

$$x_{\mathrm{e}} := \begin{bmatrix} -30414 \\ 914970 \\ -6402480 \\ 17050320 \\ -19150740 \\ 7647948 \end{bmatrix}$$

用 5 位浮点数写出 $\boldsymbol{H}$ 的近似值 $\boldsymbol{H}_1$，并求出 $\boldsymbol{H}_1\boldsymbol{x}=\boldsymbol{b}$ 的解 $\boldsymbol{x}_1$。

```
> H1:=evalf[5](H);
```

$$H_1 := \begin{bmatrix} 1 & 0.50000 & 0.33333 & 0.25000 & 0.20000 & 0.16667 \\ 0.50000 & 0.33333 & 0.25000 & 0.20000 & 0.16667 & 0.14286 \\ 0.33333 & 0.25000 & 0.20000 & 0.16667 & 0.14286 & 0.12500 \\ 0.25000 & 0.20000 & 0.16667 & 0.14286 & 0.12500 & 0.11111 \\ 0.20000 & 0.16667 & 0.14286 & 0.12500 & 0.11111 & 0.10000 \\ 0.16667 & 0.14286 & 0.12500 & 0.11111 & 0.10000 & 0.090909 \end{bmatrix}$$

```
> UseHardwareFloats := false:
Digits:=5:
> G1:=GaussianElimination(<H1|b>):
> x1:=BackwardSubstitute(G1);
```

$$x_1 := \begin{bmatrix} 1.6490\times 10^{5} \\ -3.4557\times 10^{6} \\ 1.8878\times 10^{7} \\ -4.1890\times 10^{7} \\ 4.0859\times 10^{7} \\ -1.4577\times 10^{7} \end{bmatrix}$$

$\boldsymbol{H}$ 的条件数(依赖于所取的矩阵范数)为 29070279,是一个病态矩阵。

```
> Hcond := ConditionNumber(H, 1);
```

$$Hcond := 29070279$$

$\boldsymbol{x}_e$ 与 $\boldsymbol{x}_1$ 的相对误差为(依赖于所取的向量范数):

```
> wucha := norm(xe - x1, 1)/norm(xe, 1);
```

$$wucha := 3.3404$$

如果将上述运算改用 8 位浮点数进行计算,则有:

```
> H1 := evalf[8](H):
> Digits := 8:
> G1 := GaussianElimination(<H1|b>):
> x1 := BackwardSubstitute(G1);
```

$$x_1 := \begin{bmatrix} -32062.800 \\ 9.6051280 \times 10^5 \\ -6.7043910 \times 10^6 \\ 1.7824651 \times 10^7 \\ -1.9996636 \times 10^7 \\ 7.9786124 \times 10^7 \end{bmatrix}$$

```
> wucha := norm(xe - x1, 1)/norm(xe, 1);
```

$$wucha := 0.044924502$$

```
> UseHardwareFloats := deduced:
```

可见病态方程组的解对系数矩阵的扰动非常敏感,对这种情况通常的处理方法一是增加计算的有效位数,二是采用迭代改善的办法,它是改善解的精度的有效办法。

2.9.2 迭代改善

1. 功能

改进已知近似解的精度,主要用于病态方程组。

2. 计算方法

(1) 用 Gauss 消元法或 LU 分解法求解 $\boldsymbol{Ax}=\boldsymbol{b}$,得近似解 $\boldsymbol{x}^{(1)}$。

(2) 计算剩余向量 $\boldsymbol{r}=\boldsymbol{b}-\boldsymbol{Ax}^{(1)}$,求解 $\boldsymbol{Ay}=\boldsymbol{r}$,得近似解 $\boldsymbol{y}^*$。

(3) 计算 $\boldsymbol{x}^{(2)}=\boldsymbol{x}^{(1)}+\boldsymbol{y}^*$,令 $\boldsymbol{x}^{(1)}=\boldsymbol{x}^{(2)}$,转至(2)重复这个过程直到满足条件:$\|\boldsymbol{x}^{(2)}-\boldsymbol{x}^{(1)}\|<\varepsilon$,其中 ε 是指定的精度,“$\|\cdot\|$”是向量范数。

3. 使用说明

Iteratepro(*A*, *b*);

Iteratepro(*A*, *b*, epsi);

式中,第一个参数 $\boldsymbol{A}$ 为方程组的系数矩阵;第二个参数 $\boldsymbol{b}$ 为方程组的常数向量;第三个参数 epsi 为指定的精度,如果不输入 epsi,默认 epsi$=10^{-6}$。执行后返回改善后的近似解

和迭代次数。

4. Maple 程序

```
> Iteratepro := proc(A::Matrix, b::Vector)
local Ab, k, x1, x2, r, dg, epsi, fanshu, rero;
  if nargs=2 then
        epsi := 0.000001;
    else
        epsi := args[3];
  end if;
Ab := <A|b>;
Ab := LinearAlgebra[GaussianElimination](Ab);
x1 := BackwardSubstitute(Ab);
print('用 Gauss 消元法求得方程组的初始近似解为', x1);
dg := Digits;
r := evalf[2 * dg](b-A.x1); # 采用双精度计算剩余量
Ab := <A|r>;
Ab := LinearAlgebra[GaussianElimination](Ab);
x2 := BackwardSubstitute(Ab);
x2 := x1+x2;
fanshu := LinearAlgebra[Norm](x2-x1);
k := 1;
while fanshu>=epsi and k<5000 do
    x1 := x2;
    r := evalf[2 * dg](b-A.x1); # 采用双精度计算剩余量
    Ab := <A|r>;
    Ab := LinearAlgebra[GaussianElimination](Ab);
    x2 := BackwardSubstitute(Ab);
    x2 := x1+x2;
    fanshu := LinearAlgebra[Norm](x2-x1);
    k := k+1;
end do;
print('经过迭代改善后方程组的近似解和迭代次数分别为');
return x2,k;
end:
> with(LinearAlgebra):
> H := HilbertMatrix(5);
b := <1, 1, 1, 1, 1>:
```

$$H := \begin{bmatrix} 1 & \frac{1}{2} & \frac{1}{3} & \frac{1}{4} & \frac{1}{5} \\ \frac{1}{2} & \frac{1}{3} & \frac{1}{4} & \frac{1}{5} & \frac{1}{6} \\ \frac{1}{3} & \frac{1}{4} & \frac{1}{5} & \frac{1}{6} & \frac{1}{7} \\ \frac{1}{4} & \frac{1}{5} & \frac{1}{6} & \frac{1}{7} & \frac{1}{8} \\ \frac{1}{5} & \frac{1}{6} & \frac{1}{7} & \frac{1}{8} & \frac{1}{9} \end{bmatrix}$$

```
> ConditionNumber(H);
```

943656

5 阶 Hilbert 矩阵 $\boldsymbol{H}$ 的条件数是 943656,这是一个病态矩阵。方程组 $\boldsymbol{Hx}=\boldsymbol{b}$ 的精确解为

```
> x5_accu := LinearSolve(H, b);
```

$$x_{5\_accu} := \begin{bmatrix} 5 \\ -120 \\ 630 \\ -1120 \\ 630 \end{bmatrix}$$

精确解的剩余向量是 $\boldsymbol{b}-\boldsymbol{H}.\boldsymbol{x}_{5\_accu}=0$,故 $\boldsymbol{x}_{5\_accu}$ 是精确解。

例 2.22 用 5 位浮点数计算 $\boldsymbol{H}$ 得 $\boldsymbol{H}_1$,并求解方程 $\boldsymbol{H}_1\boldsymbol{x}=\boldsymbol{b}$ 的近似解,然后进行迭代改善,指定精度 $\varepsilon=1$。

```
> H1 :=evalf[5](H);
```

$$H_1 := \begin{bmatrix} 1 & 0.50000 & 0.33333 & 0.25000 & 0.20000 \\ 0.50000 & 0.33333 & 0.25000 & 0.20000 & 0.16667 \\ 0.33333 & 0.25000 & 0.20000 & 0.16667 & 0.14286 \\ 0.25000 & 0.20000 & 0.16667 & 0.14286 & 0.12500 \\ 0.20000 & 0.16667 & 0.14286 & 0.12500 & 0.11111 \end{bmatrix}$$

```
> UseHardwareFloats := false:
Digits := 5:
```

解

```
> x2, k :=Iteratepro(H1, b, 1);
```

用 Gauss 消元法求得方程组的初始近似解为

$$\begin{bmatrix} 14.630 \\ -282.40 \\ 1286.0 \\ -2066.6 \\ 1077.8 \end{bmatrix}$$

经过迭代改善后方程组的近似解和迭代次数分别为

$$x_2, k := \begin{bmatrix} 5.9912 \\ -133.13 \\ 673.31 \\ -1172.2 \\ 650.95 \end{bmatrix}, 110 \qquad (\text{I})$$

近似解的相对误差为 0.046607。

```
> VectorNorm(x5_accu-x2)/VectorNorm(x5_accu);
```

$$0.046607 \qquad (\text{II})$$

可见此例的迭代改进是有效的,但是速度较慢,经过 110 次迭代改进,满足了指定精度

$\varepsilon=1$，即最后两近似解的差的范数小于 1。如果改用 6 位浮点数进行计算，并要求精度 $\varepsilon=10^{-6}$，结果比较令人满意。

```
> H2 := evalf[6](H);
```

$$H_2 := \begin{bmatrix} 1 & 0.500000 & 0.333333 & 0.250300 & 0.200000 \\ 0.500000 & 0.333333 & 0.250000 & 0.200000 & 0.166667 \\ 0.33333 & 0.25000 & 0.20000 & 0.16667 & 0.142857 \\ 0.250000 & 0.200000 & 0.166667 & 0.142857 & 0.125000 \\ 0.200000 & 0.166667 & 0.142827 & 0.125000 & 0.111111 \end{bmatrix}$$

```
> Digits := 6:
> x2, k :=Iteratepro(H2, b, 0.1);
```

用 Gauss 消元法求得方程组的初始近似解为

$$\begin{bmatrix} 6.89700 \\ -154.828 \\ 778.545 \\ -1342.66 \\ 738.335 \end{bmatrix}$$

经过迭代改善后方程组的近似解和迭代次数分别为

$$x_2, k := \begin{bmatrix} 6.40351 \\ -146.074 \\ 742.011 \\ -1288.71 \\ 712.375 \end{bmatrix}, 4 \tag{Ⅲ}$$

近似解的相对误差为 0.150634。

```
> VectorNorm(x5_accu-x2)/VectorNorm(x5_accu);
```

$$0.150634 \tag{Ⅳ}$$

如果取 $\varepsilon=10^{-6}$，进行改善，则有

```
> x3, k :=Iteratepro(H2, b, 0.000001);
```

用 Gauss 消元法求得方程组的初始近似解为

$$\begin{bmatrix} 6.89700 \\ -154.828 \\ 778.545 \\ -1342.66 \\ 738.335 \end{bmatrix}$$

经过迭代改善后方程组的近似解和迭代次数分别为

$$x_3, k := \begin{bmatrix} 6.40351 \\ -146.074 \\ 742.011 \\ -1288.71 \\ 712.375 \end{bmatrix}, 5 \qquad (\text{V})$$

此时近似解的相对误差仍为 0.150634。

```
> VectorNorm(x5_accu-x3)/VectorNorm(x5_accu);
```

0.150634 (Ⅵ)

比较(Ⅲ)与(Ⅴ)可见,近似解改善到一定程度后,很难再用提高精度 ε 的方法提高解的精确度。程序中精度 ε 是指最后两近似解的差的范数小于 ε,它不是近似解的精确度的度量。如在(Ⅰ)和(Ⅱ)中,ε = 1,解的相对误差为 0.046518。但在(Ⅴ)和(Ⅵ)中,ε = 0.000001,解的相对误差为 0.150634。

```
> UseHardwareFloats := deduced:
```

用 LU 分解法求解的迭代改善的程序。

```
> Iterateprol := proc(A:: Matrix, b:: Vector)
local k, x1, x2, r, L, U, P, fanshu, dg, epsi;
if nargs =2 then
        epsi :=0.000001;
    else
       epsi :=args[3];
end if;
P, L, U :=LinearAlgebra[LUDecomposition](A);
x1 :=LinearAlgebra[ForwardSubstitute](L, P.b);
x1 :=LinearAlgebra[BackwardSubstitute](U, x1);
print('用 LU 分解法求得方程组的初始近似解为', x1);
dg :=Digits;
r :=evalf[2 * dg](b-A.x1);              #采用双精度计算剩余量
x2 :=LinearAlgebra[ForwardSubstitute](L, P.r);
x2 :=LinearAlgebra[BackwardSubstitute](U, x2);
x2 :=x1+x2;
fanshu :=LinearAlgebra[Norm](x2-x1);
k :=1;
while fanshu>=epsi and k<1000 do
   x1 :=x2;
  r :=evalf[2 * dg](b-A.x1);            #采用双精度计算剩余量
  x2 :=LinearAlgebra[ForwardSubstitute](L, P.r);
  x2 :=LinearAlgebra[BackwardSubstitute](U, x2);
   x2 :=x1+x2;
   fanshu :=LinearAlgebra[Norm](x2-x1);
   k :=k+1;
end do;
print('经过迭代改善后方程组的近似解和迭代次数分别为');
return x2,k;
end:
```

例 2.23　用 6 位浮点数，求解方程 $\boldsymbol{Ax}=\boldsymbol{b}$ 的近似解，然后进行迭代改善，指定精度 $\varepsilon=0.001$，其中 $\boldsymbol{A}=\begin{bmatrix} 9.3250 & 1.8953 & -10.766 \\ 1.8953 & 8.5216 & 4.0099 \\ -10.766 & 4.0099 & 17.154 \end{bmatrix}$，$\boldsymbol{b}=\begin{bmatrix}1\\2\\3\end{bmatrix}$。

解　建立矩阵 $\boldsymbol{A}$ 和向量 $\boldsymbol{b}$。

```
> A:=Matrix(3, 3, [9.3250,1.8953, -10.766,1.8953, 8.5216, 4.0099,-10.766, 4.0099, 17.154]):
b:=<1, 2, 3>:
```

$\boldsymbol{A}$ 的条件数为 46117.8，显然是病态矩阵。

```
> with(LinearAlgebra):
ConditionNumber(A);
```

$$46117.8$$

用 Maple 中的程序 LinearSolve，求得 $\boldsymbol{Ax}=\boldsymbol{b}$ 的准确解是 $\boldsymbol{X}_e$。

```
> Xe := LinearSolve(A, b);
```

$$X_e := \begin{bmatrix} 1310.09672906004 \\ -761.944822892187 \\ 1000.51439491523 \end{bmatrix}$$

经检验可知，$\boldsymbol{X}_e$ 只是近似解。

```
> A.Xe;
```

$$\begin{bmatrix} 1.00000000000364 \\ 2.00000000000227 \\ 3. \end{bmatrix}$$

```
> UseHardwareFloats :=false:
Digits :=6:
> x, k :=Iteratepro1(A, b, 0.001);
```

用 LU 分解法求得方程组的初始近似解为

$$\begin{bmatrix} 1295.78 \\ -753.624 \\ 989.591 \end{bmatrix}$$

经过迭代改善后方程组的近似解和迭代次数分别为

$$x,k := \begin{bmatrix} 1310.10 \\ -761.945 \\ 1000.51 \end{bmatrix}, 4$$

经检验得 $\boldsymbol{Ax}\approx\boldsymbol{b}$，近似解 $\boldsymbol{x}$ 的相对误差为 0.00000335464。

```
> A.x;
```

$$\begin{bmatrix} 1.1 \\ 1.99 \\ 2.9 \end{bmatrix}$$

```
> UseHardwareFloats :=deduced:
> VectorNorm(Xe-x)/VectorNorm(Xe);
```

$$0.00000335464$$

可见收敛速度比较快。

2.10 Jacobi 迭代法

```
> restart;
> with(LinearAlgebra):
```

1. 功能

求方程组 $\boldsymbol{Ax}=\boldsymbol{b}$ 的近似解。

2. 计算方法

设 $\boldsymbol{A}=(a_{ij})$,$\boldsymbol{A}=\boldsymbol{D}-\boldsymbol{L}-\boldsymbol{U}$,其中 $\boldsymbol{D}$ 是 $\boldsymbol{A}$ 的对角线部分,$\boldsymbol{L}$、$\boldsymbol{U}$ 分别为 $\boldsymbol{A}$ 的严格下、上三角部分。Jacobi 迭代法的迭代格式为

$$\boldsymbol{x}^{(k)}=M_J\,\boldsymbol{x}^{(k-1)}+\boldsymbol{b}_J,\quad k=1,2,\cdots$$

其中,$M_J=D^{-1}(L+U)$, $\boldsymbol{b}_J=D^{-1}\boldsymbol{b}$。其分量形式为

$$x_i^{(k)}=\left(b_i-\sum_{j\neq i}^{n}a_{ij}x_j^{(k-1)}\right)/a_{ii},\quad i=1,2,\cdots,n;\ k=1,2,\cdots$$

注 算法要求每个 $a_{ii}(i=1,2,\cdots,n)$不能为 0,如果某个 $a_{ii}=0$,且 $\boldsymbol{A}$ 是非奇异的,则可重排方程的次序使得所有 a_{ii} 都不为 0。为加速收敛,可重排方程的次序使得 a_{ii} 尽可能大。

3. 使用说明

Jacobiiter($\boldsymbol{A}$, $\boldsymbol{b}$, $\boldsymbol{x}_0$, tol);

式中,第一个参数 $\boldsymbol{A}$ 为方程组的系数矩阵;第二个参数 $\boldsymbol{b}$ 是方程组的常数向量;第三个参数 $\boldsymbol{x}_0$ 为初始向量;第四个参数 tol 是指定的精度要求(即 $\|\boldsymbol{x}^{(k)}-\boldsymbol{x}^{(k-1)}\|/\|\boldsymbol{x}^{(k)}\|<$ tol),如果不输入 tol,默认 tol$=10^{-6}$。执行后返回近似解和迭代次数。

4. Maple 程序

```
> Jacobiiter:=proc(AA, b, x0)
local A, i, j, k, m, n, x1, x2, s, w, tol;
#分量形式
m:=LinearAlgebra['RowDimension'](AA);
n:=LinearAlgebra['ColumnDimension'](AA);
if m<>n then
        error "输入的必须是方阵"
end if;
A:=map(evalf, AA);
if nargs=3 then
      tol:=0.000001;
   else
     tol:=args[4];
end if;
```

```
x1 := Vector(n);
x2 := Vector(n);
for i from 1 to n do
        w := 0;
        for j from 1 to n do
            if j <> i then
                w := w+A[i, j] * x0[j];
            end if;
        end do;
    x2[i] := (b[i]-w)/A[i, i];
end do;
k := 1;
s := LinearAlgebra[Norm](x0-x2)/LinearAlgebra[Norm](x2);
while (s >= tol) and (k < 5000) do
      for i from 1 to n do
            x1[i] := x2[i];
      end do;
      for i from 1 to n do
          w := 0;
          for j from 1 to n do
              if (j <> i) then
                  w := w+A[i, j] * x1[j];
              end if;
          end do;
          x2[i] := (b[i]-w)/A[i, i];
      end do;
   s := LinearAlgebra[Norm](x2-x1)/LinearAlgebra[Norm](x2);
k := k+1;
od;
print('迭代次数为', k);
print('方程组的近似解为', x2);
end:
```

例 2.24　用 Jacobi 迭代法求解方程组 $\boldsymbol{Ax}=\boldsymbol{b}$，其中 $\boldsymbol{A}=\begin{bmatrix}10 & 2 & 6\\ 4 & 8 & -1\\ -2 & 3 & 5\end{bmatrix}$，$\boldsymbol{b}=\begin{bmatrix}1\\1\\2\end{bmatrix}$，取 $x_0=\begin{pmatrix}0\\0\\0\end{pmatrix}$。

解　建立矩阵 $\boldsymbol{A}$ 和向量 $\boldsymbol{b}$、初始向量 $\boldsymbol{x}_0$。

```
> A := Matrix(3, 3, [10, 2, 6, 4, 8, -1, -2, 3, 5]):
b := <1, 1, 2>:
x0 := <0, 0, 0>:
```

执行程序 Jacobiiter，则有：

```
> Jacobiiter(A, b, x0, 0.001);
```

迭代次数为 17

$$方程组的近似解为\begin{bmatrix}-0.08715600700\\0.1991634952\\0.2457432898\end{bmatrix}$$

如果取 tol=0.000001,则有

```
> Jacobiiter(A, b, x0);
```

迭代次数为 33

$$方程组的近似解为\begin{bmatrix}-0.08718866990\\0.1992881861\\0.2455517952\end{bmatrix}$$

方程的精确解为

```
> evalf(MatrixInverse(A).b);
```

$$\begin{bmatrix}-0.08718861210\\0.1992882562\\0.2455516014\end{bmatrix}$$

2.11 Gauss-Seidel 迭代法

1. 功能

求方程组 $\boldsymbol{Ax}=\boldsymbol{b}$ 的近似解。

2. 计算方法

设 $\boldsymbol{A}=(a_{ij})$,$\boldsymbol{A}=\boldsymbol{D}-\boldsymbol{L}-\boldsymbol{U}$,其中 $\boldsymbol{D}$ 是 $\boldsymbol{A}$ 的对角线部分,$\boldsymbol{L}$、$\boldsymbol{U}$ 分别为 A 的严格下、上三角部分。Gauss-Seidel 迭代法的迭代格式为

$$\boldsymbol{x}^{(k)}=M_G\boldsymbol{x}^{(k-1)}+\boldsymbol{b}_G,\quad k=1,2,\cdots$$

其中,$M_G=(\boldsymbol{D}-\boldsymbol{L})^{-1}\boldsymbol{U}$,$\boldsymbol{b}_G=(\boldsymbol{D}-\boldsymbol{L})^{-1}\boldsymbol{b}$。其分量形式为

$$x_i^{(k)}=\left(b_i-\sum_{j=1}^{i-1}a_{ij}x_j^{(k)}-\sum_{j=i+1}^{n}a_{ij}x_j^{(k-1)}\right)/a_{ii},\quad i=1,2,\cdots,n;\ k=1,2,\cdots$$

3. 使用说明

Gaussdel($\boldsymbol{A}$, $\boldsymbol{b}$, $\boldsymbol{x}_0$, tol);

式中,第一个参数 $\boldsymbol{A}$ 为方程组的系数矩阵;第二个参数 $\boldsymbol{b}$ 是方程组的常数向量;第三个参数 $\boldsymbol{x}_0$ 为初始向量;第四个参数 tol 是指定的精度要求(即 $\|\boldsymbol{x}^{(k)}-\boldsymbol{x}^{(k-1)}\|/\|\boldsymbol{x}^{(k)}\|<$ tol),如果不输入 tol,默认 tol$=10^{-6}$。执行后返回近似解和迭代次数。

4. Maple 程序

```
> Gaussdel := proc(AA, b, x0)
local A, i, j, k, m, n, x1, x2, s, w1, w2, tol;
#分量形式
m := LinearAlgebra['RowDimension'](AA);
n := LinearAlgebra['ColumnDimension'](AA);
if m <> n then
```

```
        error "输入的必须是方阵"
end if;
A := map(evalf, AA);
if nargs=3 then
      tol := 10^(-6);
   else
     tol := args[4];
end if;
x1 := Vector(n);
x2 := Vector(n);
w1 := 0;
for i from 2 to n do
   w1 := w1+A[1, i] * x0[i];
end do;
x2[1] := (b(1)-w1)/A[1, 1];
for i from 2 to n do
      w1 := 0;
      w2 := 0;
      for j from 1 to n do
          if j<i then
             w1 := w1+A[i, j] * x2[j];
          elif j>i then
             w2 := w2+A[i, j] * x0[j];
          end if;
      end do;
      x2[i] := (b[i]-w1-w2)/A[i, i];
end do;
k := 1;
s := LinearAlgebra[Norm](x0-x2)/LinearAlgebra[Norm](x2);
while (s>=tol) and (k<1000) do
      for i from 1 to n do
              x1[i] := x2[i];
      end do;
   w1 := 0;
   for i from 2 to n do
      w1 := w1+A[1, i] * x1[i];
   end do;
   x2[1] := (b(1)-w1)/A[1, 1];
  for i from 2 to n do
          w1 := 0;
          w2 := 0;
          for j from 1 to n do
              if j<i then
                 w1 := w1+A[i, j] * x2[j];
              elif j>i then
                 w2 := w2+A[i, j] * x1[j];
              end if;
          end do;
        x2[i] := (b[i]-w1-w2)/A[i, i];
   end do;
  s := LinearAlgebra[Norm](x2-x1)/LinearAlgebra[Norm](x2);
```

```
k:=k+1;
od;
print('迭代次数为', k);
print('方程组的近似解为', x2);
end:
```

例 2.25 用 Gauss-Seidel 迭代法求解例 2.24 中的方程组 $\boldsymbol{Ax}=\boldsymbol{b}$。

解

```
> A:=Matrix(3, 3, [10, 2, 6, 4, 8, -1, -2, 3, 5]):
b:=<1, 1, 2>:
x0:=<0, 0, 0>:
> Gaussdel(A, b, x0);
```

迭代次数为 16

$$\text{方程组的近似解为}\begin{bmatrix}-0.08718866550\\0.1992882989\\0.2455515544\end{bmatrix}$$

例 2.26 用 Jacobi 迭代法、Gauss-Seidel 迭代法求解方程组 $\boldsymbol{Ax}=\boldsymbol{b}$。$\boldsymbol{A}$、$\boldsymbol{b}$ 及初始值如下。

```
> A:=Matrix([[10, 3, 4, 5], [2, 24, 7, 4], [2, 2, 34, 3], [2, 5, 2, 12]]);
b:=<22, 32, 41, 18>;
x0:=<1, 23, 4, 50>;
```

$$A:=\begin{bmatrix}10&3&4&5\\2&24&7&4\\2&2&34&3\\2&5&2&12\end{bmatrix},\quad b:=\begin{bmatrix}22\\32\\41\\18\end{bmatrix},\quad x_0:=\begin{bmatrix}1\\23\\4\\50\end{bmatrix}$$

解 取 $\mathrm{tol}=10^{-8}$。

```
> tol:=10^(-8):
Jacobiiter(A, b, x0, tol);
```

迭代次数为 43

$$\text{方程组的近似解为}\begin{bmatrix}1.148801055\\0.8063228271\\1.020061381\\0.8025550792\end{bmatrix}$$

```
> Gaussdel(A, b, x0, tol);
```

迭代次数为 13

$$\text{方程组的近似解为}\begin{bmatrix}1.148801057\\0.8063228283\\1.020061382\\0.8025550817\end{bmatrix}$$

方程组的精确解为

```
> evalf(MatrixInverse(A).b);
```

$$\begin{bmatrix}1.148801058\\0.8063228286\\1.020061382\\0.8025550815\end{bmatrix}$$

与 Jacobi 迭代法相比，Gauss-Seidel 迭代法收敛到精确解的速度更快些。

例 2.27　用 Jacobi 迭代法、Gauss-Seidel 迭代法求解方程组 $\boldsymbol{Ax}=\boldsymbol{b}$。$\boldsymbol{A}$、$\boldsymbol{b}$ 及初始值如下。

```
> A := Matrix(3, 3, [1, 0.5, 0.5, 0.5, 1, 0.5, 0.5, 0.5, 1]);
b := <2, 1, 6>;
x0 := <0, 0, 0>;
```

$$A := \begin{bmatrix}1 & 0.5 & 0.5\\0.5 & 1 & 0.5\\0.5 & 0.5 & 1\end{bmatrix},\quad b := \begin{bmatrix}2\\1\\6\end{bmatrix},\quad x_0 := \begin{bmatrix}0\\0\\0\end{bmatrix}$$

解　先用 Jacobi 迭代法

```
> Jacobiiter(A, b, x0);
```

迭代次数为 5000

$$方程组的近似解为\begin{bmatrix}-2.000000002\\-4.000000002\\5.999999997\end{bmatrix}$$

这是一个错误的结果，说明 Jacobi 迭代法是发散的。方程组的精确解为

```
> X := MatrixInverse(A).b;
```

$$X := \begin{bmatrix}-0.5\\-2.5\\7.5\end{bmatrix}$$

用 Gauss-Seidel 迭代法，则 Gauss-Seidel 迭代法收敛。

```
> Gaussdel(A, b, x0);
```

迭代次数为 15

$$方程组的近似解为\begin{bmatrix}-0.5000001120\\-2.499998288\\7.499999200\end{bmatrix}$$

通过例 2.25，例 2.26，例 2.27 可见，Gauss-Seidel 迭代法优于 Jacobi 迭代法，这几乎总是正确的，但存在这样的方程组，Jacobi 迭代法收敛，Gauss-Seidel 迭代法发散。

例 2.28　用 Jacobi 迭代法、Gauss-Seidel 迭代法求解方程组 $\boldsymbol{Ax}=\boldsymbol{b}$。$\boldsymbol{A}$、$\boldsymbol{b}$ 及初始值如下。

```
> A := Matrix(3, 3, [1, 2, -2, 1, 1, 1, 2, 2, 1]);
b := <-9, 7, 8>;
```

```
x0 := <0, 0, 0>;
```

$$A := \begin{bmatrix} 1 & 2 & -2 \\ 1 & 1 & 1 \\ 2 & 2 & 1 \end{bmatrix}, \quad b := \begin{bmatrix} -9 \\ 7 \\ 8 \end{bmatrix}, \quad x_0 := \begin{bmatrix} 0 \\ 0 \\ 0 \end{bmatrix}$$

解 先用 Jacobi 迭代法

```
> Jacobiiter(A, b, x0);
```

迭代次数为 4

$$\text{方程组的近似解为}\begin{bmatrix} -1.000000000 \\ 2.000000000 \\ 6.00000000 \end{bmatrix}$$

经验证可知,经过 4 次迭代,Jacobi 迭代法得到了精确解。

```
> A.<-1, 2, 6>;
```

$$\begin{bmatrix} -9 \\ 8 \\ 7 \end{bmatrix}$$

再用 Gauss-Seidel 迭代法,可见 Gauss-Seidel 迭代法发散。

```
> Gaussdel(A, b, x0);
```

迭代次数为 1000

$$\text{方程组的近似解为}\begin{bmatrix} -9.638234992 \times 10^{304} \\ 9.641449552 \times 10^{304} \\ -6.429120000 \times 10^{301} \end{bmatrix}$$

2.12 松弛迭代法

1. 功能

求方程组 $\boldsymbol{Ax}=\boldsymbol{b}$ 的近似解。

2. 计算方法

设 $\boldsymbol{A}=(a_{ij})$,$\boldsymbol{A}=\boldsymbol{D}-\boldsymbol{L}-\boldsymbol{U}$,其中 $\boldsymbol{D}$ 是 $\boldsymbol{A}$ 的对角线部分,$\boldsymbol{L}$,$\boldsymbol{U}$ 分别为 $\boldsymbol{A}$ 的严格下、上三角部分。松弛迭代法的迭代格式为

$$\boldsymbol{x}^{(k)}=M_S\boldsymbol{x}^{(k-1)}+\boldsymbol{b}_S, \quad k=1,2,\cdots$$

其中,$M_S=(\boldsymbol{D}-\omega\boldsymbol{L})^{-1}((1-\omega)\boldsymbol{D}+\omega\boldsymbol{U})$,$\boldsymbol{b}_S=\omega(\boldsymbol{D}-\omega\boldsymbol{L})^{-1}\boldsymbol{b}$。其分量形式为

$$x_i^{(k)}=x_i^{(k-1)}+\omega\left(b_i-\sum_{j=1}^{i-1}a_{ij}x_j^{(k)}-\sum_{j=i}^{n}a_{ij}x_j^{(k-1)}\right)/a_{ii}, \quad i=1,2,\cdots,n;\ k=1,2,\cdots。$$

当 $\omega=1$ 时,就是 Gauss-Seidel 迭代法。

注 这种方法称为松弛迭代法,简记为 SOR 法。其中,ω 为松弛因子,当 $0<\omega<1$ 时,称为低松弛迭代法;当 $\omega>1$ 时,称为超松弛迭代法。

3. 使用说明

SOR($\boldsymbol{A}$, $\boldsymbol{b}$, $\boldsymbol{x}_0$, $\boldsymbol{\omega}$, tol);

式中,第一个参数 $\boldsymbol{A}$ 为方程组的系数矩阵;第二个参数 $\boldsymbol{b}$ 是方程组的常数向量;第三个参数 $\boldsymbol{x}_0$ 为初始向量;第四个参数 ω 是松弛因子($0<\omega<2$);第五个参数 tol 是指定的精度要求(即 $\|\boldsymbol{x}^{(k)}-\boldsymbol{x}^{(k-1)}\|/\|\boldsymbol{x}^{(k)}\|<\text{tol}$),如果不输入 tol,默认 $\text{tol}=10^{-6}$。执行后返回近似解和迭代次数。

4. Maple 程序

```
> SOR := proc(AA, b, x0, omega)
local A, i, j, k, m, n, x1, x2, s, w1, w2, tol;
#分量形式
m := LinearAlgebra['RowDimension'](AA);
n := LinearAlgebra['ColumnDimension'](AA);
if m <> n then
        error "输入的必须是方阵"
end if;
A := map(evalf, AA);
if nargs=4 then
       tol := 10^(-6);
    else
     tol := args[5];
end if;
x1 := Vector(n);
x2 := Vector(n);
w1 := 0;
for i from 1 to n do
    w1 := w1+A[1, i] * x0[i];
end do;
x2[1] := x1[1]+omega * (b(1)-w1)/A[1, 1];
for i from 2 to n do
       w1 := 0;
       w2 := 0;
       for j from 1 to n do
            if j < i then
                w1 := w1+A[i, j] * x2[j];
            else
                w2 := w2+A[i, j] * x0[j];
            end if;
       end do;
       x2[i] := x0[i]+omega * (b[i]-w1-w2)/A[i, i];
end do;
k := 1;
s := LinearAlgebra[Norm](x0-x2)/LinearAlgebra[Norm](x2);
while (s >= tol) and (k < 1000) do
       for i from 1 to n do
              x1[i] := x2[i];
       end do;
    w1 := 0;
    for i from 1 to n do
       w1 := w1+A[1, i] * x1[i];
    end do;
    x2[1] := x1[1]+omega * (b(1)-w1)/A[1, 1];
```

```
    for i from 2 to n do
            w1 :=0;
            w2 :=0;
            for j from 1 to n do
                if j<i then
                    w1 :=w1+A[i, j] * x2[j];
                else
                    w2 :=w2+A[i, j] * x1[j];
                end if;
            end do;
            x2[i] :=x1[i]+omega * (b[i]-w1-w2)/A[i, i];
    end do;
s :=LinearAlgebra[Norm](x2-x1)/LinearAlgebra[Norm](x2);
k :=k+1;
od;
print('迭代次数为', k);
print('方程组的近似解为', x2);
end:
```

例 2.29 用松弛迭代法求解例 2.28 中的方程组 $\boldsymbol{Ax}=\boldsymbol{b}$。

解 分别取 $\omega=0.2, 0.46, 0.6$。

```
> A :=Matrix(3, 3, [1, 2, -2, 1, 1, 1, 2, 2, 1]):
b :=<-9, 7, 8>:
x0 :=<0, 0, 0>:
> SOR(A, b, x0, 0.2);
```

$$\text{迭代次数为 } 138$$

$$\text{方程组的近似解为}\begin{bmatrix}-0.9998216556\\1.99986633\\5.999934282\end{bmatrix}$$

```
> SOR(A, b, x0, 0.46);
```

$$\text{迭代次数为 } 633$$

$$\text{方程组的近似解为}\begin{bmatrix}-0.9999312654\\1.9999499363\\5.999970060\end{bmatrix}$$

```
> SOR(A, b, x0, 0.6);
```

$$\text{迭代次数为 } 1000$$

$$\text{方程组的近似解为}\begin{bmatrix}-2.823261790\times10^{47}\\1.260378674\times10^{47}\\3.156638150\times10^{47}\end{bmatrix}$$

例 2.30 用松弛迭代法求解方程组 $\boldsymbol{Ax}=\boldsymbol{b}$。$\boldsymbol{A}$、$\boldsymbol{b}$ 及初始值 $\boldsymbol{x}_0$ 如下。

```
> A :=Matrix(3, 3, [[4, 3, 0], [3, 4, -1], [0, -1, 4]]);
b :=<-1, - 2, 11>;
x0 :=<1, 1, 1>;
```

$$A := \begin{bmatrix} 4 & 3 & 0 \\ 3 & 4 & -1 \\ 0 & -1 & 4 \end{bmatrix},\quad b := \begin{bmatrix} -1 \\ -2 \\ 11 \end{bmatrix},\quad x_0 := \begin{bmatrix} 1 \\ 1 \\ 1 \end{bmatrix}$$

解　方程组的精确解为$(-1, 1, 3)^{\mathrm{T}}$。取同样的精度 tol$=10^{-7}$,表 2.1 给出了迭代次数 N 与松弛因子 ω 的关系。由表可见最佳松弛因子 $\omega=1.3$。

```
> tol := 10^(-7):
> SOR(A, b, x0, 1, tol);
```

迭代次数为 30

$$\text{方程组的近似解为}\begin{bmatrix} -1.000000362 \\ 1.000000302 \\ 3.000000075 \end{bmatrix}$$

```
> SOR(A, b, x0, 0.8, tol);
```

迭代次数为 39

$$\text{方程组的近似解为}\begin{bmatrix} -0.9999992954 \\ 0.9999993584 \\ 2.999999826 \end{bmatrix}$$

```
> SOR(A, b, x0, 1.3, tol);
```

迭代次数为 15

$$\text{方程组的近似解为}\begin{bmatrix} -0.9999999501 \\ 0.9999999381 \\ 3.000000021 \end{bmatrix}$$

表 2.1　SOR 法迭代次数 N 与松弛因子 ω 的关系

ω	0.3	0.4	0.5	0.6	0.7	0.8	0.9	1	1.1	1.2	1.3	1.4	1.5	1.6	1.7
N	162	116	88	68	53	39	34	30	25	19	15	20	25	33	75

由例 2.29、例 2.30 可以看出,SOR 法既可以改善 Gauss-Seidel 迭代法不收敛的例子,又可以加速收敛性。松弛因子对收敛性或收敛速度影响极大,使用 SOR 法的关键是选取合适的松弛因子。SOR 法是求解大型稀疏方程组的一种有效方法,通常采用试算的方法选取最佳松弛因子,即从同一初始向量出发,取两个不同的松弛因子,迭代相同的次数,比较剩余向量 $\boldsymbol{r}^{(k)}=\boldsymbol{b}-\boldsymbol{A}\boldsymbol{x}^{(k)}$ 的范数,舍弃使 $\boldsymbol{r}^{(k)}$ 较大的松弛因子。此方法虽简单,但往往有效。

2.13　迭代法的收敛性分析

将方程 $\boldsymbol{A}\boldsymbol{x}=\boldsymbol{b}$ 等价地转化为 $\boldsymbol{x}=\boldsymbol{M}\boldsymbol{x}+\boldsymbol{f}$,其迭代形式为

$$\boldsymbol{x}^{(k+1)}=\boldsymbol{M}\boldsymbol{x}^{(k)}+\boldsymbol{f} \tag{2.1}$$

称为一步定长迭代法。若 $\lim\limits_{k\to\infty}\boldsymbol{x}^{(k)}=\boldsymbol{x}^*$,则 $\boldsymbol{x}^*=\boldsymbol{M}\boldsymbol{x}^*+\boldsymbol{f}$,从而 $\boldsymbol{A}\boldsymbol{x}^*=\boldsymbol{b}$。由此可见,如果

迭代法收敛,则一定收敛到原方程组的解。

定理 2.3 迭代格式(2.1)对任意初始向量 $\boldsymbol{x}^{(0)}$ 都收敛的充要条件是 $\lim\limits_{k\to\infty}\boldsymbol{M}^{(k)}=0$。

设矩阵 $\boldsymbol{A}$ 是 n 阶实矩阵,其特征值为 $\lambda_1,\lambda_2,\cdots,\lambda_n$,则称 $\rho(\boldsymbol{A})=\max\limits_{1\leqslant k\leqslant n}|\lambda_k|$ 为 A 的谱半径。

定理 2.4 迭代格式(2.1)对任意初始向量 $\boldsymbol{x}^{(0)}$ 都收敛的充要条件是迭代矩阵 $\boldsymbol{M}$ 的谱半径 $\rho(\boldsymbol{M})<1$。

定理 2.5 若迭代格式(2.1)中迭代矩阵 $\boldsymbol{M}$ 的 1,2 或∞范数 $\|\boldsymbol{M}\|<1$,则对任意初始向量 $\boldsymbol{x}^{(0)}$,迭代形式(2.1)都收敛到原方程组的解 $\boldsymbol{x}^*$,且有下列误差估计式

$$\|\boldsymbol{x}^{(k)}-\boldsymbol{x}^*\|\leqslant\frac{\|\boldsymbol{M}\|}{1-\|\boldsymbol{M}\|}\|\boldsymbol{x}^{(k)}-\boldsymbol{x}^{(k-1)}\| \tag{2.2}$$

$$\|\boldsymbol{x}^{(k)}-\boldsymbol{x}^*\|\leqslant\frac{\|\boldsymbol{M}\|^k}{1-\|\boldsymbol{M}\|}\|\boldsymbol{x}^{(1)}-\boldsymbol{x}^{(0)}\| \tag{2.3}$$

由定理 2.5 可见,当 $\|\boldsymbol{x}^{(k)}-\boldsymbol{x}^{(k-1)}\|<\varepsilon$ 时,则有 $\|\boldsymbol{x}^{(k)}-\boldsymbol{x}^*\|\leqslant\frac{\|\boldsymbol{M}\|}{1-\|\boldsymbol{M}\|}\varepsilon$。当 $\|\boldsymbol{M}\|\ll1$ 时,常用 $\|\boldsymbol{x}^{(k)}-\boldsymbol{x}^{(k-1)}\|<\varepsilon$ 作为控制迭代终止的条件。若 $\|\boldsymbol{M}\|\approx1(\|\boldsymbol{M}\|<1)$,尽管收敛,但收敛速度可能很慢。迭代法的收敛性与初始向量无关,但初始向量的选取会直接影响计算量。显然初始向量越接近方程组的准确解,计算量越小。另一方面,$\|\boldsymbol{M}\|(\rho(\boldsymbol{M}))$越小,$\{\boldsymbol{x}^{(k)}\}$收敛越快。

定理 2.5 的条件是充分条件而非必要条件,见例 2.31。

例 2.31 设矩阵 $\boldsymbol{A}=\begin{pmatrix}1&-1&0\\-0.25&1&-0.5\\0&-0.5&1\end{pmatrix}$,$\boldsymbol{b}=\begin{pmatrix}0.1\\0.2\\0.3\end{pmatrix}$,则方程组 $\boldsymbol{Ax}=\boldsymbol{b}$ 的 Jacobi 迭代法和 Gauss-Seidel 迭代法都收敛。但其迭代矩阵 $\boldsymbol{M}_J$、$\boldsymbol{M}_G$ 都不满足定理 2.5 的条件。

解 建立矩阵 $\boldsymbol{A}$,求 Jacobi 迭代法和 Gauss-Seidel 迭代法的迭代矩阵 $\boldsymbol{M}_J$、$\boldsymbol{M}_G$,并分别计算它们的 1,2,∞范数和谱半径,具体计算过程如下,故由定理 2.4 即得所求结论。

```
> A := Matrix(3, 3, [1 , -1, 0, -1/4, 1, -1/2, 0, -1/2, 1]):
b := <0.1, 0.2, 0.3>:
> with(LinearAlgebra):
with(MTM):
> L := -tril(A, -1);
U := -triu(A, 1);
DD := diag(diag(A));
```

$$L:=\begin{bmatrix}0&0&0\\0.25&0&0\\0&0.5&0\end{bmatrix},\quad U:=\begin{bmatrix}0&1&1\\0&0&0.5\\0&0&0\end{bmatrix},\quad DD:=\begin{bmatrix}1&0&0\\0&1&0\\0&0&1\end{bmatrix}$$

```
> MJ := DD.(L+U);
```

$$M_J:=\begin{bmatrix}0&1&0\\0.25&0&0.5\\0&0.5&0\end{bmatrix}$$

```
> WW := eig(MJ); #计算 MJ 的特征值
```

$$W_W := \begin{bmatrix} 0 \\ \frac{\sqrt{2}}{2} \\ -\frac{\sqrt{2}}{2} \end{bmatrix}$$

```
> rho(MJ) := max(abs(WW)); # 计算 MJ 的谱半径
```

$$\rho(M_J) := \frac{\sqrt{2}}{2}$$

```
> norm(MJ, 1); # 计算 MJ 的 1 范数 ‖MJ‖_1
```

$$\frac{3}{2}$$

```
> norm(MJ, 2); # 计算 MJ 的 2 范数 ‖MJ‖_2
```

$$\frac{1}{2}\sqrt{5}$$

```
> norm(MJ, infinity); # 计算 MJ 的∞范数 ‖MJ‖_∞
```

$$1$$

```
> MG := MatrixInverse(DD-L).U;
```

$$M_G := \begin{bmatrix} 0 & 1 & 0 \\ 0 & 0.25 & 0.5 \\ 0 & 0.125 & 0.25 \end{bmatrix}$$

```
> WG := eig(MG); # 计算 MG 的特征值
```

$$W_G := \begin{bmatrix} 0 \\ 0 \\ 0.5 \end{bmatrix}$$

```
> rho(Mg) := max(abs(WG)); # 计算 MG 的谱半径
```

$$\rho(M_G) := 0.5$$

```
> norm(MG, 1); # 计算 MG 的 1 范数 ‖MG‖_1
```

$$\frac{11}{8}$$

```
> evalf(norm(MG, 2)); # 计算 MG 的 2 范数 ‖MG‖_2
```

$$1.052988584$$

```
> norm(MG, infinity); # 计算 MG 的∞范数 ‖MG‖_∞
```

$$1$$

定义 2.2 设 $\boldsymbol{A}\in\mathbb{R}^{n\times n}$,若存在置换矩阵 $\boldsymbol{P}\in\mathbb{R}^{n\times n}$ 使得

$$\boldsymbol{PAP}^{\mathrm{T}} = \begin{bmatrix} \boldsymbol{F} & \boldsymbol{G} \\ \boldsymbol{0} & \boldsymbol{H} \end{bmatrix}。$$

其中,$\boldsymbol{F}$、$\boldsymbol{H}$ 都是方阵,$\boldsymbol{0}$ 表示零矩阵,则称 $\boldsymbol{A}$ 是可约的,否则称为不可约的。

例如,$\boldsymbol{A} = \begin{bmatrix} 6 & 4 & 1 & 3 \\ 0 & 1 & 0 & 2 \\ 3 & 2 & 2 & 4 \\ 0 & -2 & 0 & 8 \end{bmatrix}$,$\boldsymbol{P}_{23} = \begin{bmatrix} 1 & 0 & 0 & 0 \\ 0 & 0 & 1 & 0 \\ 0 & 1 & 0 & 0 \\ 0 & 0 & 0 & 1 \end{bmatrix}$。

交换 $\boldsymbol{A}$ 的二、三行，同时将得到的矩阵的二、三列进行交换，则有

$$\boldsymbol{A}\xrightarrow{r_2\leftrightarrow r_3}\begin{bmatrix}6&4&1&3\\3&2&2&4\\0&1&0&2\\0&-2&0&8\end{bmatrix}\xrightarrow{c_2\leftrightarrow c_3}\begin{bmatrix}6&1&4&3\\3&2&2&4\\0&0&1&2\\0&0&-2&8\end{bmatrix}$$

即有 $\boldsymbol{P}_{23}\boldsymbol{A}\boldsymbol{P}_{23}^{\mathrm{T}}=\begin{bmatrix}6&1&4&3\\3&2&2&4\\0&0&1&2\\0&0&-2&8\end{bmatrix}$，所以 $\boldsymbol{A}$ 是可约的。

定义 2.3 设 $\boldsymbol{A}=(a_{ij})\in\mathbb{R}^{n\times n}$，若

$$\sum_{\substack{j=1\\j\neq i}}^{n}|a_{ij}|\leqslant|a_{ii}|,\quad i=1,2,\cdots,n \tag{2.4}$$

则称 $\boldsymbol{A}$ 按行对角占优；若上式都为严格不等式，则称 $\boldsymbol{A}$ 按行严格对角占优。

若

$$\sum_{\substack{i=1\\i\neq j}}^{n}|a_{ij}|\leqslant|a_{jj}|,\quad j=1,2,\cdots,n \tag{2.5}$$

则称 $\boldsymbol{A}$ 按列对角占优；若上式都为严格不等式，则称 $\boldsymbol{A}$ 按列严格对角占优。

若矩阵 $\boldsymbol{A}$ 按行(列)对角占优，且式(2.4)(或式(2.5))中至少有一个是严格不等式，则称 $\boldsymbol{A}$ 按行(列)弱对角占优。

定理 2.6 设方程组 $\boldsymbol{Ax}=\boldsymbol{b}$ 的系数矩阵 $\boldsymbol{A}$ 满足下列条件之一：

(1) 按行(列)严格对角占优；

(2) 不可约且按行(列)弱对角占优。

则 Jacobi 迭代法和 Gauss-Seidel 迭代法都收敛。

定理 2.7 若方程组 $\boldsymbol{Ax}=\boldsymbol{b}$ 的系数矩阵 $\boldsymbol{A}$ 是对称正定的，且 $2\boldsymbol{D}-\boldsymbol{A}$ 也是对称正定的，则 Jacobi 迭代法收敛；若 $\boldsymbol{A}$ 为对称正定的，而 $2\boldsymbol{D}-\boldsymbol{A}$ 为非对称正定的，则 Jacobi 迭代法不收敛。

定理 2.8 若方程组 $\boldsymbol{Ax}=\boldsymbol{b}$ 的系数矩阵 $\boldsymbol{A}$ 是对称正定的，则 Gauss-Seidel 迭代法收敛。

定理 2.9 SOR 迭代法收敛的必要条件是松弛因子 ω 满足 $0<\omega<2$。

定理 2.10 若方程组 $\boldsymbol{Ax}=\boldsymbol{b}$ 的系数矩阵 $\boldsymbol{A}$ 是对称正定的，则当 $0<\omega<2$ 时，SOR 迭代法收敛。

定理 2.11 若方程组 $\boldsymbol{Ax}=\boldsymbol{b}$ 的系数矩阵 $\boldsymbol{A}$ 是严格对角占优的，则当 $0<\omega\leqslant1$ 时，SOR 迭代法收敛。

利用 Maple 函数和定理 2.5，容易写出判断方程组的 Jacobi 迭代法和 Gauss-Seidel 迭代法是否收敛的程序。

```
> JGConverge := proc(AA)
local DD, L, U, MG, W, info, Options, rho;
info := Jacobi;
```

```
#输入 info=G,则判断 Gauss-Seidel 迭代法的收敛性,默认判断 Jacobi 迭代法的收敛性;
if nargs=2 then
    Options:=args[2];
    if not type(Options, equation) then
      error"输入的第二个参数必须是方程式"
    end if;
info:=rhs(args[2]);
end if;
L:=-MTM[tril](AA, -1);
U:=-MTM[triu](AA, 1);
DD:=MTM[diag](AA);
DD:=convert(DD, Matrix);
DD:=MTM[diag](DD);
if info=Jacobi then
      MG:=LinearAlgebra[MatrixInverse](DD).(L+U);
   else
      MG:=LinearAlgebra[MatrixInverse](DD-L).U;
end if;
W:=MTM[eig](MG);
rho:=max(abs(W));
rho:=evalf(rho);
if info=Jacobi then
      if rho<1 then
          print('Jacobi 迭代法收敛,迭代矩阵的谱半径为', rho)
      else
          print('Jacobi 迭代法发散,迭代矩阵的谱半径为', rho)
      end if;
  else
      if rho<1 then
      print('Gauss-Sedel 迭代法收敛,迭代矩阵的谱半径为', rho);
      else
      print('Gauss-Sedel 迭代法发散,迭代矩阵的谱半径为', rho);
      end if;
end if;
end:
>;
```

例 2.32 考查方程组 $\boldsymbol{Ax}=\boldsymbol{b}$ 的 Jacobi 迭代法和 Gauss-Seidel 迭代法的收敛性,其中系数矩阵分别取 $\boldsymbol{A}=\begin{bmatrix}3&1&2\\0&4&1\\1&0&2\end{bmatrix}$,$\boldsymbol{b}=\begin{bmatrix}6\\8\\2\end{bmatrix}$,$\boldsymbol{A}_1=\begin{bmatrix}1&0&2\\0&4&1\\3&1&2\end{bmatrix}$,$\boldsymbol{b}_1=\begin{bmatrix}2\\8\\6\end{bmatrix}$,$\boldsymbol{A}_2=\begin{bmatrix}2&1&3\\1&4&0\\2&0&1\end{bmatrix}$,$\boldsymbol{b}_2=\begin{bmatrix}6\\8\\2\end{bmatrix}$。

解 显然 $\boldsymbol{Ax}=\boldsymbol{b}$ 与 $\boldsymbol{A}_1\boldsymbol{x}=\boldsymbol{b}_1$ 是 1,3 行交换的方程组,作为方程组,它们是相同的。而 $\boldsymbol{Ax}=\boldsymbol{b}$ 与 $\boldsymbol{A}_2\boldsymbol{x}=\boldsymbol{b}_2$ 是 1,3 列交换的方程组,即第一个变元与第三个变元交换了次序。

```
> A := Matrix(3, 3, [3, 1, 2, 0, 4, 1, 1, 0, 2]) :
A1 := Matrix(3, 3, [1, 0, 2, 0, 4, 1, 3, 1, 2]) :
A2 := Matrix(3, 3, [2, 1, 3, 1, 4, 0, 2, 0, 1]) :
> JGConverge(A);
```

Jacobi 迭代法收敛,迭代矩阵的谱半径为 0.6318813079

```
> JGConverge(A, info=G);
```

Gauss-Seidel 迭代法收敛,迭代矩阵的谱半径为 0.2041241452

```
> JGConverge(A1);
```

Jacobi 迭代法发散,迭代矩阵的谱半径为 1.767766952

```
> JGConverge(A1, info=G);
```

Gauss-Seidel 迭代法发散,迭代矩阵的谱半径为 3.125000000

```
> JGConverge(A2);
```

Jacobi 迭代法发散,迭代矩阵的谱半径为 1.767766952

```
> JGConverge(A2, info=G);
```

Gauss-Seidel 迭代法发散,迭代矩阵的谱半径为 3.125000000

此例说明迭代法的收敛性可能由于方程组中方程的次序(或未知元的编号)的改变而改变。故对给定的方程组,若迭代法不收敛,可适当改变方程或未知元的次序来导出收敛的迭代格式。

第3章 函数的插值

插值在数学发展史上是个古老问题，它最初来源于天体计算——由若干观测值计算任意时刻星球的位置。在科学研究和工程技术中，经常会遇到计算函数值的问题，而有时函数关系很复杂，甚至没有解析表达式。例如，根据观测得到的系列数据，确定了自变量的某些点处的函数值，要求计算未观测到的点的函数值。此时，我们可根据已知数据构造一个简单适当的函数近似代替要寻求的函数，这就是函数的插值法。另外，插值又是数值微分、数值积分、常微分方程数值解等数值计算的基础。Lagrange 多项式插值、Newton 插值是最基本的插值方法。当用插值多项式近似代替函数时，随着多项式次数的增加，不仅增大了计算量，而且有时会带来很大的误差，如 Runge 现象。为了避免这种振荡误差，可采用分段低次插值，如线性插值、抛物插值。它们不仅简便，而且逼近效果往往优于高次 Lagrange 插值，不足之处是在插值节点处其导数不连续，这不利于理论分析和工程设计，可采用样条插值避免出现这种情况。

3.1 Lagrange 插值

1. 功能

给定函数 $y=f(x)$ 在 $n+1$ 个不同插值节点 $x_k\ (k=0,1,\cdots,n)$ 处的函数值 $y_k=f(x_k)\ (k=0,1,\cdots,n)$，求 $f(x)$ 的 Lagrange 插值多项式 $P(x)$。

2. 计算方法

Lagrange 的经典插值公式为

$$P(x)=\sum_{k=0}^{n} f(x_k) l_k(x)$$

其中，$l_k(x)=\prod_{j\neq k}^{n}\frac{x-x_j}{x_k-x_j}\ (k=0,1,\cdots,n)$，称为在节点 $x_0,x_1,\cdots,x_n$ 上的 n 次 Lagrange 插值基函数。

3. 使用说明

Laginterp(xvals, yvals, *x*)

式中，第一个参数 xvals 为插值节点；第二个参数 yvals 为插值节点 xvals 处对应的函数值；第三个参数 x 为插值自变量，如果 x 为一组数值(必

须以 $x=[1,2,3]$的形式给出),则求出 x 处相应的函数插值。

4. Maple 程序

```
> Laginterp := proc(xvals::list, yvals::list, x)
local m, n, i, j, s, yy;
    n := nops(xvals);
    m := nops(yvals);
    if n <> m then
        error "第一、第二个变量的维数必须相同"
    end if;
      if type(x, list) then
          s := nops(x);
          for i from 1 to s do
          yy[i] := add(L(xvals, j, x[i]) * yvals[j], j=1..n);
          print('在', x[i], '处的插值为', yy[i]);
          end;
      else
          add(L(xvals, j, x) * yvals[j], j=1..n);
          collect(%, x);
          sort(%);
      end if;
end:
    L := proc(xvals::list, j::posint, x)
            local v, xvalsdel;
            xvalsdel := [op(1..j-1, xvals), op(j+1..nops (xvals), xvals)];
             if member(xvals[j], xvalsdel) then
                error "同一个节点输入了两次"
             end if;
                mul((x-v)/(xvals[j]-v), v=xvalsdel);
    end:
```

例 3.1 用 4 个节点(1,5),(2,2),(3,1),(5,3)构造函数 $f(x)$的三次插值多项式 $P_3(x)$,并求 $f(1.5)$, $f(3.3)$的近似值。

解 记 xvals=[1,2,3,5],yvals=[5,2,1,3],代入插值程序 Laginterp,则得到插值多项式 $P_3(x)$。

```
> xvals := [1, 2, 3, 5]: yvals := [5, 2, 1, 3]:
> Laginterp(xvals, yvals, x):
P3 := unapply(%, x);
```

$$P_3 := x \to -\frac{1}{12}x^3+\frac{3}{2}x^2-\frac{83}{12}x+\frac{21}{2}$$

```
> Laginterp(xvals, yvals, [1.5, 3.3]);
```

在 1.5 处的插值为 3.218750000

在 3.3 处的插值为 1.015250000

```
> pts := [[1, 5], [2, 2], [3, 1], [5, 3]];
plot([pts, P3(x)], x=0..6, y=0..6, style=[point, line], symbol=circle, color=[black, red]);
pts := [[1, 5], [2, 2], [3, 1], [5, 3]]
```

插值节点及插值多项式的图像如图 3.1 所示。

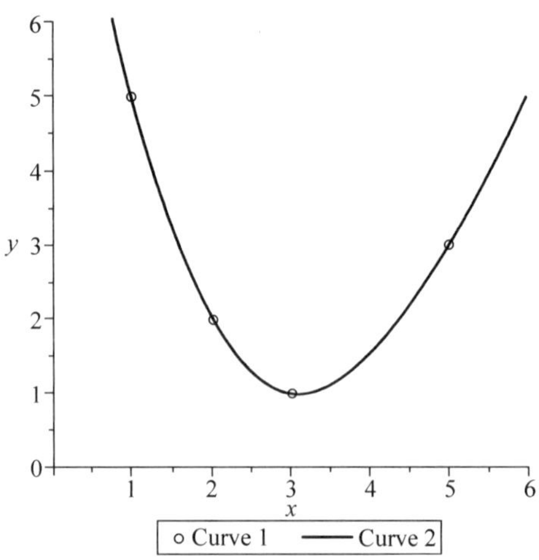

图 3.1　$f(x)$的 3 次插值多项式 $P_3(x)$的图像

在点 $x_1, x_2, \cdots, x_n$ 处的 Lagrange 插值基函数 $L_j(x)$是在节点$(x_1,0),\cdots,(x_{j-1},0)$, $(x_{j-1},0),(x_{j+1},0),\cdots,(x_n,0)$处的插值多项式。因此本例中的 Lagrange 插值基函数 $L_1(x),L_2(x),L_3(x)$和 $L_4(x)$可构造如下：

```
> Laginterp([1, 2, 3, 5], [1, 0, 0, 0], x):
L1 := unapply(%, x);
Laginterp([1, 2, 3, 5], [0, 1, 0, 0], x):
L2 := unapply(%, x);
Laginterp([1, 2, 3, 5], [0, 0, 1, 0], x):
L3 := unapply(%, x);
Laginterp([1, 2, 3, 5], [0, 0, 0, 1], x):
L4 := unapply(%, x);
```

$$L_1 := x \to -\frac{1}{8}x^3 + \frac{5}{4}x^2 - \frac{31}{8}x + \frac{15}{4}$$

$$L_2 := x \to \frac{1}{3}x^3 - 3x^2 + \frac{23}{3}x - 5$$

$$L_3 := x \to -\frac{1}{4}x^3 + 2x^2 - \frac{17}{4}x + \frac{5}{2}$$

$$L_4 := x \to \frac{1}{24}x^3 - \frac{1}{4}x^2 + \frac{11}{24}x - \frac{1}{4}$$

在点(1,5),(2,2),(3,1),(5,3)处的三次插值多项式 $P_3(x)$可由插值基函数求得，即 $P_3(x)=5L_1(x)+2L_2(x)+L_3(x)+3L_4(x)$。图 3.2 给出了插值多项式 $P_3(x)$的 4 项 $(5L_1(x),2L_2(x),L_3(x),3L_4(x))$的图像。每一部分恰好经过一个插值节点，而插值多项式 $P_3(x)$经过所有的插值节点。

```
> plot([P3(x), 5 * L1(x), 2 * L2(x), L3(x), 3 * L4(x), pts], x=1..5, style=[line $ 5, point], color=[red, blue, green, magenta, black, black], thickness=[2, 1 $ 5], symbol=circle, legend=["插值多项式 P3(x)", "插值基函数 5L1(x)", "插值基函数 2L2(x)", "插值基函数 L3(x)", "插值基函数 3L4(x)", "插值节点"]);
```

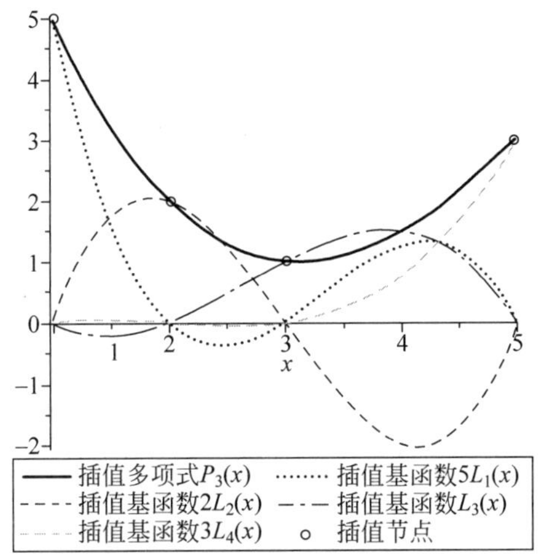

图 3.2 插值多项式 $p(x)$及其插值基函数 $L_j(x)$的对比

3.2 Newton 插值

1. 功能

给定函数 $y=f(x)$在 $n+1$ 个不同插值节点 $x_i(i=0,1,\cdots,n)$处的函数值 $y_i=f(x_i)(i=0,1,\cdots,n)$，求 $f(x)$的 Newton 插值多项式 $P(x)$。

2. 计算方法

Newton 插值多项式

$$p(x)=f(x_0)+f[x_0,x_1](x-x_0)+f[x_0,x_1,x_2](x-x_0)(x-x_1)+\cdots+ f[x_0,x_1,\cdots,x_n](x-x_0)\cdots(x-x_{n-1})$$

其中，$f[x_0,x_1]=\dfrac{f(x_1)-f(x_0)}{x_1-x_0}$，称为 $f(x)$关于 x_0,x_1 的一阶差商，$f[x_0,x_1,x_2]=\dfrac{f[x_1,x_2]-f[x_0,x_1]}{x_2-x_0}$，称为 $f(x)$关于 x_0,x_1,x_2 的二阶差商，$f[x_0,x_1,\cdots,x_k]=\dfrac{f[x_1,x_2,\cdots,x_k]-f[x_0,x_1,\cdots,x_{k-1}]}{x_k-x_0}$，称为 $f(x)$关于 $x_0,x_1,\cdots,x_k$ 的 k 阶差商。

3. 使用说明

Newinterp(xvals, yvals, *x*)

式中，第一个参数 xvals 为插值节点；第二个参数 yvals 为插值节点 xvals 处对应的函数值；第三个参数 x 为插值自变量；如果 x 为一组数值(必须以 $x=[1,2]$的列表形式给出)，则求出 x 处相应的函数插值。

4. Maple 程序

```
> Newinterp := proc(xvals::list, yvals::list, x)
    local j, k, n, m, d, dd, s, prod, su, summ, term;
    n := nops(xvals);
```

```
m := nops(yvals);
     if n<> m then
        error "x, y 的维数必须相同"
     end if;
d :=Matrix(n,n);
     for j from 1 to n do
         d[j, 1] := yvals[j];
     end do;
   for j from 2 to n do
          for k from j to n do
              d[k, j] :=(d[k, j-1]-d[k-1, j-1])/(xvals[k]-xvals[k-j+1]);
          end do;
   end do;
  dd :=convert(xvals, Vector);
  dd :=linalg[concat](dd, d);
  #print("差商表为", dd);
  prod := 1;
if type(x, list) then
     su :=d[1,1];
     s :=nops(x);
     for k from 1 to s do
        for j from 1 to n-1 do
           prod :=prod * (x[k]-xvals[j]);
           term :=prod * d[j+1, j+1];
           su :=su+term;
        end do;
         print('在', x[k], '处的插值为', su);
    end do;
 else
     summ :=d[1, 1];
     for j from 1 to n-1 do
        prod :=prod * (x-xvals[j]);
           term :=prod * d[j+1, j+1];
           summ :=summ+term;
     end do;
  summ;
 end if;
end:
```

例 3.2　用节点(1,5),(2,3),(4,−2),(5,1),(6,3),求 Newton 插值多项式,并求 $f(2.1)$,$f(3.5)$的近似值。

解　记 xvals=[1,2,3,4,5,6],yvals=[5,3,−2,1,3],代入插值程序 Newinterp,则得到插值多项式 $p_4(x)$。

```
> xvals := [1, 2, 4, 5, 6]:
yvals := [5, 3, 2, 4, 3]:
p4 :=Newinterp(xvals, yvals, x);
```

差商表为
$$\begin{bmatrix}1 & 5 & & & & \\ 2 & 3 & -2 & & & \\ 4 & 2 & -\frac{1}{2} & \frac{1}{2} & & \\ 5 & 4 & 2 & \frac{5}{6} & \frac{1}{12} & \\ 6 & 3 & -1 & -\frac{3}{2} & -\frac{7}{12} & -\frac{5}{12}\end{bmatrix}$$

$$p_4 := 7-2x+\frac{1}{2}(x-1)(x-2)+\frac{1}{12}(x-1)(x-2)(x-4)-\frac{2}{15}(x-1)(x-2)(x-4)(x-5)$$

```
> x0 := [2.1, 3.5]:
Newinterp(xvals, yvals, x0);
```

在 2.1 处的插值为 2.75677000

在 3.5 处的插值为 0.5407168750

例 3.3 分别在 $\left[0,\frac{1}{2},1,\frac{3}{2},2\right]$，$\left[0,\frac{1}{3},\frac{2}{3},1,\frac{4}{3},\frac{5}{3},2\right]$，$\left[0,\frac{1}{4},\frac{1}{2},\frac{3}{4},1,\frac{5}{4},\frac{3}{2},\frac{7}{4},2\right]$ 处，建立函数 $f(x)=e^{-x^2}$ 的 Newton 插值多项式。

解 用 Maple 程序求解如下。

```
> f := x -> exp(-x^2):
xvals1 := [0, 1/2, 1, 3/2, 2]:
yvals1 := evalf(map(f, xvals1)):
xvals2 := [0, 1/3, 2/3, 1, 4/3, 5/3, 2]:
yvals2 := evalf(map(f, xvals2)):
xvals3 := [0, 1/4, 1/2, 3/4, 1, 5/4, 3/2, 7/4, 2]:
yvals3 := evalf(map(f, xvals3)):
p4 := unapply(Newinterp(xvals1, yvals1, x), x);
p6 := unapply(Newinterp(xvals2, yvals2, x), x);
p8 := unapply(Newinterp(xvals3, yvals3, x), x);
```

$$p_4 := x \to 1-0.4423984338x-0.3794442500x\left(x-\frac{1}{2}\right)+0.4508843337x\left(x-\frac{1}{2}\right)(x-1)-0.2074718298x\left(x-\frac{1}{2}\right)(x-1)\left(x-\frac{3}{2}\right)$$

$$p_6 := x \to 1-0.3154820496x-0.6682421030x\left(x-\frac{1}{3}\right)+0.5798530175x\left(x-\frac{1}{3}\right)\left(x-\frac{2}{3}\right)-0.1173804264x\left(x-\frac{1}{3}\right)\left(x-\frac{2}{3}\right)(x-1)-0.08444845758x\left(x-\frac{1}{3}\right)\left(x-\frac{2}{3}\right)(x-1)\left(x-\frac{4}{3}\right)+0.07243154520x\left(x-\frac{1}{3}\right)\left(x-\frac{2}{3}\right)(x-1)\left(x-\frac{4}{3}\right)\left(x-\frac{5}{3}\right)$$

$$p_8 := x \to 1 - 0.2423477488x - 0.8002027400x\left(x-\frac{1}{4}\right) + 0.5506097472x\left(x-\frac{1}{4}\right)\left(x-\frac{1}{2}\right) + 0.0416062912x\left(x-\frac{1}{4}\right)\left(x-\frac{1}{2}\right)\left(x-\frac{3}{4}\right) - 0.1954140911x\left(x-\frac{1}{4}\right)\left(x-\frac{1}{2}\right)\left(x-\frac{3}{4}\right)(x-1) + 0.08988100327x\left(x-\frac{1}{4}\right)\left(x-\frac{1}{2}\right)\left(x-\frac{3}{4}\right)(x-1)\left(x-\frac{5}{4}\right) - 0.004848239011x\left(x-\frac{1}{4}\right)\left(x-\frac{1}{2}\right)\left(x-\frac{3}{4}\right)(x-1)\left(x-\frac{5}{4}\right)\left(x-\frac{3}{2}\right) - 0.01311469190x\left(x-\frac{1}{4}\right)\left(x-\frac{1}{2}\right)\left(x-\frac{3}{4}\right)(x-1)\left(x-\frac{5}{4}\right)\left(x-\frac{3}{2}\right)\left(x-\frac{7}{4}\right)$$

```
> plot([f(x), p4(x), p6(x), p8(x)], x=-0.5..2.5, y=-0.2..1.3, style=[point, line $ 3], linestyle=[1, 2, 3, 5], thickness=[1, 1, 2, 1], symbol=circle, color=[black, blue, red, green], legend=["函数 exp(-x^2)", "4 次插值多项式 p4(x)", "6 次插值多项式 p6(x)", "8 次插值多项式 p8(x)"]);
```

所绘制的各插值多项式的图像如图 3.3 所示。

在区间 $0 \leqslant x \leqslant 2$ 上用插值多项式 $p_8(x)$ 近似代替 $f(x)$ 时的误差如图 3.4 所示。

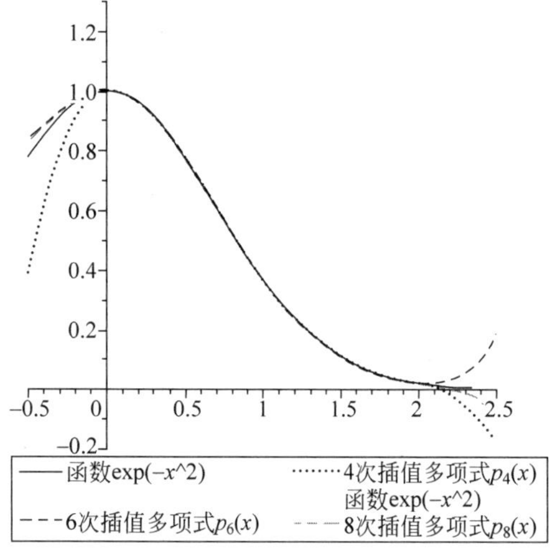

图 3.3　函数 e^{-x^2} 及其不同次数的插值多项式的图像

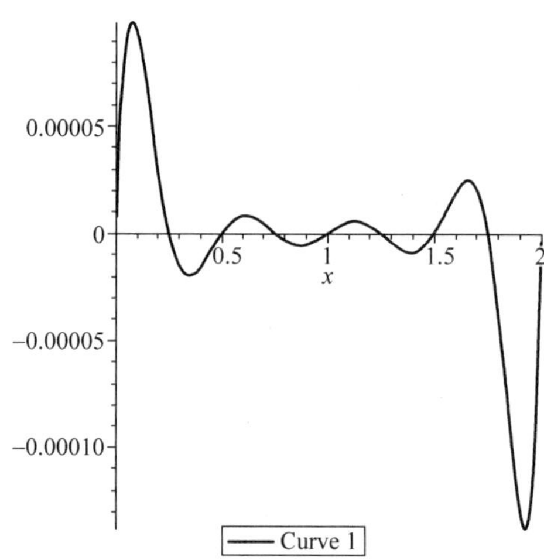

图 3.4　$(e^{-x^2} - p_8(x))$的图像

```
> plot(f(x)-p8(x), x=0..2, color=blue);
```

最大绝对误差可从图 3.4 估计，也可用程序包 numapprox 中的程序 infnorm 计算。

```
> numapprox[infnorm](p[8](x)-f(x), x=0..2);
```

$$0.0001380753994$$

即在区间 $0 \leqslant x \leqslant 2$ 上用插值多项式 $p_8(x)$ 近似代替 $f(x)$ 时的最大绝对误差约为 0.0001380753994。

3.3 Hermite 插值

1. 功能

给定函数 $y=f(x)$在 $n+1$ 个不同插值节点 $x_i(i=0,1,\cdots,n)$处的函数值 $y_i=f(x_i)$及一阶导数值 $y_i'=f(x_i)(i=0,1,\cdots,n)$，求 $f(x)$的 Hermite 插值多项式 $P_{2n+1}(x)$。

2. 方法

Hermite 插值

$$P_{2n+1}(x)=\sum_{k=0}^{n}\left(y_k+(x_k-x)\left(\left(2\sum_{j=0,j\neq k}^{n}\frac{1}{(x_k-x_j)}\right)y_k-y_k'\right)\right)l_k^2(x)$$

其中 $l_k(x)=\prod_{j\neq k}^{n}\frac{x-x_j}{x_k-x_j}\ (k=0,1,\cdots,n)$。

3. 使用说明

Herminterp(xvals，yvals，ydvals，*x*)

式中，第一个参数 xvals 为插值节点；第二个参数 yvals 为插值节点 xvals 处对应的函数值；第三个参数 ydvals 为插值节点 xvals 处函数的一阶导数；第四个参数 x 为插值自变量，如果 x 为一组数值(必须以 $x=[1,2]$的形式给出)，则求出 x 处相应的函数插值。

4. Maple 程序

```
> Herminterp:=proc(xvals::list, yvals::list, ydvals::list, x)
local i, j, k, n, m, r, s, su, summ;
   n:=nops(xvals);
   m:=nops(yvals);
   r:=nops(ydvals);
        if n<>m or m<>r then
           error "x, y, y'的维数必须相同"
        end if;
  summ:=0;
   if type(x, list) then
        s:=nops(x);
        for i from 1 to s do
           for k from 1 to n do
              su:=0;
                 for j from 1 to n do
                    if j<>k then
                       su:=su+1/(xvals[k]-xvals[j]);
                    end if;
                 end do;
        summ:=summ+(yvals[k]+(xvals[k]-x[i])*((2*su)*yvals[k]-ydvals[k]))*
(L(xvals, k, x[i]))^2;
              end do;
                 print('在', x[i], '处的 Hermite 插值为', summ);
          end do;
    else
         for k from 1 to n do
               su:=0;
```

```
                    for j from 1 to n do
                          if j <> k then
                              su := su+1/(xvals[k]-xvals[j]);
                          end if;
                    end do;
            summ := summ + (yvals[k] + (xvals[k] - x) * ((2 * su) * yvals[k] - ydvals[k])) *
(L(xvals, k, x))^2;
                    collect(%, x);
                    sort(%);
            end do;
      end if;
end:
      L := proc(xvals::list, j::posint, x)
           local v, xvalsdel;
           xvalsdel := [op(1..j-1, xvals), op(j+1..nops(xvals), xvals)];
           if member(xvals[j], xvalsdel) then
                error "同一个节点输入了两次"
           end if;
           mul((x-v)/(xvals[j]-v), v=xvalsdel);
      end:
```

例 3.4　对函数 $f(x)=e^{0.2x^2}$ 取节点 0,1,1.5,2,求 $f(x)$ 的 Hermite 插值多项式 $P_7(x)$,并计算 $f(0.5)$,$f(1.1)$的近似值。

解　用 Maple 程序求解如下。

```
> f := x-> exp(0.2 * x^2);
Df := D(f);
xvals := [0, 1, 1.5, 2]:
yvals := map(f, xvals);
ydvals := map(Df, xvals);
```

$$f := x \to e^{0.2x^2}$$

$$\mathrm{Df} := x \to 0.4x\,e^{0.2x^2}$$

```
yvals := [1, 1.22140275816017, 1.56831218549017, 2.22554092849247];
ydvals := [0, 0.488561103264068, 0.940987311294104, 1.78043274279398];
> P7 := unapply(Herminterp(xvals, yvals, ydvals, x), x);
```

$$P_7 := x \to 0.0013586492984x^7 - 0.0052279619209x^6 + 0.014632430261x^5 + 0.002879865355x^4 + 0.010217166644x^3 + 0.1975426085232x^2 + 10^{-14}x + 1$$

```
> x0 := [0.5, 1.1]:
> Herminterp(xvals, yvals, ydvals, x0);
```

在 0.5 处的 Hermite 插值为 1.05122898053419

在 1.1 处的 Hermite 插值为 2.32502264144757

图 3.5 给出了函数 $f(x)=e^{0.2x^2}$ 和 Hermite 插值多项式 $P_7(x)$的图像,可见它们几乎一致。

```
> with(plots):
```

```
> f := x-> exp(0.2 * x^2):
p1 := plot({f(x)}, x=-0.1..2.1, color=red):
p2 := plot({P7(x)}, x=-0.1..2.1, color=blue, style=point):
display(p1, p2);
```

在区间 $0\leqslant x\leqslant 2$ 上用插值多项式 $P_7(x)$ 近似代替 $f(x)=e^{0.2x^2}$ 时的绝对误差如图 3.6 所示。

```
> plot(f(x)-P7(x), x=0..2, color=blue);
```

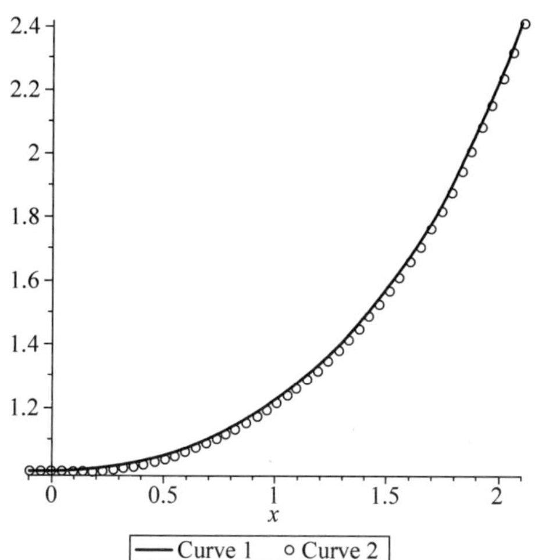

图 3.5 函数 $e^{0.2x^2}$ 与其 7 次 Hermite 插值 $P_7(x)$ 的图像

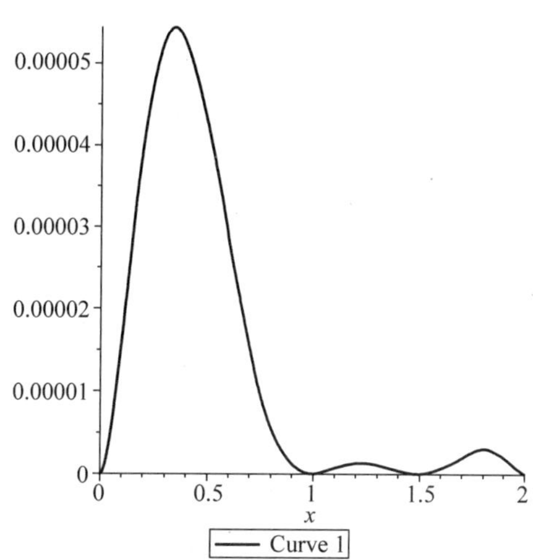

图 3.6 ($e^{0.2x^2}-P_7(x)$)的图像

最大绝对误差可从图 3.6 估计，也可用程序包 numapprox 中的程序 infnorm 计算。

```
> numapprox[infnorm](f(x)-P7(x), x=0..2);
```

$$0.000054246709740$$

即在区间 $0\leqslant x\leqslant 2$ 上用插值多项式 $P_7(x)$ 近似代替 $f(x)=e^{0.2x^2}$ 时的最大绝对误差约为 0.000054246709740。

3.4 分段三次 Hermite 插值

当用高次插值多项式逼近函数时，由于插值多项式在某些非节点处的振荡可能加大，因而可能使误差变得很大，这种现象称为 Runge 现象。对函数 $f(x)=1/(1+x^2)(-5\leqslant x\leqslant 5)$，取等距节点，求得 5 次，10 次插值多项式 $L_5(x)$，$L_{10}(x)$，作出它们的图像，如图 3.7 所示。由图 3.7 可见，在接近区间两端点附近，$f(x)$与 $L_{10}(x)$的偏离很大。

```
> restart;
> f := x-> 1/(1+x^2);
h := (5-(-5))/5:
```

```
h1 := (5-(-5))/10:
xvals := [seq(-5+h*i, i=0..5)];
yvals := map(f, xvals);
xvals1 := [seq(-5+h1*i, i=0..10)]:
yvals1 := map(f, xvals1):
L5 := unapply(interp(xvals, yvals, x), x);
L10 := unapply(interp(xvals1, yvals1, x), x);
```

$$f := x \to \frac{1}{1+x^2}$$

$$\text{xvals} := [-5, -3, -1, 1, 3, 5]$$

$$\text{yvals} := \left[\frac{1}{26}, \frac{1}{10}, \frac{1}{2}, \frac{1}{2}, \frac{1}{10}, \frac{1}{26}\right]$$

$$L_5 := x \to \frac{1}{520}x^4 - \frac{9}{130}x^2 + \frac{59}{104}$$

$$L_{10} := x \to -\frac{1}{4420}x^{10} + \frac{7}{5525}x^8 - \frac{83}{3400}x^6 + \frac{2181}{11050}x^4 - \frac{149}{221}x^2 + 1$$

```
> points := evalf(zip((x, y)->[x, y], xvals1, yvals1)):
plot([points, f(x), L5(x), L10(x)], x=-5..5, symbol=circle, color=[black, blue, red, gold], style=[point, line, line, line], linestyle=[1, 1, 3, 1], thickness=[3, 2, 2, 2], legend=["插值节点", "函数 f(x)", "5 次插值多项式", "10 次插值多项式"]);
```

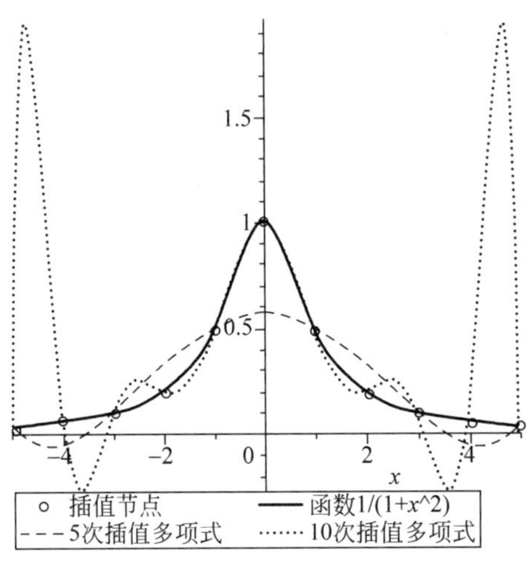

图 3.7　函数 $f(x)$ 与 $L_5(x)$ 及 $L_{10}(x)$ 的图像

为克服高次插值方法的不足,往往在实际应用中采用分段低次插值方法。

1. 功能

给定函数 $y=f(x)$ 在 $n+1$ 个不同插值节点 $x_i(i=0,1,\cdots,n)$ 处的函数值 $y_i=f(x_i)$ 及一阶导数值 $y_i'=f(x_i)(i=0,1,\cdots,n)$,求 $f(x)$ 在每个小区间 $[x_i,x_{i+1}](i=0,1,\cdots,n-1)$ 上的三次 Hermite 插值多项式。

2. 计算方法

在每个小区间 $[x_i,x_{i+1}]$ 上,

$$P_3(x)=\left(\frac{x-x_{i+1}}{x_i-x_{i+1}}\right)^2\left(1+2\frac{x-x_i}{x_{i+1}-x_i}\right)y_i+\left(\frac{x-x_i}{x_{i+1}-x_i}\right)^2\left(1+2\frac{x-x_{i+1}}{x_i-x_{i+1}}\right)y_{i+1}$$

$$\left(\frac{x-x_{i+1}}{x_i-x_{i+1}}\right)^2(x-x_i)y'_i+\left(\frac{x-x_i}{x_{i+1}-x_i}\right)^2(x-x_{i+1})y'_{i+1},\quad i=0,1,\cdots,n-1$$

3. 使用说明

Hermit3p(xvals, yvals, ydvals, *x*)

式中,第一个参数 xvals 为插值节点;第二个参数 yvals 为插值节点 xvals 处对应的函数值;第三个参数 ydvals 为插值节点 xvals 处函数的一阶导数;第四个参数 x 为插值自变量。程序功能为求出关于 x 的分段 3 次插值多项式。

4. Maple 程序

```
> Hermit3p := proc(xvals::list, yvals::list, ydvals::list, x)
local i, j, k, n, m, r, s, p, pp, Hp;
    n := nops(xvals);
    m := nops(yvals);
    r := nops(ydvals);
        if n <> m or m <> r then
            error "x, y, y'的维数必须相同";
        end if;
for k from 1 to n-1 do
   pp := ((x-xvals[k+1])/(xvals[k]-xvals[k+1]))^2 * (1+2 * (x-xvals[k])/(xvals[k+1]-
   xvals[k])) * yvals[k]+((x-xvals[k])/(xvals[k+1]-xvals[k]))^2 * (1+2 * (x-xvals[k+
   1])/(xvals[k]-xvals[k+1])) * yvals[k+1]+((x-xvals[k+1])/(xvals[k]-xvals[k+1]))^2 *
   (x-xvals[k]) * ydvals[k]+((x-xvals[k])/(xvals[k+1]-xvals[k]))^2 * (x-xvals[k+1]) *
   ydvals[k+1];
   pp := collect(pp, x);
   p[k] := sort(pp);
end do;
 if n=2 then
    p[1];
else
   Hp := piecewise(seq(op([x < xvals[k+1], p[k]]), k=1..n-2), p[n-1]);
 end if;
end:
```

例 3.5 对函数 $f(x)=1/(1+x^2)(-5\leqslant x\leqslant 5)$,分别取 5 等分和 10 等分节点,求 $f(x)$的分段三次 Hermite 插值多项式,并画出它们的图像。

解 先取 5 等分节点$-5,-3,-1,1,3,5$,并分别求得在节点处的函数值 yvals 和一阶导数值 ydvals,代入程序 Hermit3p,即得 6 节点分段三次 Hermite 插值多项式。

```
> xvals := [-5, -3, -1, 1, 3, 5]:
f := x-> 1/(1+x^2):
df := D(f);
yvals := map(f, xvals);
ydvals := map(df, xvals);
```

$$df := x \to -\frac{2x}{(1+x^2)^2}$$

$$\text{yvals}:=\left[\frac{1}{26},\frac{1}{10},\frac{1}{2},\frac{1}{2},\frac{1}{10},\frac{1}{26}\right]$$

$$\text{ydvals}:=\left[\frac{5}{338},\frac{3}{50},\frac{1}{2},-\frac{1}{2},-\frac{3}{50},-\frac{5}{338}\right]$$

```
> H6 := Hermit3p(xvals, yvals, ydvals, x);
```

$$H_6:=\begin{cases}\frac{14}{4225}x^3+\frac{863}{16900}x^2+\frac{18}{65}x+\frac{379}{676}, & x<-3\\ \frac{1}{25}x^3+\frac{7}{20}x^2+\frac{27}{25}x+\frac{127}{100}, & x<-1\\ -\frac{1}{4}x^2+\frac{3}{4}, & x<1\\ -\frac{1}{25}x^3+\frac{7}{20}x^2-\frac{27}{25}x+\frac{127}{100}, & x<3\\ -\frac{14}{4225}x^3+\frac{863}{16900}x^2-\frac{18}{65}x+\frac{379}{676}, & \text{其他}\end{cases}$$

绘制 6 节点分段三次 Hermite 插值多项式 H_6 与函数 $f(x)$ 的图像如图 3.8 所示。

```
> f := x-> 1/(1+x^2):
pts1 := evalf(zip((x, y)->[x, y], xvals, yvals)):
plot([f(x), pts1, H6(x)], x=-5..5, y=0..1, color=[red, black, blue], style=[line, point, line], linestyle=[1, 2, 3], legend=["曲线 1/(1+x^2)", "插值节点", "三次 Hermite 插值"]);
```

6 节点分段三次 Hermite 插值多项式与原曲线 $f(x)$ 的绝对误差曲线如图 3.9 所示。

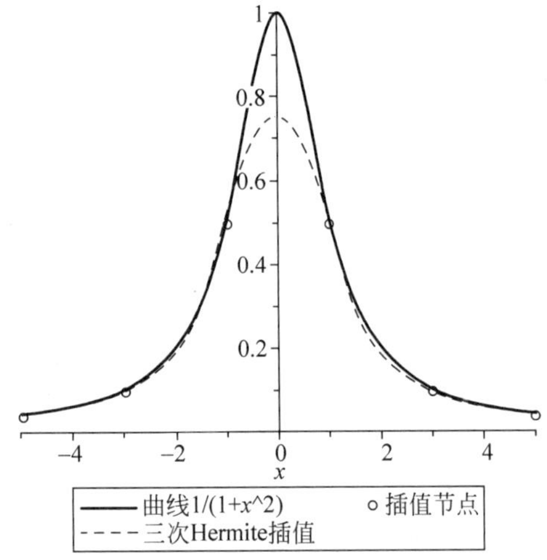

图 3.8　$1/(1+x^2)$及其 6 节点的 3 次 Hermite 插值的图像

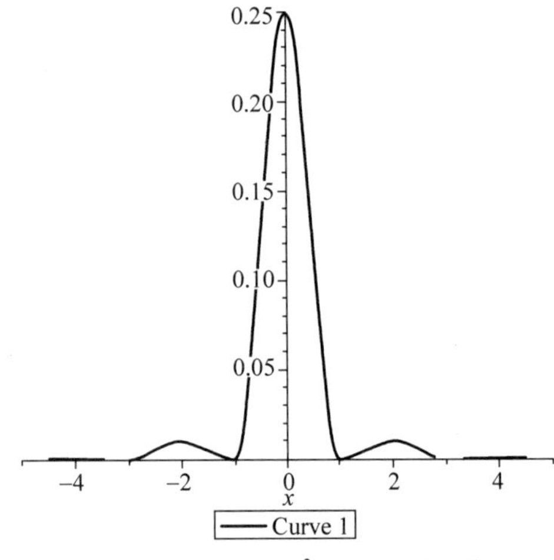

图 3.9　$(1/(1+x^2)-H_6)$的图像

```
> plot((f-H6)(x), x=-5..5, color=blue, style=line);
```

再取 10 等分节点 −5，−4，−3，−2，−1，0，1，2，3，4，5，并分别求得在节点处的函数值 yvals1 和一阶导数值 ydvals1，代入程序 Hermit3p，即得 11 节点的分段三次 Hermite 插值多项式。

```
> xvals1 := [-5, -4, -3, -2, -1, 0, 1, 2, 3, 4, 5]:
f := x-> 1/(1+x^2):
df := D(f):
yvals1 := map(f, xvals1):
ydvals1 := map(df, xvals1):
> H11 := Hermit3p(xvals1, yvals1, ydvals1, x);
```

$$H_{11} := \begin{cases} \frac{171}{97682}x^3 + \frac{113}{3757}x^2 + \frac{9000}{48841}x + \frac{20841}{48841}, & x < -4 \\ \frac{77}{14450}x^3 + \frac{521}{7225}x^2 + \frac{504}{1445}x + \frac{4633}{7225}, & x < -3 \\ \frac{1}{50}x^3 + \frac{1}{5}x^2 + \frac{18}{25}x + 1, & x < -2 \\ \frac{3}{50}x^3 + \frac{11}{25}x^2 + \frac{6}{5}x + \frac{33}{25}, & x < -1 \\ -\frac{1}{2}x^3 - x^2 + 1, & x < 0 \\ \frac{1}{2}x^3 - x^2 + 1, & x < 1 \\ -\frac{3}{50}x^3 + \frac{11}{25}x^2 - \frac{6}{5}x + \frac{33}{25}, & x < 2 \\ -\frac{1}{50}x^3 + \frac{1}{5}x^2 - \frac{18}{25}x + 1, & x < 3 \\ -\frac{77}{14450}x^3 + \frac{521}{7225}x^2 - \frac{504}{1445}x + \frac{4633}{7225}, & x < 4 \\ -\frac{171}{97682}x^3 + \frac{113}{3757}x^2 - \frac{9000}{48841}x + \frac{20841}{48841}, & \text{其他} \end{cases}$$

绘制 11 节点分段三次 Hermite 插值多项式 H_{11} 与函数 $f(x)$的图像如图 3.10 所示。

```
> plot([f(x), H11(x)], x=-5.5..5.5, y=0..1, color=[red, blue], linestyle=[solid, dashdot], legend=["原曲线 f(x)", "三次 Hermite 插值"]);
```

11 节点分段三次 Hermite 插值多项式与原曲线 $f(x)$的误差曲线如图 3.11 所示。

```
> plot((f-H11)(x), x=-5..5, color=blue, style=line);
```

插值多项式与被插值函数的误差一般随着节点的增加而减少,且分段插值多项式没有大幅振荡现象。

注　在程序"Hermit3p(xvals,yvals,ydvals,x)"中,没有设置当 x 为一组数值时,求在 x 处的 Hermite 插值。由于程序 Hermit3p 直接求出了分段 3 次 Hermite 插值多项式的表达式,利用此表达式就可求出在一点(或一组数值)处的插值。例如,利用例 3.5 中的 6 节点分段三次 Hermite 插值多项式 H_6,求 $f(x)$在 1.2 处的插值。

```
> eval(H6, x=1.2);
```

$$0.4088800000$$

若要一次求出在一组数处的插值,可用下面的方法。

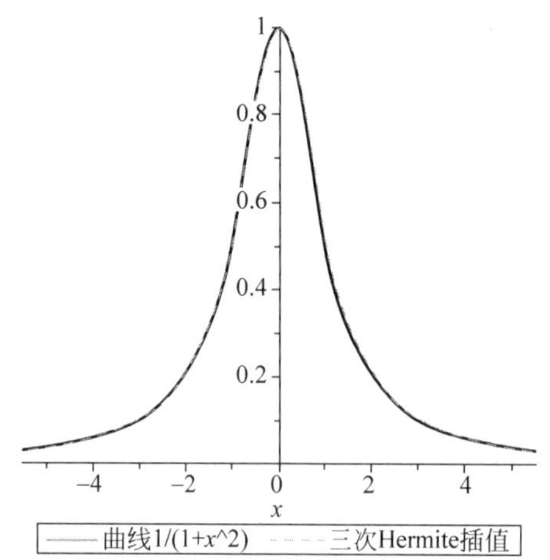

图 3.10　$1/(1+x^2)$及其 11 节点的 3 次 Hermite 插值的图像

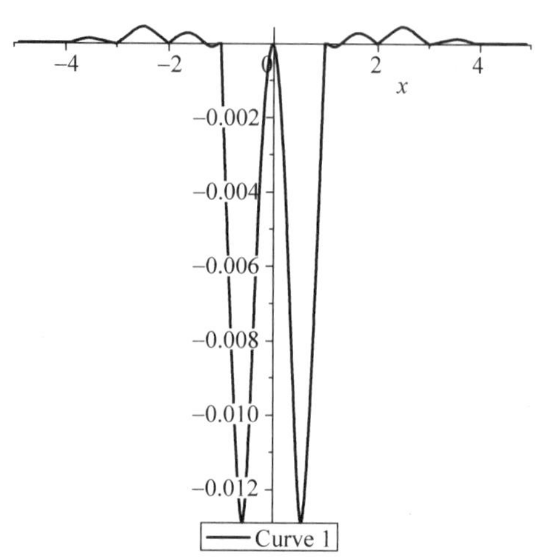

图 3.11　$(1/(1+x^2)-H_{11})$的图像

```
> x0 := [1.2, 2.3, 3.5]:
  HH6 := unapply(H6, x);
```

$$HH_6 := x \to \text{piecewise}\Big(x < -3, \frac{14}{4225}x^3 + \frac{863}{16900}x^2 + \frac{18}{65}x + \frac{379}{676}, x < -1, \frac{1}{25}x^3 + \frac{7}{20}x^2 + \frac{27}{25}x + \frac{127}{100}, x < 1, -\frac{1}{4}x^2 + \frac{3}{4}, x < 3, -\frac{1}{25}x^3 + \frac{7}{20}x^2 - \frac{27}{25}x + \frac{127}{100}, -\frac{14}{4225}x^3 + \frac{863}{16900}x^2 - \frac{18}{65}x + \frac{379}{676}\Big)$$

```
> map(HH6, x0);
```

$$[0.4088800000, 0.150820000, 0.0748964498]$$

3.5　三次样条插值函数

用函数 $y=f(x)$的 $N+1$ 个节点(x_k, y_k),其中 $x_0<x_1<\cdots<x_N$, $y_k=f(x_k)$, $k=0,1,\cdots,N$,求出三次样条插值函数,其方法如下:

在每个小区间$[x_k, x_{k+1}]$上,三次样条插值函数可表示为

$$S(x)=S_k(x)=s_{k,0}+s_{k,1}(x-x_k)+s_{k,2}(x-x_k)^2+s_{k,3}(x-x_k)^3 \tag{3.1}$$

或

$$S_k(x)=\frac{m_k}{6h_k}(x_{k+1}-x)^3+\frac{m_{k+1}}{6h_k}(x-x_k)^3+\left(\frac{y_k}{h_k}-\frac{m_k h_k}{6}\right)(x_{k+1}-x)+\left(\frac{y_{k+1}}{h_k}-\frac{m_{k+1}h_k}{6}\right)(x-x_k) \tag{3.2}$$

式中，$S_k(x)$的系数 $s_{k,j}$ 由下列公式计算：

$$s_{k,0}=y_k,\quad s_{k,1}=d_k-\frac{h_k(2m_k+m_{k+1})}{6},\quad s_{k,2}=\frac{m_k}{2},\quad s_{k,3}=\frac{m_{k+1}-m_k}{6h_k} \tag{3.3}$$

其中，$h_k=x_{k+1}-x_k$，$d_k=\dfrac{y_{k+1}-y_k}{h_k}$，$m_k=S''(x_k)(k=0,1,\cdots,N-1)$，且 m_k 由下述方程组确定：

$$\begin{aligned}&h_{k-1}m_{k-1}+2(h_{k-1}+h_k)m_k+h_km_{k+1}=u_k\\&u_k=6(d_k-d_{k-1}),\quad k=1,2,\cdots,N-1\end{aligned} \tag{*}$$

方程组(*)中的未知数是 m_k，共有 $N+1$ 个，但方程组(*)中只有 $N-1$ 个方程，要想求解方程组，还需要两个条件。剩余的两个条件一般由边界条件提供，常见的边界条件有如下几类。

(1) 紧压(clamped(complete))样条(或严格斜率样条)：即已知两端点的一阶导数 $S'(x_0)$，$S'(x_N)$。

(2) 端点曲率调整(end-point curvatrue-adjusted)样条：即已知两端点的二阶导数 $S''(x_0)$，$S''(x_N)$；

特殊地，当 $S''(x_0)=S''(x_N)=0$ 时，称为自然(natural)边界条件。

(3) 非节点(notaknot)样条：采用使第一个与第二个三次多项式的三阶导数相等及最后一个与倒数第二个三次多项式的三阶导数相等的条件作为约束条件，即 $S_0'''(x_0)=S_1'''(x_1)$，$S_{N-2}'''(x_{N-2})=S_{N-1}'''(x_{N-1})$。

(4) 周期(periodic)样条：当 $y=f(x)$是以(x_N-x_0)为周期的周期函数时，要求 $S(x)$也是以(x_N-x_0)为周期的周期函数，此时的边界条件为 $S'(x_0+0)=S'(x_N-0)$，$S''(x_0+0)=S''(x_N-0)$。

3.5.1 紧压样条插值函数

1. 功能

给定函数 $y=f(x)$的 $N+1$ 个节点 $x_0<x_1<\cdots<x_N$ 及相应的函数值 $y_k=f(x_k)(k=0,1,\cdots,N)$，求出 $y=f(x)$的紧压三次样条插值函数。

2. 计算方法

利用已知两端点的一阶导数 $S'(x_0)$，$S'(x_N)$，写出

$$m_0=\frac{3}{h_0}(d_0-S'(x_0))-\frac{m_1}{2}$$

$$m_N=\frac{3}{h_{N-1}}(S'(x_N)-d_{N-1})-\frac{m_{N-1}}{2}$$

而 $m_1,m_2,\cdots,m_{N-1}$ 的值由下面的方程组确定：

$$\begin{cases}\left(\dfrac{3}{2}h_0+2h_1\right)m_1+h_1m_2=u_1-3(d_0-S'(x_0))\\h_{k-1}m_{k-1}+2(h_{k-1}+h_k)m_k+h_km_{k+1}=u_k,\quad k=2,3,\cdots,N-2\\h_{N-2}m_{N-2}+\left(2h_{N-2}+\dfrac{3}{2}h_{N-1}\right)m_{N-1}=u_{N-1}-3(S'(x_N)-d_{N-1})\end{cases} \tag{3.4}$$

3. 使用说明

splinter1(xvals, yvals, dx_0, dx_n, x);

式中，xvals=[x_0,x_1,…,x_N],yvals=[y_0,y_1,…,y_N]分别是插值节点和相应的函数值；dx_0,dx_n 分别是两端点的一阶导数值 $S'(x_0)$,$S'(x_N)$；x 是一个符号。执行程序后返回关于 x 的(分段)三次样条插值函数。

注　使用本程序的计算结果与调用 Spline(xvals,yvals,x,endpoints=[dx_0,dx_n])的结果相同。有关 Spline 的详细使用说明参见 CurveFitting[Spline]。

4. Maple 程序

```
> splinter1 := proc(xvals::list, yvals::list, dx0, dxn, x)
local A, B, C, AA, BB, CC, i, k, n, m, r, dd, G, H, M, MM, N, U, UU, sp, pp;
    n := nops(xvals);
    m := nops(yvals);
       if m <> n then
             error "x, y 的维数必须相同";
       end if;
    if n < 3 then
           error "至少需要 3 个节点";
    end if;
   M := [seq(0, k=1..n)];
   N := n-1;
   G := ddiffs(xvals);
   H := ddiffs(yvals);
   dd := [seq(0, i=1..N)];
   for i from 1 to N do
        dd[i] := H[i]/G[i];
   end do;
   A := G[1..N-2];
   B := 2 * (G[1..N-1]+G[2..N]);
   C := G[1..N-2];
   U := 6 * ddiffs(dd);
if n=3 then
      AA := [0, 0];
      BB := [0, 0, 0];
      CC := [0, 0];
      UU := [0, 0, 0];
      CC[1] := G[1];
      CC[2] := G[2];
      AA[1] := G[1];
      AA[2] := G[2];
      BB[1] := 2 * G[1];
      BB[3] := 2 * G[2];
      BB[2] := 2 * (G[1]+G[2]);
      UU[1] := 6 * (dd[1]-dx0);
      UU[3] := 6 * (dxn-dd[2]);
      UU[2] := U[1];
    M := tridi(AA, BB, CC, UU);
else
       B[1] := B[1]-G[1]/2;
```

```
        U[1] :=U[1]-3*(dd[1]-dx0);
        B[N-1] :=B[N-1]-G[N]/2;
        U[N-1] :=U[N-1]-3*(dxn-dd[N]);
        MM :=tridi(A, B, C, U);
      for k from 1 to N-1 do
            M[k+1] :=MM[k];
      end do;
        M[1] :=3*(dd[1]-dx0)/G[1]-M[2]/2;
        M[N+1] :=3*(dxn-dd[N])/G[N]-M[N]/2;
   end if;
for k from 1 to N do
        sp :=(M[k+1]-M[k])/(6*G[k])*(x-xvals[k])^3+M[k]*(x-xvals[k])^2/2+
        (dd[k]-G[k]*(2*M[k]+M[k+1])/6)*(x-xvals[k])+yvals[k];
         sp :=collect(sp,x);
        pp[k] :=sort(sp);
end do;
piecewise(seq(op([x<xvals[k+1], pp[k]]), k=1..n-2), pp[n-1]);
end:

ddiffs :=proc(xvals::list)
    local j, n, dd;
     n :=nops(xvals);
     dd :=[seq(0, i=1..n-1)];
      for j from 1 to n-1 do
         dd[j] :=(xvals[j+1]-xvals[j]);
      end do;
    dd;
end:

tridi :=proc(a::list, b::list, c::list, d::list)
   local n, j, xx, yy, u;
   n :=nops(d);
   xx :=[seq(0, j=1..n)];
   yy :=[seq(0, j=1..n)];
   u :=[seq(0, j=1..n-1)];
   u[1] :=c[1]/b[1];
     for j from 2 to n-1 do
          u[j] :=c[j]/(b[j]-a[j-1]*u[j-1]);
     end do;
     yy[1] :=d[1]/b[1];
     for j from 2 to n do
         yy[j] :=(d[j]-a[j-1]*yy[j-1])/(b[j]-a[j-1]*u[j-1]);
     end;
     xx[n] :=yy[n];
    for j from (n-1) to 1 by -1 do
             xx[j] :=yy[j]-u[j]*xx[j+1];
    end do;
    xx;
    end:
```

例 3.6　对函数 $y=x\mathrm{e}^{-x}$，取节点 0,1,2,3,4,5,6，试求它在分别满足零斜率边界条件(zero slope end conditions) $y'(0)=0, y'(6)=0$ 和严格斜率边界条件 $y'(0)=1, y'(6)=-0.01239376088$ 下的三次样条插值函数。

解　用 Maple 程序求解如下。

```
> xvals := [0, 1, 2, 3, 4, 5, 6]:
> yy := x-> x * exp(-x);
```

$$\text{yy} := x \to x\mathrm{e}^{-x}$$

```
> yvals := evalf(map(yy, xvals));
yvals := [0, 0.3678794412, 0.2706705664, 0.1493612051, 0.07326255556, 0.03368973500,
0.01487251306]
Sp1 := splinter1(xvals, yvals, 0, 0, x);
```

$$\text{Sp}_1 := \begin{cases} -0.4809498622x^3+0.8488293035x^2-10^{-10}x, & x<1 \\ 0.2420023880x^3-1.320027447x^2+2.168856750x-0.7229522500, & x<2 \\ -0.04607186013x^3+0.4084180416x^2-1.288034227x+1.581641734, & x<3 \\ 0.01159625090x^3-0.1105949577x^2+0.2690047713x+0.0246027365, & x<4 \\ -0.008998026277x^3+0.1365363684x^2-0.7195205333x+1.342636476, & x<5 \\ 0.0088625623847x^3-0.1278183835x^2+0.6022532260x-0.8603197898, & \text{其他} \end{cases}$$

Sp_1 是零斜率边界条件的三次样条插值函数，利用它可求在插值区间内任意的插值，如 $y(2.3)\approx \text{Sp}_1(2.3)=0.219138130$。

```
> eval(Sp1, x=2.3);
```

$$0.219138130$$

利用程序 splinter1，同样可求得严格斜率边界条件的三次样条插值函数 Sp_2。

```
> Sp2 := splinter1(xvals, yvals, 1, -0.01239376088, x);
```

$$\text{Sp}_2 := \begin{cases} 0.2511173093x^3-0.8832378680x^2+0.9999999999x, & x<1 \\ 0.04580087350x^3-0.2672885606x^2+0.3840506925x+0.2053164358, & x<2 \\ 0.006667026212x^3-0.03248547687x^2-0.08555547496x+0.5183872141, & x<3 \\ -0.003157780102x^3+0.05593777996x^2-0.3508252454x+0.7836569848, & x<4 \\ -0.002720788575x^3+0.05069388163x^2-0.3298496521x+0.7556895270, & x<5 \\ -0.001729295973x^3+0.03582149260x^2-0.2554877070x+0.6317529515, & \text{其他} \end{cases}$$

绘制函数 yy 与 Sp_1 及 Sp_2 的图像，如图 3.12 所示。

```
> pts := evalf(zip((x, y)->[x, y], xvals, yvals)):
plot([pts, yy(x), Sp1(x), Sp2(x)], x=-0.1..6.5, symbol=circle, color=[black, blue, green,
red], style=[point, line, line, line], linestyle=[1, 1, 3, 2], thickness=[5, 2, 2, 3], legend=
["插值节点", "函数 x * exp(-x)", "零斜率样条插值", "严格斜率样条插值"]);
```

绘制 yy$-\text{Sp}_1$ 和 yy$-\text{Sp}_2$ 的图像，如图 3.13 所示。由图可见，严格斜率样条插值多项式与原函数的一致性较好。

```
> plot([(yy-Sp1)(x), (yy-Sp2)(x)], x=-0.1..6.5, color=[blue, red], style=[line, line],
linestyle=[3, 1], thickness=[1, 2], legend=["函数 x * exp(-x)与零斜率样条的差", "函数 x *
```

exp(－x)与严格斜率样条的差"])；

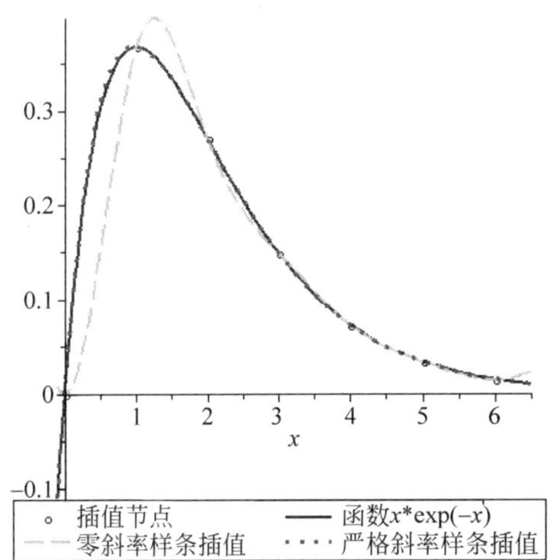

图 3.12 函数 yy 与 Sp_1 及 Sp_2 的图像

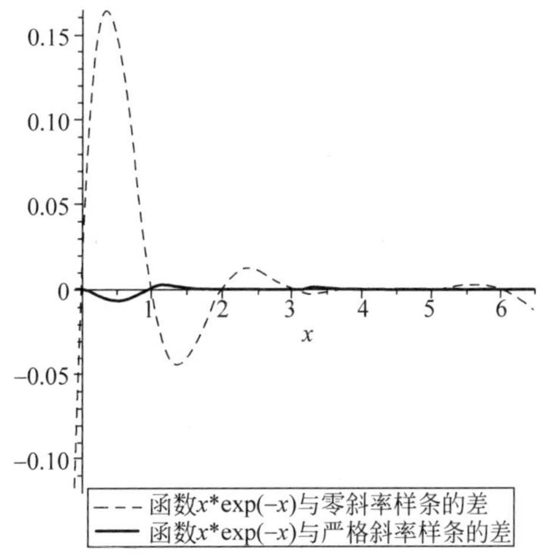

图 3.13 函数 yy－Sp_1 与函数 yy－Sp_2 的图像

3.5.2 端点曲率调整样条插值函数

1. 功能

给定函数 $y=f(x)$的 $N+1$ 个节点 $x_0<x_1<\cdots<x_N$，及相应的函数值 $y_k=f(x_k)(k=0,1,\cdots,N)$，求满足端点曲率调整边界条件的样条插值函数。

2. 计算方法

已知两端点的二阶导数 $m_0=S''(x_0)$，$m_N=S''(x_N)$，而 $m_1,m_2,\cdots,m_{N-1}$ 的值由下面的方程组确定。

$$\begin{cases}2(h_0+h_1)m_1+h_1m_2=u_1-h_0S''(x_0)\\ h_{k-1}m_{k-1}+2(h_{k-1}+h_k)m_k+h_km_{k+1}=u_k, \quad k=2,3,\cdots,N-2\\ h_{N-2}m_{N-2}+2(h_{N-2}+h_{N-1})m_{N-1}=u_{N-1}-h_{N-1}S''(x_N)\end{cases} \tag{3.5}$$

3. 使用说明

splinter2(xvals, yvals, ddx$_0$, ddx$_n$, x);

式中，xvals=[$x_0,x_1,\cdots,x_N$]，yvals=[$y_0,y_1,\cdots,y_N$]分别是插值节点和相应的函数值；ddx$_0$，ddx$_n$ 分别是两端点的二阶导数值 $S''(x_0)$，$S''(x_N)$；x 是一个符号。执行程序后返回关于 x 的(分段)三次样条插值函数。

注 对自然样条，即 $S''(x_0)=S''(x_N)=0$ 时，使用本程序的计算结果与调用 Spline(xvals,yvals,x)的结果相同。

4. Maple 程序

```
> splinter2 := proc(xvals::list, yvals::list, ddx0, ddxn, x)
local A, B, C, i, k, n, m, r, dd, G, H, M, MM, N, U, sp, pp;
    n := nops(xvals);
    m := nops(yvals);
        if m <> n then
```

```
            error "x, y 的维数必须相同";
        end if;
     M:=[seq(0, k=1..n)];
    N:=n-1;
    G:=ddiffs(xvals); #ddiffs 求差分,见程序 3.5.1
    H:=ddiffs(yvals);
    dd:=[seq(0, i=1..N)];
    for i from 1 to N do
        dd[i]:=H[i]/G[i];
    end do;
    A:=G[2..N-1];
    B:=2*(G[1..N-1]+G[2..N]);
    C:=G[2..N-1];
    U:=6*ddiffs(dd);
  if n=3 then
      M[1]:=ddx0;
      M[3]:=ddxn;
      M[2]:=(U[1]-G[1]*ddx0-G[2]*ddxn)/(2*(G[1]+G[2]));
  else
      U[1]:=U[1]-G[1]*ddx0;
      U[N-1]:=U[N-1]-(ddxn*G[N]);
      MM:=tridi(A, B, C, U); #tridi(A, B, C, U)用追赶法求解三对角方程组,见程序 3.5.1
      for k from 1 to N-1 do
        M[k+1]:=MM[k];
      end do;
      M[1]:=ddx0;
      M[N+1]:=ddxn;
    end if;
  for k from 1 to N do
          sp:=(M[k+1]-M[k])/(6*G[k])*(x-xvals[k])^3+M[k]*(x-xvals[k])^2/2+
          (dd[k]-G[k]*(2*M[k]+M[k+1])/6)*(x-xvals[k])+yvals[k];
          sp:=collect(sp, x);
          pp[k]:=sort(sp);
    end do;
  piecewise(seq(op([x<xvals[k+1], pp[k]]), k=1..n-2), pp[n-1]);
  end:
```

例 3.7　对函数 $y=xe^{-x}$,取节点 0,1,2,3,4,5,6,试求它在分别满足自然边界条件 $y''(0)=0, y''(6)=0$ 和端点曲率调整边界条件 $y''(0)=-2, y'(6)=0.009915$ 下的三次样条插值函数。

解　用 Maple 程序求解如下。

```
> xvals:=[0, 1, 2, 3, 4, 5, 6]:
> yy:=x->x*exp(-x):
> yvals:=evalf(map(yy, xvals)):
```

将 xvals, yvals 和边界条件 $y''(0)=0, y''(6)=0$ 代入程序 splinter2,求得自然边界条件的三次样条插值函数 Sp_3。

```
> Sp3:=splinter2(xvals, yvals, 0, 0, x);
```

$$\mathrm{Sp}_3 := \begin{cases} -0.1221807921x^3 + 0.4900602333x, & x < 1 \\ 0.1458156445x^3 - 0.8039893098x^2 + 1.294049543x - 0.2679964365, & x < 2 \\ -0.02009395647x^3 + 0.1914682960x^2 - 0.6968656687x + 1.059280371, & x < 3 \\ 0.003871379625x^3 - 0.02421972878x^2 - 0.04980159414x + 0.4122162968, & x < 4 \\ -0.004076444808x^3 + 0.0711541644x^2 - 0.4312971670x + 0.9208770605, & x < 5 \\ -0.003335830762x^3 + 0.06004495371x^2 - 0.3757511135x + 0.8283003045, & \text{其他} \end{cases}$$

同样,可求得端点曲率调整边界条件的三次样条插值函数 Sp_4。

```
> Sp4 := splinter2(xvals, yvals, -2, 0.009915, x);
```

$$\mathrm{Sp}_4 := \begin{cases} 0.3004666620x^3 - x^2 + 1.067412779x, & x < 1 \\ 0.03257837423x^3 - 0.1963351368x^2 + 0.2637479161x + 0.2678882877, & x < 2 \\ 0.01020767066x^3 - 0.06211091543x^2 - 0.004700526720x + 0.4468539162, & x < 3 \\ -0.004097858622x^3 + 0.0666388481x^2 - 0.3909498173x + 0.8331032068, & x < 4 \\ -0.002501118953x^3 + 0.04747797210x^2 - 0.3143063133x + 0.7309118683, & x < 5 \\ -0.001667895933x^3 + 0.03497962680x^2 - 0.2518145868x + 0.6267589906, & \text{其他} \end{cases}$$

函数 $x * \exp(-x)$、自然样条 Sp_3、端点曲率调整样条 Sp_4 的图像,如图 3.14 所示。

```
> plot([yy(x), Sp3(x), Sp4(x)], x=-0.1..6.5, color=[blue, green, red], style=[line, line, line], linestyle=[1, 5, 3], legend=["函数 x * exp(-x)", "自然样条 Sp3", "端点曲率调整样条 Sp4"]);
```

绘制 $\mathrm{yy}-\mathrm{Sp}_3$ 和 $\mathrm{yy}-\mathrm{Sp}_4$ 的图像,如图 3.15 所示。由图可见,端点曲率调整样条插值多项式与原函数的一致性较好。

```
> plot([(yy-Sp3)(x), (yy-Sp4)(x)], x=-0.1..6.5, color=[blue, red], style=[line, l ine], linestyle=[3, 1], thickness=[1, 2], legend=["函数 x * exp(-x)与自然样条的差", "函数 x * exp(-x)与端点曲率调整样条的差"]);
```

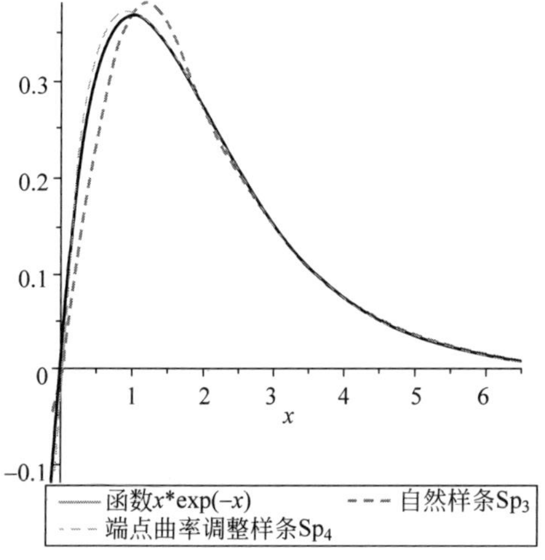

图 3.14 函数 xe^{-x} 及自然样条 Sp_3 和 Sp_4 的图像

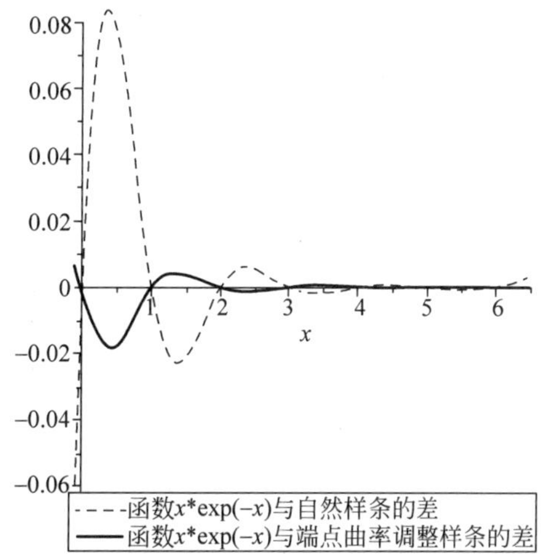

图 3.15 函数 $\mathrm{yy}-\mathrm{Sp}_3$ 与函数 $\mathrm{yy}-\mathrm{Sp}_4$ 的图像

3.5.3　非节点样条插值函数

1. 功能

给定函数 $y=f(x)$ 的 $N+1$ 个节点 $x_0<x_1<\cdots<x_N$，及相应的函数值 $y_k=f(x_k)(k=0,1,\cdots,N)$，求满足非节点(notaknot)边界条件的三次样条插值函数。

2. 计算方法

已知 $S'''_0(x_0)=S'''_1(x_1)$，$S'''_{N-2}(x_{N-2})=S'''_{N-1}(x_{N-1})$，可转化为 $m_0=m_1-\dfrac{h_0(m_2-m_1)}{h_1}$，$m_N=m_{N-1}+\dfrac{h_{N-1}(m_{N-1}-m_{N-2})}{h_{N-2}}$，而 $m_1,m_2,\cdots,m_{N-1}$ 的值由下面的方程组确定：

$$\begin{cases}\left(3h_0+2h_1+\dfrac{h_0^2}{h_1}\right)m_1+\left(h_1-\dfrac{h_0^2}{h_1}\right)m_2=u_1\\ h_{k-1}m_{k-1}+2(h_{k-1}+h_k)m_k+h_km_{k+1}=u_k,\quad k=2,3,\cdots,N-2\\ \left(h_{N-2}-\dfrac{h_{N-1}^2}{h_{N-2}}\right)m_{N-2}+\left(2h_{N-2}+3h_{N-1}+\dfrac{h_{N-1}^2}{h_{N-2}}\right)m_{N-1}=u_{N-1}\end{cases}\tag{3.6}$$

3. 使用说明

splinter3(xvals，yvals，*x*)；

式中，xvals=$[x_0,x_1,\cdots,x_N]$，yvals=$[y_0,y_1,\cdots,y_N]$分别是插值节点和相应的函数值；x 是一个符号。执行程序后返回关于 x 的(分段)三次样条插值函数。

注　使用本程序的计算结果与调用 Spline(xvals,yvals,x,endpoints='notaknot')的结果相同。

4. Maple 程序

```
> splinter3 := proc(xvals::list, yvals::list, x)
local A, B, C, AA, BB, CC, i, k, n, m, r, dd, G, H, M, MM, N, U, UU, sp, pp, x0;
    n := nops(xvals);
    m := nops(yvals);
        if m <> n then
              error "x, y 的维数必须相同";
        end if;
    if n < 3 then
          error "至少需要 3 个节点";
      end if;
   M := [seq(0, k=1..n)];
   N := n-1;
   G := ddiffs(xvals); #ddiffs 求差分,见程序 3.5.1
   H := ddiffs(yvals);
   dd := [seq(0, i=1..N)];
   for i from 1 to N do
        dd[i] := H[i]/G[i];
   end do;
   A := G[2..N-1];
   B := 2*(G[1..N-1]+G[2..N]);
   C := G[2..N-1];
```

```
    U := 6 * ddiffs(dd);
  if n=3 then
      M[1] := U[1]/(3 * (G[1]+G[2])); M[2] := M[1]; M[3] := M[1];
    else
       B[1] := B[1]+G[1]+G[1]^2/G[2];
       B[N-1] := B[N-1]+G[N]+G[N]^2/G[N-1];
       A[N-2] := G[N-1]-G[N]^2/G[N-1];
       C[1] := G[2]-G[1]^2/G[2];
       MM := tridi(A, B, C, U); # tridi(A, B, C, U)用追赶法求解三对角方程组,见程序 3.5.1
    for k from 1 to N-1 do
          M[k+1] := MM[k];
     end do;
        M[1] := M[2]-G[1] * (M[3]-M[2])/G[2];
        M[N+1] := M[N]+G[N] * (M[N]-M[N-1])/G[N-1];
    end if;
  for k from 1 to N do
        sp := (M[k+1]-M[k])/(6 * G[k]) * (x-xvals[k])^3+M[k] * (x-xvals[k])^2/2+
  (dd[k]-G[k] * (2 * M[k]+ M[k+1])/6) * (x-xvals[k])+yvals[k];
       sp := collect(sp, x);
       pp[k] := sort(sp);
  end do;
    if n=3 then
      pp[1];
    elif n=4 then
      pp[2];
    else
      piecewise(seq(op([x<xvals[k+1], pp[k]]), k=2..n-3), pp[n-1]);
    end if;
  end:
```

例 3.8 对函数 $y=xe^{-x}$,取节点 0,1,2,3,4,5,6。①求满足非节点边界条件的三次样条插值函数。②将例 3.6、例 3.7 及例 3.8 中所求的各种边界条件的样条函数与函数 $y=xe^{-x}$ 比较,说明哪个样条插值与 $y=xe^{-x}$ 的一致性最好。

解 用 Maple 程序求解如下。

```
> xvals := [0, 1, 2, 3, 4, 5, 6]:
> yy := x-> x * exp(-x):
> yvals := evalf(map(yy, xvals)):
```

将 xvals, yvals 代入程序 splinter3,求得非节点边界条件的三次样条插值函数 Sp_5。

```
> Sp5 := splinter3(xvals, yvals, x);
```

$$Sp_5 := \begin{cases} 0.08918324090x^3 - 0.5000938807x^2 + 0.7787900810x, & x < 2 \\ -0.004928375018x^3 + 0.06457581482x^2 - 0.3505493100x + 0.7528929273, & x < 3 \\ -0.0001585425517x^3 + 0.02164732262x^2 - 0.2217638335x + 0.6241074508, & x < 4 \\ -0.003122337563x^3 + 0.05721286275x^2 - 0.3640259940x + 0.8137903316, & \text{其他} \end{cases}$$

函数 $x*\exp(-x)$及非节点样条 Sp_5 的图像,如图 3.16 所示。

```
> plot([yy(x), Sp5(x)], x=-0.1..6.5, color=[blue, red], style=[line, line], linestyle=[1, 3],
legend=["函数 x * exp(-x)", "非节点样条"]);
```

绘制 yy－Sp_1，yy－Sp_2，yy－Sp_3，yy－Sp_4，yy－Sp_5 的图像，如图3.17所示。由图可见，严格斜率样条与原函数的一致性最好，零斜率样条与原函数的误差最大。

```
> plot([(yy-Sp1)(x), (yy-Sp2)(x), (yy-Sp3)(x), (yy-Sp4)(x), (yy-Sp5)(x)], x=-0.1..6.5, color=[black, blue, red, green, gold], style=[line$5], linestyle=[1, 2, 3, 4, 5], thickness=[1, 2, 1, 2, 2], legend=["函数 x*exp(-x)与零斜率样条的差","函数 x*exp(-x)与严格斜率样条的差","函数 x*exp(-x)与自然样条的差","函数 x*exp(-x)与端点曲率调整样条的差","函数 x*exp(-x)与非节点样条的差"]);
```

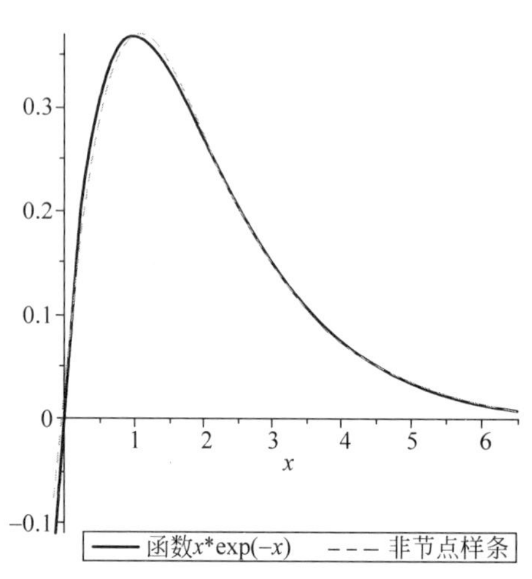

图3.16 函数 yy 及 SP_5 的图像

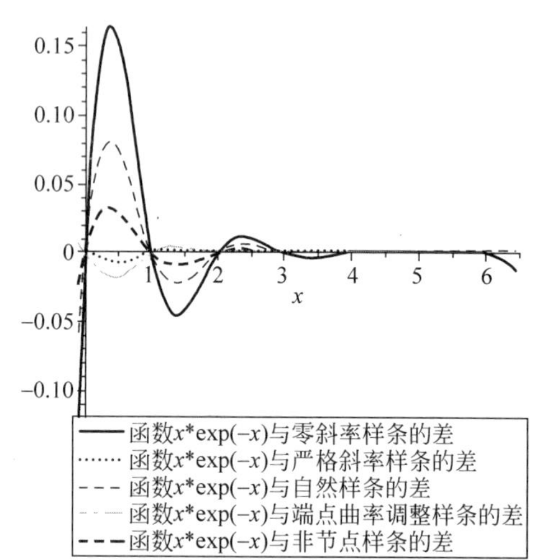

图3.17 函数 yy－Sp_1、yy－Sp_2、yy－Sp_3、yy－Sp_4 及 yy－Sp_5 的图像

例3.9 观测得函数 $f(x)$ 在某些点的函数值为 $f(0)=0$，$f(1)=16$，$f(4)=22$，$f(5)=56$，$f(6)=74$，以及 $f'(0)=3$，$f'(6)=1$，分别求 $f(x)$ 在满足严格斜率边界条件和自然边界条件下的三次样条插值函数 $S_1(x)$ 和 $S_2(x)$ 及 $f(2.3)$，$f(5.5)$ 的近似值。

解 用 Maple 程序求解如下。

```
> xvals:=[0, 1, 4, 5, 6]:
> yvals:=[0, 16, 22, 56, 74]:
> S1:=splinter1(xvals, yvals, 3, 1, x);
```

$$S_1 := \begin{cases} -\dfrac{29}{2}x^3 + \dfrac{55}{2}x^2 + 3x, & x < 1 \\ \dfrac{71}{18}x^3 - \dfrac{167}{6}x^2 + \dfrac{175}{3}x - \dfrac{166}{9}, & x < 4 \\ -\dfrac{21}{2}x^3 + \dfrac{291}{2}x^2 - 635x + 906, & x < 5 \\ -\dfrac{5}{2}x^3 + \dfrac{51}{2}x^2 - 35x - 94, & \text{其他} \end{cases}$$

```
> eval(S1, x=2.3);
```

$$16.47594452$$

```
> eval(S1, x=5.5);
```

$$68.9375000$$

```
> S2 := splinter2(xvals, yvals, 0, 0, x);
```

$$S_2 := \begin{cases} -\frac{433}{106}x^3 + \frac{2129}{106}x, & x < 1 \\ \frac{1093}{318}x^3 - \frac{1196}{53}x^2 + \frac{4521}{106}x - \frac{1196}{159}, & x < 4 \\ -\frac{1249}{106}x^3 + \frac{8484}{53}x^2 - \frac{72919}{106}x + \frac{51228}{53}, & x < 5 \\ \frac{589}{106}x^3 - \frac{5301}{53}x^2 + \frac{64931}{106}x - \frac{63647}{53}, & \text{其他} \end{cases}$$

```
> eval(S2, x=2.3);
```

$$13.02009750$$

```
> eval(S1, x=5.5);
```

$$67.083727$$

```
> pts := evalf(zip((x,y)->[x,y], xvals, yvals)):
```

绘制严格斜率样条 S_1 及自然样条 S_2 的图像，如图 3.18 所示。

```
> plot([pts, S1(x), S2(x)], x=0..6, color=[black, blue, red], style=[point, line$2], linestyle=[1, 3], legend=["节点", "严格斜率(紧压)样条", "自然样条"]);
```

由此可见，同一组数据，不同的边界条件求出的三次样插值函数也有不小的差别。

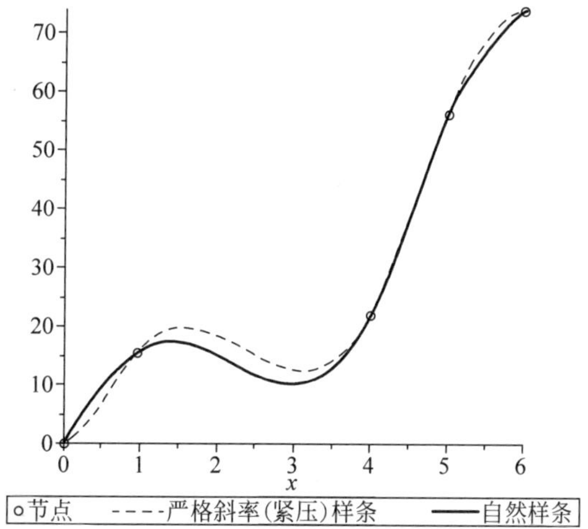

图 3.18　函数 S_1 与 S_2 的图像

3.5.4　周期样条插值函数

1. 功能

给定函数 $y=f(x)$ 的 $N+1$ 个节点 $x_0<x_1<\cdots<x_N$，及相应的函数值 $y_k=f(x_k)(k=0,1,\cdots,N)$，求周期三次样条插值函数。

2. 方法

已知 $S'(x_0+0)=S'(x_N-0)$，$S''(x_0+0)=S''(x_N-0)$，即 $m_0=m_N$。而 $m_0,m_1,m_2,\cdots,m_{N-1}$ 的值，由下面的方程组确定：

$$\begin{cases}2(h_0+h_{N-1})m_0+h_0m_1+h_{N-1}m_{N-1}=6(d_0-d_{N-1})\\ h_{k-1}m_{k-1}+2(h_{k-1}+h_k)m_k+h_km_{k+1}=u_k, \quad k=1,2,\cdots,N-2\\ h_{N-1}m_0+h_{N-2}m_{N-2}+2(h_{N-2}+h_{N-1})m_{N-1}=u_{N-1}\end{cases} \tag{3.7}$$

3. 使用说明

splinter4(xvals，yvals，*x*)；

式中，xvals=$[x_0,x_1,\cdots,x_N]$，yvals=$[y_0,y_1,\cdots,y_N]$分别是插值节点和相应的函数值；x 是一个符号。执行程序后返回关于 x 的(分段)三次样条插值函数。

注　使用本程序的计算结果与调用 Spline(xvals,yvals,x,endpoints='periodic')的结果相同。

4. Maple 程序

```
> splinter4 :=proc(xvals::list, yvals::list, x)
local A, B, C, j, k, n, m, r, dd, G, H, M, MM, N, U, UU, sp, pp;
        n :=nops(xvals);
        m :=nops(yvals);
          if m<>n then
              error "x, y 的维数必须相同";
          end if;
        N :=n-1;
        M :=[seq(0, k=1..n)];
        A :=[seq(0, k=1..N)];
        B :=[seq(0, k=1..N)];
        UU :=[seq(0, k=1..N)];
        G :=ddiffs(xvals); #ddiffs 求差分，见程序 3.5.1
        H :=ddiffs(yvals);
        dd :=[seq(0, j=1..N)];
      for j from 1 to N do
          dd[j] :=H[j]/G[j];
      end do;
      for j from 2 to N do
          A[j] :=G[j-1];
          B[j] :=2*(G[j-1]+G[j]);
      end do;
          A[1] :=G[N];
          B[1] :=2*(G[1]+G[N]);
          C :=G[1..N];
          U :=6*ddiffs(dd);
```

```
    if n=3 then
        M[1] :=(12*(dd[1]-dd[2])-U[1])/(3*(G[1]+G[2]));
        M[2] :=(2*U[1]-6*(dd[1]-dd[2]))/(3*(G[1]+G[2]));
        M[3] :=M[1];
    else
        for j from 2 to N do
            UU[j] :=U[j-1];
        end do;
            UU[1] :=6*(dd[1]-dd[N]);
            MM :=tridig(A, B, C, UU);
        for k from 1 to N do
            M[k] :=MM[k];
        end do;
            M[N+1] :=MM[1];
    end if;
  for k from 1 to N do
        sp :=(M[k+1]-M[k])/(6*G[k])*(x-xvals[k])^3+M[k]*(x-xvals[k])^2/2+
        (dd[k]-G[k]*(2*M[k]+M[k+1])/6)*(x-xvals[k])+yvals[k];
        sp :=collect(sp, x);
        pp[k] :=sort(sp);
  end do;
piecewise(seq(op([x<xvals[k+1], pp[k]]), k=1..n-2), pp[n-1]);
end:
end:

tridig :=proc(a::list, b::list, c::list, d::list)
 local n, j, xx, yy, s, u, w, tt;
 n :=nops(d);
 xx :=[seq(0, j=1..n)];
 yy :=[seq(0, j=1..n)];
 tt :=[seq(0, j=1..n)];
  xx[1] :=b[1];
    for j from 2 to n-1 do
      xx[j] :=b[j]-a[j]*c[j-1]/xx[j-1];
    end do;
     for j from 1 to n-2 do
       yy[j] :=c[j]/xx[j];
    end do;
    u :=xx;
    s :=xx;
    u[1] :=a[1]/xx[1];
     for j from 2 to n-2 do
        u[j] :=-a[j]*u[j-1]/xx[j];
     end do;
     u[n-1] :=(c[n-1]-a[n-1]*u[n-2])/xx[n-1];
     s[1] :=c[n];
      for j from 2 to n-2 do
           s[j] :=-s[j-1]*yy[j-1];
      end do;
      s[n-1] :=a[n]-s[n-2]*yy[n-2];
      w :=0;
```

```
      for j from 1 to n-2 do
          w:=w+s[j]*u[j];
      end;
    xx[n]:=b[n]-w-s[n-1]*u[n-1];
    tt[1]:=d[1]/xx[1];
      for j from 2 to n-1 do
            tt[j]:=(d[j]-a[j]*tt[j-1])/xx[j];
      end;
     w:=0;
     for j from 1 to n-2 do
          w:=w+s[j]*tt[j];
     end;
    tt[n]:=(d[n]-w-s[n-1]*tt[n-1])/xx[n];
    tt[n-1]:=tt[n-1]-u[n-1]*tt[n];
    for j from n-2 to 1 by -1 do
          tt[j]:=tt[j]-yy[j]*tt[j+1]-u[j]*tt[n];
    end do;
  tt;
end:
```

例 3.10 求经过点(0,0),(1,5),(2,−1),(3,1)的三次周期样条。

解

```
> xvals:=[0, 1, 2, 3]:
> yvals:=[0, 5, -1, 0]:
> Sp6:=splinter4(xvals, yvals, x);
```

将 xvals,yvals 代入程序 splinter4,即得周期边界条件的三次样条插值函数 Sp_6 为

$$Sp_6 := \begin{cases} -5x^3+4x^2+6x, & x<1 \\ 6x^3-29x^2+39x-11, & x<2 \\ -x^3+13x^2-45x+45, & \text{其他} \end{cases}$$

第4章 函数的逼近

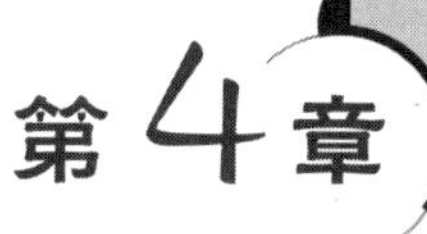

对在区间$[a,b]$上的连续函数$f(x)$，用简单的函数$p(x)$近似代替$f(x)$就是函数逼近要研究的问题。$p(x)$可取多项式、有理函数或三角函数。可用连续函数空间$C[a,b]$上的不同的范数来度量逼近误差，常用的有2-范数和∞-范数(最大范数)，其对应的逼近分别称为最佳平方逼近和最佳一致逼近。

4.1 最佳一致逼近多项式

若连续函数$f(x)$在$[a,b]$上的n次最佳一致逼近多项式为

$$p_n(x)=a_0+a_1x+a_2x^2+\cdots+a_nx^n$$

则存在$n+2$个交叉点组$\{x_n\}$满足

$$f(x_k)-p(x_k)=(-1)^k\sigma\mu$$

其中，$\sigma=\pm1$，$k=0,1,\cdots,n+1$，$\mu=\max\limits_{x\in[a,b]}|f(x)-p_n(x)|=\|f(x)-p_n(x)\|_\infty$。

1. 功能

用Remez算法求$f(x)$在$[a,b]$上的n次最佳一致逼近多项式。

2. Remez算法

(1) 给出$n+2$个初始偏差点$a\leqslant x_0<x_1<\cdots<x_{n+1}\leqslant b$，通常取$n+1$次切比雪夫多项式的偏差点$x_k=\frac{1}{2}\left(b+a+(b-a)\cos\frac{(n+1-k)\pi}{n+1}\right)(k=0,1,\cdots,n+1)$。解$n+2$个未知数$a_0,a_1,\cdots,a_n,E$的线性方程组

$$a_0+a_1x_k+a_2x_k^2+\cdots+a_nx_k^n-f(x_k)=(-1)^kE,\quad k=0,1,\cdots,n+1 \tag{4.1}$$

(2) 求$n+2$个新的偏差点$a\leqslant z_0<z_1<\cdots<z_{n+1}\leqslant b$，要求$p_n(z_k)-f(z_k)$正负交错，且$p'_n(z_k)-f'(z_k)=0(k=1,2,\cdots,n)$，也可包括$z_0$，$z_{n+1}$。如上式只有$n$个点成立，则可取$z_0=a$，$z_{n+1}=b$。在某些点$z_k$上满足

$$\|f-p_n\|_\infty=|p_n(z_k)-f(z_k)|$$

(3) 根据切比雪夫定理和偏差点$\{z_k\}$的性质，有

$$m=\min|p_n(z_k)-f(z_k)|\leqslant\|f-p_n\|_\infty\leqslant M=\max|p_n(z_k)-f(z_k)|$$

若 $M/m\leqslant 1.05$，则 $p_n(x)$即为所求。否则，用$\{z_k\}$代替$\{x_k\}$转回(1)继续迭代。

3. 使用说明

Remezpoly(fun,*a*,*b*,*n*)

式中，第一个参数 fun 为一元函数(自变量为 x)；第二个参数 a 为区间左端点；第三个参数 b 为区间右端点；第四个参数 n 为一致逼近多项式的次数。程序输出为关于 x 的一致逼近多项式。

4. Maple 程序

```
> remezpoly:=proc(fun, a, b, n)
local i, j, k, m, M, A1, bb, pp, A1poly, Aderpoly, ffun, funder, x0, x1, z, v, w1, w2 , mi, mx, Er;
M:=Matrix(n+2);
bb:=Vector(n+2);
x0:=Vector(n+2);
z:=Vector(n+3);
v:=Vector(n+2);
  for k from 0 to n+1 do
    x0[k+1]:=evalf((b+a+(b-a)*cos((n+1-k)*Pi/(n+1)))/2);
  end do; # 在[a,b]上取 n+1 次切比雪夫多项式的交叉点组作为初始点 x0;
for m from 1 to 10 do
for i from 1 to n+2 do
    for j from 1 to n+1 do
      M[i, j]:=(x0[i])^(n-j+1);                   #构造线性方程组的系数矩阵
    end do;
      M[i, n+2]:=(-1)^i;
      bb[i]:=evalf(fun(x0[i]));                   #线性方程组的常数向量
  end do;
M:=LinearAlgebra[MatrixInverse](M);
pp:=LinearAlgebra[MatrixVectorMultiply](M, bb);
   #求解线性方程组，前(n+1)元素是多项式的系数(降幂);
   #最后一个元素是在这些点处的误差;
A1:=pp[1..n+1];
A1poly:=MTM[poly2sym](A1, x);                     #转化为多项式
Aderpoly:=diff(A1poly, x);                        #求多项式的导数
A1poly:=unapply(A1poly, x);
funder:=diff(fun(x), x);                          #求 fun 的导数(对 x);
ffun:=unapply((funder-Aderpoly), x);
z[1]:=a;
z[n+3]:=b;
for k from 1 to n+1 do
  z[k]:=findzero((fun-A1poly), x0[k], x0[k+1]);# 误差函数的零点;
end do;
# 在列表 z 的每两个点之间，我们求出误差函数的极值点.如果在序列 z 的两点之间存在极值点(极大或极小)，则误差函数的导数在极值点等于零，我们可通过求误差函数的导数在这些两点之间的根，来求得极值点.如果极值点不存在，则检查误差函数在 z 的这两点的函数值，取极大者.
for k from 1 to n+2 do
    if evalf(ffun(z[k]))*evalf(ffun(z[k+1]))<0 then
     x1[k]:=findzero(ffun, z[k], z[k+1]);
```

```
        v[k] :=abs(evalf((fun-A1poly)(x1[k])));
        else
        w1 :=abs(evalf((fun-A1poly)(z[k])));
        w2 :=abs(evalf((fun-A1poly)(z[k+1])));
         if w1 > w2 then
           x1[k] :=z[k];
           v[k] :=w1;
         else
           x1[k] :=z[k+1];
           v[k] :=w2;
         end if;
    end if;
end do;
   mi :=min(v);
   mx :=max(v);
if (mx/mi)< 1.05 then
         break;
   end if;
x0 :=x1; #新点序列代替旧序列;
end do;
Er :=abs(pp(n+2));
printf("%d 次最佳一致逼近多项式的最大绝对误差为\n %a\n", n, Er);
printf("%d 次最佳一致逼近多项式为\n", n);
A1poly :=MTM[poly2sym](A1, x);
sort(A1poly, x);
print(A1poly);
plot((fun-A1poly)(x), x=a..b, title="用 P(x)逼近 fun(x)时的误差函数");
end:

findzero :=proc(fun, x0, x1)
local k, f0, f1, ff, xx, xx0, xx1, xroot;
#用二分法求函数 fun 在 x0,x1 之间的根;
xx :=evalf((x0+x1)/2);
xx0 :=x0;
xx1 :=x1;
k :=1;
   while abs(evalf(fun(xx)))> 2^(-30) and k < 200 do
     if evalf(fun(xx0)) * evalf(fun(xx))< 0 then
        xx1 :=xx;
        xx :=evalf((xx0+xx1)/2);
     elif evalf(fun(xx)) * evalf(fun(xx1))< 0 then
        xx0 :=xx;
        xx :=evalf((xx0+xx1)/2);
          else
              xroot :=xx;
         end if;
        k :=k+1;
      end do;
```

```
xroot := xx;
end:
```

例 4.1　求函数 $f(x)=\mathrm{e}^x$ 在[0,1]上的 3 次最佳一致逼近多项式。

解　用 Maple 程序求解如下。

```
> fun := x-> exp(x);
```

$$\text{fun} := x \to \mathrm{e}^x$$

```
> remezpoly(fun, 0, 1, 3);
```

3 次最佳一致逼近多项式的最大绝对误差为

$$0.5434369707\mathrm{e}-3$$

3 次最佳一致逼近多项式为

$$0.2799750x^3+0.4217160x^2+1.0165908x+0.9945656$$

所得的图像如图 4.1 所示。

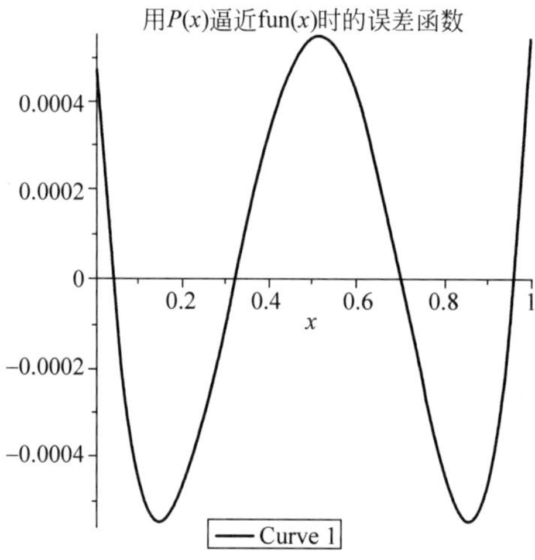

图 4.1　e^x 与其 3 次最佳一致逼近的误差

例 4.2　求函数 $f(x)=\ln(1+x)$在[0,1]上的 5 次最佳一致逼近多项式。

解　用 Maple 程序求解如下。

```
> ff := x-> ln(1+x) :
> remezpoly(ff, 0, 1, 5);
```

5 次最佳一致逼近多项式的最大绝对误差为

$$0.8502964662\mathrm{e}-5$$

5 次最佳一致逼近多项式为

$$0.03108925x^5-0.13320647x^4+0.2867222x^3$$
$$-0.4907624x^2+0.9993046x+0.0000085$$

所得的图像如图 4.2 所示。

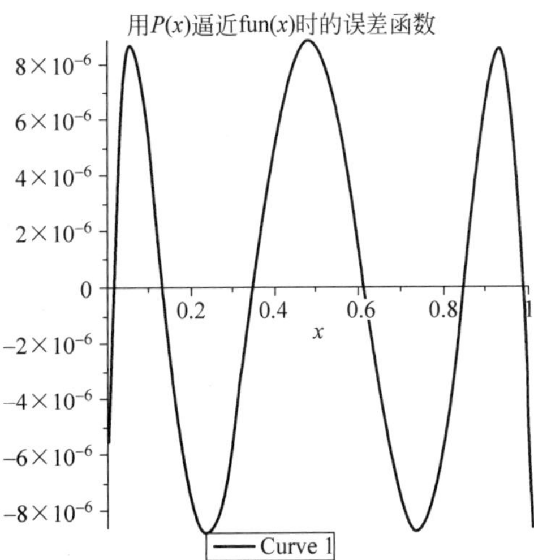

图 4.2 ln(1+x)与其 5 次最佳一致逼近的误差

4.2 近似最佳一致逼近多项式

1. 功能

求 $f(x)$在$[a,b]$上的近似最佳一致逼近多项式 $p_n(x)$。

2. 计算方法

由切比雪夫多项式 $T_{n+1}(x)$的 $n+1$ 个零点为节点的拉格朗日插值多项式求得，即

$$p_n(x)=c_0T_0(x)+c_1T_1(x)+\cdots+c_nT_n(x)$$

其中

$$\begin{aligned} c_0 &= (f(x_0)T_0(x_0)+f(x_1)T_0(x_1)+\cdots+f(x_n)T_0(x_n))/(n+1) \\ &= ((f(x_0)+f(x_1)+\cdots+f(x_n))/(n+1); \\ c_j &= 2(f(x_0)T_j(x_0)+f(x_1)T_j(x_1)+\cdots+f(x_n)T_j(x_n))/(n+1) \qquad (4.2) \\ &= \frac{2}{n+2}\sum_{k=0}^{n} f(x_k)\cos\left(\frac{j\pi(2k+1)}{2n+2}\right), \quad j=1,2,\cdots,n。 \end{aligned}$$

3. 使用说明

Chebappr(fun, *n*, *a*, *b*)

式中，第一个参数 fun 为一元函数(自变量为 x)；第二个参数 n 为近似一致逼近多项式的次数；第三个参数 a 为区间左端点；第四个参数 b 为区间右端点；在不输入 a,b 时，默认 $a=-1,b=1$。程序输出为近似最佳一致逼近多项式 $P_n(x)$。

4. Maple 程序

```
> Chebappr := proc(fun, n, a, b)
local a1, b1, c, j, k, p, X, X1, Y, Z, chebpoly;
if nargs=2 then
        a1 := -1; b1 := 1;
  else
```

```
        a1 := a; b1 := b;
    end if;
    c := Vector(n+1);
    X := Vector(n+1);
    X1 := Vector(n+1);
    Y := Vector(n+1);
    p := Pi/(2 * n+2);
    for k from 1 to n+1 do
        X[k] := evalf(cos((2 * k-1) * p));
        X1[k] := (b1-a1) * X[k]/2+(a1+b1)/2;
        Y[k] := evalf(fun(X1[k]));
    end do;
    for k from 1 to n+1 do
        Z := (2 * k-1) * p;
        for j from 1 to n+1 do
            c[j] := c[j]+Y[k] * evalf(cos((j-1) * Z));
        end do;
    end do;
    c := 2 * c/(n+1);
    c[1] := c[1]/2;
    chebpoly := 0;
    for k from 1 to n+1 do
      chebpoly := chebpoly+c[k] * Chebp(k-1, x);
    end do;
    chebpoly := eval(chebpoly, x=(2 * x-a1-b1)/(b1-a1)); #换回原变量 x
    chebpoly := expand(chebpoly);
    sort(chebpoly);
    printf("近似最佳一致逼近多项为");
    print(chebpoly);
    plot((fun-chebpoly)(x), x=a1..b1, legend="误差函数");
    end:

    Chebp := proc(n::nonnegint, x)
        local i, t, prevt, newt;
        prevt := 1;
        if n=0 then return prevt end if;
        t := x;
        if n=1 then return t end if;
        for i from 1 to n-1 do
            newt := 2 * x * t - prevt;
            prevt := t;
            t := newt;
        end do;
        simplify(t);
    end proc:
```

例 4.3　分别求函数 $f(x)=e^x$ 在$[-1,1]$上的 3 次近似最佳一致逼近多项式和在$[-3,2]$上的 5 次近似最佳一致逼近多项式。

解　用 Maple 程序求解如下。

```
> fun1 := x -> exp(x):
> Chebappr(fun1, 3);
```

3 次近似最佳一致逼近多项式为

$$0.1751757x^3+0.5429007x^2+0.9989332x+0.9946153$$

所得的图像如图 4.3 所示。

```
> Chebappr(fun1, 5, -3, 2);
```

5 次近似最佳一致逼近多项式为

$$0.0062995x^5+0.0499834x^4+0.1823089x^3+0.4878926x^2+0.9817603x+1.0028905$$

所得的图像如图 4.4 所示。

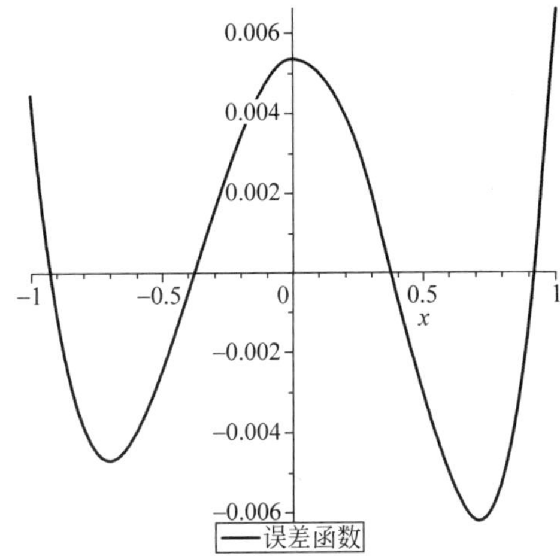

图 4.3　e^x 与其 3 次近似逼近的误差

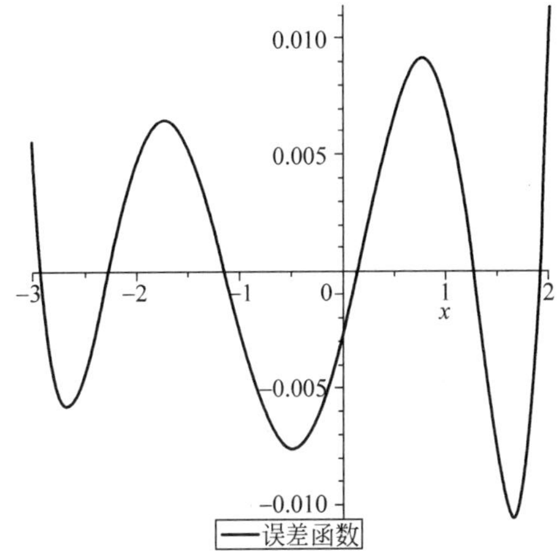

图 4.4　e^x 与其 5 次近似逼近的误差

4.3　最佳平方逼近多项式

设 $f(x)\in C[a,b]$及在内积空间 $C[a,b]$的子集 $\Phi=\text{span}\{\varphi_0,\varphi_1,\cdots,\varphi_n\}$，其中 $\varphi_0,\varphi_1,\cdots,\varphi_n$ 线性无关。若存在 $S^*(x)\in\Phi$ 使得

$$\begin{aligned}\|f(x)-S^*(x)\|_2^2&=\min_{S\in\Phi}\|f(x)-S(x)\|_2^2\\&=\min_{S\in\Phi}\int_a^b\rho(x)(f(x)-S(x))^2\mathrm{d}x\end{aligned}\tag{4.3}$$

成立，则称 $S^*(x)$为 $f(x)$在 Φ 中的最佳平方逼近函数。

特别地，当 $\Phi=\text{span}\{1,x,\cdots,x^n\}$时，则称满足式(4.3)的 $S^*(x)$为 $f(x)$的 n 次最佳平方逼近多项式。

1. 功能

求 $f(x)$在$[a,b]$上的最佳平方逼近多项式 $p_n(x)$。

2. 计算方法

求解法方程

$$\sum_{j=0}^{n}(\varphi_k,\varphi_j)c_j=(f,\varphi_k),\quad k=0,1,\cdots,n \tag{4.4}$$

设其解为 $c_j^*(j=0,1,\cdots,n)$，则最佳平方逼近函数 $S^*(x)=\sum_{j=0}^{n}c_j^*\varphi_j$，平方误差为

$$\|\delta\|_2^2=\|f(x)-S^*(x)\|_2^2=\|f\|_2^2-\sum_{j=0}^{n}c_j^*(f,\varphi_j)。 \tag{4.5}$$

取 $\Phi=\mathrm{span}\{1,x,\cdots,x^n\}$，权函数 $\rho(x)=1$，则

$$(\varphi_k,\varphi_j)=\int_a^b x^{j+k}\mathrm{d}x=\frac{b^{j+k+1}-a^{j+k+1}}{j+k+1},\quad j,k=0,1,\cdots,n$$

$$(f,\varphi_k)=\int_a^b x^k f(x)\mathrm{d}x,\quad k=0,1,\cdots,n$$

可得最佳平方逼近多项式

$$S^*(x)=c_0^*+c_1^*x+\cdots+c_n^*x^n。$$

3. 使用说明

lesquare(fun,*n*,*a*,*b*)

式中，第一个参数 fun 为一元函数（自变量为 x）；第二个参数 n 为最佳平方逼近多项式的次数；第三个参数 a 为区间左端点；第四个参数 b 为区间右端点。程序输出为最佳平方逼近多项式 $S^*(x)$。

4. Maple 程序

```
> lesquare:=proc(fun, n, a, b)
local bb, b1, b2, j, k, AA, err, lespoly;
bb:=Vector(n+1);
b1:=Vector(n+1);
b2:=Vector(n+1);
AA:=Matrix(n+1);
for k from 1 to n+1 do
      for j from 1 to n+1 do
         AA[k, j]:=(b^(j+k-1)-a^(j+k-1))/ (j+k-1);
      end do;
      bb[k]:=evalf(int(x^(k-1) * fun(x), x= a..b));
end do;
AA:=<AA|bb>;
AA:=LinearAlgebra[GaussianElimination] (AA);
b1:=LinearAlgebra[BackwardSubstitute](AA);
for k from 1 to n+1 do
    b2[k]:=b1[n+2-k];
end do;
lespoly:=MTM[poly2sym](b2, x);
sort(lespoly);
printf("最佳平方逼近函数为");
print(lespoly);
err:=add(bb[k] * b1[k], k=1..n+1);
err:=int(fun(x)^2, x=a..b)-err;
err:=evalf(err);
```

```
printf("平方误差为");
print(err);
plot([fun(x), lespoly(x)], x=a..b, color=[red, blue], linestyle=[1, 3], legend=["原函数",
"最佳平方逼近函数"]);
end:
```

例 4.4 求函数 $f(x)=xe^x$ 在$[-1,1]$上的 2 次最佳平方逼近多项式。

解 用 Maple 程序求解如下。

```
> fun2 := x-> x * exp(x):
> lesquare(fun2, 2, -1, 1);
```

2 次最佳平方逼近函数为

$$f(x)=1.14893124x^2+1.31826933x-0.01509764$$

平方误差为

$$0.01409278$$

所得的图像如图 4.5 所示。

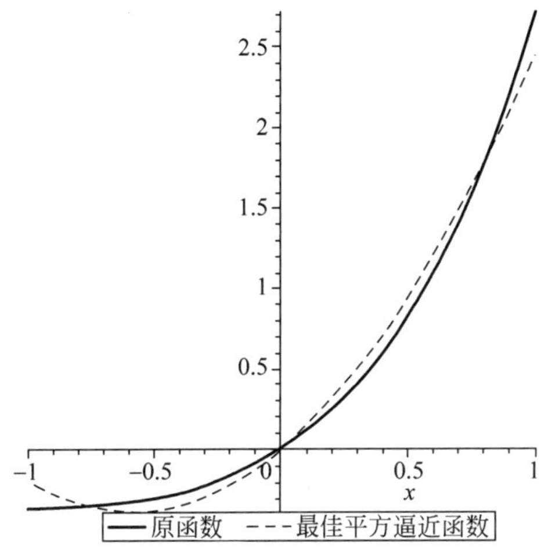

图 4.5 xe^x 及其 2 次最佳平方逼近

例 4.5 求函数 $f(x)=x^2\sin(x)$在$[-1,3]$上的 5 次最佳平方逼近多项式。

解 用 Maple 程序求解如下。

```
> fun3 := x-> x^2 * sin(x):
> lesquare(fun3, 5, -1, 3);
```

5 次最佳平方逼近函数为

$$-0.00398227x^5-0.31475625x^4+0.99590854x^3$$
$$+0.34465043x^2-0.05831748x-0.04683182$$

平方误差为 0.00685482。

所得的图像如图 4.6 所示。

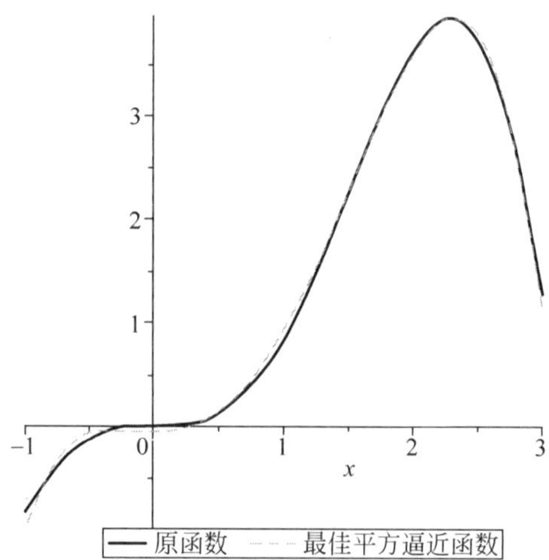

图 4.6　$x^2\sin x$ 及其 5 次最佳平方逼近

4.4　用正交多项式作最佳平方逼近

求函数的最佳平方逼近可归结为求法方程(4.4)的解，当取 $\Phi=\text{span}\{1,x,\cdots,x^n\}$，其法方程是病态的。若取 $\Phi=\text{span}\{\varphi_0,\varphi_1,\cdots,\varphi_n\}$，其中 $\varphi_0,\varphi_1,\cdots,\varphi_n$ 是正交函数族，则法方程(4.4)的系数矩阵为非奇异对角阵，且方程(4.4)的解为 $c_j=(f,\varphi_j)/(\varphi_j,\varphi_j)$，$j=0,1,\cdots,n$。因此，$f(x)\in C[a,b]$的最佳平方逼近函数为

$$S(x)=\sum_{j=0}^{n}c_j\varphi_j=\sum_{j=0}^{n}\frac{(f,\varphi_j)}{(\varphi_j,\varphi_j)}\varphi_j \tag{4.6}$$

平方误差为

$$\|\delta\|_2^2=\|f(x)-S(x)\|_2^2=\|f\|_2^2-\sum_{j=0}^{n}c_j^2(\varphi_j,\varphi_j) \tag{4.7}$$

4.4.1　用 Legendre 多项式作最佳平方逼近

1. 功能

求 $f(x)\in C[a,b]$的 Legendre 最佳平方逼近多项式 $p_n(x)$。

2. 计算方法

取$[a,b]=[-1,1]$，$\rho(x)=1$，$\phi_j=P_j$ 是 Legendre 正交多项式($j=0,1,\cdots,n$)，则

$$c_j=\frac{(f,P_j)}{(P_j,P_j)}=\frac{2j+1}{2}\int_{-1}^{1}f(x)P_j(x)\mathrm{d}x,\quad j=0,1,\cdots,n$$

于是，$f(x)$在$[-1,1]$上的最佳平方逼近多项式为

$$S(x)=\sum_{j=0}^{n}c_jP_j=\sum_{j=0}^{n}\frac{2j+1}{2}(f,P_j)P_j \tag{4.8}$$

平方误差为

$$\|\delta\|_2^2 = \|f\|_2^2 - \sum_{j=0}^{n} \frac{2}{2j+1}(c_j)^2 \tag{4.9}$$

注 对一般区间$[a,b]$,作变换

$$x = \frac{b-a}{2}t + \frac{b+a}{2}, \quad t \in [-1,1]$$

于是,$F(t)=f\left(\frac{b-a}{2}t+\frac{b+a}{2}\right)$,$t\in[-1,1]$。按上述方法求得$F(t)$在$[-1,1]$上的最佳平方逼近$S(t)$,再换回原变量$x$,即令$t=\frac{1}{b-a}(2x-a-b)$,则

$$S^*(x) = S\left(\frac{1}{b-a}(2x-a-b)\right) \tag{4.10}$$

$S^*(x)$即为$f(x)$在$[a,b]$上的最佳平方逼近多项式。

3. 使用说明

Legepoly(fun,*n*, *a*, *b*)

式中,第一个参数 fun 为一元函数(自变量为x);第二个参数n为最佳平方逼近多项式的次数;第三个参数a为区间左端点;第四个参数b为区间右端点。程序输出为 Legendre 最佳平方逼近多项式$S^*(x)$。

4. Maple 程序

```
> Legepoly:=proc(fun, n, a, b)
local a1, b1, C, k, ffun, uu, legepoly, perr, intgre;
    if nargs=2 then
        a1:=-1; b1:=1;
      else
        a1:=a; b1:=b;
    end if;
C:=[seq(0, k=1..n+1)];
legepoly:=0;
for k from 1 to n+1 do
    C[k]:=(2*(k-1)+1)/2*int(fun(((b1-a1)*x+a1+b1)/2)*Legendp(k-1, x), x=-1..1);
    C[k]:=evalf(C[k]);
end;
legepoly:=add(C[k]*Legendp(k-1, x), k=1..n+1);
intgre:=int(fun(((b1-a1)*x+a1+b1)/2)*fun(((b1-a1)*x+a1+b1)/2), x=-1..1);
print('平方误差为');
(b1-a1)/2*(intgre-add((2/(2*k+1))*C[k+1]^2, k=0..n));
perr:=evalf(%);
print(perr);
print('Legendre 最佳平方逼近多项式为');
legepoly:=subs(x=(2*x-a1-b1)/(b1-a1), legepoly);
legepoly:=simplify(legepoly);
legepoly:=sort(legepoly);
end:

Legendp:= proc(n::nonnegint, x)
    local k, pp, prevp, newp;
    prevp:= 1;
```

```
    if n=0 then return prevp end if;
    pp := x;
    if n=1 then return pp end if;
    for k from 1 to n-1 do
        newp := ((2*k+1)*pp*x-k*prevp)/(k+1);
        prevp := pp;
        pp := newp;
    end do;
    pp :=simplify(pp);
    return pp;
end:
```

例 4.6　求函数 $f(x)=x^2\ln x$ 在[1,3]上的 5 次 Legendre 最佳平方逼近多项式。

解　用 Maple 程序求解如下。

```
> fun4 :=x-> x^2*ln(x):
> pp :=unapply(Legepoly(fun4, 5, 1, 3), x);
```

平方误差为 1.0×10^{-8}。

Legendre 最佳平方逼近多项式为

$$pp := x -> 0.004717125x^5 - 0.069558000x^4 + 0.53436014x^3 + 0.28007980x^2 - 0.91083246x + 0.16135897$$

绘图程序如下,所得图像如图 4.7 和图 4.8 所示。

```
> plot([fun4, pp](x), x=1..3, color=[red, blue], linestyle=[1, 3], legend=["函数 x^2*lnx",
"最佳平方逼近多项式"]);
> plot((fun4-pp)(x), x=1..3, color=blue, legend= "误差函数");
```

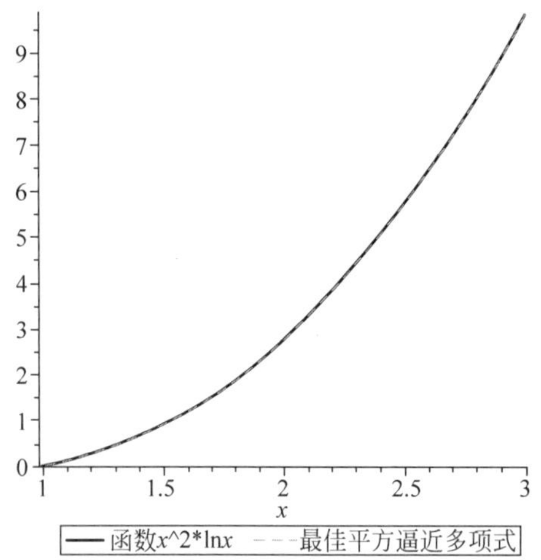

图 4.7　$x^2\ln x$ 及其 5 次最佳平方逼近

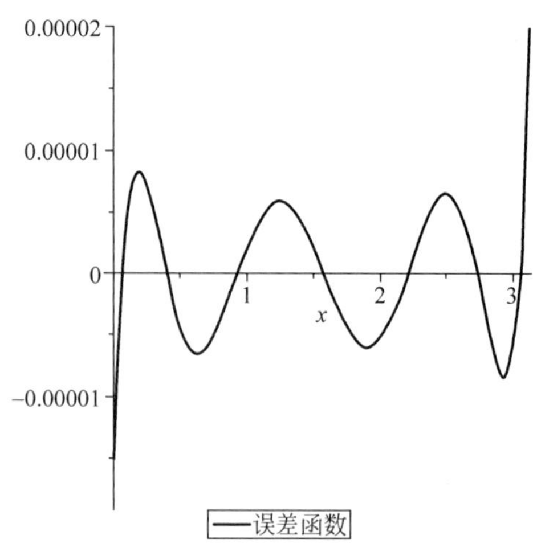

图 4.8　$x^2\ln x$ 与其 5 次最佳平方逼近的误差

例 4.7　求函数 $f(x)=\dfrac{\sin x}{x}$ 在$[0,\pi]$上的 4 次 Legendre 最佳平方逼近多项式。

解　用 Maple 程序求解如下。

```
> fun5 := x-> sin(x)/x:
> pp1 := unapply(Legepoly(fun5, 4, 0, Pi), x);
```

平方误差为 6.43712335×10^{-7}。

Legendre 最佳平方逼近多项式为

$$\mathrm{pp}_1 := x \rightarrow 0.00196429x^4 + 0.02255209x^3 - 0.19555122x^2 + 0.01348980x + 0.99855573$$

绘图程序如下，所得图像如图 4.9 所示。

```
> plot((fun5-pp1)(x), x=0..Pi, color=blue, legend= "误差函数");
```

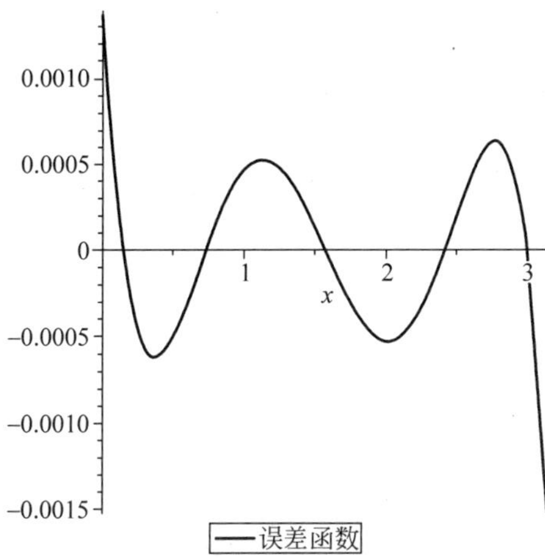

图 4.9 sin$x$/x 与其 4 次最佳平方逼近的误差

4.4.2 用 Chebyshev 多项式作最佳平方逼近

1. 功能

求 $f(x)\in C[a,b]$的 Chebyshev 最佳平方逼近多项式 $p_n(x)$。

2. 计算方法

取$[a,b]=[-1,1]$，$\rho(x)=\dfrac{1}{\sqrt{1-x^2}}$，$\phi_j=T_j$ 是 Chebyshev 正交多项式($j=0,1,\cdots,n$)，则

$$c_j=\frac{(f,T_j)}{(T_j,T_j)}=\frac{2}{\pi}\int_{-1}^{1}\frac{f(x)T_j(x)}{\sqrt{1-x^2}}\mathrm{d}x,\quad j=0,1,\cdots,n$$

于是，$f(x)$在$[-1,1]$上的 Chebyshev 最佳平方逼近多项式为

$$S(x)=\frac{c_0}{2}+\sum_{j=1}^{n}c_jT_j \tag{4.11}$$

平方误差为

$$\|\delta\|_2^2=\|f\|_2^2-\pi\left(\frac{c_0}{2}\right)^2-\sum_{j=0}^{n}\frac{\pi}{2}(c_j)^2 \tag{4.12}$$

注　对一般区间$[a,b]$,作变换

$$x=\frac{b-a}{2}t+\frac{b+a}{2},\quad t\in[-1,1]$$

于是,$F(t)=f\left(\frac{b-a}{2}t+\frac{b+a}{2}\right),t\in[-1,1]$。按上述方法求得$F(t)$在$[-1,1]$上的最佳平方逼近$S(t)$,再换回原变量$x$,令$t=\frac{1}{b-a}(2x-a-b)$,则

$$S^*(x)=S\left(\frac{1}{b-a}(2x-a-b)\right) \tag{4.13}$$

$S^*(x)$即为$f(x)$在$[a,b]$上的 Chebyshev 最佳平方逼近多项式。

3. 使用说明

chebpoly(fun,*n*, *a*, *b*)

式中,第一个参数 fun 为一元函数(自变量为x);第二个参数n为最佳平方逼近多项式的次数;第三个参数a为区间左端点;第四个参数b为区间右端点,默认$a=-1,b=1$。程序输出为 Chebyshev 最佳平方逼近多项式。

4. Maple 程序

```
> chebpoly := proc(fun, n, a, b)
    local a1, b1, C, k, j, fun1, dd, uu, perr, chepoly, intgre;
     if nargs=2 then
            a1 :=-1; b1 :=1;
        else
            a1 :=a; b1 :=b;
     end if;
      dd :=evalf(2/Pi);
     fun1 :=fun(((b1-a1) * x+a1+b1)/2);
      C :=[seq(0, k=1..n+1)];
      chepoly :=0;
         for k from 1 to n+1 do
              C[k] :=evalf(dd * int(fun1 * Chebp(k-1, x)/sqrt(1-x^2), x=-1..1));
         end;
         C[1] :=C[1]/2;
         intgre :=int(fun1 * fun1/sqrt(1- x^2), x=-1..1);
         perr :=(intgre-C[1]^2 * (2/dd)-(1/dd) * add(C[k+1]^2, k=1..n)) * (b1-a1)/2;
         perr :=evalf(perr);
      print('平方误差为');
      print(perr);
        chepoly := add(C[j] * Chebp(j-1, x), j=1..n+1);
        chepoly :=subs(x=(2 * x-a1-b1)/(b1-a1), chepoly);
        chepoly := simplify(chepoly);
        chepoly :=sort(chepoly);
  end:
  Chebp  := proc(n::nonnegint, x)
     local i, t, prevt, newt;
     prevt  := 1;
     if n=0 then return prevt end if;
     t  := x;
```

```
    if n=1 then return t end if;
    for i from 1 to n-1 do
        newt := 2 * x * t - prevt;
        prevt := t;
        t := newt;
    end do;
    simplify(t);
end proc:
```

例 4.8 求函数 $f(x)=\ln x$ 在[1, 3]上的 4 次 Chebyshev 最佳平方逼近多项式。

解 用 Maple 程序求解如下。

```
> fun6 := x-> ln(x):
> pp2 := unapply(chebpoly(fun6, 4, 1, 3), x);
```

平方误差为 5.04×10^{-7}。

Chebyshev 最佳平方逼近多项式为

$$pp_2 := x \rightarrow -0.020619105x^4 + 0.21625387x^3 - 0.925639128x^2 + 2.26474406x - 1.53402678$$

绘图程序如下,所得图像如图 4.10 所示。

```
> plot((fun6-pp2)(x), x=1..3, color=blue, legend= "误差函数");
```

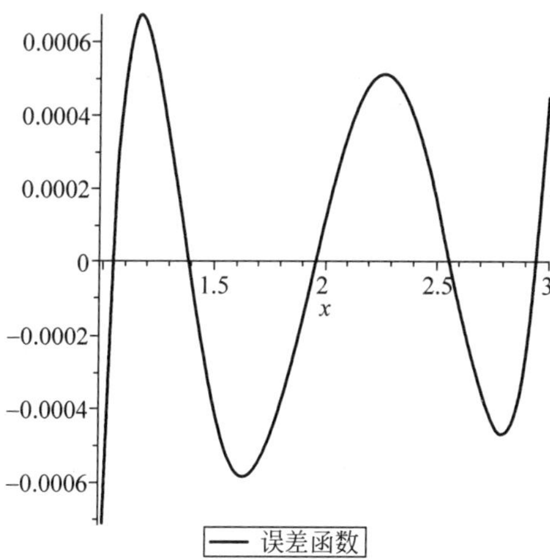

图 4.10 ln$x$ 与其 4 次最佳平方逼近的误差

例 4.9 求函数 $f(x)=\dfrac{e^x-1}{x}$在[-1, 1]上的 7 次 Chebyshev 最佳平方逼近多项式。

解 用 Maple 程序求解如下。

```
> fun7 := x -> (exp(x)-1)/x:
> pp3 := unapply(chebpoly(fun7, 7, -1, 1), x);
```

平方误差为 6×10^{-9}。

Chebyshev 最佳平方逼近多项式为

$$pp_3 := x -> 0.00002543x^7 + 0.00020400x^6 + 0.00138842x^5 + 0.00831983x^4 + 0.04166680x^3 + 0.1666674x^2 + 0.49999999x + 0.99999998$$

绘图程序如下，所得图像如图 4.11 所示。

```
> plot((fun7－pp3)(x), x=－1..1, color=blue, legend= "误差函数");
```

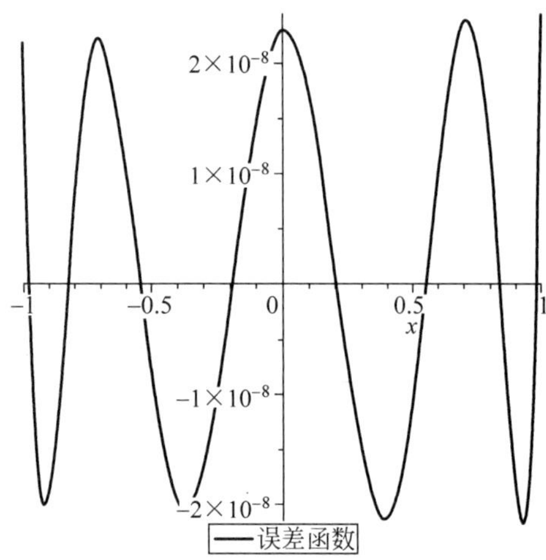

图 4.11　$(e^x-1)/x$ 与其 7 次最佳平方逼近的误差

4.5　曲线拟合的最小二乘法

4.5.1　线性最小二乘拟合

曲线拟合就是求一组实验数据$(x_i, y_i)(i=0,1,\cdots,m, y_i=f(x_i))$的近似表达式。设 $a=\min\{x_i\}, b=\max\{x_i\}$，在 $C[a,b]$中选定线性无关的函数 $\varphi_0,\varphi_1,\cdots,\varphi_n$，在内积空间 $C[a,b]$ 的子集 $\Phi=\text{span}\{\varphi_0,\varphi_1,\cdots,\varphi_n\}$ 中寻求函数 $S^*(x)=\sum_{j=0}^{n}a_j^*\varphi_j(n<m)$ 使得

$$\|\delta\|_2^2=\sum_{i=0}^{m}\omega(x_i)[S^*(x_i)-y_i]^2=\min_{S\in\Phi}\sum_{i=0}^{m}\omega(x_i)[S(x_i)-y_i]^2 \tag{4.14}$$

成立。式中，$\omega(x)\geqslant 0$ 为权函数，它表示不同点(x_i, y_i)数据的权重。满足式(4.14)的函数 $S^*(x)$称为问题的最小二乘解(或称为离散形式的最佳平方逼近函数)，求 $S^*(x)$的方法称为曲线拟合的最小二乘法。

1. 功能

用最小二乘法求离散数据的拟合多项式。

2. 计算方法

求解法方程

$$\sum_{j=0}^{n}(\varphi_k,\varphi_j)a_j=(f,\varphi_k),\quad k=0,1,\cdots,n \tag{4.15}$$

其中，

$$(\varphi_k,\varphi_j)=\sum_{i=0}^{m}\omega(x_i)\varphi_k(x_i)\varphi_j(x_i)$$

$$(\varphi_k,f)=\sum_{i=0}^{m}\omega(x_i)\varphi_k(x_i)f(x_i)$$

$$(f,f)=\|f\|_2^2=\sum_{i=0}^{m}\omega(x_i)(f(x_i))^2$$

设其解为 $a_j^*(j=0,1,\cdots,n)$，则最小二乘拟合为

$$S^*(x)=\sum_{j=0}^{n}a_j^*\varphi_j$$

平方误差为

$$\|\delta\|_2^2=\|f\|_2^2-\sum_{j=0}^{n}a_j^*(f,\varphi_j) \tag{4.16}$$

取 $\Phi=\text{span}\{1,x,\cdots,x^n\}$，则得最小二乘拟合多项式为

$$S^*(x)=a_0^*+a_1^*x+\cdots+a_n^*x^n$$

3. 使用说明

lesfit($\boldsymbol{X},\boldsymbol{Y},\boldsymbol{n},\boldsymbol{\omega}$)

式中，第一个参数 $\boldsymbol{X}$ 为离散数据的横坐标向量(或数组)；第二个参数 $\boldsymbol{Y}$ 为离散数据的纵坐标向量(或数组)；第三个参数 n 为最小二乘拟合多项式的次数；第四个参数 ω 为离散数据的权数-向量(或数组)，默认 $\omega=1$。程序输出为最小二乘拟合多项式。

4. Maple 程序

```
> lesfit:=proc(X, Y, n, omega)
local bb, b1, b2, i, j, k, m, AA, err, lespoly, omeg, pts;
if nops(X)<> nops(Y) then
   erro('输入的 X 数据的个数应与 Y 数据的个数相同');
end if;
m:=nops(X);
if n> m then
   erro('输入错误,拟合多项式的次数应小于节点数');
end if;
omeg:=Vector(m);
if nargs=3 then
          omeg[1..m]:=1;
       else
          omeg:=omega;
end if;
bb:=Vector(n+1);
b1:=Vector(n+1);
AA:=Matrix(n+1);
for i from 1 to n+1 do
    for j from 1 to n+1 do
         AA[i, j]:=add(omeg[k]*X[k]^(j+i-2), k=1..m);
    end do;
    bb[i]:=add(Y[k]*omeg[k]*X[k]^(i-1), k=1..m);
end do;
AA:=<AA|bb>;
```

```
AA := LinearAlgebra[GaussianElimination] (AA);
bb := LinearAlgebra[BackwardSubstitute](AA);
for k from 1 to n+1 do
    b1[k] := bb[n+2-k];
end do;
lespoly := MTM[poly2sym](b1);
sort(lespoly);
err := add(omeg[k] * Y[k]^2, k=1..m);
err := err-add(bb[k] * (add(Y[j] * omeg[j] * X[j]^(k-1), j=1..m)), k=1..n+1);
printf("平方误差为");
print(err);
printf("最小二乘拟合多项式为");
lespoly;
end:
```

例 4.10　给定一组数据(1,19),(2,14),(3,10),(5,6),(9,6),(12,9),(13,10),(15,12),(18,13),(21,12),(25,23/2),(28,11),求其 3 次、6 次最小二乘拟合多项式。

解　用 Maple 程序求解如下。

```
> X := [1, 2, 3, 5 , 9, 12, 13, 15, 18, 21, 25, 28]:
Y := [19, 14, 10, 6, 6, 9, 10, 12, 13, 12, 11.5, 11]:
> pp4 := unapply(lesfit(X, Y, 3), x);
```

平方误差为 34.424627。

最小二乘拟合多项式为

$$pp_4 := x \to -0.005971752x^3 + 0.277463942x^2 - 3.45835291x + 19.73604938$$

```
> pp5 := unapply(lesfit(X, Y, 6), x);
```

平方误差为 0.30179。

最小二乘拟合多项式为

$$pp_5 := x \to -0.000001234x^6 + 0.00009802x^5 - 0.002331839x^4 + 0.004931236x^3 + 0.649332494x^2 - 6.897803552x + 25.20448718$$

绘图程序如下,所得的图像如图 4.12 所示。

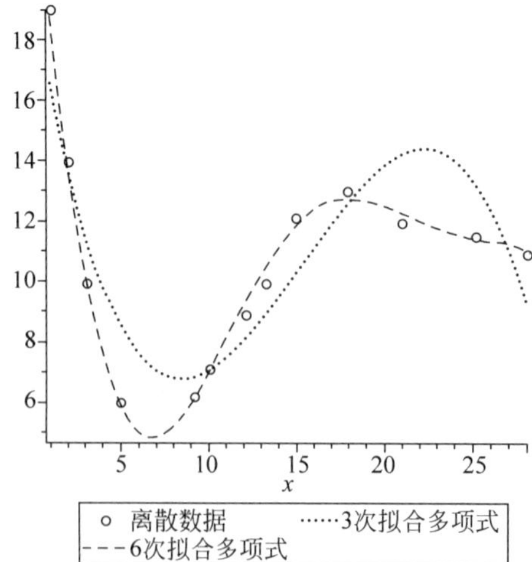

图 4.12　离散数据及其 3 次、6 次拟合曲线

```
> pts := zip((x, y)->[x, y], X, Y):
plot([pts, pp4(x), pp5(x)], x=1..28, style=[point, line, line], color=[black, blue, red],
linestyle=[1, 2, 3], legend=["离散数据", "3次拟合多项式","6次拟合多项式"]);
```

4.5.2 用正交多项式作最小二乘拟合

对于给定的点集$\{x_i\}$及权系数$\{\omega_i\}(i=0,1,\cdots,m)$，如果函数组$\{\Psi_j\}(j=0,1,\cdots,n)$满足

$$(\Psi_i,\Psi_j)=\sum_{k=0}^{m}\omega_k\Psi_i(x_k)\Psi_j(x_k)=\begin{cases}0, & i\neq j\\ A_i>0, & i=j\end{cases} \tag{4.17}$$

则称$\{\Psi_j\}$关于点集$\{x_i\}$带权$\{\omega_i\}$正交。若Ψ_j为次数不大于j的多项式，则称$\{\Psi_j\}$为正交多项式。

1. 功能

用最小二乘法求离散数据的拟合多项式。

2. 计算方法

用已知点集$\{x_i\}$及权系数$\{\omega_i\}(i=0,1,\cdots,m)$，构造带权$\{\omega_i\}$的正交多项式$\{P_k\}(k=0,1,\cdots,n)$，其递推表达式为

$$\begin{aligned}&P_0(x)=1\\&P_1(x)=x-\alpha_1\\&P_{k+1}(x)=(x-\alpha_{k+1})P_k(x)-\beta_kP_{k-1}(x),\quad k=1,2,\cdots,n-1\end{aligned} \tag{4.18}$$

其中，

$$\alpha_{k+1}=\frac{(xP_k,P_k)}{(P_k,P_k)}=\frac{\sum_{i=0}^{m}\omega_ix_iP_k^2(x_i)}{\sum_{i=0}^{m}\omega_iP_k^2(x_i)},\quad k=0,1,\cdots,n-1 \tag{4.19}$$

$$\beta_k=\frac{(P_k,P_k)}{(P_{k-1},P_{k-1})}=\frac{\sum_{i=0}^{m}\omega_iP_k^2(x_i)}{\sum_{i=0}^{m}\omega_iP_{k-1}^2(x_i)},\quad k=1,2,\cdots,n-1 \tag{4.20}$$

用正交多项式$\{P_k\}$作最小二乘拟合，则法方程(4.15)简化为$(P_k,P_k)a_k=(f,P_k)(k=0,1,\cdots,n)$，其解为

$$a_k^*=\frac{(f,P_k)}{(P_k,P_k)}=\frac{\sum_{i=0}^{m}\omega_iy_iP_k(x_i)}{\sum_{i=0}^{m}\omega_iP_k^2(x_i)}$$

于是最小二乘解为

$$P^*(x)=a_0^*P_0(x)+a_1^*P_1(x)+\cdots+a_n^*P_n(x) \tag{4.21}$$

平方误差为

$$\|\delta\|_2^2=\|f\|_2^2-\sum_{j=0}^{n}(a_j^*)^2(P_j,P_j) \tag{4.22}$$

3. 使用说明

lesorthfit(*X*,*Y*, *n*, *ω*)

式中,第一个参数 ***X*** 为离散数据的横坐标向量(或数组);第二个参数 ***Y*** 为离散数据的纵坐标向量(或数组);第三个参数 n 为最小二乘拟合多项式的次数;第四个参数 ω 为离散数据的权数-向量(或数组),默认 $\omega=1$。程序输出为最小二乘拟合多项式。

4. Maple 程序

```
> lesorthfit:=proc(X, Y, n, omega)
local aa, a1, a2, i, j, k, m, pp, err, ppoly, omeg, pts;
if nops(X)<> nops(Y) then
     erro('输入的 X 数据的个数应与 Y 数据的个数相同 ');
end if;
m:=nops(X);
if n> m then
        error ('输入错误,拟合多项式的次数应小于节点数');
end if;
omeg:=Vector(m);
if nargs=3 then
         omeg[1..m]:=1;
         else
        omeg:=omega;
end if;
aa:=Vector(n+1);
a1:=Vector(n+1);
a2:=Vector(n+1);
ppoly:=0;
for k from 1 to n+1 do
        pp:=orthpoly( X, omeg, k-1, x);
        a1[k]:=add(omeg[j] * Y[j] * subs(x=X[j], pp), j=1..m);
        a2[k]:=add(omeg[j] * (subs(x=X[j], pp))^2 , j=1..m);
        aa[k]:=a1[k]/a2[k];
        ppoly:=ppoly+aa[k] * pp;
end do;
err:=add(omeg[k] * Y[k]^2, k=1..m);
err:=err-add((aa[k])^2 * a2[k], k=1..n+1);
printf("平方误差为");
print(err);
printf("最小二乘拟合多项式为");
ppoly;
end:

orthpoly:=proc(xvals, omeg, n, x)
local i, j, k, m, pp, pp1, newp, alpha, beta, poly;
if nops(xvals)<> nops(omeg) then
   erro('输入的 xvals 数据的个数应与权数的个数相同 ');
end if;
m:=nops(xvals);
   pp:=1;
   if n=0 then
```

```
        return pp;
    end if;
  alpha := add(omeg[k] * xvals[k], k=1..m)/add(omeg[k], k=1..m);
  pp1 := x-alpha;
  if n=1 then
    return pp1;
  end if;
  for k from 2 to n do
        alpha := add(omeg[k] * xvals[k] * (subs(x=xvals[k], pp1))^2,
            k=1..m)/add(omeg[k] * (subs(x=xvals[k], pp1))^2, k=1..m);
        beta := add(omeg[k] * (subs(x=xvals[k], pp1))^2,
            k=1..m)/add(omeg[k] * (subs(x=xvals[k], pp))^2, k=1..m);
        newp := (x-alpha) * pp1-beta * pp;
        pp := pp1;
        pp1 := newp;
  end do;
    poly := expand(pp1);
    poly := simplify(poly);
  end:
```

例 4.11 用正交多项式求例 4.10 所给数据的 6 次最小二乘解。

解 用 Maple 程序求解如下。

```
> X:=[1, 2, 3, 5, 9, 12, 13, 15, 18, 21, 25, 28]:
Y:=[19, 14, 10, 6, 6, 9, 10, 12, 13, 12, 11.5, 11]:
> lesorthfit(X, Y, 6);
```

平方误差为 0.301785。

最小二乘拟合多项式为

$$-0.000001234x^6 + 0.000098022x^5 - 0.002331845x^4 +$$

$$0.004932253x^3 + 0.649331753x^2 - 6.897801338x + 25.20448529$$

与例 10 的结果对比可知,用正交多项式作拟合和一般的多项式拟合的结果基本相同,但正交多项式作拟合的平方误差稍小一点。

4.5.3 非线性最小二乘拟合举例

有些简单的非线性函数可以通过线性变换转化为线性函数,从而可用线性最小二乘法对原始非线性数据进行曲线拟合。常见的非线性模型的线性化变换公式见表 4.1。

表 4.1 常见非线性模型的线性化变换

模型	线性变换($W=A+Bz$)	z	w	A	B	a	b
$y=ae^{bx}$	$\ln y=\ln a+bx$	x	$\ln y$	$\ln a$	b	e^A	B
$y=ax^b$	$\ln y=\ln a+b\ln x$	$\ln x$	$\ln y$	$\ln a$	b	c^A	B
$y=\dfrac{a}{b+x}$	$\dfrac{1}{y}=\dfrac{b}{a}+\dfrac{1}{a}x$	x	$\dfrac{1}{y}$	$\dfrac{b}{a}$	$\dfrac{1}{a}$	$\dfrac{1}{B}$	$\dfrac{A}{B}$

续表

模型	线性变换($W=A+Bz$)	z	w	A	B	a	b
$y=axe^{-bx}$	$\ln\frac{x}{y}=\ln a-bx$	x	$\ln\frac{x}{y}$	$\ln a$	$-b$	e^A	$-B$
$y=\frac{ax}{b+x}$	$\frac{1}{y}=\frac{1}{a}+\frac{b}{a}\frac{1}{x}$	$\frac{1}{x}$	$\frac{1}{y}$	$\frac{1}{a}$	$\frac{b}{a}$	$\frac{1}{A}$	$\frac{B}{A}$
$y=\frac{l}{1+be^{ax}}$	$\ln\left(\frac{l}{y}-1\right)=\ln b+ax$	x	$\ln\left(\frac{l}{y}-1\right)$	$\ln b$	a	B	e^A

例 4.12　给定下列数据：

x	1.2	2.8	4.3	5.4	6.8	7.9
y	7.5	16.1	38.9	67.0	146.6	266.2

用下面两种方法，求形如 $y=ae^{bx}$ 的最小二乘解，并计算平方误差。

(1) 拟合 $\ln y_i$；

(2) 带权值 $\omega_i=y_i$，拟合 $\ln y_i$。

解　(1) 拟合 $\ln y=\ln(ae^{bx})=\ln a+bx$。

```
> X:=[1.2, 2.8, 4.3, 5.4, 6.8, 7.9]:
Y:=[7.5, 16.1, 38.9, 67.0, 146.6, 266.2]:
> Z:=map(ln, Y)
Z:=[2.014903021, 2.778819272, 3.6606994251, 4.204692619, 4.987707789, 5.584247906]
```

代入程序 lesorthfit，有

```
> lesorthfit(X, Z, 1);
```

最小二乘拟合多项式为

$$1.332064645+0.5365836969x$$

即 $b=0.5365836969$，$\ln a=1.332064645$。

```
> a:=exp(1.332064645);
```

$$a:=3.788857964$$

```
> y:=x->3.788857964*exp(0.5365836969*x);
```

$$y:=x->3.788857964e^{0.5365836969x}$$

所以拟合函数为 $y=3.78887964e^{0.5365836969x}$。

```
> yy:=map(y, X):
> deta:=add((Y[k]-yy[k])^2, k=1..6);
```

$$deta:=17.62589112$$

平方误差为 17.62589112。

(2)

```
> omeg:=Y:
```

代入程序 lesorthfit,有

```
> lesorthfit(X, Z, 1, omeg);
```

最小二乘拟合多项式为

$$1.303088590+0.5416867339x$$

即 $b=0.5416867339$,$\ln a=1.303088590$。

```
> a:=exp(1.303088590);
```

$$a:=3.680647140$$

```
> y1:=x->3.680647140*exp(0.5416867339*x);
```

$$y_1 := x -> 3.680647140\mathrm{e}^{0.5416867339x}$$

所以带权值的拟合函数为 $y_1=3.680647140\mathrm{e}^{0.5416867339x}$。

```
> yy1:=map(y1, X):
> deta1:=add((Y[k]-yy1[k])^2, k=1..6);
```

$$\text{deta}_1=4.668486874$$

带权值拟合的平方误差为 4.668486874。

绘图程序如下,所得图像如图 4.13 所示。

```
> pts:=zip((x, y)->[x, y], X, Y):
plot([pts, y(x), y1(x)], x=1..8, y=3..270, style=[point, line, line], linestyle=[1, 3, 1], color=[black, blue, red], legend=["离散数据", "拟合曲线","带权拟合曲线"]);
```

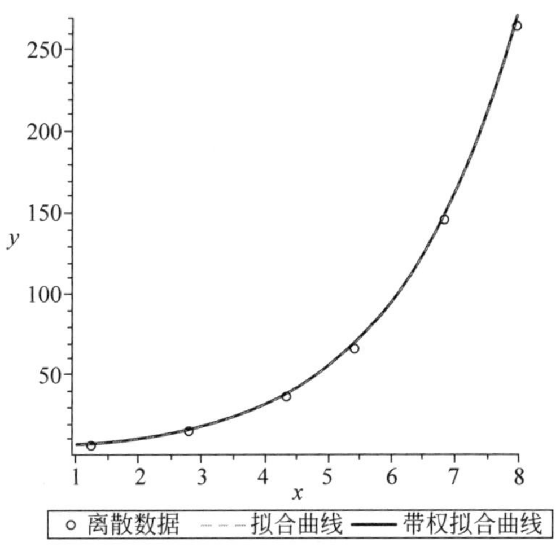

图 4.13 离散数据及其拟合曲线

从上述两种拟合方法的结果可见,对同样的数据用两种不同类型的曲线拟合时,带权值的拟合方法的平方误差比不带权值的拟合方法的误差小很多,所以选择适当的权值是非常重要的。

例 4.13　Logistic 人口增长。当人口 $P(t)$受限于极值 L 时，它符合 Logistic 曲线，且具有形式 $P(t)=\dfrac{L}{1+Ce^{At}}$。利用下面表格中的美国人口数据(单位：百万)，求解 Logistic 曲线 $P(t)$，并估计 2010 年的美国人口(设 $L=8\times10^8$)。

年份	1900	1910	1920	1930	1940	1950	1960	1970	1980	1990	2000
t_k	0	1	2	3	4	5	6	7	8	9	10
P_k	76.1	91.97	106.5	123.2	132.6	150.7	180.7	203.2	226.5	249.6	281.4

解　作线性变换，$Y=\ln\left(\dfrac{L}{P(t)}-1\right)=At+\ln C$。

```
> tt:=[seq(i, i=0..10)];
L:=8*10^8:
PP:=[76.1, 91.97, 106.5, 123.2, 132.6, 150.7, 180.7, 203.2, 226.5, 249.6, 281.4]:
                    tt:=[0, 1, 2, 3, 4, 5, 6, 7, 8, 9, 10]
```

计算 Y 的值，得 $Y=[$16.16807393，15.97865973，15.83197717，15.68631308，15.61278504，15.48483099，15.30328386，15.18593132，15.07737706，14.98026234，14.86034479]。

```
> Y:=[seq(0, i=0..10)]:
> for k from 1 to 11 do
Y[k]:=ln(L/PP[k]-1);
end do;
```

将 tt 与 Y 值代入程序 lesorthfit，得

```
> lesorthfit(tt, Y, 1);
```

最小二乘拟合多项式为

$$16.11198269-0.128340045x。$$

即 $A=-0.128340045$，$\ln C=16.11198269$。

```
> C:=exp(16.11198269);
```

$$C:=9.939056852\times10^{6}。$$

所以 Logistic 曲线 $P(t)=\dfrac{L}{1+9939056.852e^{-0.128340045t}}$，用它估计 2010 年的美国人口为 330.2814709。

```
> P(11);
```

$$330.2814709$$

绘图程序如下，所得图像如图 4.14 所示。

```
> pts:=zip((x, y)->[x, y], tt, PP):
plot([pts, P(x)], x=0..11, y=50..350, style=[point, line], color=[ blue, red], legend=["离散数据", "拟合曲线"], labels=[时间, 人口数量]);
```

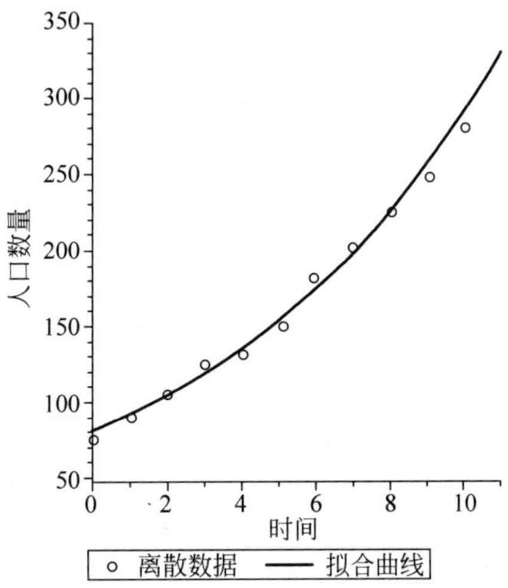

图 4.14 美国人口数量拟合曲线

4.6 Pade 有理逼近

Pade 有理逼近是以函数在 x_0 附近的幂级数展开为基础，用有理式

$$R_{m,n}(x-x_0)=\frac{P_m(x-x_0)}{Q_n(x-x_0)}=\frac{p_0+p_1(x-x_0)+p_2(x-x_0)^2+\cdots+p_m(x-x_0)^m}{1+q_1(x-x_0)+q_2(x-x_0)^2+\cdots+q_n(x-x_0)^n} \tag{4.23}$$

逼近函数 $f(x)$。在 x_0 附近，设 $f(x)$的 $m+n$ 阶 Taylor 展开式为 $T_{m+n}(x-x_0)$，即

$$\begin{aligned}f(x)&\approx T_{m+n}(x-x_0)\\&=f(x_0)+f'(x_0)(x-x_0)+\frac{1}{2!}f''(x_0)(x-x_0)^2+\cdots+\\&\quad\frac{1}{(m+n)!}f^{(m+n)}(x_0)(x-x_0)^{(m+n)}\\&=a_0+a_1(x-x_0)+a_2(x-x_0)^2+a_{m+n}(x-x_0)^{(m+n)}\end{aligned} \tag{4.24}$$

为简化计算，设 $x_0=0$，求得 $P_m(x)$，$Q_n(x)$的系数使得

$$T_{m+n}(x)-R_{m,n}(x)=0$$

即

$$\begin{aligned}&a_0+a_1x+a_2x^2+\cdots+a_{m+n}x^{(m+n)}(1+q_1x+q_2x^2+\cdots+q_nx^n)\\&=p_0+p_1x+p_2x^2+\cdots+p_mx^m\end{aligned} \tag{4.25}$$

比较两端同次项的系数，得线性方程组

$$\begin{aligned}&a_0=p_0\\&a_1+a_0q_1=p_1\\&a_2+a_1q_1+a_0q_2=p_2\\&\vdots\end{aligned}$$

$$
\begin{aligned}
&a_m + a_{m-1}q_1 + \cdots + a_{m-n+1}q_{n-1} + a_{m-n}q_n = p_m \\
&a_{m+1} + a_m q_1 + \cdots + a_{m-n+2}q_{n-1} + a_{m-n+1}q_n = 0 \\
&a_{m+2} + a_{m+1}q_1 + \cdots + a_{m-n+3}q_{n-1} + a_{m-n+2}q_n = 0 \\
&\vdots \\
&a_{m+n} + a_{m+n-1}q_1 + \cdots + a_{m+1}q_{n-1} + a_m q_n = 0
\end{aligned}
\tag{4.26}
$$

求解时，先由后 n 个方程解得 $q_1, q_2, \cdots, q_n$，然后代入前 $m+1$ 个方程解得 $p_0, p_1, \cdots, p_m$，最后，在假设 $x_0=0$ 时求得的 $R_{m,n}(x)$ 中，以 $x-x_0$ 代替 x，可得所求的 Pade 有理逼近函数。

1. 功能

求函数的 Pade 有理逼近。

2. 计算方法

求解线性方程组(4.26)。

3. 使用说明

padepoly(fun, m, n, x_0)

式中，第一个参数 fun 为被逼近的函数；第二个参数 m 为有理逼近的分子多项式的次数；第三个参数 n 为有理逼近的分母多项式的次数；第四个参数 x_0 为给定的一点，默认 $x_0=0$。此函数的功能与 Maple 中的[numapprox]pade 的功能类似。

4. Maple 程序

```
> padepoly := proc(fun, M, N, x0)
   local a, p, q, j, k, AA, dd, ff, ss, ss1, TT1, TT2, pploy, xx0;
   if nargs=3 then
           xx0 := 0;
      else
           xx0 := x0;
   end if;
 a := [seq(0, k=1..M+N+1)];
 p := [seq(0, k=1..M+1)];
 q := [seq(0, k=1..N)];
 AA := Matrix(N);
 dd := Vector(N);
 a[1] := fun(xx0);
 ff := fun;
 for j from 1 to M+N do
     ff := D(ff);
     a[j+1] := ff(xx0)/j!;
 end;
   pploy := 0;
 if N=0 then
        for j from 1 to M+1 do
            pploy := pploy+a[j] * (x-xx0)^(j-1);
        end do;
 end if;
 for k from 1 to N do
         for j from 1 to N do
                if M+1+k-j>0 then
                       AA[k, j] := a[M+1+k-j];
```

```
                end if;
            end do;
            dd(k) := -a[M+1+k];
    end do;
    AA := LinearAlgebra[MatrixInverse](AA);
    q := LinearAlgebra[MatrixVectorMultiply](AA, dd);
    p[1] := a[1];
    for j from 2 to M+1 do
            ss := 0;
            ss1 := 0;
            if M >= N then
                    if j <= N+1 then
                                for k from 1 to j-1 do
                                    ss := ss+a[j-k] * q[k];
                                end do;
                                p[j] := a[j]+ss;
                    else
                            for k from 1 to N do
                                ss1 := ss1+a[j-k] * q[k];
                            end do;
                            p[j] := a[j]+ss1;
                    end if;
            else
                for k from 1 to j-1 do
                    ss := ss+a[j-k] * q[k];
                end do;
                p[j] := a[j]+ss;
            end if;
    end do;
     TT1 := 0;
     for j from 1 to M+1 do
         TT1 := TT1+p[j] * (x-xx0)^(j-1);
     end do;
     TT2 := 0;
     for j from 1 to N do
         TT2 := TT2+q[j] * (x-xx0)^(j);
      end do;
     TT2 := 1+TT2;
       pploy := TT1/TT2;
     end:
```

例 4.14 求 $y=\arctan x$ 在 $x_0=0$ 附近的 Pade 有理逼近 $R_{3,2}(x)$。

解 用 Maple 程序求解如下。

```
> fun8 := x-> arctan(x):
> pp6 := unapply(padepoly(fun8, 3, 2), x);
```

$$pp_6 := x -> \frac{x+\frac{4}{15}x^3}{1+\frac{3}{5}x^2}$$

调用函数 pade,得到相同的结果。

```
> with(numapprox):
```

```
> pade(fun8(x), x=0, [3, 2]);
```

$$\frac{x+\frac{4}{15}x^3}{1+\frac{3}{5}x^2}$$

绘图程序如下，所得图像如图 4.15、图 4.16 所示。

```
> plot([fun8(x), pp6(x)], x=-1..1, linestyle=[1, 3], color=[ blue, red], legend=["arctanx",
"有理逼近 R3,2(x)"]);
> plot((fun8-pp6)(x), x=-1..1, legend="误差函数");
```

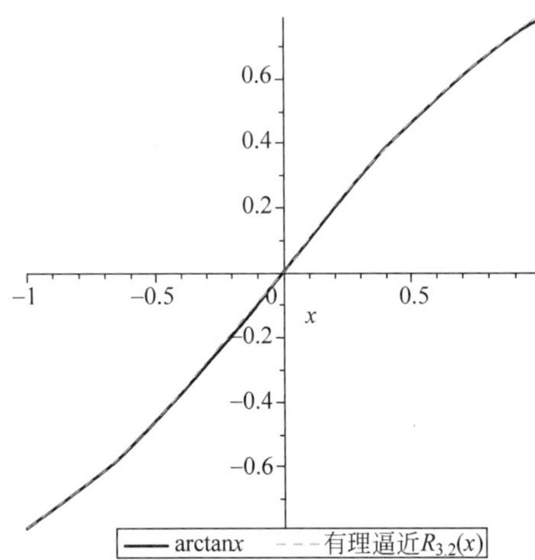

图 4.15　arctan*x* 及其 $R_{3,2}$ 逼近

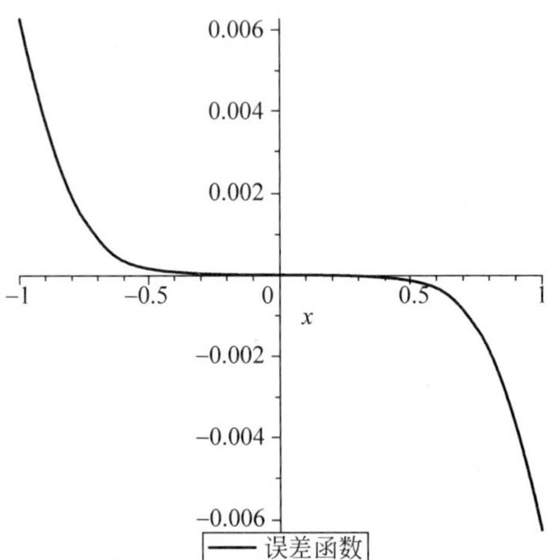

图 4.16　arctan*x* 与其 $R_{3,2}$ 逼近的误差

例 4.15　求 $y=\cos x$ 在 $x_0=0$ 附近的 Pade 有理逼近 $R_{3,4}(x)$。

解　用 Maple 程序求解如下。

```
> fun9 :=x-> cos(x);
> pp7 :=unapply(padepoly(fun9, 3, 4), x);
```

$$pp_7 := x \to \frac{1-\frac{61}{150}x^2}{1+\frac{7}{75}x^2+\frac{1}{200}x^4}$$

绘图程序如下，所得图像如图 4.17、图 4.18 所示。

```
> plot([fun9(x), pp7(x)], x=-1..1, linestyle=[1, 3], color=[ blue, red], legend=["cosx",
"有理逼近 R4,3(x)"]);
> plot((fun9-pp7)(x), x=-1..1, legend="误差函数");
```

例 4.16　求 $y=\ln x$ 在 $x_0=1$ 附近的 Pade 有理逼近 $R_{3,3}(x)$。

解　用 Maple 程序求解如下。

```
> fun10 :=x-> ln(x):
> pp8 :=unapply(padepoly(fun10, 3, 3, 1), x);
```

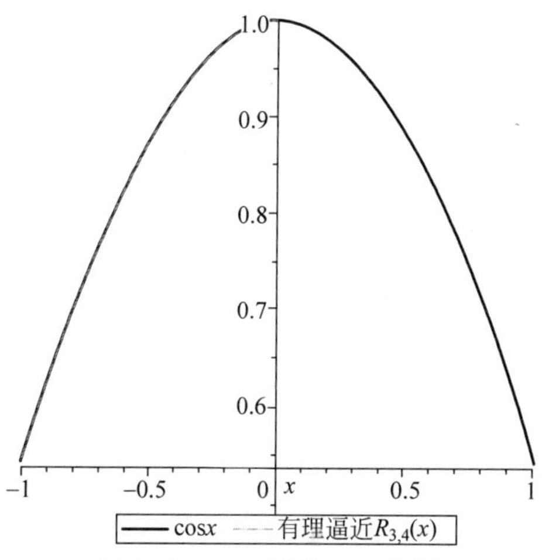

图 4.17 cos*x* 及其 $R_{3,4}$ 逼近

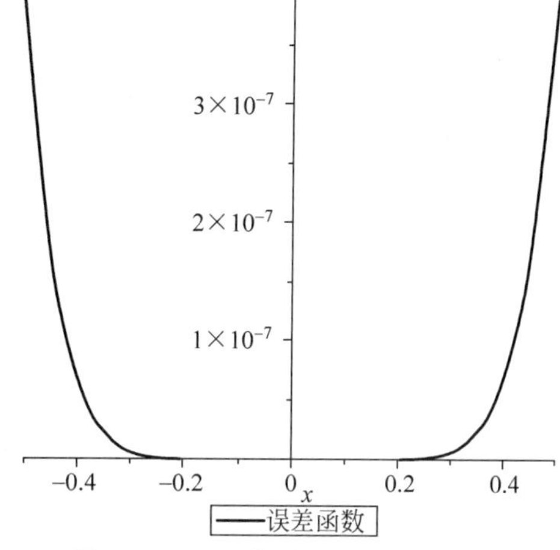

图 4.18 cos*x* 与其 $R_{3,4}$ 逼近的误差

$$\mathrm{pp}_8 := x \to \frac{x-1+(x-1)^2+\frac{11}{60}(x-1)^3}{-\frac{1}{2}+\frac{3}{2}x+\frac{3}{5}(x-1)^2+\frac{1}{20}(x-1)^3}$$

调用函数 pade,得到相同的结果。

```
> with(numapprox):
> pade(fun10(x), x=1, [3, 3]);
```

$$\frac{x-1+(x-1)^2+\frac{11}{60}(x-1)^3}{-\frac{1}{2}+\frac{3}{2}x+\frac{3}{5}(x-1)^2+\frac{1}{20}(x-1)^3}$$

绘图程序如下,所得图像如图 4.19、图 4.20 所示。

```
> plot([fun10(x), pp8(x)], x=0..2, linestyle=[1, 3], color=[ blue, red], legend=["lnx", "有理逼近 R3, 3(x)"]);
> plot((fun10-pp8)(x), x=0.5..1.5, legend="误差函数");
```

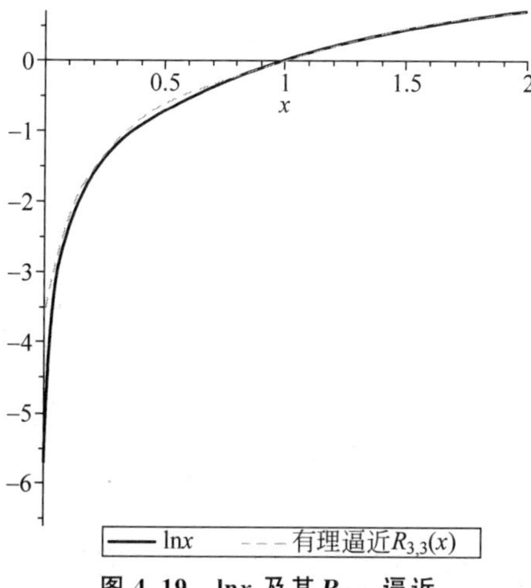

图 4.19 ln*x* 及其 $R_{3,3}$ 逼近

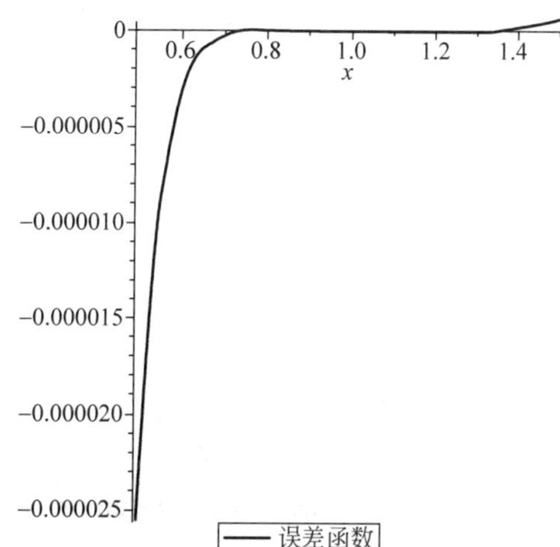

图 4.20 ln*x* 与其 $R_{3,3}$ 逼近的误差

第5章 数值积分

函数的积分计算可分为数值积分和符号积分两类方法。数值积分是求积分近似值的近似计算方法。当$\int_a^b f(x)\mathrm{d}x$ 的被积函数 $f(x)$ 的原函数没有解析表达式，或表达式过于复杂而不适于计算时，只能用近似求积的数值积分方法。数值积分的基本方法是用被积函数在有限个节点处函数值的带权平均值近似代替定积分的值，即

$$\int_a^b f(x)\mathrm{d}x \approx \sum_{k=0}^{n} A_k f(x_k), \quad a = x_0 < x_1 < \cdots < x_n = b \tag{5.1}$$

5.1 复合求积公式

先把整个积分区间等分成若干个小区间，然后在每个小区上采用同一种低阶的求积公式，这种方法称为复合求积方法。

5.1.1 复合梯形公式

1. 功能

用复合梯形公式计算定积分 $S=\int_a^b f(x)\mathrm{d}x$ 的近似值。

2. 计算方法

将积分区间$[a,b]n$ 等分，步长 $h=\frac{b-a}{n}$，分点为 $x_k=a+kh(k=0,1,\cdots,n)$，在每个小区间$[x_k,x_{k+1}]$上用梯形求积公式，再求和得到积分 S 的近似值 T_n，即

$$S \approx T_n = \frac{h}{2}\sum_{k=0}^{n-1}(f(x_k)+f(x_{k+1})) = \frac{h}{2}\left(f(a)+2\sum_{k=1}^{n-1}f(x_k)+f(b)\right) \tag{5.2}$$

3. 使用说明

drawcomtrzd(fun, *a*, *b*, *n*)

式中，fun 为被积函数；a，b 分别为积分下限和上限；n 为区间等分数。程序功能为返回积分的近似值，并绘出积分图形。

4. Maple 程序

```
> drawcomtrzd  := proc(fun, a, b, n)
    local h, trapsminus, trapsplus, i, bi, ai,
    fai, fbi, p1, pp, am, plts, s;
    if evalf(a)> evalf(b) then
            error "输入无效, a 必须小于或等于 b"
    end if;
if a=b then
      s :=0;
      print(s);
      return;
end if;
if n > 256 then
        error ("所分子区间太多");
end if;
    h  := evalf((b-a)/n);
    p1  := plot(fun(x), x=a..b );
    ai :=a;
    fai :=evalf(fun(ai));
    trapsplus  := [];
    trapsminus  := [];
    s :=0;
    for i from 1 to n do
              bi  := a+i*h;
              fbi  := evalf(fun(bi));
              if i <> n then
                      s :=s+evalf( fun(bi));
              end if;
        if fai >=0 and fbi >=0 then
                  trapsplus  := [op(trapsplus),
                  [[ai, 0], [bi, 0], [bi, fbi], [ai, fai]]];
        elif fai <=0 and fbi <=0 then
                  trapsminus  := [op(trapsminus), [[ai, 0], [bi, 0], [bi, fbi], [ai, fai]]];
        else
              am := ai-fai*h/(fbi-fai);
              if fai >=0 and fbi <=0 then
                 trapsplus  := [op(trapsplus), [[ai, 0], [ai, fai], [am, 0]]];
                 trapsminus  :=[op(trapsminus), [[am, 0],[bi, fbi], [bi, 0]]];
              else
                 trapsminus  := [op(trapsminus), [[ai, 0], [ai, fai], [am, 0]]];
                 trapsplus  := [op(trapsplus), [[am, 0], [bi, fbi], [bi, 0]]];
              end if;
         end if;
          ai  := bi;
          fai  := fbi;
      end do;
      s :=h*evalf( fun(a)+fun(b))/2+h*s;
      print('用复合梯形公式求得积分近似值为');
      print(s);
      plts  := [p1];
```

```
    if trapsplus <>[] then
        pp  := plots[polygonplot](trapsplus, color=yellow);
        plts  := [op(plts), pp];
    end if;
    if trapsminus <>[] then
        pp  := plots[polygonplot](trapsminus, color=green);
        plts  := [op(plts), pp];
    end if;
    plots[display](plts);
end :
```

例 5.1　利用复合梯形公式计算积分 $S=\int_{-9}^{3}\left(2x^2+\frac{1}{3}x^3\right)\mathrm{d}x$。

解　积分的精确值为 $S=-36$。

```
> ff := x-> 2 * x^2+x^3/3;
```

$$\mathrm{ff} := x \to 2x^2+\frac{1}{3}x^3$$

```
> drawcomtrzd(ff, -9, 3, 30);
```

用复合梯形公式求得积分近似值为

$$-36.32000000$$

所绘出的积分图形如图 5.1 所示。

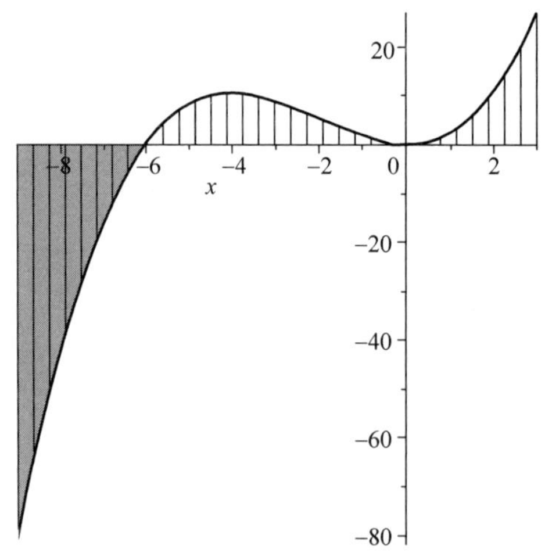

图 5.1　复合梯形公式示意图

例 5.2　利用复合梯形公式计算积分 $S=\int_{-3}^{1}x\mathrm{e}^x\,\mathrm{d}x$。

解　积分的精确值为 $S=4\mathrm{e}^{-3}\approx 0.1991482735$。建立被积函数,代入程序计算即得结果。

```
> fun := x-> x * exp(x):
> drawcomtrzd(fun, -3, 1, 60);
```

用复合梯形公式求得积分近似值为

ans=0.20119839662103

所绘出的积分图形如图 5.2 所示。

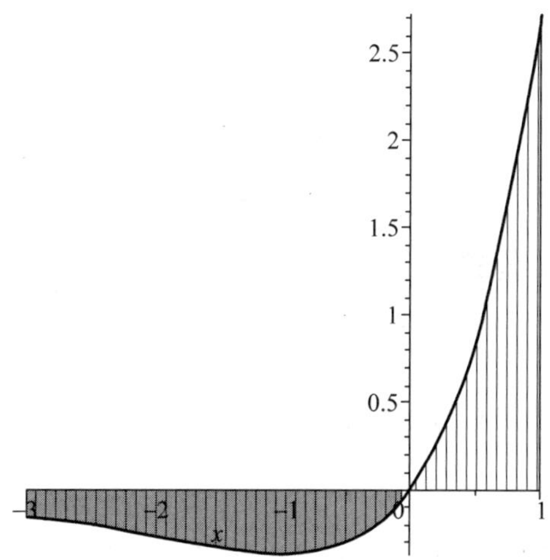

图 5.2 复合梯形公式示意图

5.1.2 复合 Simpson 公式

1. 功能

用复合 Simpson 公式计算定积分 $S=\int_a^b f(x)\mathrm{d}x$ 的近似值。

2. 计算方法

将积分区间$[a,b]$ n 等分，步长 $h=\dfrac{b-a}{n}$，分点为 $x_k=a+kh(k=0,1,\cdots,n)$，在每个小区间$[x_k,x_{k+1}]$上用 Simpson 求积公式，再求和得到积分 I 的近似值 S_n，即

$$S\approx S_n=\frac{h}{6}\sum_{k=0}^{n-1}(f(x_k)+4f(x_{k+\frac{1}{2}})+f(x_{k+1})) \tag{5.3}$$

其中，$x_{k+\frac{1}{2}}=\dfrac{1}{2}(x_k+x_{k+1})$。

3. 使用说明

comsimp(fun, *a*, *b*, *n*)

式中，fun 为被积函数；a,b 分别为积分下限和上限；n 为区间等分数。程序功能为返回积分的近似值。

4. Maple 程序

```
> comsimp := proc(fun, a, b, n)
    local h, k, s, s2, t;
    h :=(b-a)/(2*n);
    s :=0;
    s2 :=0;
for k from 1 to n do
```

```
        t:=a+h*(2*k-1);
        s:=s+evalf( fun(t));
end do;
for k from 1 to n-1 do
        t:=a+h*(2*k);
        s2:=s2+evalf( fun(t));
end do;
s:=h*(evalf( fun(a)+fun(b))+4*s+2*s2)/3;
end:
```

5.1.3　复合 Cotes 公式

1. 功能

用复合 Cotes 公式计算定积分 $S=\int_a^b f(x)\mathrm{d}x$ 的近似值。

2. 计算方法

将积分区间$[a,b]$ n 等分，步长 $h=\dfrac{b-a}{n}$，分点为 $x_k=a+kh(k=0,1,\cdots,n)$，在每个小区间$[x_k,x_{k+1}]$上用 Cotes 求积公式，再求和得到积分 I 的近似值 C_n，即

$$S\approx C_n=\frac{h}{90}\left(7f(a)+32\sum_{k=0}^{n-1}f(x_{k+\frac{1}{4}})+12\sum_{k=0}^{n-1}f(x_{k+\frac{1}{2}})+32\sum_{k=0}^{n-1}f(x_{k+\frac{3}{4}})+14\sum_{k=1}^{n-1}f(x_k)+7f(b)\right)\tag{5.4}$$

其中，$x_{k+1/4}=x_k+\dfrac{h}{4}$，$x_{k+1/2}=x_k+\dfrac{h}{2}$，$x_{k+3/4}=x_k+\dfrac{3h}{4}$。

3. 使用说明

comcotes(fun, *a*, *b*, *n*)

式中，fun 为被积函数；a,b 分别为积分下限和上限；n 为区间等分数。程序功能为返回积分的近似值。

4. Maple 程序

```
> comcotes:= proc(fun, a, b, n)
    local h, k, s, t, t1, t2, t3;
    h:=(b-a)/n;
    s:=0;
for k from 0 to n-1 do
      t:=a+h*(k+1/4);
      t1:=a+h*(k+1/2);
      t2:= a+h*(k+3/4);
      t3:=a+h*(k+1);
      s:=s+evalf( 32*fun(t))+12*evalf( fun(t1)) +32*evalf( fun(t2)) +14*evalf( fun(t3));
end do;
s:=h*(7*evalf( fun(a)-fun(b))+s)/90;
end:
```

例 5.3 分别用复合梯形公式、复合 Simpson 公式和复合 Cotes 公式计算积分 $S=\int_0^{\frac{\pi}{4}}\frac{x}{1+\cos 2x}\mathrm{d}x$。

解 利用 Maple 函数 int，计算积分的精确值 S，然后分别代入程序 drawcomtrzd，comsimp，comcotes 中计算得如下结果。

```
> fun1 := x-> x/(1+cos(2 * x));
```

$$\mathrm{fun}_1 := x \to \frac{x}{1+\cos(2x)}$$

```
> S := int(fun1(x), x=0..Pi/4);
```

$$S := \frac{1}{8}\pi - \frac{1}{4}\ln 2$$

```
> evalf(S);
```

0.2194122866

```
> drawcomtrzd (fun1, 0, Pi/4, 40);
```

用复合梯形公式求得积分近似值为 0.2194788056。

所绘制的积分图形如图 5.3 所示。

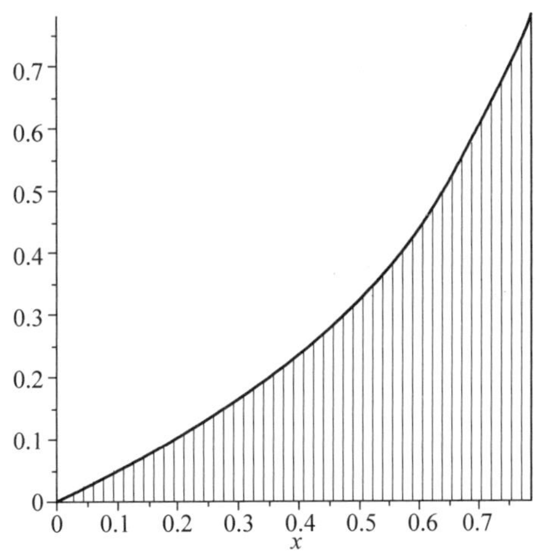

图 5.3 复合梯形公式示意图

```
> evalf(comsimp(fun1, 0, Pi/4, 20));
```

0.2194123297

```
> evalf(comcotes(fun1, 0, Pi/4, 10));
```

0.2194122871

由此可见，在计算同样多函数值的情况下，复合 Simpson 公式比复合梯形公式的精度高，而复合 Cotes 公式又比复合 Simpson 公式的精度高。

5.2　变步长的求积公式

用复合求积公式计算定积分的近似值是比较简单的，但是为了达到精度要求，常常需要将积分区几等分(即 n 取多大)，而这则需要根据余项公式事先估计，因此要分析被积函数的高阶导数。一般情况下，这是很困难的。因此我们常采用变步长的求积分公式，即根据精度要求，让步长逐次折半，反复用复合求积公式，直到相邻的两次计算结果之差的绝对值小于要求的精度。

5.2.1　变步长的梯形公式

1. 功能

用复合梯形公式计算定积分 $S=\int_a^b f(x)\mathrm{d}x$ 的近似值，使相邻的两次计算结果之差的绝对值小于要求的精度。

2. 计算方法

(1) 根据复合梯形公式的误差估计，可得 $S\approx T_{2n}+(T_{2n}-T_n)/3$。如果 $|T_{2n}-T_n|<\varepsilon$(允许精度)，那么可以认为 T_{2n} 已经满足精度要求。

(2) 将积分区间 n 等分，用复合梯形公式计算 T_n，然后将积分区间 $2n$ 等分，用复合梯形公式计算 T_{2n}，直到 $|T_{2n}-T_n|<\varepsilon$。

3. 使用说明

trapzstep(fun, *a*, *b*, ep)

式中，fun 为被积函数；a，b 分别为积分下限和上限；ep 为允许的精度，默认 ep$=10^{-6}$。程序功能为返回积分的近似值。

4. Maple 程序

```
> trapzstep := proc(fun, a, b, ep)
local m, n, s, T1, T2, count, eps;
if nargs=3 then
        eps:=0.000001;
    else
        eps:=ep;
end if;
n:=1;
T1:=comtrapz (fun, a, b, n);
m:=2*n;
T2:=comtrapz (fun, a, b, m);
count:=1;
while abs(T2-T1)>=eps do
      T1:=T2;
      count:=count+1;
      m:=2*m;
      T2:=comtrapz (fun, a, b, m);
end do;
print('递归', count, '次后求得积分近似值为');
```

```
s:=T2;
end:
comtrapz := proc(fun, a, b, n)
local h, k, s, t;
   h:=(b-a)/n;
   s:=0;
for k from 1 to n-1 do
      t:=a+h*k;
      s:=s+evalf( fun(t));
end do;
s:=h*evalf( fun(a)+fun(b))/2+h*s;
end:
```

例 5.4 利用变步长的梯形公式计算积分 $\int_1^3 \frac{dx}{\ln(1+x^2)}$。

解 先用 Maple 函数 int 求得积分的值,再用程序 trapzstep 求解。

```
> Int(1/ln(x^2+1), x=1..2);
area := evalf(%);
```

$$\int_1^3 \frac{dx}{\ln(1+x^2)}$$

area :=0.9050201530

```
> fun:=x->1/ln(x^2+1);
trapzstep (fun, 1, 2);
```

$$\text{fun} := x \to \frac{1}{\ln(1+x^2)}$$

递归,10,次后求得积分近似值为 0.9050202936

5.2.2 变步长的 Simpson 公式

1. 功能

用复合 Simpson 公式计算定积分 $S=\int_a^b f(x)dx$ 的近似值,使相邻的两次计算结果之差的绝对值小于要求的精度。

2. 计算方法

(1) 根据复合 Simpson 公式的误差估计,可得 $S\approx S_{2n}+(S_{2n}-S_n)/15$。如果 $|S_{2n}-S_n|<\varepsilon$(允许精度),那么可以认为 S_{2n} 已经满足精度要求。

(2) 将积分区间 n 等分,用复合 Simpson 公式计算 S_n,然后将积分区间 $2n$ 等分,用复合 Simpson 公式计算 S_{2n},直到 $|S_{2n}-S_n|<\varepsilon$。

3. 使用说明

comsimp(fun, *a*, *b*, ep)

式中,fun 为被积函数;a,b 分别为积分下限和上限;ep 为允许精度,默认 $\text{ep}=10^{-6}$。程序功能为返回积分的近似值。

4. Maple 程序

```
> simpstep := proc(fun, a, b, ep)
```

```
local m, n, s, S1, S2, count, eps;
if nargs=3 then
          eps :=0.000001;
     else
          eps :=ep;
end if;
n :=1;
S1 :=comsimp (fun, a, b, n); # 调用复合 Simpson 求积程序 comsimp,见 5.1.2;
m :=2 * n;
S2 :=comsimp (fun, a, b, m);
count :=1;
while abs(S2-S1)>=eps do
        S1 :=S2;
        count :=count+1;
        m :=2 * m;
        S2 :=comsimp (fun, a, b, m);
end do;
print('递归', count, '次后求得积分近似值为');
s :=S2;
end:
```

5.2.3　变步长的 Cotes 公式

1. 功能

用复合 Cotes 公式计算定积分 $S=\int_a^b f(x)\mathrm{d}x$ 的近似值,使相邻的两次计算结果之差的绝对值小于要求的精度。

2. 计算方法

(1) 根据复合 Cotes 公式的误差估计,可得 $S\approx C_{2n}+(C_{2n}-C_n)/63$。如果 $|C_{2n}-C_n|<\varepsilon$(允许精度),那么可以认为 C_{2n} 已经满足精度要求。

(2) 将积分区间 n 等分,用复合 Cotes 公式计算 C_n,然后将积分区间 $2n$ 等分,用复合 Cotes 公式计算 C_{2n},直到 $|C_{2n}-C_n|<\varepsilon$。

3. 使用说明

comcotes(fun, *a*, *b*, ep)

式中,fun 为被积函数,a,b 分别为积分下限和上限;ep 为允许的精度,默认 ep$=10^{-6}$。程序功能为返回积分的近似值。

4. Maple 程序

```
> cotestep := proc(fun, a, b, ep)
local m, n, s, C1, C2, count, eps;
if nargs=3 then
          eps :=0.000001;
     else
          eps :=ep;
end if;
n :=1;
C1 :=comcotes(fun, a, b, n); # 调用复合 Cotes 求积程序 comcotes,见 5.1.3;
```

```
m :=2 * n;
C2 :=comcotes(fun, a, b, m);
count :=1;
while abs(C2-C1)>=eps do
        C1 :=C2;
        count :=count+1;
        m :=2 * m;
        C2 :=comcotes(fun, a, b, m);
end do;
print('递归', count, '次后求得积分近似值为');
s :=C2;
end:
```

例 5.5 分别用变步长的 Simpson 公式和变步长的 Cotes 公式计算积分 $S=\int_1^3 e^{-\cos x}\,dx$。

解 用 Maple 函数 int,求得积分的值。

```
> fun1 :=x-> exp(-cos(x)):
> S :=int(fun1(x), x=1..3);
> evalf(S);
```

3.158504130

```
> simpstep (fun1, 1, 3);
```

递归,5,次后求得积分近似值为 3.158504119。

```
> cotestep (fun1, 1, 3);
```

递归,3,次后求得积分近似值为 3.158504131。

5.3 Romberg 积分法

用复合梯形公式计算定积分 $S=\int_a^b f(x)dx\approx T_n$,记 T_n 为 $T_1(h)$,利用 Richardson 外推算法,选取 $q=\frac{1}{2}$,可得如下算法:

$$T_{m+1}(h)=\frac{4^m T_m\left(\frac{h}{2}\right)-T_m(h)}{4^m-1},\quad m=1,2,\cdots \tag{5.5}$$

$T_{m+1}(h)$逼近 S 的误差为$o(h^{2(m+1)})$,这种算法称为 Romberg 算法。

当 $m=1$ 时,由式(5.5)得

$$T_2(h)=\frac{4}{3}T_1\left(\frac{h}{2}\right)-\frac{1}{3}T_1(h)$$

由于 $T_1\left(\frac{h}{2}\right)=T_{2n}$,易计算得 $T_2(h)=S_n$,从而有

$$S_n=\frac{4}{3}T_{2n}-\frac{1}{3}T_n \tag{5.6}$$

类似可推得，当 $m=2$ 时，

$$C_n=\frac{16}{15}S_{2n}-\frac{1}{15}S_n \tag{5.7}$$

当 $m=3$ 时，

$$R_n=\frac{64}{63}C_{2n}-\frac{1}{63}C_n \tag{5.8}$$

式(5.8)称为 Romberg 公式。从变步长的梯形序列$\{T_2k\}$出发，根据式(5.6)，式(5.7)和式(5.8)，可分别求得 Simpson 序列$\{S_2k\}$，Cotes 序列$\{C_2k\}$和 Romberg 序列$\{R_2k\}$。

1. 功能

用 Romberg 公式计算定积分 $S=\int_a^b f(x)\mathrm{d}x$ 的近似值，使相邻的两次计算结果之差的绝对值小于要求的精度。

2. 计算方法

(1) 根据梯形公式，计算 $T_1=\frac{1}{2}(f(a)+f(b))$。

(2) 把区间逐次折半，计算 $T_{2n}(n=2^k)$。

(3) 根据式(5.6)，式(5.7)和式(5.8)，计算加速值 S_n,C_n,R_n。

(4) 随时计算相邻的 R_n,R_{2n} 之差的绝对值，直到 $|R_{2n}-R_n|<\varepsilon$。

3. 使用说明

romberseq(fun, *a*, *b*, ep)

式中，fun 为被积函数；a,b 分别为积分下限和上限；ep 为允许的精度，默认 ep$=10^{-6}$。程序功能为返回积分的近似值。

4. Maple 程序

```
> romberseq:=proc(fun, a, b, ep)
local eps, h, i, j, k, m, n, R, s, t, t1, t2;
if nargs=3 then
        eps:=0.000001;
    else
        eps:=ep;
end if;
t1:=-1000;
t2:=1000;
n:=0;
m:=1;
h:=evalf(b-a);
R[1, 1]:=h*evalf( fun(a)+fun(b))/2;
while abs(t2-t1)>=eps do
s:=0;
n:=n+1;
h:=h/2;
for k from 1 to m do
        t:=evalf(a+h*(2*k-1));
```

```
        s := s+evalf( fun(t));
    end do;
    R[n+1, 1] := R[n, 1]/2+h * s;
    m := 2 * m;
    if n > 4 then
            for j from 1 to 3 do
                    for i from 1 to n-j do
                            R[i, j+1] := (4^(j) * R[i+1, j]-R[i, j])/(4^j-1);
                    end do;
            end do;
      t1 := R[n-4, 4];
      t2 := R[n-3, 4];
    end if;
    end do;
    print(用 Romberg 序列求得积分近似值为);
    t2;
    end:
```

例 5.6 用 Romberg 公式计算定积分 $S=\int_0^2 \frac{\sqrt{x}\,(\sin((51+x)\mathrm{e}^{-3x^2})+2)}{x^2+1}\mathrm{d}x$。

解 建立函数,绘图如下(图 5.4),并用符号函数求得积分值 S。

```
> fun := x -> sqrt(x)/(x^2+1) * (sin((51+x) * exp(-3 * x^2))+2):
> plot(fun(x), x=0..2);
```

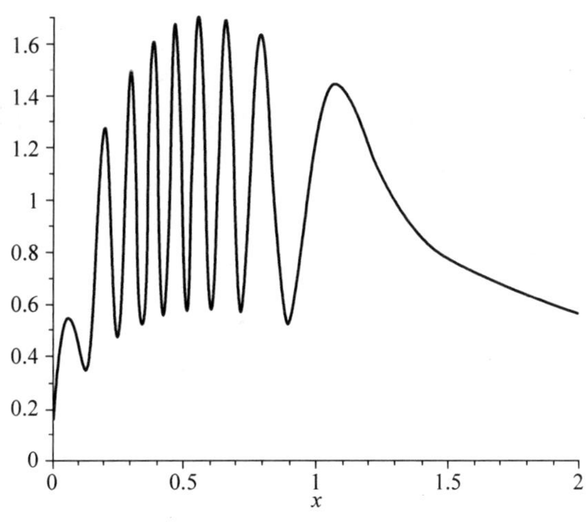

图 5.4 例 5.6 的被积函数图像

```
> S :=evalf(int(fun, 0..2));
```

$$S:=1.829133548$$

代入程序 romberseq 计算可得

```
> romberseq(fun, 0, 2);
```

用 Romberg 序列求得积分近似值为 1.829133302。

更改精度要求,$ep=10^{-8}$,可得更精确的近似值。

```
> romberseq(fun, 0, 2, 10^(-8));
```

用 Romberg 序列求得积分近似值为 1.829133540。

5.4　自适应积分法

复合求积公式要求使用等距节点，因此在整个区间上要使用相同的小步长 h，以保证精度要求。当曲线的某部分变化剧烈，而在其他地方变化平缓时，此时应用等距节点的复合公式不再很合适。为了达到精度要求同时减少计算量，则可在函数变化剧烈的部分增加节点，而在函数变化平缓的地方减少节点。这种方法称为自适应积分法。

1. 功能

用自适应 Simpson 求积法计算定积分 $S=\int_a^b f(x)\mathrm{d}x$ 的近似值。

2. 计算方法

从整个积分区间$\{[a,b],\varepsilon\}$开始，其中 ε 是$[a,b]$上数值积分的容差，用 Simpson 公式计算在$[a,b]$上的积分值 S。取 c 为$[a,b]$的中点，分别在区间$[a,c]$，$[c,b]$上用 Simpson 公式计算积分值 S_1，S_2。令 $S_{12}=S_1+S_2$，利用 $\mathrm{err}=|S_{12}-S|/15$，计算 S_{12} 的误差 err，如果误差在容差范围内（即 $\mathrm{err}<\varepsilon$），则终止，并返回积分值 S_{12}。否则，对$[a,c]$，$[c,b]$两个小区间都用同样的程序，并带有容差 $\varepsilon/2$，直到最深层满足误差条件。注意，此算法是递归算法。

3. 使用说明

adapsimp(fun, *a*, *b*, ep)

式中，fun 为被积函数；a，b 分别为积分下限和上限；ep 为允许精度，默认 $\mathrm{ep}=10^{-6}$。程序功能为返回积分的近似值。

4. Maple 程序

```
> adapsimp := proc(fun, a, b, ep)
local c, eps, err, err1, err2, s, s1, s2, s12;
if nargs=3 then
          eps :=0.000001;
     else
          eps :=ep;
end if;
s :=comsimp(fun, a, b, 1); # 调用复合 Simpson 求积程序 comsimp，见 5.1.2;
c :=(a+b)/2;
s1 :=comsimp(fun, a, c, 1);
s2 :=comsimp(fun, c, b, 1);
s12 :=s1+s2;
err :=abs(s12-s)/15;
if err < eps then
         s :=s12;
else
         (s1, err1) :=adapsimp(fun, a, c, eps/2); # 调用 adapsimp;
         (s2, err2) :=adapsimp(fun, c, b, eps/2);
         err :=err1+err2;
```

```
        s := s1+s2;
end if;
return s, err;
end:
```

例 5.7 利用自适应积分法求 $S = \int_0^{10} (1 + \sin(x^2) e^{-\frac{1}{5}x}) dx$。

解 建立被积函数,绘出其图像(图 5.5),并用 Maple 的 int 函数计算得积分值 S。

```
> fun := x -> 1+sin(x^2) * exp(-x/5) :
> plot(fun(x), x=0..10);
> S:=evalf(int(fun(x), x=0..10), 15);
```

$$S := 10.5271130187125$$

```
> adapsimp(fun, 0, 10);
```

$$S := 10.52711303, 3.065653333 \times 10^{-7}$$

即积分值 $S \approx 10.52711303$,误差约为 $3.065653333 \times 10^{-7}$。

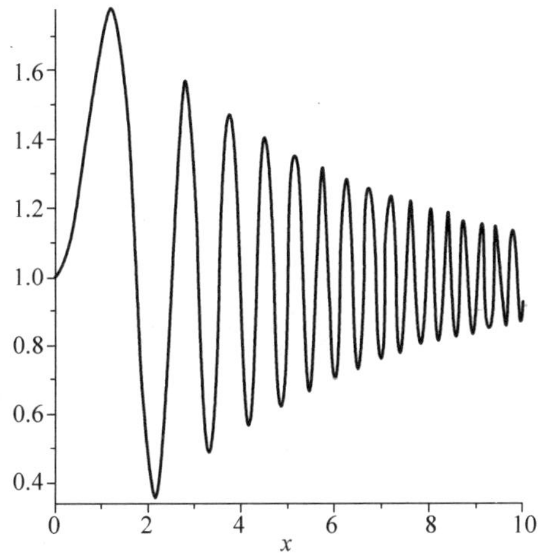

图 5.5 例 5.7 的被积函数图像

5.5 Gauss 求积公式

插值型求积公式

$$\int_a^b f(x) dx \approx \sum_{k=0}^{n} A_k f(x_k), \quad a = x_0 < x_1 < \cdots < x_n = b \tag{5.9}$$

的代数精度至少是 n,其最大代数精度是多少? 可以证明,插值型求积公式(5.9)的代数精度至多是 $2n+1$。若插值型求积公式(5.9)的代数精度是 $2n+1$,则称它为 Gauss 型求积公式,其相应的求积节点称为 Gauss 点。

Gauss 型求积公式是具有最高代数精度的插值型求积公式,其求积节点(Gauss 点)是区间$[a,b]$上关于权函数 $\rho(x)$的 $n+1$ 次正交多项式的 $n+1$ 个互异的实根。因此,对不同类型的正交多项式,就有不同的 Gauss 型求积公式。

```
> with(LinearAlgebra):
interface(rtablesize=infinity):
```

5.5.1　Gauss-Legendre 求积公式

1. 功能

用 Gauss-Legendre 求积公式计算定积分 $S=\int_a^b f(x)\mathrm{d}x$ 的近似值。

2. 计算方法

(1) 区间[−1,1]上的 Legendre 正交多项式 $P_n(x)$(权函数 $\rho(x)=1$)为

$$P_n(x)=\frac{1}{2^n n!}\frac{\mathrm{d}^n}{\mathrm{d}x^n}[(x^2-1)^n]$$

递推公式为

$$P_0(x)=1$$
$$P_1(x)=x,$$
$$\vdots$$
$$(n+1)P_{n+1}(x)=(2n+1)xP_n(x)-nP_{n-1}(x),\quad n=1,2,\cdots$$

根据递推公式，编写求 n 次 Legendre 正交多项式 $P_n(x)$ 的程序，并由此求得 $P_n(x)$ 的零点。

(2) n 个节点的 Gauss-Legendre 求积公式为

$$\int_{-1}^{1} f(x)\mathrm{d}x \approx \sum_{k=1}^{n} A_k f(x_k)$$

其中，$x_1,x_2,\cdots,x_n$ 是 $P_n(x)$ 的零点，求积系数 $A_k=\frac{2}{n}\frac{1}{P_{n-1}(x_k)P_n'(x_k)}$ $(k=1,2,\cdots,n)$。

(3) 区间[a,b]上的 Gauss-Legendre 求积公式为

$$\int_{-1}^{1} f(x)\mathrm{d}x \approx \frac{b-a}{2}\sum_{k=1}^{n} A_k f(t_k)$$

其中，$t_k=\frac{b-a}{2}x_k+\frac{b+a}{2}x_k$，$A_k$ 的值同(2)，$k=1,2,\cdots,n$。

3. 使用说明

gausslegendre(fun, *n*, *a*, *b*)

式中，fun 为被积函数；n 为节点数；a,b 分别为积分下限和上限，默认 $a=-1,b=1$。程序功能为返回积分的近似值。

4. Maple 程序

```
> gausslegendre:=proc (fun, n, a ,b)
local A, a1, b1, k, t, xx, fx, LL, L1, dL, s;
if nagrs=2 then
        a1:=-1;
        b1:=1;
else
        a1:=a;
        b1:=b;
```

```
end if;
if n<=0 then
        print('Gauss-Legendre 求积公式中的 n 应是非负的');
end if;
t:=Vector( n);
fx:=Vector( n);
xx:=Vector( n);
A:=Vector(n);
LL:=Legendp(n);
L1:=Legendp(n-1);
dL:=diff(LL, x);
LL:=evalf(LL);
t:=solve(LL=0);
t:=evalf(t);
s:=0;
for k from 1 to n do
        A[k]:=2/(eval(L1, x=t[k]) * (eval(dL, x=t[k])) * n);
        xx[k]:=((b1-a1) * t[k]+a1+b1)/2 ;
        fx[k]:=fun(xx[k]);
        s:=s+A[k] * fx[k];
end do;
s:=s * (b1-a1)/2;
s:=evalf(s);
end:
Legendp:=proc(n) #此函数用来计算 n 次 Legendre 多项式;
option remember;
local pp;
if n<=0 then
        pp:=1;
        return pp;
elif n=1 then
        pp:=x;
        return pp;
else
pp:=((2 * n-1) * x * Legendp(n-1)-(n-1) * Legendp(n-2))/n;
      simplify(pp);
end if;
end:
```

例 5.8 利用 Gauss-Legendre 求积公式分别计算 $\int_0^1 50\mathrm{e}^{-2x^2}\mathrm{d}x$，$\int_{-1}^1 x\mathrm{e}^{-2x^2}\mathrm{d}x$。

解

```
> fun:=x-> 50 * exp(-2 * x^2):
fun1:=x-> x * exp(-2 * x^2):
> gausslegendre(fun, 15, 0, 1);
```

$$29.90719098$$

利用 Maple 函数 int 计算得第一个积分值为

```
> evalf(int(fun(x), x=0..1));
```

$$29.90720034$$

由积分的性质可知,第二个积分为零,用 16 个节点代入程序计算得

```
> gausslegendre(fun1, 16, -1, 1);
```

$$8.000000000\times 10^{-12}$$

5.5.2　Gauss-Chebyshev 求积公式

1. 功能

用 Gauss-Chebyshev 求积公式计算定积分 $S=\int_{-1}^{1}\frac{1}{\sqrt{1-x^2}}f(x)\mathrm{d}x$ 或 $\int_a^b f(x)\mathrm{d}x$ ($[a,b]\neq[-1,1]$) 的近似值。

2. 计算方法

(1) 区间$[-1,1]$上的 Chebyshev 正交多项式 $T_n(x)$ $\left(权函数\ \rho(x)=\frac{1}{\sqrt{1-x^2}}\right)$ 为

$$T_n(x)=\cos(n\arccos(x))$$

(2) n 个节点的 Gauss-Chebyshev 求积公式为

$$\int_{-1}^{1}\frac{1}{\sqrt{1-x^2}}f(x)\mathrm{d}x\approx\sum_{k=1}^{n}A_k f(x_k)$$

其中 $x_k=\cos\left(\frac{(2k-1)\pi}{2n}\right)$ 是 $T_n(x)$的零点,求积系数 $A_k=\frac{\pi}{n}$ $(k=1,2,\cdots,n)$。

(3) 对积分 $S=\int_a^b f(x)\mathrm{d}x$,作变换 $x=\frac{b-a}{2}t+\frac{b+a}{2}$,则

$$S=\frac{b-a}{2}\int_{-1}^{1}f\left(\frac{b-a}{2}t+\frac{b+a}{2}\right)\mathrm{d}t=\frac{b-a}{2}\int_{-1}^{1}\frac{f\left(\frac{b-a}{2}t+\frac{b+a}{2}\right)}{\sqrt{1-t^2}}\cdot\sqrt{1-t^2}\,\mathrm{d}t。$$

对函数 $f\left(\frac{b-a}{2}t+\frac{b+a}{2}\right)\cdot\sqrt{1-t^2}$ 应用(2)中的公式即可。

3. 使用说明

gausschebys(fun, *n*, *a*, *b*)

式中,fun 为被积函数 $f(x)$; n 为节点数; a,b 分别为积分下限和上限。程序功能为返回积分的近似值。

4. Maple 程序

```
> gausschebys:=proc(fun, n, a, b)
local A, a1, b1, rou, t, xx, fx, k, s;
if a=-1 and b=1 then
      rou:=1;
      a1:=-1;
      b1:=1;
else
      a1:=a;
      b1:=b;
```

```
        rou := x-> sqrt(1-x^2);
    end if;
    t := Vector(n);
    xx := Vector(n);
    fx := Vector(n);
    A := Vector(n);
    A[1..n] := (Pi/n);
    for k from 1 to n do
        t[k] := cos((2*k-1)*Pi/(2*n));
        xx[k] := ((b1-a1)*t[k]+a1+b1)/2 ;
        fx[k] := evalf(fun(xx[k]))*evalf(rou(t[k]));
    end do;
    s := LinearAlgebra[DotProduct](A, fx);
    s := s*(b1-a1)/2;
    end:
```

例 5.9 利用 Gauss-Chebyshev 求积公式计算 $\int_{-1}^{1}\frac{400x(1-x)\mathrm{e}^{-2x}}{\sqrt{1-x^2}}\mathrm{d}x$。

解 建立被积函数,代入程序 gausschebys 计算得

```
> fun := x-> 400*x*(1-x)*exp(-2*x):
> evalf(gausschebys(fun, 17, -1, 1), 15);
```

$$-3864.03798703165$$

```
> fun1 := x-> 400*x*(1-x)*exp(-2*x)/sqrt(1-x^2);
```

$$\mathrm{fun}_1 := x \to \frac{400x(1-x)\mathrm{e}^{-2x}}{\sqrt{1-x^2}}$$

利用 Maple 函数 int 计算得积分值为

```
> evalf(int(fun1, -1..1), 15);
```

$$-3864.03798703166$$

由此可见,17 个节点的 Gauss-Chebyshev 求积公式可达到相当高的精度。

例 5.10 利用 Gauss-Chebyshev 求积公式计算 $S=\int_{0}^{2}\frac{x^2-2x+2}{\sqrt{x(2-x)}}\mathrm{d}x$。

解 法一 由于积分区间不是$[-1,1]$,因此先作积分变换 $t=x+1$,则 $S=\int_{-1}^{1}\frac{t^2+1}{\sqrt{1-t^2}}\mathrm{d}t$,可用 Gauss-Chebyshev 求积公式,此时 $f(t)=t^2+1$ 是二次多项式,所以用两个节点以上的 Gauss-Chebyshev 求积公式即可得到积分的精确值。

```
> fun1 := x-> x^2+1:
> gausschebys(fun1, 2, -1, 1);
```

$$1.500000000\pi$$

法二 建立被积函数 fun_2,直接代入程序计算得

```
> fun2 := x->(x^2-2*x+2)/sqrt(x*(2-x)):
> gausschebys(fun2, 4, 0, 2);
```

$$1.500000000\pi$$

利用 Maple 函数 int 计算得积分值为

```
> S:=int(fun2(x), x=0..2);
```

$$S := \frac{3}{2}\pi$$

例 5.11　利用 Gauss-Chebyshev 求积公式计算 $S_1=\int_1^3 x\sqrt{4x-x^2-3}\,dx$。

解

```
> fun3:=x->x*sqrt(4*x-x^2-3):
> gausschebys(fun3, 3, 1, 3);
```

$$1.00000000\pi$$

利用 Maple 函数 int 计算得积分值为

```
> S1:=int(fun3(x), x=1..3);
```

$$S_1 := \pi$$

例 5.12　利用 Gauss-Chebyshev 求积公式计算 $S_2=\int_{-1}^1 \frac{1}{\sqrt{x+1}}dx$。

解　因为积分区间为[−1,1]，但是被积函数中没出现权函数 $\rho(x)=\frac{1}{\sqrt{1-x^2}}$因子，不能直接应用程序 gausschebys 计算。将积分改写为 $S_2=\int_{-1}^1 \frac{\sqrt{1-x^2}}{\sqrt{1-x^2}\sqrt{x+1}}dx$，就可对函数$\frac{\sqrt{1-x^2}}{\sqrt{x+1}}=\sqrt{1-x}$，应用程序求解了。

```
> fun4:=x->sqrt(1-x);
> evalf(gausschebys(fun4, 60, -1, 1));
```

$$2.828507901$$

```
> fun5:=x->1/sqrt(x+1):
S2:=int(fun5(x), x=-1..1);
```

$$S_2 := 2\sqrt{2}$$

```
> evalf(S2);
```

$$2.828427124$$

是何原因致使例 5.12 计算结果的精度比较差？比较例 5.10、例 5.11、例 5.12 可知，表面上它们都是无理积分，但是，当化为区间[−1,1]上的积分时，由于例 5.10、例 5.11 中的被积函数(不含权函数)是多项式，所以用几个节点就可得到精确解。而例 5.12 的情况就不同了，它的被积函数(不含权函数)远非多项式，这可通过增加节点来提高精度。如计算 500 个节点时，有

```
> evalf(gausschebys(fun4, 500, -1, 1));
```

```
2.828428298
```

5.5.3 Gauss-Laguerre 求积公式

1. 功能

用 Gauss-Laguerre 求积公式计算定积分 $S=\int_0^{+\infty} e^{-x} f(x)dx$ 的近似值。

2. 计算方法

(1) 区间$[0,+\infty)$上的 Laguerre 正交多项式 $L_n(x)$(权函数 $\rho(x)=e^{-x}$)为

$$L_0(x)=1$$

$$L_n(x)=e^x\frac{d^n}{dx^n}(x^n e^{-x}),\quad n=1,2,\cdots$$

递推公式为

$$L_0(x)=1$$

$$L_1(x)=1-x$$

$$L_{n+1}(x)=(2n+1-x)L_n(x)-n^2L_{n-1}(x),\quad n=1,2,\cdots$$

根据递推公式,编写求 n 次 Laguerre 正交多项 $L_n(x)$的程序,并由此求得 $L_n(x)$的零点。

(2) n 个节点的 Gauss-Laguerre 求积公式为

$$\int_0^{+\infty} e^{-x} f(x)dx\approx\sum_{k=1}^{n}A_k f(x_k)$$

其中,$x_1,x_2,\cdots,x_n$ 是 $L_n(x)$的零点,求积系数 $A_k=\dfrac{(n!)^2}{L_{n+1}(x_k)L_n'(x_k)}$ $(k=1,2,\cdots,n)$。

3. 使用说明

gausslaguerre(fun, *n*)

式中,fun 为被积函数 $f(x)$(不含权函数);n 为节点数。程序功能为返回积分的近似值。

4. Maple 程序

```
> gausslaguerre := proc (fun, n)
local A, k, t, fx, LL, L1, dL, w, s;
if n<=0 then
        print('Gauss-Laguerre 求积公式中的 n 应是非负的');
end if;
t := Vector(n);
fx := Vector(n);
A := Vector(n);
LL := Laguep(n);
L1 := Laguep(n+1);
dL := diff(LL, x);
LL := evalf(LL);
t := solve(LL=0);
t := evalf(t);
s := 0;
w := (n!)^2;
```

```
for k from 1 to n do
        A[k] := w/(eval(L1, x=t[k]) * (eval(dL, x=t[k])));
        fx[k] := fun(t[k]);
        s := s+A[k] * fx[k];
end do;
s := evalf(s);
end:
Laguep := proc(n) #此函数用来计算 n 次 Laguerre 多项式;
option remember;
local pp;
if n<=0 then
      pp := 1;
      return pp;
elif n=1 then
      pp := 1-x;
      return pp;
else
pp := ((2 * n-1-x) * Laguep(n-1)-(n-1)^2 * Laguep(n-2));
    simplify(pp);
end if;
end:
```

例 5.13　求 $S_3=\int_0^{+\infty} e^{-x}x^2\cos x\,dx$。

解　建立被积函数，代入程序计算即得结果。

```
> fun6 := x-> x^2 * cos(x):
> gausslaguerre(fun6, 12);
```

$$-0.4999988861$$

利用 Maple 函数 int 计算得积分值为

```
> fun7 := x-> exp(-x) * x^2 * cos(x);
```

$$fun_7 := e^{-x}x^2\cos x$$

```
> S3 := int(fun7, 0..infinity);
```

$$S_3 := \frac{1}{2}$$

例 5.14　求 $S_4=\int_0^{+\infty}\frac{x e^{-3x^2}}{\sqrt{1+x^2}}dx$。

解　由于被积函数中未出现权函数 $\rho(x)=e^{-x}$，作变量代换 $x=\sqrt{\frac{t}{3}}$，则 $S_4=\int_0^{+\infty}\frac{e^{-t}}{6\sqrt{1+\frac{t}{3}}}dt$。令 $f(t)=1/6\sqrt{1+\frac{t}{3}}$，代入程序计算得

```
> fun8 := t-> 1/(6 * sqrt(1+t/3));
> gausslaguerre(fun8, 10);
```

$$0.1470219881$$

```
> fun9 := x-> x * exp(-3 * x^2)/sqrt(1+x^2);
```

$$\mathrm{fun}_9 := x \to \frac{x\,\mathrm{e}^{-3x^2}}{\sqrt{1+x^2}}$$

利用 Maple 函数 int 计算得积分值为

```
> S4 := evalf(int(fun9(x), x=0..infinity), 15);
```

$$S_4 := 0.1470219874711$$

5.5.4 Gauss-Hermite 求积公式

1. 功能

用 Gauss-Hermite 求积公式计算定积分 $S=\int_{-\infty}^{+\infty} \mathrm{e}^{-x^2} f(x)\mathrm{d}x$ 的近似值。

2. 计算方法

(1) 区间$(-\infty, +\infty)$上的 Hermite 正交多项式 $H_n(x)$(权函数 $\rho(x)=\mathrm{e}^{-x^2}$)为

$$H_0(x)=1$$

$$H_n(x)=(-1)^n \mathrm{e}^{-x^2} \frac{\mathrm{d}^n}{\mathrm{d}x^n}(\mathrm{e}^{-x^2}), \quad n=1,2,\cdots$$

递推公式为

$$H_0(x)=1$$

$$H_1(x)=2x$$

$$H_{n+1}(x)=2xH_n(x)-2nH_{n-1}(x), \quad n=1,2,\cdots$$

根据递推公式,编写求 n 次 Hermite 正交多项 $H_n(x)$的程序,并由此求得 $H_n(x)$的零点。

(2) n 个节点的 Gauss-Hermite 积公式为

$$\int_{-\infty}^{+\infty} \mathrm{e}^{-x^2} f(x)\mathrm{d}x \approx \sum_{k=1}^{n} A_k f(x_k)$$

其中 $x_1,x_2,\cdots,x_n$ 是 $H_n(x)$的零点,求积系数 $A_k=\dfrac{2^{n+1} n!\sqrt{\pi}}{(H_{n+1}(x_k))^2}$ $(k=1,2,\cdots,n)$。

3. 使用说明

gausshermite(fun,*n*)

式中,fun 为被积函数;n 为节点数。程序功能为返回积分的近似值。

4. Maple 程序

```
> gausshermite := proc(fun, n)
local A, H, H1, pp, q, q1, r, t, fx, k, s, w;
if n<=0 then
      print('Gauss-Hermite 求积公式中的 n 应是非负的');
end if;
t := Vector(n);
fx := Vector(n);
A := Vector(n);
```

```
H:=Hermitep(n);
H:=evalf(H);
H1:=Hermitep(n+1);
t:=solve(H=0);
t:=evalf(t);
w:=2^(n+1)*n!*sqrt(Pi);
s:=0;
for k from 1 to n do
        A[k]:=w/(eval(H1, x=t[k]))^2;
        fx[k]:=fun(t[k]);
        s:=s+A[k]*fx[k];
end do;
s:=evalf(s);
end:
Hermitep:=proc(n) #此函数用来计算 n 次 Hermite 多项式;
option remember;
local pp;
if n<=0 then
pp:=1;
return pp;
elif n=1 then
      pp:=2*x;
    return pp;
else
pp:=2*x*Hermitep(n-1)-2*(n-1)*Hermitep(n-2);
simplify(pp);
end if;
end:
```

例 5.15 求 $S_5=\int_{-\infty}^{+\infty} e^{-x^2}\sin^2 x\,dx$。

解

```
> fun10:=x->sin(x)*sin(x):
fun11:=x->exp(-x^2)*sin(x)*sin(x):
> gausshermite(fun10, 10);
```

0.5602022613

利用 Maple 函数 int 计算得积分值为

```
> S5:=int(fun11(x), x=-infinity..infinity);
```

$$S_5:=-\frac{1}{2}\sqrt{\pi}\,e^{-1}+\frac{1}{2}\sqrt{\pi}$$

```
> evalf(S5);
```

0.5602022593

例 5.16 求 $S_6=\int_{-\infty}^{+\infty}\frac{e^{-x^2}}{\sqrt{1+x^2}}dx$。

解 建立函数,分别用 10 个、30 个节点代入程序计算,并用 Maple 函数 int 验证,得到如下结果。

```
> fun12 := x-> 1/sqrt(1+x^2):
> fun13 := x-> exp(-x^2)/sqrt(1+x^2):
> gausshermite(fun12, 10);
```

1.523626333

```
> gausshermite(fun12, 30);
```

1.524108583

```
> S6 := evalf(int(fun13(x), x=-infinity..infinity), 15);
```

S_6 :=1.52410938577391

由结果可见,此题的收敛速度比较慢。

5.6 预先给定节点的 Gauss 求积公式

Gauss 型求积公式是具有最高代数精度的插值型求积公式,其求积节点(Gauss 点)是区间$[a,b]$上关于权函数 $\rho(x)$的 n 次正交多项式的 n 个互异的实根。在有些应用中,希望区间的一个或两端点预先固定,最常用的是在积分区间$[-1,1]$上,端点-1 固定的 Gauss-Radau 求积公式和两个端点$-1,1$ 都固定的 Gauss-Lobatto 求积公式。

```
> with(LinearAlgebra):
interface(rtablesize=infinity):
```

5.6.1 Gauss-Radau 求积公式

1. 功能

用 Gauss-Radau 求积公式计算定积分 $S=\int_{-1}^{1} f(x)\mathrm{d}x$ 的近似值。

2. 计算方法

n 个节点的 Gauss-Radau 求积公式为

$$\int_{-1}^{1} f(x)\mathrm{d}x \approx \frac{2}{n^2}f(-1)+\sum_{k=2}^{n}A_k f(x_k)$$

其中,$x_2,x_3,\cdots,x_n$ 是多项式 $\Psi_{n-1}(x)=\frac{1}{x+1}(P_{n-1}(x)+P_n(x))$,$x\in[-1,1]$的零点,$P_n(x)$是 n 次 Legendre 正交多项式,求积系数 $A_k=\frac{2}{1-x_k}\frac{1}{[P'_{n-1}(x_k)]^2}$ $(k=2,3,\cdots,n)$。

3. 使用说明

gaussradau(fun,*n*)

式中,fun 为被积函数;n 为节点数。程序功能为返回积分的近似值。

4. Maple 程序

```
> gaussradau := proc(fun, n)
```

```
local A, dL, L, pp, q, q1, r, t, fx, k, s;
if n<=1 then
  print('Gauss-Radau 求积公式中的 n 应大于或等于 2');
 return;
end if;
t:=Vector(n);
fx:=Vector(n);
A:=Vector(n);
L:=Legendp(n-1); #求 n-1 次 Legendre 正交多项式,参见 5.5.1;
dL:=diff(L, x);
pp:=Legendp(n)+Legendp(n-1);
q1:=x+1;
q:=quo(pp, q1, x);
t:=solve(q=0);
t:=evalf(t);
for k from 1 to n-1 do
     A[k]:=1/((1-t[k])*(eval(dL, x=t[k]))^2);
     fx[k]:=fun(t[k]);
end do;
s:=LinearAlgebra[DotProduct](A, fx);
s:=2*fun(-1)/n^2+s;
s:=evalf(s);
end:
```

例 5.17　求积分 $\int_{-1}^{1} e^{-x^2} dx$。

解

```
> fun:=x->exp(-x^2):
> gaussradau(fun, 10);
```

$$1.493648265$$

```
> evalf(int(fun(x), x=-1..1));
```

$$1.49364826562486$$

由此可见,12 个节点的 Gauss-Radau 求积公式可达到相当高的精度。

5.6.2　Gauss-Lobatto 求积公式

1. 功能

用 Gauss-Lobatto 求积公式计算定积分 $S=\int_{-1}^{1} f(x)dx$ 的近似值。

2. 计算方法

n 个节点的 Gauss-Lobatto 求积公式为

$$\int_{-1}^{1} f(x)dx \approx \frac{2}{n(n-1)}[f(-1)+f(1)]+\sum_{k=2}^{n-1} A_k f(x_k)$$

其中 $x_2, x_3, \cdots, x_{n-1}$ 是多项式 $P'_{n-1}(x)$的零点,$P_{n-1}(x)$是 $n-1$ 次 Legendre 正交多项式,求积系数 $A_k=\dfrac{2}{n(n-1)[P_{n-1}(x_k)]^2}$ $(k=2,3,\cdots,n-1)$。

3. 使用说明

gausslobatto(fun, *n*)

式中,fun 为被积函数;n 为节点数。程序功能为返回积分的近似值。

4. Maple 程序

```
> gausslobatto:=proc(fun, n)
local A, dL, L, pp, q, q1, r, t, fx, k, s;
if n<=2 then
   print('Gauss-Lobatto 求积公式中的 n 应大于或等于 3');
   return;
end if;
t:=Vector(n);
fx:=Vector(n);
A:=Vector(n);
L:=Legendp(n-1); #求 n-1 次 Legendre 正交多项式,参见 5.5.1;
dL:=diff(L, x);
t:=RootOf(dL=0, x);
t:=allvalues(t);
t:=evalf(t);
for k from 1 to n-2 do
      A[k]:=2/(n*(n-1)*(eval(L, x=t[k]))^2);
      fx[k]:=fun(t[k]);
end do;
s:=LinearAlgebra[DotProduct](A, fx);
s:=2/(n*(n-1))*(fun(-1)+fun(1))+s;
s:=evalf(s);
end:
```

例 5.18 求积分 $S=\int_{-1}^{1} e^{\frac{3\pi}{8}(x+1)}\sin\left(\frac{\pi}{4}(x+1)\right)dx$。

解 首先用 Maple 的函数 int 计算其精确值,然后取不同的节点数,用 gausslobatto 程序计算。从下面的计算结果发现,并非节点越多,结果越精确。从理论上讲,节点越多,求积公式的代数精度越高,但这是对被积函数为多项式而言的,有些情况并非如此。

```
> fun1:=x->exp(3*Pi*(x+1)/8)*sin(Pi*(x+1)/4);
> S:=int(fun1(x), x=-1..1);
```

$$S:=\frac{8}{13}\frac{2+3e^{\frac{3}{4}\pi}}{\pi}$$

```
> S:=evalf(S);
```

$$S:=6.591888677$$

```
> gausslobatto(fun1, 7);
```

6.591888676

```
> gausslobatto(fun1, 15);
```

6.591880960

```
> gausslobatto(fun1, 26);
```

$$6.696972523$$

5.7　二重积分的数值计算

考虑二元函数 $f(x,y)$ 在区域 $D := \{(x,y) \mid a \leqslant x \leqslant b, c(x) \leqslant y \leqslant d(x)\}$ 上的二重积分 $S = \iint_D f(x,y)\mathrm{d}x\,\mathrm{d}y$，将其化为二次积分 $S = \int_a^b \mathrm{d}x \int_{c(x)}^{d(x)} f(x,y)\mathrm{d}y$。二重积分的数值公式的一般形式为 $S(a,b,c(x),d(x)) = \sum_{i=1}^{m} u_i \sum_{j=1}^{n} v_j f(x_i, y_{i,j})$，这里的权值 u_i, v_j 依赖于定积分所用的方法。

```
> with(LinearAlgebra):
interface(rtablesize=infinity):
```

5.7.1　复合 Simpson 公式

1. 功能

用复合 Simpson 公式求二重积分 $S = \iint_D f(x,y)\mathrm{d}x\,\mathrm{d}y = \int_a^b \mathrm{d}x \int_{c(x)}^{d(x)} f(x,y)\mathrm{d}y$ 的近似值。

2. 计算方法

将二重积分化为两个定积分，$g(x) = \int_{c(x)}^{d(x)} f(x,y)\mathrm{d}y$，$S = \int_a^b g(x)\mathrm{d}x$，然后对每个定积分采用复合 Simpson 求积公式，具体的计算步骤如下：

(1) 对固定的 x_k，在区间 $[c(x_k), d(x_k)]$ 上对函数 $f(x_k, y)$ 用复合 Simpson 求积公式，求得 $g(x_k)$；

(2) 将区间 $[a,b]$ M 等分，小区间为 $[x_k, x_{k+1}]$ $(k=0,1,\cdots,M-1)$，在 $[a,b]$ 上用复合 Simpson 求积公式，则可得二重积分 S 的近似值。即

$$S \approx \frac{h}{6} \sum_{k=0}^{M-1} (g(x_k) + 4g(x_{k+\frac{1}{2}}) + g(x_{k+1}))$$

其中，$x_{k+\frac{1}{2}} = \frac{1}{2}(x_k + x_{k+1})$，$g(x_j)$ 按(1)求得。

3. 使用说明

simp2int : =proc(fun, *a*, *b*, *c*, *d*, *M*, *N*)

式中，fun 为被积函数，用函数定义(也可用关于 x, y 的表达式定义，见例 5.19)；a, b 分别是 x 的积分下限、上限，都是常数；c, d 分别是 y 的积分下限、上限，用函数定义(也可用关于 x 的表达式定义)；M, N 分别为 x 和 y 方向上的区间等分数。程序功能为返回积分的近似值。

4. Maple 程序

```
> simp2int := proc(fun, a, b, c, d, M, N)
```

```
local k, cc, cx, dd, dx, FF, hx, j, xx, M1, M2, s, ss, sx;
if not type(fun, procedure) then
    FF := unapply(fun, x, y);
else
     FF := fun;
end if ;
if not type(c, procedure) and not type(c, numeric) then
     cc := unapply(c, x);
else
     cc := c;
end if ;
if not type(d, procedure) and not type(d, numeric) then
    dd := unapply(d, x);
else
    dd := d;
end if ;
if modp(M, 2) <> 0 then
    M1 :=M+1;
else
    M1 :=M;
end if;
hx :=(b-a)/M1;
xx :=Vector(M1+1);
cx :=Vector(M1+1);
dx :=Vector(M1+1);
sx :=Vector(M+1);
for k from 1 to M1+1 do
     xx[k] :=a+(k-1) * hx;
if type(cc, numeric) then
     cx[k] :=cc;
else
     cx[k] :=cc(xx[k]); #若 cc(x)是函数,取其在 x[k]处的函数值;
end if;
     if type(dd, numeric) then
         dx[k] :=dd;
     else
         dx[k] :=dd(xx[k]);
     end if;
sx[k] :=simpfxy(FF, xx[k], cx[k], dx[k], N);
end do;
M2 :=M1/2;
ss :=0;
for j from 1 to M2 do
   ss :=ss+2 * sx[2 * j-1]+4 * sx[2 * j];
end do;
s :=hx/3 * (ss+sx[M+1]-sx[1]);
end:
simpfxy :=proc(fun, x, c, d, N)
# 用复合 Simpson 公式,求函数 fun(x, y) 在 Ry ={c <= y <= d}上的定积分,x-固定,N 为区间等
# 分数.
local h, k, s, s1, s2;
```

```
h:=(d-c)/N;
s:=0;
for k from 1 to N do
    s1:=fun(x, c+(k-1+1/2)*h);
    s2:=fun(x, c+k*h);
    s:=s+4*s1+2*s2;
end do;
s:=(h/6)*(fun( x, c)+s-fun(x, d));
end:
```

例 5.19　求二重积分 $S=\iint_D x^2y^2\mathrm{d}x\mathrm{d}y$,区域 D 由 x^2 及 x^3 围成。

解　画出积分区域 D,如图 5.6 所示。

```
> plot([x^2, x^3], x=0..1);
```

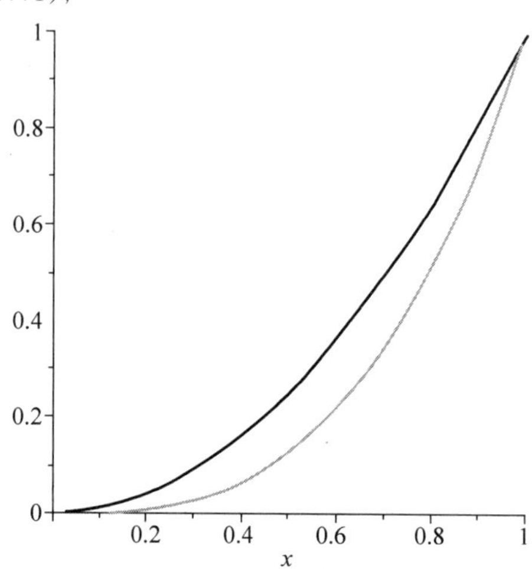

图 5.6　例 5.19 的积分区域

以表达式的形式建立被积函数 fun 和 y 的积分下限、上限 c,d,并代入程序 simp2int 计算得

```
> fun:=x^2*y^2:
```

$$\text{fun}:=x^2y^2$$

```
> c:=x^3:
> d:=x^2:
> simp2int(fun, 0, 1.0, c, d, 100, 100);
```

$$0.009259247157$$

用函数形式定义被积函数 fun_1 和 y 的积分下限、上限 c_1,d_1。

```
> fun1:=(x, y)->x^2*y^2;
```

$$\text{fun}_1:=(x,y)\rightarrow x^2y^2$$

```
> c1:=x->x^3:
> d1:=x->x^2:
> simp2int(fun1, 0, 1.0, c1, d1, 100, 100);
```

$$0.009259247157$$

利用 Maple 函数 int 计算得积分的精确值为

```
> S:=int(int(fun1(x, y), y=x^3..x^2), x=0..1);
```

$$S:=\frac{1}{108}$$

```
> evalf(S);
```

$$0.009259259259$$

由此可见,所得结果比较精确。

例 5.20 求介于图形 $z=4-x^2-y^2$ 与 $z=2-x$ 之间的图形的体积。

解 画出空间区域,如图 5.7 所示。

```
> with(plots) :
> p1:=plot3d(4-x^2-y^2, x=-2..2, y=-2..2, style=WIREFRAME, gridstyle=triangular,
color=black):
> p2:=plot3d(2-x,x=-2..2,y=-2..2, style=WIREFRAME, color=red):
> display(p1, p2, axes=BOXED, view=[-2..2,-2..2,-2..4]);
```

积分区域由圆 $4-x^2-y^2=2-x$,即 $(x-1/2)^2+y^2=9/4$ 确定,如图 5.8 所示。

```
> implicitplot(4-x^2-y^2=2-x, x=-2..2, y=-2..2, color=black);
```

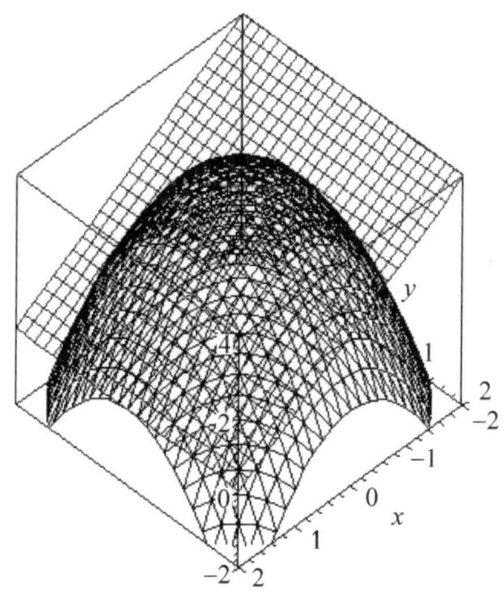

图 5.7 例 5.20 的空间区域

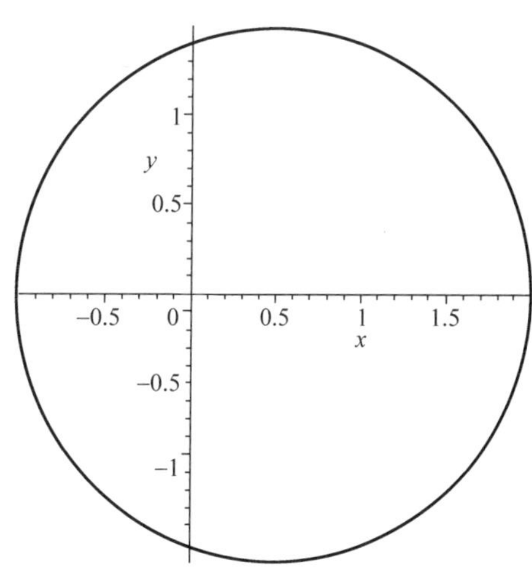

图 5.8 例 5.20 的积分区域

所以积分区域

$$D:=\left\{(x,y)\mid\left(x-\frac{1}{2}\right)^2+y^2\leqslant\frac{9}{4}\right\}$$
$$=\left\{(x,y)\mid\frac{1}{2}-\frac{1}{2}\sqrt{9-4y^2}\leqslant x\leqslant\frac{1}{2}+\frac{1}{2}\sqrt{9-4y^2},-\frac{3}{2}\leqslant y\leqslant\frac{3}{2}\right\}$$

因此所求体积为

$$V=\iint_D[(4-x^2-y^2)-(2-x)]\,\mathrm{d}S=\int_{-\frac{3}{2}}^{\frac{3}{2}}\mathrm{d}y\int_{\frac{1}{2}-\frac{1}{2}\sqrt{9-4y^2}}^{\frac{1}{2}+\frac{1}{2}\sqrt{9-4y^2}}[(4-x^2-y^2)-(2-x)]\mathrm{d}x$$

由于积分区域写成了 y 型区域,此时仍可用程序 simp2int 计算此二重积分,但需注意下面两个问题：①被积函数和积分上限、下限函数必须以函数形式定义；②定义被积函数时，应该按(y,x)顺序，因此调用程序时，x，y 的上下限位置需互换，即将 y 的下限、上限作为第二、三个参数，而将 x 的下限、上限作为第四、五个参数。

```
> fun2 := (y, x)->(4-x^2-y^2)-(2-x); # 此处变量的顺序是(y, x),不是(x, y);
```

$$\mathrm{fun}_2 := (y,x) \to 2 - x^2 - y^2 + x$$

```
> c2 := y-> 1/2-sqrt(9-4*y^2)/2;
```

$$c_2 := y \to \frac{1}{2} - \frac{1}{2}\sqrt{9-4y^2}$$

```
> d2 := y-> 1/2+sqrt(9-4*y^2)/2;
```

$$d_2 := y \to \frac{1}{2} + \frac{1}{2}\sqrt{9-4y^2}$$

```
> simp2int(fun2, -1.5, 1.5, c2, d2, 120, 100);
```

$$7.952176030$$

利用 Maple 函数 int 计算，得积分的精确值为

```
> V := int(int((4-x^2-y^2)-(2-x), x=1/2-sqrt(9-4*y^2)/2..1/2+sqrt(9-4*y^2)/2),
y=-3/2..3/2);
```

$$V := \frac{81}{32}\pi$$

```
> evalf(V);
```

$$7.952156405$$

5.7.2 变步长的 Simpson 公式

1. 功能

利用变步长的 Simpson 公式，求二重积分 $S = \iint\limits_D f(x,y)\mathrm{d}x\,\mathrm{d}y = \int_a^b \mathrm{d}x \int_{c(x)}^{d(x)} f(x,y)\mathrm{d}y$ 的近似值。

2. 计算方法

将二重积分化为两个定积分，$g(x) = \int_{c(x)}^{d(x)} f(x,y)\mathrm{d}y$，$S = \int_a^b g(x)\mathrm{d}x$，然后对每个定积分采用变步长的 Simpson 求积公式，具体计算步骤如下：

(1) 对固定的 x_k，在区间$[c(x_k),d(x_k)]$上对函数 $f(x_k,y)$用变步长的 Simpson 求积公式，求得 $g(x_k)$，使其满足精度要求；

(2) 分别将区间$[a,b]$ M 等分，$2M$ 等分，然后在区间$[a,b]$上，对 $g(x)$用复合 Simpson 求积公式($g(x_j)$按(1)求得)，计算得 S_M，S_{2M}，当$|S_M - S_{2M}| < \varepsilon$(指定精度)，则可得二重积分 S 的近似值 S_{2M}。

3. 使用说明

simpch2int := proc(fun, *a*, *b*, *c*, *d*, ep, counmax)

式中，fun 为被积函数，用函数定义(对于 Maple 程序，也可用关于 x，y 的表达式)；a，b

分别是 x 的积分下限、上限，都是常数；c，d 分别是 y 的积分下限、上限，用函数定义（对于Maple 程序，也可用关于 x 的表达式定义）；ep 是控制精度；counmax 是二等分区间的最大次数，默认 counmax=20。程序功能为返回积分的近似值。

4. Maple 程序

```
> simpch2int := proc(fun, a, b, c, d, ep, counmax)
local m, n, Sn, S2n, count, countmax, s;
if nargs=6 then
        countmax := 20;
    else
        countmax := counmax;
end if;
n := 2;
m := 2 * n;
Sn := simpcomdint(fun, a, b, c, d, n, ep);
S2n := simpcomdint(fun, a, b, c, d, m, ep);
count := 1;
while (abs(S2n-Sn)>=ep) and (count < countmax) do
    Sn := S2n;
    m := 2 * m;
    count := count+1;
    S2n := simpcomdint(fun, a, b, c, d, m, ep);
end do;
s := S2n;
end:

simpcomdint := proc(fun, a, b, c, d, M, ep)
local k, cc, cx, dd, dx, FF, hx, j, xx, M1, M2, s, ss, sx;
if not type(fun, procedure) then
     FF  := unapply(fun, x, y);
else
      FF  := fun;
end if ;
if not type(c, procedure) and not type(c, numeric) then
     cc := unapply(c, x);
else
      cc := c;
end if ;
if not type(d, procedure) and not type(d, numeric) then
     dd := unapply(d, x);
   else
      dd := d;
end if ;
if modp(M, 2) <> 0 then
      M1 := M+1;
     else
     M1 := M;
end if;
hx := (b-a)/M1;
xx := Vector(M1+1);
```

```
cx:=Vector(M1+1);
dx:=Vector(M1+1);
sx:=Vector(M+1);
for k from 1 to M1+1 do
    xx[k]:=a+(k-1)*hx;
if type(cc, numeric) then
    cx[k]:=cc;
else
    cx[k]:=cc(xx[k]); #若 cc(x)是函数,取其在 x[k]处的函数值;
end if;
    if type(dd, numeric) then
        dx[k]:=dd;
    else
        dx[k]:=dd(xx[k]);
    end if;
sx[k]:=simpfxych(FF, xx[k], cx[k], dx[k], ep);
end do;
M2:=M1/2;
ss:=0;
for j from 1 to M2 do
    ss:=ss+2*sx[2*j-1]+4*sx[2*j];
end do;
s:=hx/3*(ss+sx[M+1]-sx[1]);
s:=evalf(s);
end:

simpfxych:=proc(fun, x, c, d, ep)
# 变步长的 Simpson 公式,当满足|Sn-S2n|<ep 时,退出,并返回积分近似值 s;
local m, n, Sn, S2n, count, s;
n:=1;
m:=2*n;
Sn:=simpfxy(fun, x, c, d, n);
S2n:=simpfxy(fun, x, c, d, m);
count:=1;
while (abs(S2n-Sn)>=ep) and (count<20) do
  Sn:=S2n;
   m:=2*m;
   count:=count+1;
  S2n:=simpfxy(fun, x, c, d, m);
end do;
s:=S2n;
end:

simpfxy:=proc(fun, x0, c, d, N)
# 用复合 Simpson 公式,求函数 fun(x0, y)在 Ry ={c≤y≤d}上的定积分,x0-固定,N 为区间[c, d] #
的等分数;
local h, k, s, s1, s2;
h:=(d-c)/N;
s:=0;
for k from 1 to N do
```

```
    s1 := fun(x0, c+(k-1+1/2)*h);
    s2 := fun(x0, c+k*h);
    s := s+4*s1+2*s2;
end do;
s := (h/6)*(fun( x0, c)+s-fun(x0, d));
s := evalf(s);
end:
```

例 5.21 计算单位球 $x^2+y^2+z^2=1$ 的体积 V。

解：根据对称性，有

$$V=4\int_{-1}^{1}\mathrm{d}x\int_{0}^{\sqrt{1-x^2}}\sqrt{1-x^2-y^2}\,\mathrm{d}y$$

建立被积函数的表达式和积分上限及下限函数，代入程序 simpch2int 计算得如下结果。

```
> fun3 := sqrt(1-x^2-y^2):
> d3 := x-> sqrt(1-x^2):
> V := 4*simpch2int(fun3, -1, 1, 0, d3,0.0000001);
```

$$V:=4.188789912$$

单位球的体积 V 的精确值为$\frac{4\pi}{3}$，所以计算所得值的绝对误差为

```
> err := evalf(4*Pi/3-V);
```

$$\mathrm{err}:=2.92\times 10^{-7}$$

例 5.22 计算二重积分 $S=\iint\limits_{D}\frac{x+y}{x^2+y^2}\mathrm{d}x\mathrm{d}y$，其中 D 是由圆 $x^2+y^2\leqslant 1$ 和 $x+y\geqslant 1$ 所围成的区域。

解 画出积分区域，如图 5.9 所示，则

$$S=\iint\limits_{D}\frac{x+y}{x^2+y^2}\mathrm{d}x\mathrm{d}y=\int_{0}^{1}\mathrm{d}x\int_{1-x}^{\sqrt{1-x^2}}\frac{x+y}{x^2+y^2}\mathrm{d}y$$

```
> fun4 := (x, y)->(x+y)/(x^2+y^2):
> c4 := x-> 1-x:
d4 := x-> sqrt(1-x^2):
> simpch2int(fun4, 0, 1, c4, d4, 0.000001);
```

$$0.4292032323$$

由于积分区域是由圆和直线围成，用极坐标更简单。

```
> with(plots):
implicitplot([x^2+y^2 = 1, x+y=1], x = 0 .. 2, y = 0 .. 1, color = black);
```

利用极坐标，则

$$S=\int_{0}^{\frac{\pi}{2}}\mathrm{d}\theta\int_{\frac{1}{\sin\theta+\cos\theta}}^{1}\left(\frac{r(\sin\theta+\cos\theta)}{r^2}\right)r\,\mathrm{d}r=\int_{0}^{\frac{\pi}{2}}\mathrm{d}\theta\int_{\frac{1}{\sin\theta+\cos\theta}}^{1}(\sin\theta+\cos\theta)\mathrm{d}r$$

```
> fun5 := (u, v)-> sin(u)+cos(u):
> c5 := u-> 1/(sin(u)+cos(u)):
> SS := simpch2int(fun5, 0, Pi/2, c5, 1, 0.000001);
```

SS := 0.4292037378

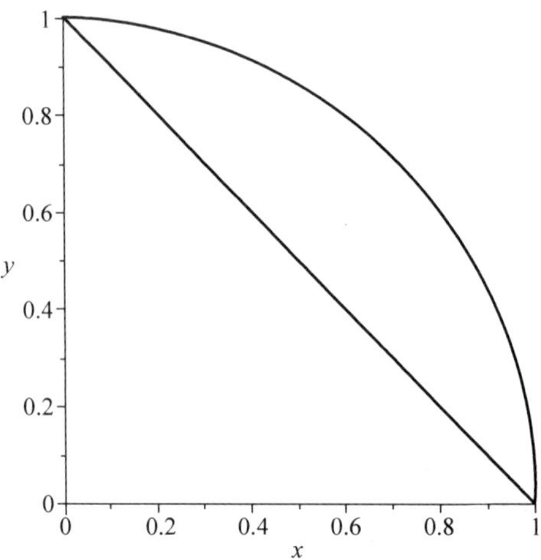

图 5.9　例 5.22 的积分区域

积分的精确值为 $S=2-\frac{\pi}{2}$，因此由程序算得二重积分的绝对误差为 $\text{err}=S-\text{SS}=6.5\times 10^{-8}$。由此可见，计算结果的精度比较高。

```
> S := int(int(fun5(u, v), v=1/(cos(u)+sin(u))..1), u=0..Pi/2);
```

$$S := 2-\frac{\pi}{2}$$

```
> err := evalf(S-SS);
```

$$\text{err} := -6.5\times 10^{-8}$$

5.7.3　复合 Gauss 公式

1. 功能

用复合 Gauss 公式求二重积分 $S=\iint_D f(x,y)\,\mathrm{d}x\,\mathrm{d}y=\int_a^b \mathrm{d}x\int_{c(x)}^{d(x)} f(x,y)\,\mathrm{d}y$ 的近似值。

2. 计算方法

将二重积分化为两个定积分，$g(x)=\int_{c(x)}^{d(x)} f(x,y)\,\mathrm{d}y$，$S=\int_a^b g(x)\,\mathrm{d}x$，然后对每个定积分采用复合 Gauss 求积公式，具体的计算步骤如下：

(1) 对固定的 x_k，将区间 $[c(x_k),d(x_k)]$ N 等分，在每个小区间上用 5 点的 Gauss-Legendre 公式，在区间 $[c(x_k),d(x_k)]$ 上对函数 $f(x_k,y)$，用复合 Gauss 求积公式，求得 $g(x_k)$。

(2) 将区间 $[a,b]$ M 等分，在每个小区间 $[x_j,x_{j+1}]$ 上用 5 点的 Gauss-Legendre 公式，在 $[a,b]$ 上对 $g(x)$（$g(x_k)$ 按(1)求得）用复合 Gauss 求积公式，则可得二重积分 S 的近似值。

3. 使用说明

gauss2int := proc(fun, *a*, *b*, *c*, *d*, *M*, *N*)

式中，fun 为被积函数，用函数定义(也可用关于 x，y 的表达式定义)；a，b 分别是 x 的积分下限、上限，都是常数；c，d 分别是 y 的积分下限、上限，可用函数定义(也可用关于 x 的表达式定义)；M，N 分别为 x 方向和 y 方向上的区间等分数。程序功能为返回积分的近似值。

4. Maple 程序

```
> gauss2int := proc(fun, a, b, c, d, M, N)
local A, k, cc, ct, dd, dt, FF, hx, j, xx, ss, stt, t, tt, w;
t := [-0.90617984593866, -0.53846931010568, 0, 0.53846931010568,0.90617984593866];
A := [0.23692688505618, 0.47862867049937, 0.56888888888889, 0.47862867049937,
0.23692688505618];
if not type(fun, procedure) then
    FF := unapply(fun, x, y);
else
    FF := fun;
end if ;
xx := Vector(M+1);
ct := Vector(5);
dt := Vector(5);
stt := Vector(5);
hx := (b-a)/M;
for k from 1 to M+1 do
      xx[k] := a+(k-1) * hx;
end do;
if not type(c, procedure) and not type(c, numeric) then
    cc := unapply(c, x);
else
    cc := c;
end if ;
if not type(d, procedure) and not type(d, numeric) then
    dd := unapply(d, x);
else
    dd := d;
end if ;
ss := 0;
for k from 1 to M do
        w := 0;
        for j from 1 to 5 do
              tt[j] := ((xx[k+1]-xx[k]) * t[j]+xx[k+1]+xx[k])/2;
                if type(cc, numeric) then
                      ct[j] := cc;
                else
                      ct[j] := cc(tt[j]); #若 cc(x)是函数,取其在 tt[j]处的函数值;
               end if;
                if type(dd, numeric) then
                      dt[j] := dd;
                else
```

```
                    dt[j] :=dd(tt[j]);
                end if;
                stt[j] :=gaussfy(FF, tt[j], ct[j], dt[j], N);
                w :=w+A[j] * stt[j];
            end do;
            w :=w * hx/2;
            ss :=ss+w;
        end do;
        ss :=evalf(ss);
end:

gaussfy :=proc(fun, x, c, d, N)
  local c1, h, k, s;
  s :=0;
  for k from 1 to N+1 do
      h :=(d-c)/N;
      c1[k] :=c+h * (k-1);
   end do;
   for k from 1 to N do
      s :=s+glegend(fun, x, c1[k], c1[k+1]);
   end do;
end:

glegend :=proc(fun, x, c, d)
# 5 个节点的 Gauss-Legendre 求积公式;
local A, k, s, t, y, fy;
t :=[-0.90617984593866, -0.53846931010568, 0, 0.53846931010568,0.90617984593866];
A : = [0. 23692688505618, 0. 47862867049937, 0. 56888888888889, 0. 47862867049937,
0.23692688505618];
  s :=0;
y :=Vector(5);
fy :=Vector(5);
for k from 1 to 5 do
y[k] :=((d-c) * t[k]+c+d)/2;
fy[k] :=fun(x, y[k]);
s :=s+A[k] * fy[k];
end do;
s :=s * (d-c)/2;
end:
```

例 5.23　计算二重积分 $S=\iint_D y^2\sin x\,\mathrm{d}x\,\mathrm{d}y$，其中 D 是由 $y=\mathrm{e}^x$，$y=\sqrt{1+x^2}$ 和 $x=2$ 所围成的区域。

解　$S=\iint_D y^2\sin x\,\mathrm{d}x\,\mathrm{d}y=\int_0^2\mathrm{d}x\int_{\sqrt{1+x^2}}^{\mathrm{e}^x}y^2\sin x\,\mathrm{d}y$。

```
> fun6 :=y^2 * sin(x):
```

```
> c6 := sqrt(1+x^2):
> d6 := exp(x):
> SS := gauss2int(fun6, 0, 2, c6, d6, 30, 30);
```

$$SS := 40.03051535$$

利用 Maple 函数 int 计算得积分的值 S，并计算它与 SS 的绝对误差 err=SS−S，有如下结果。

```
> S := int(int(fun6, y=c6..d6), x=0..2);
```

$$S := \int_0^2 \frac{1}{3}\sin x\,((e^x)^3 - (1+x^2)^{\frac{3}{2}})\,dx$$

```
> S := evalf(S);
```

$$S := 40.03051531$$

```
> err := (SS-S);
```

$$err = 4.0 \times 10^{-8}$$

5.8 三重积分的数值计算

```
> with(LinearAlgebra):
interface(rtablesize=infinity):
```

1. 功能

用复合 Gauss 公式求三重积分 $V = \iiint\limits_{\Omega} f(x,y,z)\,dx\,dy\,dz = \int_a^b dx \int_{y_1(x)}^{y_2(x)} dy \int_{z_1(x,y)}^{z_2(x,y)} f(x,y,z)\,dz$ 的近似值。

2. 计算方法

将三重积分化为三个定积分，$g(x,y) = \int_{z_1(x,y)}^{z_2(x,y)} f(x,y,z)\,dz$，$h(x) = \int_{y_1(x)}^{y_2(x)} g(x,y)\,dy$，$V = \int_a^b h(x)\,dx$，然后对每个定积分采用复合 Gauss 求积公式，具体计算步骤如下：

(1) 将区间$[a,b]$ N_1 等分，在每个小区间$[x_j, x_{j+1}]$上用 5 点的 Gauss-Legendre 公式，在$[a,b]$上对 $h(x)$用复合 Gauss 求积公式，此时需调用(2)计算 $h(x_k)$，最后求得三重积分 V 的近似值。

(2) 对固定的 x_k，将区间$[y_1(x_k), y_2(x_k)]$ N_2 等分，在每个小区间上用 5 点的 Gauss-Legendre 公式，在$[y_1(x_k), y_2(x_k)]$上对函数 $g(x_k, y)$用复合 Gauss 求积公式，此时需调用(3)计算 $g(x_k, y_j)$，最后求得 $h(x_k)$。

(3) 对固定的 x_k, y_j，将区间$[z_1(x_k,y_j), z_2(x_k,y_j)]$ N_3 等分，在每个小区间上用 5 点的 Gauss-Legendre 公式，在$[z_1(x_k,y_j), z_2(x_k,y_j)]$上对函数 $f(x_k, y_j, z)$用复合 Gauss 求积公式，计算得 $g(x_k, y_j)$。

3. 使用说明

gauss3int := proc(fun, a_1, a_2, b_1, b_2, c_1, c_2, N_1, N_2, N_3)

式中，fun 为被积函数，需用函数定义；a_1, a_2 分别是 x 的积分下限、上限，都是常数；

b_1, b_2 分别是 y 的积分下限、上限，需用函数定义；c_1, c_2 分别是 z 的积分下限、上限，需用函数定义；N_1, N_2, N_3 分别为 x 方向，y 方向，z 方向上的区间等分数。程序功能为返回积分的近似值。

4. Maple 程序

```
> gauss3int:=proc(fun, a1, a2, b1, b2, c1, c2, N1, N2, N3)
# 利用复合 Gauss-Legendre 公式,求三元函数 f(x1, x2, x3)在 Q ={(x1, x2, x3)|a1≤x1≤a2, b1(x1) # ≤x2≤b2(x2), c1(x1, x2)≤x3≤c2(x1, x2)} 上的三重积分.这里的 N1, N2, N3 分别是区间[a1; # a2], [b1(x1), b2(x1)], [c1(x1, x2), c2(x1, x2)]的等分数;
local A, k, FF, hx1, j, ss, sta, t, ta, w, x1;
t:=[-0.90617984593866, -0.53846931010568, 0, 0.53846931010568, 0.90617984593866];
A := [0.23692688505618, 0.47862867049937, 0.56888888888889, 0.47862867049937, 0.23692688505618];
x1:=Vector(N1+1);
ta:=Vector(5);
sta:=Vector(5);
hx1:=(a2-a1)/N1;
for k from 1 to (N1+1) do
      x1[k]:=a1+(k-1)*hx1;
end do;
ss:=0;
  for k from 1 to N1 do
          w:=0;
          for j from 1 to 5 do
              ta[j]:=((x1[k+1]-x1[k])*t[j]+x1[k+1]+x1[k])/2;
              sta[j]:=gaussfx2(fun, ta[j], b1, b2, c1, c2, N2, N3);
              w:=w+A[j]*sta[j];
     end do;
              ss:=ss+w*hx1/2;
    end do;
ss:=evalf(ss);
  end:

gaussfx2:=proc(fun2, x1, b1, b2, c1, c2, N2, N3)
local    A, by1, by2, k, hx2, j, ss, stb, t, tb, w, x2;
t:=[-0.90617984593866, -0.53846931010568, 0, 0.53846931010568, 0.90617984593866];
A := [0.23692688505618, 0.47862867049937, 0.56888888888889, 0.47862867049937, 0.23692688505618];
  if type(b1, numeric) then
        by1:=b1;
      else
        by1:=b1(x1);
  end if;
  if type(by2, numeric) then
        by2:=b2;
      else
        by2:=b2(x1);
  end if;
x2:=Vector(N2+1);
tb:=Vector(5);
stb:=Vector(5);
```

```
hx2 := (by2-by1)/N2;
for k from 1 to N2+1 do
     x2[k] := by1+(k-1) * hx2;
end do;
ss := 0;
for k from 1 to N2 do
          w := 0;
          for j from 1 to 5 do
            tb[j] := ((x2[k+1]-x2[k]) * t[j]+x2[k+1]+x2[k])/2;
            stb[j] := gaussfx3(fun2, x1, tb[j], c1, c2, N3);
            w := w+A[j] * stb[j];
          end do;
           ss := ss+w * hx2/2;
    end do;
          ss := evalf(ss);
  end:

gaussfx3 := proc(fun3, x1, x2, c1, c2, N)
local  A, cz1, cz2, k, hx3, j, s, stc, t, tc, w, x3;
#复合公式,在每个小区间上用 Gauss-Legendre 公式(5 点);
t := [-0.90617984593866, -0.53846931010568, 0, 0.53846931010568,0.90617984593866];
A := [0.23692688505618, 0.47862867049937, 0.568888888888889, 0.47862867049937,
0.23692688505618];
  if type (c1, numeric) then
            cz1 := c1;
        else
            cz1 := c1(x1, x2);
  end if;
    if type (c2, numeric) then
            cz2 := c2;
        else
            cz2 := c2(x1, x2);
  end if;
   x3 := Vector(N+1);
   tc := Vector(5);
   stc := Vector(5);
    hx3 := (cz2-cz1)/N;
   hx3 := evalf(hx3);
    s := 0;
    for k from 1 to (N+1) do
          x3[k] := cz1+hx3 * (k-1);
   end do;
   for k from 1 to N do
           w := 0;
           for j from 1 to 5 do
               tc[j] := ((x3[k+1]-x3[k]) * t[j]+x3[k+1]+x3[k])/2;
             stc[j] := fun3(x1, x2, tc[j]);
             stc[j] := evalf(stc[j]);
               w := w+A[j] * stc[j];
           end do;
         s := s+w * hx3/2;
         s := evalf(s);
    end do;
 end:
```

例 5.24　计算三重积分 $V=\int_0^{\frac{\pi}{4}}\mathrm{d}y\int_0^y\mathrm{d}z\int_0^{y+z}(x+2z)\sin y\,\mathrm{d}x$。

解　注意积分次序为 $x\to z\to y$，定义函数时用与此相反的次序。

```
> fun := (y, z, x)->(x+2*z)*sin(y);
```

$$fun := (y,z,x)\to(x+2z)\sin y$$

```
> b2 := y-> y;
c2 := (y, z)-> y+z;
```

$$b_2 := y\to y$$

$$c_2 := (y,z)\to y+z$$

```
> V := gauss3int(fun, 0, Pi/4, 0, b2, 0, c2, 10, 10, 10);
```

$$V := 0.1572056829$$

利用 Maple 函数 int 计算得积分的精确值 S，并计算它与 V 的绝对误差 err=$V-S$，有如下结果。

```
> S := int(int(int(sin(y)*(x+2*z), x=0..y+z), z=0..y), y=0..Pi/4);
```

$$S := \frac{17}{8}\sqrt{2}\pi-\frac{17}{2}\sqrt{2}-\frac{17}{768}\sqrt{2}\pi^3+\frac{17}{64}\sqrt{2}\pi^2$$

```
> S := evalf(S,15);
```

$$S := 0.15720568275519$$

```
> err := V-S;
```

$$err := 1\times10^{-10}$$

由此可见计算结果比较精确。

例 5.25　求环面的体积，其球面坐标方程为 $\rho=\sin\phi$。

解　首先用 plot3d 命令画出环面的图形，如图 5.10 所示。

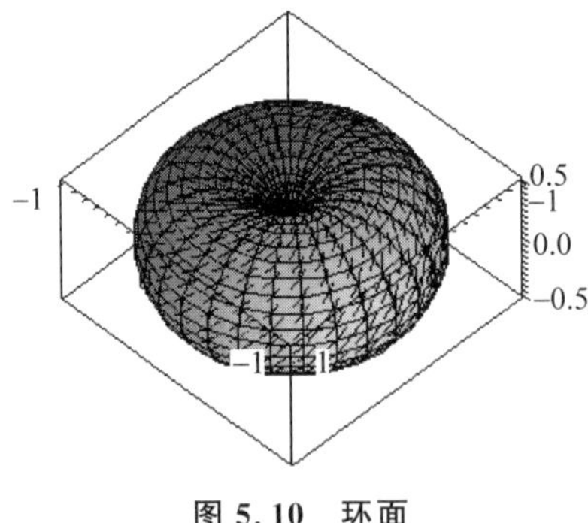

图 5.10　环面

```
> plot3d(sin(phi), theta=0..2*Pi, phi=0..2*Pi, coords=spherical, axes=BOXED, grid=[30,
30], gridstyle=triangular, scaling=CONSTRAINED);
```

一般情况下，立体图形 Ω 的体积 V，由三重积分给出

$$V=\iiint_{\Omega}\mathrm{d}V$$

因此，环面的体积 V 由下面的三次积分给出。

$$V=\int_0^{2\pi}\int_0^{\pi}\int_0^{\sin\varphi}\rho^2\sin(\varphi)\mathrm{d}\rho\mathrm{d}\varphi\mathrm{d}\theta$$

利用 Maple 函数 int 计算得 V 的精确值为

```
> V := int(int(int(rho * rho * sin(phi), rho=0..sin(phi)), phi=0..Pi), theta=0..2 * Pi);
```

$$V := \frac{1}{4}\pi^2$$

建立被积函数和积分上限和下限函数,代入程序 gauss3int 计算得如下结果。

```
> fun1 := (theta, φ, rho) -> rho^2 * sin(φ);
```

$$\mathrm{fun}_1 := (\theta,\varphi,\rho) \to \rho^2\sin\varphi$$

```
> c3 := (theta, φ) -> sin(φ);
```

$$c_3 := (\theta,\varphi) \to \sin\varphi$$

```
> tt := evalf(Pi, 15);
```

$$\mathrm{tt} := 3.14159255358979$$

```
> V1 := gauss3int(fun1, 0, 2 * tt, 0, tt, 0, c3, 10, 10,10);
```

$$V_1 := 2.467401100$$

```
> err := evalf(V-V1);
```

$$\mathrm{err} := 1\times 10^{-9}$$

其绝对误差为 $\mathrm{err}=V-V_1=10^{-9}$。

例 5.26 设空间物体 Ω 由锥面 $x^2+y^2=z^2$ 的上半叶和平面 $z=2$ 围成,其密度函数为 $\mu(x,y,z)=\sqrt{x^2+y^2}$,求其重心。

解 物体的质量 $M=\iiint\limits_{\Omega}\mu(x,y,z)\mathrm{d}V$,$\Omega$ 的重心坐标为

$$x_0=\frac{M_x}{M}=\frac{\iiint\limits_{\Omega}x\mu(x,y,z)\mathrm{d}V}{M}$$

$$y_0=\frac{M_y}{M}=\frac{\iiint\limits_{\Omega}y\mu(x,y,z)\mathrm{d}V}{M}$$

$$z_0=\frac{M_z}{M}=\frac{\iiint\limits_{\Omega}z\mu(x,y,z)\mathrm{d}V}{M}$$

首先用 plot3d 命令画出 Ω 的图形,如图 5.11 所示。

```
> plot3d([sqrt(x^2+y^2), 2], x=-2..2, y=-2..2, axes=BOXED, grid=[30, 30], gridstyle=
triangular, scaling=CONSTRAINED, color=[ grey, green]);
```

利用柱面坐标将三重积分化为三次积分,则有

$$M=\iiint\limits_{\Omega}\sqrt{x^2+y^2}\,\mathrm{d}V=\int_0^{2\pi}\mathrm{d}\theta\int_0^2\mathrm{d}r\int_r^2 r^2\mathrm{d}z$$

$$M_x=\iiint\limits_{\Omega}x\sqrt{x^2+y^2}\,\mathrm{d}V=\int_0^{2\pi}\mathrm{d}\theta\int_0^2\mathrm{d}r\int_r^2 r^3\cos\theta\mathrm{d}z$$

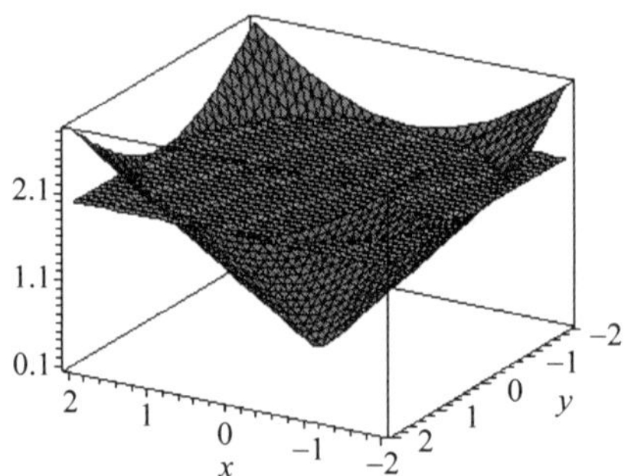

图 5.11　介于锥面 $x^2+y^2=z^2$ 的上半叶和平面 $z=2$ 之间的物体

$$M_y=\iiint_\Omega y\sqrt{x^2+y^2}\,\mathrm{d}V=\int_0^{2\pi}\mathrm{d}\theta\int_0^2\mathrm{d}r\int_r^2 r^3\sin\theta\,\mathrm{d}z$$

$$M_z=\iiint_\Omega z\sqrt{x^2+y^2}\,\mathrm{d}V=\int_0^{2\pi}\mathrm{d}\theta\int_0^2\mathrm{d}r\int_r^2 r^2 z\,\mathrm{d}z$$

建立被积函数及积分上限和下限函数，代入程序计算得

```
> funp := (theta, r, z ) -> r^2;
c1 := (theta, r) -> r;
```

$$\mathrm{fun_p} := (\theta, r, z) \to r^2$$

$$c_1 := (\theta, r) \to r$$

```
> funx := (theta, r, z ) -> r^3 * cos(theta);
funy := (theta, r, z ) -> r^3 * sin(theta):
funz := (theta, r, z ) -> r^2 * z:
```

$$\mathrm{fun}_x := (\theta, r, z) \to r^3\cos\theta$$

$$\mathrm{fun}_y := (\theta, r, z) \to r^3\sin\theta$$

$$\mathrm{fun}_z := (\theta, r, z) \to r^2 z$$

```
> M := gauss3int(funp, 0, 2 * Pi, 0, 2, c1, 2, 10, 10, 10);
Mx := gauss3int(funx, 0, 2 * Pi, 0, 2, c1, 2, 10, 10, 10);
My := gauss3int(funy, 0, 2 * Pi, 0, 2, c1, 2, 10, 10, 10);
Mz := gauss3int(funz, 0, 2 * Pi, 0, 2, c1, 2, 10, 10, 10);
```

$$M := 8.377580396$$

$$M_x := 3.141592654\times10^{-10}$$

$$M_y := 9.424777962\times10^{-10}$$

$$M_z := 13.40412864$$

所以重心为 $(x_0,y_0,z_0)=\left(\frac{M_x}{M},\frac{M_y}{M},\frac{M_z}{M}\right)=(3.750000007\times10^{-11},1.125000001\times10^{-10},1.600000001)\approx(0,0,1.6)$。

利用 Maple 函数 int 计算这些积分的精确值。

```
> M1 := int(int(int(r^2, z=r..2), r=0..2), theta=0..2 * Pi);
Mx1 := int(int(int(cos(theta) * r^3, z=r..2), r=0..2), theta=0..2 * Pi);
```

```
My1 :=int(int(int(sin(theta) * r^3, z=r..2), r=0..2), theta=0..2 * Pi);
Mz1 :=int(int(int(z * r^2, z=r..2), r=0..2), theta=0..2 * Pi);
```

$$M_1 := \frac{8}{3}\pi$$

$$M_{x1} := 0$$

$$M_{y1} := 0$$

$$M_{z1} := \frac{64}{15}\pi$$

所以重心的精确位置为$\left(\frac{M_{x1}}{M_1}, \frac{M_{y1}}{M_1}, \frac{M_{z1}}{M_1}\right) = (0, 0, 1.6)$，上述近似计算的结果比较精确。

第6章 数值优化

数值优化就是求目标函数 $f(x)$，在受约束 $x \in S$ 时的极小(极大)值。当 $f(x)$ 对 x 没有约束时，或等价地 S 是全域时，称为无约束优化，否则称为约束优化。本章主要讨论几种无约束优化的算法及其实现，如黄金分割搜索法，二次逼近法，Newton 法等。

6.1 黄金分割搜索法

1. 功能

设 $f(x)$ 在闭区间 $[a,b]$ 内有唯一极小值，求其值。

2. 计算方法

(1) 在闭区间 $[a,b]$ 内选取两点，$c=a+(1-r)h$，$d=a+rh$，其中 $r=\frac{\sqrt{5}-1}{2}$，$h=b-a$。

(2) 如果 $f(x)$ 在 a,b 两点的值几乎相等(即 $f(a)\approx f(b)$)且区间长度充分小(即 $h\approx 0$)，则停止迭代退出循环，并根据 $f(c)<f(d)$(或 $f(c)>f(d)$)，得所求解为 $p=c$(或 $p=d$)，否则转向(3)。

(3) 如果 $f(c)<f(d)$，将区间的右端点 b 换为 $d(b\leftarrow d)$；否则将区间的左端点 a 换为 $c(a\leftarrow c)$。随后，转向(1)。

3. 使用说明

goldnopt：=proc(fun，*a*，*b*，delta，epsilon)

式中，fun 是目标函数；a,b 分别是区间端点；delta 是横坐标的容差；epsilon 是纵坐标的容差。程序输出为极小值点 xp 和极小值 fp。

4. Maple 程序

```
> goldenopt:=proc(fun, a, b, delta, epsilon)
local h, r, c, d, fc, fd, xp, fp;
h:=evalf(b-a);
r:=(sqrt(5)-1)/2;
c:=a+(1-r)*h;
d:=a+r*h;
fc:= evalf(fun(c));
fd:=evalf( fun(d));
if (abs(h)< delta and abs(fc-fd)< epsilon) then
     if (fc <= fd) then
```

```
            xp := c;
            fp := fc;
        else
            xp := d;
            fp := fd;
        end if;
    else
        if (fc < fd ) then
            (xp, fp) := goldenopt(fun, a, d, delta, epsilon);
        else
            (xp, fp) := goldenopt(fun, c, b, delta, epsilon);
        end if;
    end if;
    xp :=evalf(xp, 15);
    return xp, fp;
    end:
```

例 6.1 求函数 $f(x)=-\sin x-x+\frac{x^2}{2}$ 在[0.8,1.6]上的极小值。

解 建立目标函数 fun,调用 Maple 程序 goldenopt,则有

```
> fun :=x->-sin(x)-x+x^2/2:
> goldenopt(fun1, 0.8, 1.6,0.00000001,0.00000001);
```

$$1.28348067211066,-1.418827372$$

绘图程序如下,所得函数图像如图 6.1 所示。

```
> plot(fun(x), x=0.8..1.6);
```

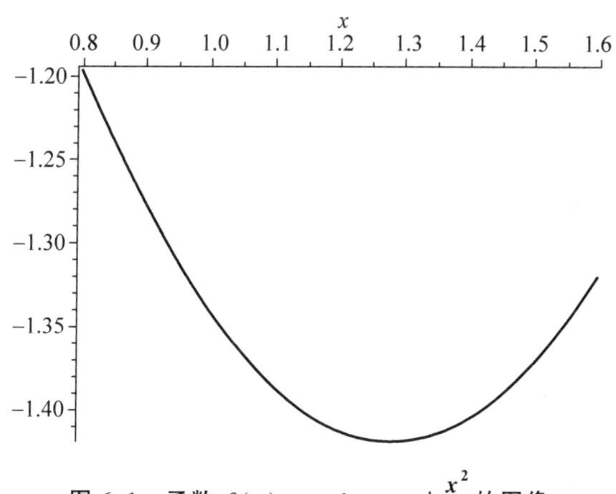

图 6.1 函数 $f(x)=-\sin x-x+\frac{x^2}{2}$ 的图像

6.2 Fibonacci 搜索法

1. 功能

设 $f(x)$ 在闭区间 $[a,b]$ 内有唯一极小值,求其值。

2. 计算方法

(1) 设 Fibonacci 数列为$\{F_k\}_{k=0}^{\infty}$,即 $F_0=0,F_1=1,F_n=F_{n-1}+F_{n-2},n=2,3,\cdots$。对给定的横坐标容差 ε,求最小的 n 使得$\frac{b-a}{F_n}<\varepsilon$。

(2) 记闭区间$[a,b]$为$[a_0,b_0]$,在$[a_0,b_0]$内选取两点,$c_0=a_0+(1-r_0)h_0$,和 $d_0=a_0+r_0h_0$,其中,$r_0=\frac{F_{n-1}}{F_n}$,$h_0=b_0-a_0$。如果 $f(c_0)>f(d_0)$,则取 $a_1=c_0,b_1=b_0$,否则,取 $a_1=a_0,b_1=d_0$。

(3) 在区间$[a_1,b_1]$内选取两点,$c_1=a_1+(1-r_1)h_1$ 和 $d_1=a_1+r_1h_1$,其中,$r_1=\frac{F_{n-2}}{F_{n-1}}$,$h_1=b_1-a_1$。如果 $f(c_1)>f(d_1)$,则取 $a_2=c_1,b_2=b_1$,否则,取 $a_2=a_1,b_2=d_1$。一般地,可在区间$[a_k,b_k]$内选取两点,$c_k=a_k+(1-r_k)h_k$ 和 $d_k=a_k+r_kh_k$,其中,$r_k=\frac{F_{n-1-k}}{F_{n-k}}$,$h_k=b_k-a_k(k=0,1,\cdots,n-3)$。

(4) 当 $k=n-3$ 时,$r_{n-3}=\frac{F_2}{F_3}=\frac{1}{2}$,此时 c_{n-3} 与 d_{n-3} 重合为区间的中点,也即为所求的极小值点。

3. 使用说明

fibopt:=proc(fun, *a*, *b*, delta)

式中,fun 是目标函数;a,b 是区间端点;delta 是横坐标的容差。程序输出为极小值点 xp 和极小值 fp。

4. Maple 程序

```
> fibopt:=proc(fun, a, b, delta)
local k, F, n, ak, bk, ck, dk, hk, rk, xp, fp;
k:=2;
F:=1;
while F<=(b-a)/delta do
    F:=fib(k); # 确定 n, 使(b-a)/Fn<delta
    k:=k+1;
end do;
n:=k-1;
ak:=a;
bk:=b;
for k from 1 to n-3 do
    rk:=fib(n-1-k)/fib(n-k);
    hk:=bk-ak;
    ck:=ak+(1-rk)*hk;
    dk:=ak+rk*hk;
    if evalf(fun(ck))>evalf(fun(dk)) then
        ak:=ck;
    else
        bk:=dk;
    end if;
end do;
```

```
xp := evalf(ck, 15);
fp := evalf(fun(xp), 15);
return xp, fp;
end:

fib := proc(m)
local fb, j;
fb := Vector(m);
fb[1] := 1;
fb[2] := 1;
for j from 3 to m do
    fb[j] := fb[j-1] + fb[j-2];
end do;
return fb[m];
end:
```

例 6.2 求函数 $f(x)=\frac{x^2}{2}-4x-x\cos x$ 在[0.5,2.5]上的极小值。

解 建立目标函数 fun1,调用 Maple 程序 fibopt,则有

```
> fun1 := x-> x^2/2-4 * x-x * cos(x):
> fibopt(fun1, 0.5, 2.5, 0.00000001);
```

$$1.890706266,\quad -5.18084864142690$$

绘图程序如下,所得图像如图 6.2 所示。

```
> plot(fun1(x), x=0.5..2.5);
```

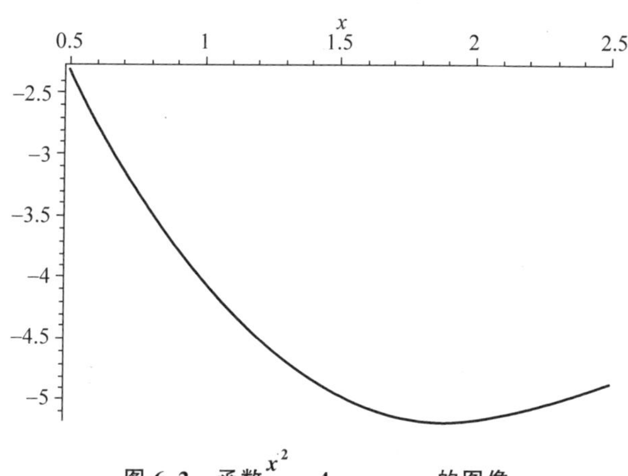

图 6.2 函数 $\frac{x^2}{2}-4x-x\cos x$ 的图像

6.3 二次逼近法

1. 功能

设 $f(x)$ 在闭区间 $[a,b]$ 内有唯一极小值,求其值。

2. 计算方法

对三个测试点$\{(x_0,f(x_0)),(x_1,f(x_1)),(x_2,f(x_2))\}$,其中,$x_0<x_1<x_2$,求二次插值多项式$P_2(x)$,然后用$P_2(x)$的极小值(即$P_2'(x)=0$的根$x_3$)替换三个点$x_0,x_1,x_2$中的一个,这里

$$x_3=\frac{f(x_0)(x_1^2-x_2^2)+f(x_1)(x_2^2-x_0^2)+f(x_2)(x_0^2-x_1^2)}{2[f(x_0)(x_1-x_2)+f(x_1)(x_2-x_0)+f(x_2)(x_0-x_1)]} \tag{6.1}$$

特别地,如果上述三点是等距的(即$x_2-x_1=x_1-x_0=h$),则上述公式变为

$$x_3=x_0+h\frac{3f(x_0)-4f(x_1)+f(x_2)}{2(-f(x_0)+2f(x_1)-f(x_2))} \tag{6.2}$$

我们一直更新这三点直到$|x_2-x_0|\approx 0$或$|f(x_2)-f(x_0)|\approx 0$时停止,并把x_3作为极小值点。更新这三点的规则如下:

(1) 如果$x_0<x_3<x_1$,则根据是否有$f(x_3)<f(x_1)$,取$\{x_0,x_3,x_1\}$或$\{x_3,x_1,x_2\}$为新的三点。

(2) 如果$x_1<x_3<x_2$,则根据是否有$f(x_3)\leqslant f(x_1)$,取$\{x_1,x_3,x_2\}$或$\{x_0,x_1,x_3\}$为新的三点。

3. 使用说明

quadopt:=proc(fun,*a*,*b*,tolx,tolf)

式中,fun是目标函数;*a*,*b*是区间端点;tolx是横坐标的容差;tolf是纵坐标的容差。程序输出为极小值点xp和极小值fp。

4. Maple程序

```
> quadopt:=proc(fun, a, b, tolx, tolf)
local x0, x1, x2, f0, f1, f2, ab, ff;
    x0:=a;
    x2:=b;
    x1:=(x0+x2)/2;
    f0:=evalf(fun(x0));
    f1:=evalf(fun(x1));
    f2:=evalf(fun(x2));
    ab:=[x0, x1, x2];
    ff:=[f0, f1, f2];
  quadopt1(fun, ab, ff, tolx, tolf);
end:

quadopt1:=proc(fun, ab, ff, tolx, tolf)
local x0, x1, x2, x3, f0, f1, f2, f3, xp, fp, xx, ffx;
  x0:=evalf(ab[1]); x1:=evalf(ab[2]); x2:=evalf(ab[3]);
  f0:=ff[1]; f1:=ff[2]; f2:=ff[3];
    x3:=(f0*(x1^2-x2^2)+f1*(x2^2-x0^2)+f2*(x0^2-x1^2))/(2*(f0*(x1-x2)+f1*
(x2-x0)+f2*(x0-x1)));
     f3:= evalf(fun(x3));
if abs(evalf(x2-x0))< tolx or abs(evalf(f2-f0))< tolf then
     xp:=x3;
     fp:=f3;
    return xp, fp;
```

```
else
  if x3 < x1 then
      if f3 < f1 then
          xx := [x0, x3, x1];
          ffx := [f0, f3, f1];
      else
          xx := [x3, x1, x2];
          ffx := [f3, f1, f2];
      end if;
  else
      if f3 <= f1 then
          xx := [x1, x3, x2];
          ffx := [f1, f3, f2];
      else
          xx := [x0, x1, x3];
          ffx := [f0, f1, f3];
      end if;
  end if;
 quadopt1(fun, xx, ffx, tolx, tolf);
end if;
end:
```

例 6.3 求函数 $f(x)=e^{-x^2}(1-2x)$在[0.6,1.8]上的极小值。

解 建立目标函数 fun_2,调用 Maple 程序 quadopt,则有

```
> fun2 := x-> exp(-x^2) * (1-2 * x):
> quadopt(fun2, 0.6, 1.8, 0.01, 0.01);
```

1.000000000, −0.3678794412

绘图程序如下,所得函数图像如图 6.3 所示。

```
> plot(fun2(x), x=0.3..1.8);
```

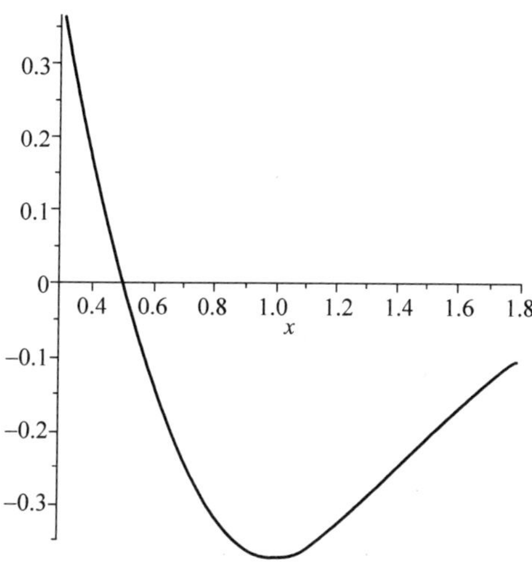

图 6.3 函数 $e^{-x^2}(1-2x)$的图像

6.4　三次插值法

1. 功能

设 $f(x)$在闭区间$[a,b]$内有唯一极小值,求其值。

2. 计算方法

三次插值法是在函数可导的前提下,利用两点处的函数值和导数值构造三次多项式 $p(x)$去逼近给定的函数 $f(x)$,并将 $p(x)$在区间$[a,b]$内的极小值点作为 $f(x)$极小值点的一个近似。在区间$[a,b]$进行探索,此时,$p(x)$的极小值点可表示为

$$x_p = a + (b-a)\left(1 - \frac{f'(b)+w+z}{f'(b)-f'(a)+2w}\right) \tag{6.3}$$

其中,$z=3(f(b)-f(a))/(b-a)-f'(a)-f'(b)$,$w=\sqrt{z^2-f'(a)f'(b)}$。

若$|f'(x_p)|$充分小,则取 x_p 作为 $f(x)$的极小值点。否则,视 $f'(x_p)<0$ 或 $f'(x_p)>0$ 取 $a=x_p$ 或 $b=x_p$,然后对新的区间$[a,b]$重复上述过程,直到$|f'(x_p)|$小于给定的精度。

3. 使用说明

triopt:=proc(fun,*a*,*b*,ep)

式中,fun 是目标函数;a,b 是区间端点;ep 是容差。程序输出为极小值点 xp 和极小值 fp。

4. Maple 程序

```
> triopt:=proc(fun, a, b, ep)
local a1, b1, eps, ff, df, dfun, tol, fa, fb, fp, dfa, dfb, dfxp, xp, z, w;
if nargs=3 then
        eps:=10^(-6);
   else
        eps:=ep;
end if;
dfun:=diff(fun, x);
tol:=100;
a1:=a;
b1:=b;
while tol>eps do
      fa:=subs(x=a1, fun);
      fb:=subs(x=b1, fun);
      dfa:=subs(x=a1, dfun);
      dfb:=subs(x=b1, dfun);
      z:=3*(fb-fa)/(b1-a1)-dfa-dfb;
      w:=sqrt(z^2-dfa*dfb);
      xp:=evalf(a1+(b1-a1)*(1-(dfb+w+z)/(dfb-dfa+2*w)));
      dfxp:=subs(x=xp, dfun);
      tol:=abs(evalf(dfxp));
      if evalf(dfxp)< 0 then
            a1:=xp;
      else
```

```
        b1 := xp;
    end if ;
end do;
fp := evalf(subs(x=xp, fun));
return xp, fp;
end:
```

例 6.4 求函数 $f(x)=\dfrac{2x^3+x^2-12x+1}{3x^4-9x^3+7x+18}$在[1,2]上的极小值。

解 建立目标函数 fun_3,调用 Maple 程序 triopt,则有

```
> fun3 := (2 * x^3+x^2-12 * x+1)/(3 * x^4-9 * x^3+7 * x+18);
```

$$\text{fun}_3 := \frac{2x^3+x^2-12x+1}{3x^4-9x^3+7x+18}$$

```
> triopt(fun3, 1, 2,0.000001);
```

1.658591233, −0.6246664981

绘图程序如下,所得的函数图像如图 6.4 所示。

```
> plot(fun3(x), x=1..2);
```

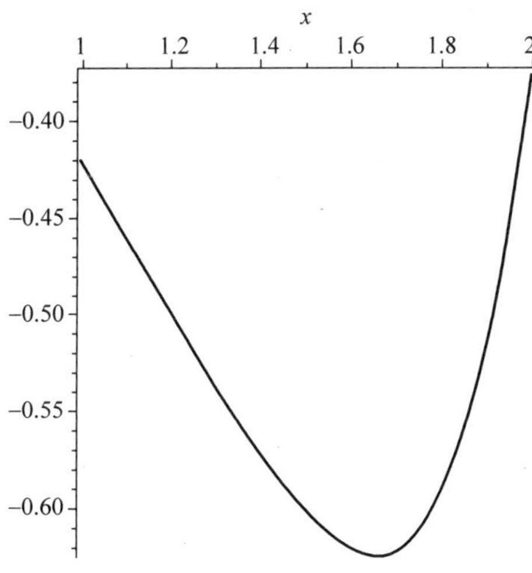

图 6.4 函数 $f(x)$的图像

6.5 Newton 法

1. 功能

设 $f(x)$在闭区间$[a,b]$内有唯一极小值,求其值。

2. 计算方法

利用 Taylor 展开得到 $f(x)$的局部二次逼近,即

$$f(x+h) \approx f(x)+f'(x)h+\frac{1}{2}f''(x)h^2 \tag{6.4}$$

求得上述关于 h 的二次函数的极小值点为 $h=-\dfrac{f'(x)}{f''(x)}$。由此可构造迭代公式

$$x_{k+1}=x_k-\frac{f'(x_k)}{f''(x_k)},\quad k=0,1,\cdots$$

3. 使用说明

newtonopt：=proc(fun,x_0,ep)

式中,fun 是目标函数；x_0 是初值；ep 是容差。程序输出为极小值点 xp 和极小值 fp。

注　Newton 法可能发散或收敛到极大值点。

4. Maple 程序

```
> newtonopt：=proc(fun, x0, ep)
local eps, dfun, ddfun, fp, tol, x1, x2, xp;
if nargs =2 then
        eps：=1.0e-6;
    else
        eps：=ep;
end if;
dfun：=diff(fun, x);
ddfun：=diff(dfun, x);
tol：=100;
x1：=x0;
while tol>=ep do
     tol：=abs(evalf(subs(x=x1, dfun )));
     x2：=x1-evalf(subs(x=x1, dfun ))/evalf(subs(x=x1, ddfun));
     x1：=x2;
end do;
xp：=x1;
fp：=evalf(subs(x=xp, fun));
return xp, fp;
end:
```

例 6.5　求函数 $f(x)=0.5-xe^{-x^2}$ 在 1 附近的极小值。

解　建立目标函数 fun_4,调用 Maple 程序 newtonopt,则有

```
> fun4：=0.5-x*exp(-x^2):
> newtonopt(fun4, 1, 0.00001);
```

0.7071067812, 0.0711180575,

绘图程序如下,所得的图像如图 6.5 所示。

```
> plot(fun4, x=-2..3);
```

如果取初值 $x_0=-0.5$,则由图 6.5 可知,此时求出的是 $f(x)$的极大值。

```
> newtonopt(fun4, -0.5, 0.00001);
```

−0.7071067812, 0.9288819425

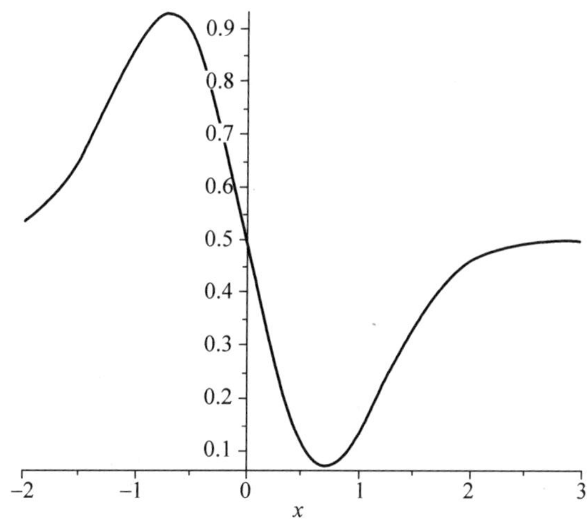

图 6.5 函数 $0.5-xe^{-x^2}$ 的图像

第7章 矩阵特征值与特征向量的计算

在许多物理学、力学和工程技术等问题中,经常会遇到求 n 阶方阵 $\boldsymbol{A}$ 的特征值与特征向量的问题。当矩阵 $\boldsymbol{A}$ 为实对称矩阵且其阶数不大时,可采用 Jacobi 方法求其全部特征值和特征向量。计算一般实矩阵特征值的最有效方法是 QR 方法。它首先用正交相似变换将实矩阵约化为上 Hessenberg 矩阵,然后计算 Hessenberg 矩阵的特征值。用 QR 方法求出特征值后,可用反幂方法求其相应的特征向量。

7.1 上 Hessenberg 矩阵和 QR 分解

7.1.1 化矩阵为上 Hessenberg 矩阵

1. 功能

将实矩阵正交相似约化为上 Hessenberg 矩阵。

2. 计算方法

设 $\boldsymbol{w}\in\mathbb{R}^n$,且 $\|\boldsymbol{w}\|_2=1$,则矩阵 $\boldsymbol{Q}=\boldsymbol{I}-2\boldsymbol{w}\boldsymbol{w}^{\mathrm{T}}$ 称为 Householder 变换或 Householder 矩阵。设 n 阶方矩阵 $\boldsymbol{A}=(\boldsymbol{a}_1,\boldsymbol{a}_2,\cdots,\boldsymbol{a}_n)$,其中 $\boldsymbol{a}_k$ 是 $\boldsymbol{A}$ 的第 k 列构成的向量。设 $\boldsymbol{a}_k=(a_{1k},a_{2k},\cdots,a_{nk})^{\mathrm{T}}$,由定理知,存在 Householder 矩阵 $\boldsymbol{P}_k$ 使得 $\boldsymbol{P}_k(a_{1k},a_{2k},\cdots,a_{nk})^{\mathrm{T}}=(a_{1k},a_{kk},m_k,0,\cdots,0)^{\mathrm{T}}=y_k$,其中 $m_k=-\mathrm{sign}(a_{k+1,k})\cdot\left(\sum\limits_{j=k+1}^{n}a_{jk}^2\right)^{\frac{1}{2}}$。那么,矩阵 $\boldsymbol{P}_k$ 该如何构造呢?令 $\boldsymbol{w}=\dfrac{\boldsymbol{a}_k-\boldsymbol{y}_k}{\|\boldsymbol{a}_k-\boldsymbol{y}_k\|_2}$,则 $\boldsymbol{P}_k=\boldsymbol{I}-2\boldsymbol{w}\boldsymbol{w}^{\mathrm{T}}(k=1,2,\cdots,n-2)$。这样,对 $\boldsymbol{A}$ 实施 $n-2$ 次正交相似变换 $\boldsymbol{P}_1,\boldsymbol{P}_2,\cdots,\boldsymbol{P}_{n-2}$ 后,$H=\boldsymbol{P}_{n-2}\cdots\boldsymbol{P}_2\boldsymbol{P}_1\boldsymbol{A}\boldsymbol{P}_1\cdots\boldsymbol{P}_{n-2}$ 就是上 Hessenberg 矩阵。由于 $\boldsymbol{P}_k$ 是对称正交矩阵,令 $\boldsymbol{P}=\boldsymbol{P}_1\boldsymbol{P}_2\cdots\boldsymbol{P}_{n-2}$,则 $\boldsymbol{P}$ 是正交矩阵,且 $\boldsymbol{P}^{\mathrm{T}}\boldsymbol{A}\boldsymbol{P}=\boldsymbol{H}$。

3. 使用说明

hessenb(*A*)

输入实方阵 $\boldsymbol{A}$,执行程序后,返回 $\boldsymbol{A}$ 的上 Hessenberg 矩阵 $\boldsymbol{H}$ 和正交矩阵 $\boldsymbol{P}$ 使得 $\boldsymbol{H}=\boldsymbol{P}^{\mathrm{T}}\boldsymbol{A}\boldsymbol{P}$。当 $\boldsymbol{A}$ 为对称矩阵时,返回三对角矩阵。本函数的功能类似于 LinearAlgebra 程序包中的 HessenbergForm。

4. Maple 程序

```
> hessenb := proc(AA)
local m, n, i, j, k, A, E, s, H, T , P, P1 , u, v, w;
m := LinearAlgebra[RowDimension](AA);
n := LinearAlgebra['ColumnDimension'](AA);
A := Matrix(n);
A := evalf(AA);
if m <> n then
        error"只能对方阵进行 QR 分解";
end if;
T := Matrix(1,n);
P := Matrix(n);
P1 := Matrix(n);
P := Matrix(n);
H := Matrix(n);
w := Vector(n);
E := LinearAlgebra['IdentityMatrix'](n,compact=false);
P1 := E;
  for k from 1 to n-2 do
      s := A[k+1,k];
      s := -sign(s) * norm(A[k+1..n, k], 2);
      v := Vector(k);
      u := LinearAlgebra[Column](A, k);
      u := u(k+2..n);
      w := <v, A[k+1, k]+s, u>;
      w := convert(w, Matrix);
      if norm(w, 2)<> 0 then
              w := w/norm(w, 2);
      end if;
T := LinearAlgebra[Transpose](w);
P := LinearAlgebra[MatrixMatrixMultiply](w,T);
P := LinearAlgebra[MatrixAdd](E, -2 * P); #计算 E-2 * w * w';
A := LinearAlgebra[MatrixMatrixMultiply](P, A);
A := LinearAlgebra[MatrixMatrixMultiply](A, P);
P1 := LinearAlgebra[MatrixMatrixMultiply](P, P1);
end do;
for i from 3 to n do
      for j from 1 to i-2 do
              A[i, j] :=0;
      end do;
end do;
return A, P1;
end:
```

例 7.1 用正交相似变换化矩阵 $\boldsymbol{A}=\begin{pmatrix} 3 & 2 & 3 & 4 & 5 & 6 \\ 11 & 1 & 2 & 3 & 4 & 5 \\ 2 & 8 & 9 & 1 & 2 & 3 \\ -4 & 2 & 9 & 11 & 13 & 15 \\ -1 & -2 & -3 & -1 & -1 & -1 \\ 3 & 2 & 3 & 4 & 13 & 15 \end{pmatrix}$ 为上 Hessenberg 矩阵。

解 采用 6 位浮点数,用 Maple 程序计算。

```
> UseHardwareFloats := false:
Digits :=6:
A :=Matrix(6, 6, [3, 2, 3, 4, 5, 6, 11 ,1, 2, 3, 4, 5, 2, 8, 9, 1, 2, 3, -4, 2, 9, 11, 13, 15,
-1, -2, -3, -1, -1 , -1, 3, 2, 3, 4, 13, 15]);
> H, P :=hessenb(A);
```

$$H,P := \begin{bmatrix} 3 & 2.03447 & 4.44464 & 3.90882 & 4.96880 & -5.11258 \\ 12.2882 & 2.76818 & 1.50240 & 1.06784 & 3.33746 & -2.76452 \\ 0 & 9.73691 & 12.5067 & 5.07203 & 7.27331 & -11.6007 \\ 0 & 0 & 10.8438 & 9.30866 & 14.9474 & -12.9913 \\ 0 & 0 & 0 & 2.16591 & 11.0918 & -5.78539 \\ 0 & 0 & 0 & 0 & 0.797607 & -0.675587 \end{bmatrix},$$
$$\begin{bmatrix} 1 & 0 & 0 & 0 & 0 & 0 \\ 0 & 0.895169 & 0.162755 & -0.325510 & -0.0813776 & 0.244134 \\ 0 & -0.137482 & 0.864724 & 0.326572 & -0.194165 & 0.298331 \\ 0 & 0.337631 & -0.326770 & 0.871936 & -0.018376 & 0.136331 \\ 0 & -0.227824 & -0.237083 & -0.135674 & 0.257612 & 0.898391 \\ 0 & -0.117778 & -0.250524 & -0.0932252 & -0.942852 & 0.160285 \end{bmatrix}。$$

7.1.2 矩阵的 QR 分解

1. 功能

将实矩阵分解为正交矩阵与上三角矩阵的乘积。

2. 计算方法

用 $n-1$ 次 Householder 变换将 n 阶矩阵 $\boldsymbol{A}$ 化为正交矩阵与上三角矩阵的乘积。由定理知,存在 Householder 矩阵 $\boldsymbol{P}_k$ 使得 $\boldsymbol{P}_k(a_{1k},a_{2k},\cdots,a_{nk})^{\mathrm{T}}=(a_{1k},a_{k-1,k},m_k,0,\cdots,0)^{\mathrm{T}}=\boldsymbol{y}_k$,其中 $m_k=-\operatorname{sign}(a_{kk})\cdot\left(\sum_{j=k}^{n}a_{jk}^2\right)^{\frac{1}{2}}$。那么矩阵 $\boldsymbol{P}_k$ 该如何构造呢?令 $\boldsymbol{w}=\dfrac{\boldsymbol{a}_k-\boldsymbol{y}_k}{\|\boldsymbol{a}_k-\boldsymbol{y}_k\|_2}$,则 $\boldsymbol{P}_k=\boldsymbol{I}-2\boldsymbol{w}\boldsymbol{w}^{\mathrm{T}}(k=1,2,\cdots,n-2)$。这样,对 $\boldsymbol{A}$ 实施 $n-1$ 次正交变换 $\boldsymbol{P}_1,\boldsymbol{P}_2,\cdots,\boldsymbol{P}_{n-1}$ 后,$\boldsymbol{R}=\boldsymbol{P}_{n-1}\cdots\boldsymbol{P}_2\boldsymbol{P}_1\boldsymbol{A}$ 就是上三角矩阵。由于 $\boldsymbol{P}_k$ 是对称正交矩阵,令 $\boldsymbol{P}=\boldsymbol{P}_{n-1}\cdots\boldsymbol{P}_2\boldsymbol{P}_1$,$\boldsymbol{Q}=\boldsymbol{P}^{\mathrm{T}}$,则 $\boldsymbol{P},\boldsymbol{Q}$ 是正交矩阵,且 $\boldsymbol{A}=\boldsymbol{QR}$。由于对 $\boldsymbol{A}$ 实施正交变换 $\boldsymbol{P}_k$ 时,它不改变 $\boldsymbol{A}$ 的前 $k-1$ 行,所以 $\boldsymbol{R}$ 的第 k 列(理论上)就是 $\boldsymbol{y}_k$,故程序中直接令 $\boldsymbol{y}_k$ 为 $\boldsymbol{R}$ 的第 k 列。

3. 使用说明

QRDecomhouse(A)

输入实方阵 $\boldsymbol{A}$,执行程序后,返回正交矩阵 $\boldsymbol{Q}$ 和上三角矩阵 $\boldsymbol{R}$ 使得 $\boldsymbol{A}=\boldsymbol{QR}$。本函数的功能类似于 LinearAlgebra 程序包中的 QRDecomposition 函数。

4. Maple 程序

```
> QRDecomhouse :=proc(AA)
local m, n, i, j, k, A, E, Q, R, r, s, T, P, P1, u, v, w;
```

```
m := LinearAlgebra[RowDimension](AA);
n := LinearAlgebra['ColumnDimension'](AA);
A := Matrix(n);
A := evalf(AA);
if m <> n then
error"只能对方阵进行 QR 分解";
end if;
T := Matrix(1, n);
P := Matrix(n);
P1 := Matrix(n);
Q := Matrix(n);
R := Matrix(n);
w := Vector(n);
E := LinearAlgebra['IdentityMatrix'](n, compact=false);
P1 := E;
  for k from 1 to n-1 do
       s := evalf(A[k, k]);
       s := -sign(s) * norm(A[k..n, k], 2);
       R[k, k] := -s;
   if k=1 then
       u := LinearAlgebra[Column](A, k);
       u := u(2..n);
       w := < A[1, 1]+s, u>;
       w := convert(w, Matrix);
   else
       v := Vector(k-1);
       u := LinearAlgebra[Column](A, k);
       u := u(k+1..n);
       w := < v, A[k, k]+s, u>;
       w := convert(w, Matrix);
       R[1..k-1, k] := A[1..k-1, k];
   end if;
   if norm(w, 2)<> 0 then
       w := w/norm(w, 2);
   end if;
     T := LinearAlgebra[Transpose](w);
     P := LinearAlgebra[MatrixMatrixMultiply](w, T);
     P := LinearAlgebra[MatrixAdd](E, -2 * P); #计算 E-2 * w * w'
     A := LinearAlgebra[MatrixMatrixMultiply](P, A);
     P1 := LinearAlgebra[MatrixMatrixMultiply](P, P1);
  R[1..n, n] := A[1..n, n];
end do;
Q := LinearAlgebra[Transpose](P1);
return Q, R;
end:
```

例 7.2 求矩阵 $\boldsymbol{A}_1=\begin{pmatrix}1&2&2&0\\2&-3&1&0\\2&1&3&0\\1&1&1&0\end{pmatrix}$ 的 QR 分解。

解　采用 8 位浮点数，用 Maple 程序计算，有如下结果。

```
> UseHardwareFloats := false:
Digits :=8:
A1 :=Matrix(4, 4, [1, 2, 2, 0, 2, -3, 1, 0, 2, 1, 3, 0, 1, 1, 1, 0]):
(Q, R) :=QRDecomhouse(A1);
```

$$Q,R := \begin{bmatrix} 0.31622776 & -0.54403429 & 0.06345731 & 0.77459677 \\ 0.63245556 & 0.72537893 & -0.084609952 & 0.25819878 \\ 0.63245556 & -0.31087659 & 0.48650705 & -0.51639778 \\ 0.31622778 & -0.28497025 & -0.86725150 & -0.25819894 \end{bmatrix},$$

$$\begin{bmatrix} 3.1622776 & -0.31622786 & 3.4785056 & 0 \\ 0 & -3.8600517 & -1.5802896 & 0 \\ 0 & 0 & 0.63457427 & 0 \\ 0 & 0 & 0 & 0 \end{bmatrix}$$

用 Maple 程序包中的 QRDecomposition 计算，并验证结果。

```
> (Q1, R1) :=evalf(QRDecomposition(A1));
```

$$Q_1,R_1 := \begin{bmatrix} 0.31622777 & 0.54403416 & 0.063457433 \\ 0.63245554 & -0.72537885 & -0.084609911 \\ 0.63245554 & 0.31087666 & 0.48650699 \\ 0.31622777 & 0.28497027 & -0.86725157 \end{bmatrix},$$

$$\begin{bmatrix} 3.1622777 & -0.31622777 & 3.4785055 & 0 \\ 0 & 3.8600518 & 1.5802897 & 0 \\ 0 & 0 & 0.63457433 & 0 \end{bmatrix}$$

```
> Multiply(Q1, R1);
```

$$\begin{bmatrix} 1.0000000 & 2.0000000 & 2.0000001 & 0 \\ 2.0000001 & -2.9999999 & 1.0000001 & 0 \\ 2.0000001 & 0.99999999 & 3.0000002 & 0 \\ 1.0000000 & 1.0000000 & 1.0000000 & 0 \end{bmatrix}$$

注　本例中的矩阵 $\boldsymbol{A}_1$ 是不可逆矩阵，由此可见本程序 QRDecomhouse 与 Maple 的 QRDecomposition 程序在处理不可逆矩阵时所用方法不同。对可逆矩阵，两个程序的计算结果基本相同。

例 7.3　求矩阵 $\boldsymbol{A}_2=\begin{pmatrix} 1 & 3 & 4 \\ 3 & 1 & 2 \\ 4 & 2 & 1 \end{pmatrix}$ 的 QR 分解。

解　采用 12 浮点数进行计算。分别用程序 QRDecomhouse 和 QRDecomposition 计算，并验证结果。

```
> UseHardwareFloats := false:
Digits :=12:
A2 := Matrix(3, 3, [1, 3, 4, 3, 1, 2, 4, 2, 1]):
> (Q2, R2) :=QRDecomhouse(A2);
```

$$Q_2, R_2 := \begin{bmatrix} 0.196116135132 & 0.968364052275 & 0.154303349960 \\ 0.588348405418 & -0.242091013068 & 0.771516749808 \\ 0.784464540558 & -0.060522753274 & -0.617213399848 \end{bmatrix},$$

$$\begin{bmatrix} 5.09901951360 & 2.74562589193 & 2.74562589193 \\ 0 & 2.54195563721 & 3.32875142969 \\ 0 & 0 & 1.54303349961 \end{bmatrix}$$

```
> with(LinearAlgebra):
> (Q3, R3) := evalf(QRDecomposition(A2));
```

$$Q_3, R_3 := \begin{bmatrix} 0.196116135138 & 0.968364052273 & 0.154303349962 \\ 0.588348405416 & -0.242091013068 & 0.771516749813 \\ 0.784464540552 & -0.0605227532670 & -0.617213399849 \end{bmatrix},$$

$$\begin{bmatrix} 5.09901951359 & 2.74562589194 & 2.74562589194 \\ 0 & 2.54195563721 & 3.32875142968 \\ 0 & 0 & 1.54303349962 \end{bmatrix}$$

```
> Multiply(Q2, R2);
```

$$\begin{bmatrix} 0.999999999970 & 2.99999999999 & 4.00000000000 \\ 3.00000000002 & 1.00000000000 & 1.99999999998 \\ 4.00000000003 & 2.00000000000 & 0.999999999996 \end{bmatrix}$$

```
> Multiply(Q3, R3);
```

$$\begin{bmatrix} 0.999999999999 & 3.00000000001 & 4.00000000000 \\ 3.00000000001 & 1.00000000000 & 2.00000000001 \\ 3.99999999999 & 2.00000000000 & 0.999999999999 \end{bmatrix}$$

7.2 乘幂法与反幂法

7.2.1 乘幂法

设实矩阵 $\boldsymbol{A} \in \mathbb{R}^{n \times n}$ 的特征值为 $\lambda_1, \lambda_2, \cdots, \lambda_n$，相应的特征向量为 $\boldsymbol{u}_1, \boldsymbol{u}_2, \cdots, \boldsymbol{u}_n$，且这 n 个特征向量线性无关。若有 $|\lambda_1| > |\lambda_2| \geqslant |\lambda_3| \geqslant \cdots \geqslant |\lambda_n|$，则称 λ_1 为主特征值(即按模最大的特征值)，显然它是非零的实数，对应的特征向量 $\boldsymbol{u}_1$ 称为主特征向量。

1. 功能

用乘幂法求实矩阵的主特征值和主特征向量。

2. 计算方法

对任意初始向量 $\boldsymbol{x}^{(0)} \in \mathbb{R}^n$，计算 $\boldsymbol{y}^{(k)} = \boldsymbol{x}^{(k)} / \max(\boldsymbol{x}^{(k)})$，$\boldsymbol{x}^{(k+1)} = \boldsymbol{A}\boldsymbol{y}^{(k)}$，$k = 0, 1, \cdots$，其中 $\max(\boldsymbol{x}^{(k)})$ 表示 $\boldsymbol{x}^{(k)}$ 中按模最大的分量，则 $\lim\limits_{k \to \infty} \max(\boldsymbol{x}^{(k)}) = \lambda_1$，$\lim\limits_{k \to \infty} (\boldsymbol{y}^{(k)}) = \boldsymbol{u}_1 / \max(\boldsymbol{u}_1)$。当 k 充分大，且 $\| \boldsymbol{x}^{(k+1)} - \boldsymbol{x}^{(k)} \|$ 小于给定的精度时，结束迭代。

3. 使用说明

powereig($\boldsymbol{A}$, $\boldsymbol{x}_0$, ep, $\max_1$)

式中，第一个参数 $\boldsymbol{A}$ 为方阵；第二个参数 $\boldsymbol{x}_0$ 是初始向量；第三个参数 ep 是指定的精度要求；第四个参数 $\max_1$ 是指定的最大迭代次数，如果不输入 $\max_1$，默认 $\max_1=100$。程序执行后返回主特征值和主特征向量。

4. Maple 程序

```
> powereig := proc(A, x0, ep, max1)
local j, lp, err, err1, err2, lam, x1, x2, yy, count, m1, max2, N;
count := 0;
err := 1;
N := nops(x0);
x1 := x0;
if nargs=3 then
        max2 := 100;
    else
        max2 := max1;
end if ;
 lp := 1;
while ((count <= max2) and (err >= ep)) do
      m1 := abs(x1[1]);
      for j from 2 to N do
          if abs(x1[j])> m1 then
              m1 := max(abs(x1[j]));
              lp := j;
          end if;
      end do;
     yy := (1/x1[lp]) * x1; # 标准化 x1;
     x2 := LinearAlgebra[MatrixVectorMultiply](A, yy);
     err := norm(x2-x1);
      x1 := x2;
      count := count+1;
end do;
     m1 := abs(x1[1]);
     for j from 2 to N do
          if abs(x1[j])> m1 then
              m1 := max(abs(x1[j]));
              lp := j;
          end if;
      end do;
lam := x1(lp);
printf ('A 的主特征值为');
print (lam);
printf ('A 的主特征向量为');
yy;
end:
```

例 7.4　求矩阵 $\boldsymbol{A}=\begin{pmatrix}8 & -1 & -3 & -1\\ -1 & 8 & 2 & 0\\ -3 & 2 & 8 & 1\\ -1 & 0 & 1 & 8\end{pmatrix}$ 的主特征值和主特征向量。

解 取初始向量 $\boldsymbol{x}_0=[1,0,1,1.0]^{\mathrm{T}}$,取不同的 ep 和迭代次数,计算结果如下。

```
> A := Matrix(4, 4, [8, -1, -3, -1, -1, 8 , 2, 0, -3, 2, 8, 1, -1, 0, 1, 8]):
ep := 10^(-6):
x0 := Vector([1, 0, 1, 1.0]):
> powereig(A, x0, ep, 30);
```

$\boldsymbol{A}$ 的主特征值为 12.4695841163176624。

$\boldsymbol{A}$ 的主特征向量为

$$\begin{bmatrix} -0.912756025610903410 \\ 0.651680866510802037 \\ 1.00000000036493874 \\ 0.427954303543838844 \end{bmatrix}$$

利用 Maple 程序 Eigenvalues 检验。

```
> with(LinearAlgebra):
> Eigenvalues(evalf(A));
```

$$\begin{bmatrix} 12.4695821854350726+0.\mathrm{I} \\ 4.79187113229334738+0.\mathrm{I} \\ 6.68549266744549086+0.\mathrm{I} \\ 8.05305401482609896+0.\mathrm{I} \end{bmatrix}$$

7.2.2 反幂法

1. 功能

用反幂法求实矩阵的按模最小的特征值和特征向量。

2. 计算方法

设可逆矩阵 $\boldsymbol{A}\in\mathbb{R}^{n\times n}$ 的特征值为 $\lambda_1,\lambda_2,\cdots,\lambda_n$,相应的特征向量为 $\boldsymbol{u}_1,\boldsymbol{u}_2,\cdots,\boldsymbol{u}_n$,且这 n 个特征向量线性无关。若有 $|\lambda_1|\geqslant|\lambda_2|\geqslant\cdots\geqslant|\lambda_{n-1}|>|\lambda_n|$,则称 $\boldsymbol{A}^{-1}$ 的特征值满足 $|\lambda_n^{-1}|>|\lambda_{n-1}^{-1}|\geqslant\cdots\geqslant|\lambda_1^{-1}|$。$\lambda_n^{-1}$ 为 $\boldsymbol{A}^{-1}$ 的主特征值,将乘幂法用于 $\boldsymbol{A}^{-1}$ 就是反幂法。将乘幂法中的 $\boldsymbol{x}^{(k+1)}=\boldsymbol{A}^{-1}\boldsymbol{y}^{(k)}$,改为 $\boldsymbol{A}\boldsymbol{x}^{(k+1)}=\boldsymbol{y}^{(k)}$,然后求解方程组可得到 $\boldsymbol{x}^{(k+1)}$。

3. 使用说明

fanpower($\boldsymbol{A}$, $\boldsymbol{x}_0$, ep, $\mathbf{max}_1$)

式中,第一个参数 $\boldsymbol{A}$ 为方阵;第二个参数 $\boldsymbol{x}_0$ 是初始向量;第三个参数 ep 指定的精度要求;第四个参数 $\max_1$ 是指定的最大迭代次数,如果不输入 $\max_1$,默认 $\max_1=100$。程序执行后返回按模最小特征值和特征向量。

4. Maple 程序

```
> fanpower := proc(A, x0, ep, max1)
local B, j, lp, err, lam, x1, x2, yy, count, m1, max2, N; # 不能求复特征值
count := 0;
err := 1;
N := LinearAlgebra[Dimension](x0);
```

```
x1 := x0;
if nargs=3 then
        max2 := 100;
   else
        max2 := max1;
end if ;
 lp := 1;
while ((count <= max2) and (err >= ep)) do
    m1 := abs(x1[1]);
    for j from 2 to N do
          if abs(x1[j])> m1   then
                m1 := max(abs(x1[j]));
                lp := j;
           end if;
     end do;
    yy := (1/x1[lp]) * x1; # 标准化 x1;
    B := LinearAlgebra[GaussianElimination](< A| yy >);
    x2 := LinearAlgebra[BackwardSubstitute](B);
    err := norm(x2-x1);
    x1 := x2;
    count := count+1;
end do;
    m1 := abs(x1[1]);
    for j from 2 to N do
          if abs(x1[j])> m1   then
                m1 := max(abs(x1[j]));
                lp := j;
          end if;
     end do;
lam := 1/x1(lp);
printf ('A 的按模最小的特征值为');
print (lam);
printf ('相应的特征向量为');
yy;
end:
```

例 7.5　求例 7.4 中矩阵的按模最小的特征值和特征向量。

解　取初始向量 $\boldsymbol{x}_0=[1,0,1,1.0]^{\mathrm{T}}$，取不同的 ep=0.000001，0.000000001 和迭代次数 60，计算结果如下。

```
> A := Matrix(4, 4, [8, -1, -3, -1, -1, 8 , 2, 0, -3, 2, 8, 1, -1, 0, 1, 8]):
ep := 10^(-6):
x0 := Vector([1, 0, 1,1.0]):
fanpower(A, x0, ep, 60);
```

A 的按模最小的特征值为 4.791866530

相应的特征向量为

$$\begin{bmatrix} 0.798894574503585030 \\ -0.374386091812367150 \\ 1.00000000003489764 \\ -0.0626793812937847668 \end{bmatrix}$$

```
> fanpower(A, x0, 0.000000001, 60);
```

A 的按模最小的特征值为 4.791871130。

相应的特征向量为

$$\begin{bmatrix} 0.798880143244829254 \\ -0.374398872780779601 \\ 0.99999999976433806 \\ -0.0626906975398894424 \end{bmatrix}$$

7.2.3 移位反幂法

对非零实数 α，称 $\boldsymbol{A}-\alpha\boldsymbol{I}$ 为 $\boldsymbol{A}$ 的原点移位，α 称为**位移**。若 λ, v 是矩阵 $\boldsymbol{A}$ 的特征对，$\alpha \neq \lambda$，则 $1/(\lambda-\alpha)$是$(\boldsymbol{A}-\alpha\boldsymbol{I})^{-1}$ 的特征对。

1. 功能

用移位反幂法求实矩阵的特征值和特征向量。

2. 计算方法

设矩阵 $\boldsymbol{A} \in \mathbb{R}^{n\times n}$ 的 n 个特征值满足 $\lambda_1 < \lambda_2 < \cdots < \lambda_n$，$\alpha$ 是一个实数，满足 $|\lambda_j - \alpha| < |\lambda_i - \alpha|$，$i=1,2,\cdots,n$，且 $i \neq j$，此时 $\mu = 1/(\lambda_j - \alpha)$ 为$(\boldsymbol{A}-\alpha\boldsymbol{I})^{-1}$ 的主特征值。将反幂法用于$(\boldsymbol{A}-\alpha\boldsymbol{I})$求得 μ，从而 $\lambda_j = \alpha + 1/\mu$。这种方法需要特征值的较好的近似值，然后用迭代可得比较精确的解。移位反幂法是求单个特征值和特征向量的有效方法，但对于复特征值、重复特征值、存在绝对值相等或近似相等的特征值的情况，可能导致计算困难。

3. 使用说明

invshift：=proc(*A*，$\boldsymbol{x_0}$，alph，ep，$\mathbf{max_1}$)

式中，第一个参数 $\boldsymbol{A}$ 为方阵；第二个参数 $\boldsymbol{x}_0$ 是初始向量；第三个参数 alph 是位移；第四个参数 ep 指定的精度要求；第五个参数 $\max_1$ 是指定的最大迭代次数，如果不输入 $\max_1$，默认 $\max_1=100$。程序执行后返回特征值 λ_j 及其特征向量。

4. Maple 程序

```
> invshift := proc(A, x0, alph, ep, max1)
local AA, B, E; j, lp, err, lam, x1, x2, yy, count, m1, max2, N;
count := 0;
err := 1;
N := LinearAlgebra[Dimension](x0);
E := LinearAlgebra[IdentityMatrix](N);
AA := A - alph * E;
x1 := x0;
if nargs=4 then
            max2 := 100;
        else
            max2 := max1;
 end if ;
 lp := 1;
while ((count <= max2) and (err >= ep)) do
    m1 := abs(x1[1]);
```

```
      for j from 2 to N do
            if abs(x1[j])> m1  then
                  m1 := max(abs(x1[j]));
                  lp := j;
            end if;
      end do;
      yy := (1/x1[lp]) * x1; # 标准化 x1;
      B := LinearAlgebra[GaussianElimination] (<AA|yy>);
      x2 := LinearAlgebra[BackwardSubstitute](B);
      err := norm(x2-x1);
      x1 := x2;
      count := count+1;
end do;
      m1 := abs(x1[1]);
      for j from 2 to N do
            if abs(x1[j])> m1  then
                  m1 := max(abs(x1[j]));
                  lp := j;
            end if;
      end do;
lam := alph+1/x1(lp);
printf ('A 的特征值为');
print (lam);
printf ('相应的特征向量为');
yy;
end:
```

例 7.6　利用移位反幂法求矩阵 $\boldsymbol{A}_1=\begin{pmatrix}6 & 5 & -1 & 2\\ -5 & -7 & 4 & -6\\ 1 & 6 & 6 & 7\\ 4 & 1 & 5 & -3\end{pmatrix}$ 的特征对。已知矩阵 $\boldsymbol{A}_1$ 的特征值为 $\lambda_1=9.45888450412139$，$\lambda_2=2.95015754647767$，$\lambda_3=-0.32333284089797$，$\lambda_4=-10.08570920970111$，对 λ_1，λ_2 的情况分别选取适当的 α 和初始向量进行计算。

解

```
> with(LinearAlgebra):
A1 := Matrix([[6, 5, -1, 2], [-5, -7, 4, -6], [1, 6, 6, 7], [4, 1, 5, -3]]):
> Te := Eigenvalues(evalf(A1));
```

$$Te := \begin{bmatrix} 9.458884504121408890+0.\,I\\ 2.95015754647767592+0.\,I\\ -0.323332840897972484+0.\,I\\ -10.0857092097011076+0.\,I\end{bmatrix}$$

对 $\lambda_1=9.45888450412139$ 的情况，取 $\alpha=7.5$，$\boldsymbol{x}_0=[1,\ 1,\ 1,\ 1]^{\mathrm{T}}$。

```
> Te-7.5*<1, 1, 1, 1>;
```

$$\begin{bmatrix} 1.95888450412140890+0.\,I\\ -4.54984245352232364+0.\,I\\ -7.82333284089797232+0.\,I\\ -17.5857092097011076+0.\,I\end{bmatrix}$$

可见，$\lambda_1-7.5$ 是 $\boldsymbol{A}_1-7.5\cdot\boldsymbol{I}$ 的按模最小的特征值。代入移位反幂程序计算得

```
> invshift(A1, <1, 1, 1, 1.0>, 7.5, 0.000000001, 30);
```

A 的特征值为 9.458884504。

相应的特征向量为

$$\begin{bmatrix}0.0583817923298978470\\0.0701106853933507746\\1.00000000019481328\\0.425691228612592786\end{bmatrix}$$

对 $\lambda_2=2.95015754647767$ 的情况，取 $\alpha=1.8,\boldsymbol{x}_0=[1,1,0,1]^{\mathrm{T}}$。

```
> Te-1.8*<1, 1, 0, 1>;
```

$$\begin{bmatrix}7.65888450412140908+0.\,\mathrm{I}\\1.15015754647767588+0.\,\mathrm{I}\\-2.12333284089797259+0.\,\mathrm{I}\\-11.8857092097011084+0.\,\mathrm{I}\end{bmatrix}$$

$\lambda_2-1.8$ 是 $\boldsymbol{A}_1-1.8\cdot\boldsymbol{I}$ 的按模最小的特征值，代入移位反幂程序计算得如下结果。

```
> invshift(A1, <1, 1, 0, 1.0>, 1.8, 0.000000001, 50);
```

A 的特征值为 2.950157546。

相应的特征向量为

$$\begin{bmatrix}-1.20954689517550196\\1.00000000027412806\\-0.0307945191702570926\\-0.670933524932610603\end{bmatrix}$$

可见，当已知特征值的近似值时，移位反幂法能很快收敛到精确解。

例 7.7 设 $\boldsymbol{A}_2=\begin{pmatrix}-5&-9&-7&-2\\1&0&0&0\\0&1&0&0\\0&0&1&0\end{pmatrix}$，已知 $\boldsymbol{A}_2$ 的特征值为 $\lambda_1=-2,\lambda_2=-1$（三重根），利用移位反幂法求 $\boldsymbol{A}_2$ 的特征对。

解 首先用 Maple 命令 Eigenvalues 求得 $\boldsymbol{A}_2$ 的特征值。

```
> A2 := Matrix( [[-5, -9, -7, -2], [ 1 , 0, 0, 0], [0, 1, 0, 0], [0, 0, 1, 0]]):
Te1 := Eigenvalues(A2);
```

$$\mathrm{Te}_1:=\begin{bmatrix}-2\\-1\\-1\\-1\end{bmatrix}$$

对 $\lambda_1=-2$ 的情况，取 $\alpha=-3,\boldsymbol{x}_0=[1,1,1,1]^{\mathrm{T}}$，代入程序 invshift，执行后得

```
> invshift(A2, <1, 1, 1, 1.0>, -3, 0.000000001, 35);
```

$\boldsymbol{A}$ 的特征值为-2.000000000。

相应的特征向量为

$$\begin{bmatrix} 0.99999999967314012 \\ -0.49999999334528822 \\ 0.24999999214336048 \\ -0.12499999200623894 \end{bmatrix}$$

对 $\lambda_2=-1$ 的情况，取 $\alpha=-0.5,-0.8,\boldsymbol{x}_0=[1,1,1,1]^{\mathrm{T}}$，分别迭代 30 次、3000 次，得到如下结果。

```
> invshift(A2, <1, 1, 1, 1.0>, -0.5, 0.00000001, 30);
```

$\boldsymbol{A}$ 的特征值为-0.9685220730。

相应的特征向量为

$$\begin{bmatrix} -0.904137648278218076 \\ 0.935545541210262122 \\ -0.967499658367198866 \\ 0.99999999974902798 \end{bmatrix}$$

```
> invshift(A2, <1, 1, 1, 1.0>, -0.8, 0.000000000001, 3000);
```

$\boldsymbol{A}$ 的特征值为-0.9998667515。

相应的特征向量为

$$\begin{bmatrix} -0.999600148249957020 \\ 0.999733423326258918 \\ -0.999866707288883272 \\ 1.00000000013782996 \end{bmatrix}$$

通过上述计算可知，对重根的情况，迭代收敛的速度很慢。

7.3　Jacobi 方法

1. 功能

求实对称矩阵的全部特征值和特征向量。

2. 计算方法

设矩阵

$$\boldsymbol{G}_{pq}(\theta)=\begin{pmatrix} 1 & & & & & & \\ & \ddots & & & & & \\ & & \cos\theta & & \sin\theta & & \\ & & & \ddots & & & \\ & & -\sin\theta & & \cos\theta & & \\ & & & & & \ddots & \\ & & & & & & 1 \end{pmatrix}$$

若 $\boldsymbol{G}_{pq}(\theta)$的所有非对角元素为零或常数$\pm\sin\theta$,对角线上的元素为 1 或 $\cos\theta$,则称 $\boldsymbol{G}_{pq}(\theta)$为 Givens 矩阵(变换)。通过对 $\boldsymbol{A}$ 作一系列相似 Givens 变换 $\boldsymbol{G}_j$,使之近似化为对角矩阵,即

$$\boldsymbol{A}_k=\boldsymbol{G}_k\boldsymbol{G}_{k-1}\cdots\boldsymbol{G}_1\boldsymbol{A}\boldsymbol{G}_1^{\mathrm{T}}\boldsymbol{G}_2^{\mathrm{T}}\cdots\boldsymbol{G}_k^{\mathrm{T}}\approx\boldsymbol{D}$$

令 $\boldsymbol{R}_k^{\mathrm{T}}=\boldsymbol{G}_k\boldsymbol{G}_{k-1}\cdots\boldsymbol{G}_1$,则 $\boldsymbol{A}\boldsymbol{R}_k=\boldsymbol{R}_k\boldsymbol{D}$,$\boldsymbol{R}_k$ 的列向量就是相应的特征向量。设 $\boldsymbol{A}_k=(a_{ij}^{(k-1)})$,$\boldsymbol{R}_k=(r_{ij}^{(k-1)})$,其中,$\boldsymbol{A}_0=\boldsymbol{A}$,$\boldsymbol{R}_0=\boldsymbol{I}$(单位矩阵),则 $\boldsymbol{G}_k$,$\boldsymbol{A}_k$,$\boldsymbol{R}_k$ 可按如下方法进行计算。

(1) 选定 $\boldsymbol{A}_k=(a_{ij}^{(k-1)})$中的元素 $a_{pq}^{(k-1)}$ 使其满足$|a_{pq}^{(k-1)}|=\max\limits_{2\leqslant i\leqslant n,1\leqslant j\leqslant i-1}|a_{ij}^{(k-1)}|$;

(2) 如果 $a_{pp}^{(k-1)}=a_{qq}^{(k-1)}$,取 $\theta=\pi/4$,否则,取 $\tau=\cot2\theta=\dfrac{a_{pp}^{(k-1)}-a_{qq}^{(k-1)}}{2a_{pq}^{(k-1)}}$,$t=\tan\theta=\operatorname{sign}(\tau)\cdot\left(-|\tau|+\sqrt{1+\tau^2}\right)$,$\cos\theta=1/\sqrt{1+\tan^2\theta}=1/\sqrt{1+t^2}$,$\sin\theta=t\cos\theta$,取(1)、(2)中确定的 p,q 和 θ 作为 Givens 变换 $\boldsymbol{G}_k$ 的参数;

(3) $\boldsymbol{A}_k=\boldsymbol{G}_k\boldsymbol{A}_{k-1}\boldsymbol{G}_k^{\mathrm{T}}$,其元素的计算公式为

$$\begin{cases}a_{pp}^{(k)}=a_{pp}^{(k-1)}\cos^2\theta+2a_{pq}^{(k-1)}\cos\theta\sin\theta+a_{qq}^{(k-1)}\sin^2\theta\\a_{qq}^{(k)}=a_{pp}^{(k-1)}\sin^2\theta-2a_{pq}^{(k-1)}\cos\theta\sin\theta+a_{qq}^{(k-1)}\cos^2\theta\\a_{pq}^{(k)}=\dfrac{1}{2}(a_{qq}^{(k-1)}-a_{pp}^{(k-1)})\sin2\theta+a_{pq}^{(k-1)}\cos2\theta\end{cases}\tag{Ⅰ}$$

$$\begin{cases}a_{pi}^{(k)}=a_{ip}^{(k)}=a_{ip}^{(k-1)}\cos\theta+a_{iq}^{(k-1)}\sin\theta,\quad i\neq p,q\\a_{qi}^{(k)}=a_{iq}^{(k)}=-a_{ip}^{(k-1)}\sin\theta+a_{iq}^{(k-1)}\cos\theta,\quad i\neq p,q\end{cases}\tag{Ⅱ}$$

$$a_{ij}^{(k)}=a_{ij}^{(k-1)},\quad i,j\neq p,q\tag{Ⅲ}$$

(4) R_k 的元素计算公式为

$$\begin{cases}r_{ip}^{(k)}=r_{ip}^{(k-1)}\cos\theta+r_{iq}^{(k-1)}\sin\theta,\quad i=1,2,\cdots,n\\r_{iq}^{(k)}=-r_{ip}^{(k-1)}\sin\theta+r_{iq}^{(k-1)}\cos\theta,\quad i=1,2,\cdots,n\\r_{ij}^{(k)}=r_{ij}^{(k-1)},\quad i=1,2,\cdots,n;\ j\neq p,q\end{cases}\tag{Ⅳ}$$

3. 使用说明

jacobieig(*A*, ep)

式中,第一个参数 $\boldsymbol{A}$ 为实对称矩阵;第二个参数 ep 为指定的精度要求,当非对角线的元素绝对值都小于 ep 时退出,默认 ep$=10^{-6}$。程序执行后返回全部特征值和特征向量。

4. Maple 程序

```
> jacobieig :=proc(A, ep)
local AA, B, lam, R, RR, U, V, V1, c, s, i, j, m, n, k, err, max1, p, q, t, tao, tao1, tvalue,
count;
if nargs=1 then
            err :=10^(-6);
    else
            err :=ep;
end if ;
(m, n) :=LinearAlgebra[Dimension](A);
```

```
if m <> n then
        disp('输入的只能是方阵');
end if;
AA := evalf(A);
B := LinearAlgebra[Transpose](AA);
tvalue := LinearAlgebra[Equal](AA, B);
if not tvalue then
        print("输入的是非对称矩阵,此法只适用于对称矩阵,请重新输入");
        break;
end if;
V := LinearAlgebra[IdentityMatrix](m);
V1 := Matrix(m, m, [seq(0, i=1..m^2)]);
for j from 1 to m do
        V1[j, j] :=1;
end do;
max1 :=0;
#求 A 的非对角线绝对值最大的元素
for j from 2 to m do
        for k from 1 to j-1 do
                if abs(AA[j, k])> max1 then
                        max1 :=abs(AA[j, k]);
                        p :=j;
                        q :=k;
                end if;
        end do;
  end do;
count :=0;
while (max1 >=err) and (count < 1000) do
        if AA[p, p]=AA[q, q] then
                c :=sqrt(2)/2; #取角度 theta=Pi/4
                s :=c;
        elif AA[p, q]<> 0 then
                tao :=(AA[q, q]-AA[p, p] )/(2 * AA[p, q]);
                t :=sign(tao)/(abs(tao)+sqrt(1+tao^2));
                c :=1/sqrt(1+t^2);
                s :=t * c;
        elif AA[p, q]=0 then
               c :=1;
               s :=0
        end if;
    R :=Matrix(2, 2, [c, s, -s, c]);
    RR :=Matrix(2, 2, [c, -s, s, c]);
    U :=LinearAlgebra
[MatrixMatrixMultiply](RR, AA[[p, q], 1..m]);
   AA([p, q], 1..m) :=U;
   AA(1..m, [p, q]) :=LinearAlgebra
[MatrixMatrixMultiply]( AA[1..m, [p, q]], R);
   V1[1..m, [p, q]] :=LinearAlgebra
[MatrixMatrixMultiply]( V[1..m, [p, q]], R);
   V :=V1;
   max1 :=0;
```

```
        for j from 2 to m do
                for k from 1 to j−1 do
                        if abs(AA[j, k])> max1 then
                                    max1 :=abs(AA[j, k]);
                                    p :=j;
                                    q :=k;
                         end if;
                  end do;
           end do;
    count :=count+1;
    end do;
  print ('A 的全部特征值为');
  lam :=LinearAlgebra [Diagonal](AA);
  print (evalf(lam));
  print ('相应的特征向量为－V 的列向量');
  evalf(V);
  end:
```

例 7.8 求矩阵 $\boldsymbol{A}=\begin{pmatrix}10 & 8 & 12 & -9 & 7\\ 8 & -7 & 0 & 11 & 5\\ 12 & 0 & -6 & 9 & 12\\ -9 & 11 & 9 & -3 & 5\\ 7 & 5 & 12 & 5 & -9\end{pmatrix}$ 的全部特征值和特征向量。

解 采用 7 位浮点数计算。

```
> UseHardwareFloats := false:
Digits :=7:
A := Matrix([[10, 8, 12, −9, 7], [8, −7, 0, 11, 5], [12, 0,−6, 9, 12], [−9, 11, 9, −3,
5], [7, 5, 12, 5, −9]]):
> jacobieig(A);
```

A 的全部特征值为

$$\begin{bmatrix}23.722884\\ -5.5496477\\ -27.121369\\ 11.037243\\ -17.089113\end{bmatrix}$$

相应的特征向量为$\boldsymbol{v}$ 的列向量

$$\begin{bmatrix}0.7173637 & 0.2171779 & -0.3703369 & -0.4959642 & -0.2347235\\ 0.2916863 & 0.7458561 & 0.4860807 & 0.3021478 & 0.1762112\\ 0.4827886 & -0.5524301 & 0.5547503 & 0.2015255 & -0.3367155\\ 0.1145172 & 0.07363922 & -0.5224117 & 0.7596148 & -0.3626804\\ 0.3925699 & -0.2931399 & -0.2142777 & 0.2123731 & 0.8178899\end{bmatrix}$$

利用 Maple 的程序[LinearAlgebra]Eigenvectors 检验。

```
> with(LinearAlgebra):
```

```
> evalf(Eigenvectors(A));
```

$$\begin{bmatrix} 11.03724 \\ 23.72287 \\ -5.549645 \\ -17.08911 \\ -27.12136 \end{bmatrix}, \begin{bmatrix} -2.335321 & 1.827338 & -0.7408659 & -0.2869785 & 1.728532 \\ 1.422727 & 0.7428504 & -2.544358 & 0.2154432 & -2.270120 \\ 0.9489294 & 1.229901 & 1.884524 & -0.4116858 & -2.588386 \\ 3.576779 & 0.2917060 & -0.2512079 & -0.4434333 & 2.438389 \\ 1 & 1 & 1 & 1 & 1 \end{bmatrix}$$

由此可见,所求特征值基本相同(因为例 7.8 中只用了 7 位浮点数计算,如果增加浮点位数,则它们更接近),只是顺序不同,特征向量不相同,是因为 Eigenvectors 中对特征向量做了规范处理。如果将 jacobieig 所求的特征向量的最后一个分量去除该特征向量的其他分量,则结果与 Eigenvectors 所求的基本相同。

7.4 对称 QR 方法

1. 功能

求实对称矩阵的全部特征值。

2. 计算方法

用 $n-2$ 个 Householder 变换将 n 阶对称矩阵 $\boldsymbol{A}$ 正交相似约化为三对角矩阵 $\boldsymbol{T}$,对三对角矩阵 $\boldsymbol{T}$ 进行带原点移位的 QR 迭代,即

$$\boldsymbol{T}_i-\mu_i\boldsymbol{I}=\boldsymbol{Q}_i\boldsymbol{R}_i\ (\boldsymbol{T}_1=\boldsymbol{T})$$

$$\boldsymbol{T}_{i+1}=\boldsymbol{R}_i\boldsymbol{Q}_i+\mu_i\boldsymbol{I},\quad i=1,2,\cdots,k$$

其中,$\boldsymbol{T}_i$ 是对称三对角矩阵 $\boldsymbol{T}_i=\begin{pmatrix} a_1 & b_1 & & & \\ b_1 & a_2 & b_2 & & \\ & \ddots & \ddots & \ddots & \\ & & b_{n-2} & a_{n-1} & b_{n-1} \\ & & & b_{n-1} & a_n \end{pmatrix}$,取二阶矩阵 $\begin{pmatrix} a_{n-1} & b_{n-1} \\ b_{n-1} & a_n \end{pmatrix}$ 的特征值中最接近 a_n 的作为移位 μ_i,这样重复执行带移位的 QR 迭代,直到 $b_{n-1}\approx 0$(即 $b_{n-1}<\text{ep}$),即可得到第一个特征值 $\lambda_1=\mu_1+\mu_2+\cdots+\mu_k$。对 $\boldsymbol{T}_i$ 的 $(n-1)$ 阶主子矩阵重复上述过程,即可得到全部特征值。

3. 使用说明

symqr(*A*, ep)

式中,第一个参数 $\boldsymbol{A}$ 为实对称矩阵;第二个参数 ep 为指定的精度要求,当元素 b_{n-1} 的绝对值小于 ep 时,求得一个特征值,默认 $\text{ep}=10^{-15}$。程序执行后返回全部特征值。

4. Maple 程序

```
> symqr := proc(AA, ep)
local A, B, DD, E, H, HH, Q, R, Tva, eps, j, k, m, n, s, count;
if nargs=1 then
        eps := 10^(-15);
    else
```

```
            eps :=ep;
    end if;
    A :=evalf(AA);
    m :=LinearAlgebra[RowDimension](A);
    n :=LinearAlgebra['ColumnDimension'](A);
    if m <> n then
        error"只能对方阵进行求解";
    end if;
    count :=0;
    DD :=Vector(n);
    H :=LinearAlgebra[HessenbergForm](A);
    k :=m;
    B :=H;
    while (k>1) do
        s :=abs(B[k, k-1]);
        while (s>=eps) and (count<2000) do
            Tva :=LinearAlgebra[Eigenvalues] (B[k-1..k, k-1..k]);
            j :=1;
            if abs(Tva(2)-B[k, k])< abs(Tva(1)- B[k, k]) then
                j :=2;
            end if;
            E :=LinearAlgebra[IdentityMatrix](k);
            (Q, R) :=LinearAlgebra[QRDecomposition](B-Tva(j) * E);
            B :=LinearAlgebra[MatrixMatrixMultiply](R, Q)+Tva(j) * E;
            count :=count+1;
        end do;
     H[1..k, 1..k] :=B;
     k :=k-1;
     B :=H[1..k, 1..k]; #对 H 的 m-1 阶主子矩阵重复上述过程;
    end do;
    print('矩阵的近似特征值为');
    DD :=LinearAlgebra[Diagonal](H);
    end:
```

例 7.9 求矩阵 $\boldsymbol{A}=\begin{pmatrix}5 & -3 & 0 & 0 & 0\\ -3 & 8 & 0.5 & 0 & 0\\ 0 & 0.5 & 5 & 0.5 & 0\\ 0 & 0 & 0.5 & 10 & 5\\ 0 & 0 & 0 & 1 & 6\end{pmatrix}$的全部特征值。

解 建立矩阵 $\boldsymbol{A}$,代入程序 symqr 计算,并用 Maple 的 Eigenvalues 程序验证,有如下结果。

```
> A := Matrix(5, 5, [5, -3, 0, 0, 0, -3, 8 , 0.5 , 0, 0, 0, 0.5,5, 0.5, 0, 0, 0, 0.5, 10, 1,
0, 0, 0, 1, 6]):
> symqr(A);
```

矩阵的近似特征值为

$$\begin{bmatrix} 10.2848700702722 \\ 9.88669083962857 \\ 3.10807569649201 \\ 4.94091942888409 \\ 5.77944396472309 \end{bmatrix}$$

```
> with(LinearAlgebra):
> Eigenvalues(A);
```

$$\begin{bmatrix} 9.88669083962859 + 0.\,I \\ 10.2848700702722 + 0.\,I \\ 3.10807569649200 + 0.\,I \\ 4.94091942888409 + 0.\,I \\ 5.77944396472309 + 0.\,I \end{bmatrix}$$

7.5 QR 方法

7.5.1 上 Hessenberg 的 QR 方法

1. 功能

求实矩阵的全部特征值。

2. 计算方法

用 $n-2$ 个 Householder 变换将 n 阶矩阵 $\boldsymbol{A}$ 正交相似约化为上 Hessenberg 矩阵 $\boldsymbol{H}$，对矩阵 $\boldsymbol{H}$ 进行 QR 迭代，即 $\boldsymbol{H}_i=\boldsymbol{Q}_i\boldsymbol{R}_i(\boldsymbol{H}_1=\boldsymbol{H})$，$\boldsymbol{T}_{i+1}=\boldsymbol{R}_i\boldsymbol{Q}_i(i=1,2,\cdots)$。

3. 使用说明

hessenqr(*A*, ep, max$_1$)

式中，第一个参数 $\boldsymbol{A}$ 为实矩阵；第二个参数 ep 为指定的精度要求；第三个参数 $\max_1$ 是最大迭代次数，默认 $\max_1=1000$。当对角线以下的元素的绝对值最大者小于 ep 时，且迭代次数小于 $\max_1$ 时退出。程序执行后返回准上三角矩阵，对角线上的一阶或二阶子矩阵块的特征值就是所求矩阵的特征值。

4. Maple 程序

```
> hessenqr:=proc(AA, ep, max1)
local A, H, Q, R, i, j, k, m, n, s, count, max2;
#此程序比 MATLAB 的同样程序耗时更多.
if nargs=2 then
        max2:=1000;
else
         max2:=max1;
end if;
A:=evalf(AA);
m:=LinearAlgebra[RowDimension](A);
n:=LinearAlgebra['ColumnDimension'](A);
if m<>n then
```

```
        error"只能对方阵进行求解";
    end if;
    count :=0;
    H :=LinearAlgebra[HessenbergForm](A);
          s :=0;
          for i from 2 to n do
              for j from 1 to i-1 do
                  if abs(H[i, j])> s   then
                      s :=abs(H[i, j]);
                  end if;
              end do;
          end do;
    while (s>=ep) and (count< max2) do
        (Q, R) :=LinearAlgebra[QRDecomposition](H);
         H :=LinearAlgebra[MatrixMatrixMultiply](R, Q);
         s :=0;
        for i from 2 to n do
              for j from 1 to i-1 do
                  if abs(H[i, j])> s   then
                      s :=abs(H[i, j]);
                  end if;
              end do;
         end do;
         count :=count+1;
    end do;
    print('迭代次数');
    print(count);
    print('矩阵 H 的对角线的一阶或二阶子块子矩阵的特征值就是 A 的近似特征值');
    return H;
    end:
```

例 7.10 求矩阵 $\boldsymbol{A}=\begin{pmatrix}1 & 3 & 8\\ 3 & -1 & 0\\ 7 & 1 & 9\end{pmatrix}$的全部特征值。

解 采用 12 位浮点数计算。

```
> UseHardwareFloats := false:
Digits :=12:
> A := Matrix(3, 3, [1, 3, 8, 3, -1, 0, 7, 1, 9]):
> hessenqr(A, 10^(-16));
```

迭代次数 39

矩阵 $\boldsymbol{H}$ 的对角线的一阶或二阶子块子矩阵的特征值就是 $\boldsymbol{A}$ 的近似特征值

$$\begin{bmatrix} 13.7478437054 & -1.24514683791 & 0.128199080734 \\ 9.27740711919\times 10^{-17} & -4.89639915891 & -0.658159818883 \\ 0 & -1.32554709551\times 10^{-59} & 0.148555453394 \end{bmatrix}$$

可见,矩阵 $\boldsymbol{A}$ 的特征值为 13.7478437054,−4.89639915891,0.148555453394。

例 7.11　求矩阵 $\boldsymbol{A}_1=\begin{pmatrix}10 & 30 & 12 & -9 & 7\\ 8 & -7 & 0 & 11 & 5\\ 12 & 0 & -6 & 9 & 12\\ -9 & 11 & 3 & 17 & 5\\ 7 & 5 & 12 & 5 & -9\end{pmatrix}$ 的全部特征值。

解　采用 9 位浮点数计算。建立矩阵 $\boldsymbol{A}_1$，代入程序 hessenqr 计算，并用 Maple 的 Eigenvalues 程序验证，有如下结果。

```
> UseHardwareFloats := false :
Digits :=9:
A1 :=Matrix(5, 5, [10, 30, 12, -9, 7, 8, -7, 0, 11, 5, 12, 0, -6, 9, 12, -9, 11, 3, 17, 5,
7, 5, 12, 5, -9]):
> hessenqr(A1, 0.000001);
```

迭代次数 1000

矩阵 $\boldsymbol{H}$ 的对角线的一阶或二阶子块子矩阵的特征值就是 $\boldsymbol{A}$ 的近似特征值

$$\begin{bmatrix}-26.2359668 & 10.4316489 & -3.33893465 & -0.957350650 & 12.3211370\\ -8.53395730\times10^{-9} & 24.6782449 & -6.74582329 & -3.47643775 & 9.46032470\\ 0 & 1.03624163 & 26.3401687 & 4.05195616 & -4.83623636\\ 0 & 0 & -1.91650251\times10^{-183} & -16.7527716 & 6.73455932\\ 0 & 0 & 0 & 2.19853099\times10^{-742} & -3.02967415\end{bmatrix}$$

可见，矩阵 $\boldsymbol{A}_1$ 的特征值为 -26.2359688，-16.7527716，-3.02967415 及二阶对角块 $\begin{bmatrix}24.6782449 & -6.74582329\\ 1.03624163 & 26.3401687\end{bmatrix}$ 的特征值，即 $25.5092068\pm2.509941283\mathrm{I}$。

```
> with(LinearAlgebra):
UseHardwareFloats :=true:
> S :=Matrix(2, 2,[ 24.6782449, -6.74582329, 1.03624163, 26.3401687]);
```

$$S:=\begin{bmatrix}24.6782449 & -6.74582329\\ 1.03624163 & 26.3401687\end{bmatrix}$$

```
> Eigenvalues(S);
```

$$\begin{bmatrix}25.5092068000000084+2.50994128267375194\mathrm{I}\\ 25.5092068000000084-2.50994128267375194\mathrm{I}\end{bmatrix}$$

```
> evalf(Eigenvalues(A1), 15);
```

$$\begin{bmatrix}25.5092070970587+2.50994270839182\mathrm{I}\\ -3.02967418449153\\ -16.7527710189342\\ -26.2359689906918\\ 25.5092070970587-2.50994270839182\mathrm{I}\end{bmatrix}$$

对于有复根的情况，QR 方法收敛较慢，经过多次试验，迭代次数至少 600 次以上，才收敛到对角线子块是一阶或二阶子矩阵的块三角矩阵。

7.5.2 原点移位的 QR 方法

1. 功能

求实矩阵的全部特征值。

2. 计算方法

用 $n-2$ 个 Householder 变换将 n 阶矩阵 $\boldsymbol{A}$ 正交相似约化为上 Hessenberg 矩阵 $\boldsymbol{H}$，对矩阵 $\boldsymbol{H}$ 进行 QR 分解，即 $\boldsymbol{H}_1=\boldsymbol{Q}_i\boldsymbol{R}_i(\boldsymbol{H}_1=\boldsymbol{H})$，对 Hessenberg 矩阵 $\boldsymbol{H}$ 进行带原点移位的 QR 分解，即

$$\boldsymbol{H}_i-\mu_i\boldsymbol{I}=\boldsymbol{Q}_i\boldsymbol{R}_i(\boldsymbol{H}_1=\boldsymbol{H}),$$

$$\boldsymbol{H}_{i+1}=\boldsymbol{R}_i\boldsymbol{Q}_i+\mu_i\boldsymbol{I},\quad i=1,2,\cdots,k$$

其中，$\boldsymbol{H}_i$ 是上 Hessenberg 矩阵，$\boldsymbol{H}_i=\begin{pmatrix} h_{11} & h_{12} & \cdots & h_{1n-1} & h_{1n} \\ h_{21} & h_{22} & h_{23} & \cdots & h_{2n} \\ & \ddots & \ddots & \ddots & \\ & & h_{(n-1)(n-2)} & h_{(n-1)(n-1)} & h_{(n-1)n} \\ & & & h_{n(n-1)} & h_{nn} \end{pmatrix}$，当二阶矩阵 $\begin{pmatrix} h_{(n-1)(n-1)} & h_{(n-1)n} \\ h_{n(n-1)} & h_{nn} \end{pmatrix}$ 的特征值是实数时，选取最接近 h_{nn} 的特征值作为移位 μ_i，当它有复根时，取 h_{nn} 作为移位 μ_i，这样重复执行带移位的 QR 分解，直到 $h_{n(n-1)}\approx 0$（即 $h_{n(n-1)}<\text{ep}$），可得到第一个特征值 $\lambda_1=\mu_1+\mu_2+\cdots+\mu_k$，然后对 $\boldsymbol{H}_i$ 的$(n-1)$阶主子矩阵重复上述过程，即可得到全部的特征根。如果重复执行带移位的 QR 分解后，仍有 $h_{n(n-1)}\geqslant\text{ep}$，但是，$h_{(n-1)(n-2)}<\text{ep}$，这说明 H 有复根，取二阶矩阵 $\begin{pmatrix} h_{(n-1)(n-1)} & h_{(n-1)n} \\ h_{n(n-1)} & h_{nn} \end{pmatrix}$ 的特征值作为 $\boldsymbol{H}$ 的特征值 λ_{n-1}，λ_n，然后对 $\boldsymbol{H}_i$ 的$(n-2)$阶主子矩阵重复上述过程，即可得到全部的特征根。

3. 使用说明

shiftqr(A,ep)

式中，第一个参数 $\boldsymbol{A}$ 为实矩阵，第二个参数 ep 指定的精度要求，当元素 $h_{n(n-1)}$ 的绝对值小于 ep 时，求得一个特征值，默认 $\text{ep}=10^{-15}$，执行后返回全部特征值。

注　在程序内部，我们设置了原点移位的 QR 分解次数(count)不超过 1000 次，对一般情况下的问题求解，已足够了。实际应用时，可查看 Maple 程序中 $\boldsymbol{H}$ 的返回值，如果 $\boldsymbol{H}$ 的对角线子块是一阶或二阶子矩阵的块三角矩阵，说明迭代已经收敛到满足精度要求的解，否则，可增加分解次数。

4. Maple 程序

```
> shiftqr := proc(AA, ep)
local A, B, DD, E, H, HH, Q, R, Tva, eps, j, m, n, count;
m := LinearAlgebra[RowDimension](AA);
n := LinearAlgebra[ColumnDimension](AA);
if m <> n then
     error"只能对方阵进行求解";
```

```
end if;
if nargs=1 then
            eps:=10^(-15);
      else
         eps:=ep;
end if;
A:=evalf(AA);
DD:=Vector(n);
B:=Matrix(n);
H:=Matrix(n);
H:=LinearAlgebra[HessenbergForm](A);
B:=H;
while (m>1)  do
      count:=0;
      while (abs(B[m, m-1])>=eps) and (count<1000) do
         Tva:=LinearAlgebra[Eigenvalues](B[m-1..m, m-1..m]);
         E:=LinearAlgebra[IdentityMatrix](m);
        if  MTM[isreal](Tva) then
            j:=1;
            if abs(Tva(2)-B[m, m])<abs(Tva(1)-B[m, m])  then
               j:=2;
            end if;
          (Q, R):=LinearAlgebra[QRDecomposition](B-Tva(j)*E);
          B:=LinearAlgebra[MatrixMatrixMultiply](R, Q)+Tva(j)*E;
        else
          (Q, R):=LinearAlgebra[QRDecomposition](B-B[m, m]*E);
          B:=LinearAlgebra[MatrixMatrixMultiply](R, Q)+B[m, m]*E;
        end if;
        count:=count+1;
     end do;
  if (abs(B[m, m-1])<eps) then
        DD[m]:=B[m, m];
        m:=m-1;
        B:=B[1..m, 1..m]; #对 B 的 m-1 阶子矩阵重复上述过程;
  end if;
 if (m>2) and (abs(B[m, m-1])>=eps) and (abs(B[m-1, m-2])<eps) then
      Tva:=LinearAlgebra[Eigenvalues](B[m-1..m, m-1..m]);
         #此二阶块有复根;
       DD[m-1..m]:=Tva;
       m:=m-2;
       B:=B[1..m, 1..m]; #对 B 的 m-2 阶子矩阵重复上述过程;
   end if;
   if (m=2) and (abs(B[m, m-1])>=eps)  then
        Tva:=LinearAlgebra[Eigenvalues](B[m-1..m, m-1..m]);
        DD[m-1..m]:=Tva;
        m:=m-2;
   end if;
   if m=1 then
        DD[1]:=B[1,1];
   end if;
 end do;
```

```
print('矩阵的近似特征值为');
DD;
end:
```

例 7.12 用原点移位的 QR 方法,求矩阵 $A_2=\begin{pmatrix}9&-2&-7&4&6\\6&-9&2&-1&-1\\-4&8&-8&9&3\\3&4&8&4&7\\8&-8&0&7&4\end{pmatrix}$ 的全部特征值。

解 建立矩阵 A_2,代入程序 shiftqr 计算,并用 Maple 的 Eigenvalues 程序验证,有如下结果。

```
> A2 := Matrix([[9, -2, -7, 4, 6], [6, -9, 2, -1, -1], [-4, 8, -8, 9, 3], [3, 4, 8, 4, 7], [8, -8, 0, 7, 4]]):
> shiftqr(A2);
```

矩阵的近似特征值为

$$\begin{bmatrix}17.0110648076760889+0.\mathrm{I}\\-16.7722526217896544+0.\mathrm{I}\\7.39716644137695310\\-8.14482764782385615\\0.508849020560480758\end{bmatrix}$$

```
> with(LinearAlgebra):
> evalf(Eigenvalues(A2), 15);
```

$$\begin{bmatrix}0.508849020560484\\7.39716644137694\\17.0110648076761\\-8.14482764782385\\-16.7722526217897\end{bmatrix}$$

可见,所求结果几乎完全相同。

例 7.13 用原点移位的 QR 方法,求矩阵 $A_3=\begin{pmatrix}3&2&3&4&5&6&7\\11&1&2&3&4&5&6\\2&8&9&1&2&3&4\\-4&2&9&11&13&15&8\\-1&-2&-3&-1&-1&-1&-1\\3&2&3&4&13&15&8\\-2&-2&-3&-4&-5&-3&-3\end{pmatrix}$ 的特征值。

解 建立矩阵 A_3,代入程序 shiftqr 计算,并用 Maple 的 Eigenvalues 程序验证,有如下结果。

```
> A3:=Matrix(7, 7, [3, 2, 3, 4, 5, 6, 7, 11, 1, 2, 3, 4, 5, 6, 2, 8, 9, 1, 2, 3, 4, -4, 2, 9, 11, 13, 15, 8, -1, -2, -3, -1, -1, -1, -1, 3, 2, 3, 4, 13, 15, 8, -2, -2, -3, -4, -5, -3, -3]):
> shiftqr(A3);
```

矩阵的近似特征值为

$$\begin{bmatrix} 18.4123185390661348 \\ 11.1805196555491762 \\ 1.70992818926672507+4.25219686219256944\mathrm{I} \\ 1.70992818926672507-4.25219686219256944\mathrm{I} \\ 4.49831918927814290 \\ -2.23266683394613530 \\ -0.278346928480691868 \end{bmatrix}$$

```
> evalf(Eigenvalues(A3));
```

$$\begin{bmatrix} 4.49831918927813 \\ 11.1805196555492 \\ 18.4123185390661 \\ 1.70992818926670+4.25219686219268\mathrm{I} \\ -0.278346928480690 \\ -2.23266683394614 \\ 1.70992818926670-4.25219686219268\mathrm{I} \end{bmatrix}$$

注　本例题在 Maple 2016 中运行时间很长，可以用命令 UseHardwareFloats:=false; Digits:=10;减少浮点数，缩短程序运行时间。

7.5.3　双重步 QR 方法

1. 功能

求实矩阵的全部特征值。

2. 计算方法

用 $n-2$ 个 Householder 变换将 n 阶矩阵 $\boldsymbol{A}$ 正交相似约化为上 Hessenberg 矩阵 $\boldsymbol{H}$，对矩阵 $\boldsymbol{H}$ 进行双重步 QR 分解。记，$s=h_{(n-1)(n-1)}+h_{nn}=\mu_1+\mu_2$，$t=h_{(n-1)(n-1)}h_{nn}+h_{n(n-1)}h_{(n-1)n}=\mu_1\mu_2$。取 μ_1 和 μ_2 为移位，在复数域上连续作两次原点移位 QR 变换，即

$$\begin{aligned} &\boldsymbol{H}-\mu_1\boldsymbol{I}=\boldsymbol{Q}_1\boldsymbol{R}_1 \text{（复 QR 分解）} \\ &\boldsymbol{B}=\boldsymbol{R}_1\boldsymbol{Q}_1+\mu_1\boldsymbol{I} \\ &\boldsymbol{B}-\mu_2\boldsymbol{I}=\boldsymbol{Q}_2\boldsymbol{R}_2 \quad \text{（复 QR 分解）} \\ &\boldsymbol{C}=\boldsymbol{R}_2\boldsymbol{Q}_2+\mu_2\boldsymbol{I} \end{aligned} \tag{Ⅰ}$$

可以证明双步 QR 变换（Ⅰ）等价于下面的一步实 QR 变换：

$$\begin{aligned} &\boldsymbol{M}=\boldsymbol{H}^2-s\boldsymbol{H}+t\boldsymbol{I} \\ &\boldsymbol{M}=\boldsymbol{Q}\boldsymbol{R} \quad \text{（实 QR 分解）} \\ &\boldsymbol{C}=\boldsymbol{Q}^{\mathrm{T}}\boldsymbol{H}\boldsymbol{Q} \end{aligned} \tag{Ⅱ}$$

用 $n-2$ 个 Householder 变换将 $\boldsymbol{C}$ 正交相似约化为上 Hessenberg 矩阵 $\boldsymbol{D}$，设 $\boldsymbol{D}=\begin{pmatrix} d_{11} & d_{12} & \cdots & d_{1n-1} & d_{1n} \\ d_{21} & d_{22} & d_{23} & \cdots & d_{2n} \\ & \ddots & \ddots & \ddots & \\ & & d_{(n-1)(n-2)} & d_{(n-1)(n-1)} & d_{(n-1)n} \\ & & & d_{n(n-1)} & d_{nn} \end{pmatrix}$，在执行过程中同时判断收敛性。当二阶矩阵 $\begin{pmatrix} d_{(n-1)(n-1)} & d_{(n-1)n} \\ d_{n(n-1)} & d_{nn} \end{pmatrix}$ 满足 $d_{n(n-1)} \approx 0$（即 $d_{n(n-1)} < \mathrm{ep}$）时，可得到第一个特征值 $\lambda_n = d_{nn}$，然后取 $\boldsymbol{D}$ 的 $(n-1)$ 阶主子矩阵作为 $\boldsymbol{H}$，重复上述过程，即可得到全部特征值。如果重复执行后，仍有 $d_{n(n-1)} \geqslant \mathrm{ep}$，但是，$d_{(n-1)(n-2)} < \mathrm{ep}$，这说明 $\boldsymbol{H}$ 有复特征值，取二阶矩阵 $\begin{pmatrix} d_{(n-1)(n-1)} & d_{(n-1)n} \\ d_{n(n-1)} & d_{nn} \end{pmatrix}$ 的特征值作为 $\boldsymbol{H}$ 的特征值 λ_{n-1}, λ_n，然后取 $\boldsymbol{D}$ 的 $(n-2)$ 阶主子矩阵作为 $\boldsymbol{H}$，重复上述过程，即可得到全部特征值。

3. 使用说明

shift2qr(A，ep)

式中，第一个参数 **A** 为实矩阵；第二个参数 ep 为指定的精度要求，当元素 $d_{n(n-1)}$ 的绝对值小于 ep 时，求得一个特征值，默认 $\mathrm{ep}=10^{-15}$。程序执行后返回全部特征值。

注 shift2qr 的使用方法参见 shiftqr 的使用说明，求复特征值时此法收敛速度比 shiftqr 快。

4. Maple 程序

```
> shift2qr := proc(AA, ep)
local A, B, DD, E, H, M, Q, Qt, R, Tva, eps, j, m, n, s, t, count;
m := LinearAlgebra[RowDimension](AA);
n := LinearAlgebra[ColumnDimension](AA);
if m <> n then
      error"只能对方阵进行求解";
end if;
if nargs=1 then
            eps := 10^(-15);
         else
            eps := ep;
end if;
A := evalf(AA);
count := 0;
DD := Vector(n);
B := Matrix(n);
H := Matrix(n);
H := LinearAlgebra[HessenbergForm](A);
B := H;
while (m > 1) and ( count < 1000) do
        E := LinearAlgebra[IdentityMatrix](m);
        s := B[m-1, m-1]+B[m, m];
        t := B[m-1, m-1] * B[m, m]+B[m, m-1] * B[m-1, m];
```

```
            M := LinearAlgebra[MatrixMatrixMultiply](B, B) - s * B + t * E;
            (Q, R) := LinearAlgebra[QRDecomposition](M);
            Qt := LinearAlgebra[Transpose](Q);
            B := LinearAlgebra[MatrixMatrixMultiply](Qt, B);
            B := LinearAlgebra[MatrixMatrixMultiply](B, Q);
      if (abs(B[m, m-1])< eps) then
            DD[m] := B[m, m];
            m := m-1;
            B := B[1..m, 1..m]; # 对 B 的 m-1 阶主子矩阵重复上述过程;
       end if;
  if (m > 2) and (abs(B[m, m-1])>=eps) and (abs(B[m-1, m-2])< eps) then
            Tva := LinearAlgebra[Eigenvalues](B[m-1..m, m-1..m]);
            # 此二阶块有复根;
            DD[m-1..m] := Tva;
           # 将第 m-1, m 个特征值放在 DD[m-1], DD[m];
           m := m-2;
           B := B[1..m, 1..m]; # 对 B 的 m-2 阶主子矩阵重复上述过程 ;
      end if;
      if (m=2) and (abs(B[m, m-1])>=eps)   then
            Tva := LinearAlgebra[Eigenvalues](B[m-1..m, m-1..m]);
            DD[m-1..m] := Tva;
            m := m-2;
      end if;
      if m=1 then
          DD[1] := B[1, 1];
      end if;
      count := count+1;
      B := LinearAlgebra[HessenbergForm](B);
  end do;
  print('矩阵的近似特征值为');
  DD;
  end:
```

例 7.14　分别用原点移位的 QR 方法和双步移位 QR 方法，求矩阵 $\boldsymbol{A}_4 = \begin{pmatrix} 10 & 30 & 12 & -9 & 23 \\ 52 & 17 & 59 & 3 & 95 \\ 15 & 0 & -16 & 19 & 12 \\ 9 & 11 & -5 & 18 & 5 \\ -8 & 50 & 12 & 5 & 80 \end{pmatrix}$ 的全部特征值。

解　建立矩阵 $\boldsymbol{A}_4$，分别代入程序 shiftqr，shift2qr 计算，并记录程序运行时间，可得如下结果。

```
> A4 := Matrix(5, 5, [10, 30, 12, -9, 23, 52, 17, 59, 3, 95, 15, 0, -16, 19, 12, 9, 11, -5,
18, 5, -8, 50, 12, 5, 80]):
> tm := time( ):
shiftqr(A4);
tm := time( )-tm;
```

矩阵的近似特征值为

$$\begin{bmatrix} 133.756571508371678 \\ 18.1347947080058099+6.84173746655396808\mathrm{I} \\ 18.1347947080058099-6.84173746655396808\mathrm{I} \\ -30.5130804621916738+11.9172017550063068\mathrm{I} \\ -30.5130804621916738-11.9172017550063068\mathrm{I} \end{bmatrix}$$

$$tm := 12.969$$

```
> tm := time( ):
shift2qr(A4);
tm := time( ) - tm;
```

矩阵的近似特征值为

$$\begin{bmatrix} 133.756571508371792 \\ -30.5130804621917450+11.9172017550062872\mathrm{I} \\ -30.5130804621917450-11.9172017550062872\mathrm{I} \\ 18.1347947080058560+6.84173746655382153\mathrm{I} \\ 18.1347947080058560-6.84173746655382153\mathrm{I} \end{bmatrix}$$

$$tm := 0.187$$

```
> with(LinearAlgebra):
> evalf(Eigenvalues(A4), 15);
```

$$\begin{bmatrix} 133.756571508372 \\ 18.1347947080059+6.84173746655384\mathrm{I} \\ -30.5130804621917+11.9172017550063\mathrm{I} \\ -30.5130804621917-11.9172017550063\mathrm{I} \\ 18.1347947080059-6.84173746655384\mathrm{I} \end{bmatrix}$$

可见，两种方法的计算结果几乎相同。但是，对具有复根的情况，双步 QR 方法比原点移位 QR 方法收敛速度快很多。

第8章 非线性方程求根

在许多实际问题中，经常需要求解非线性方程

$$f(x)=0 \tag{8.1}$$

本章主要介绍求解非线性方程的几种常用的数值解法，如迭代法、牛顿法、弦截法、试位法、改进的牛顿法、Brent 法和抛物线法等。

8.1 迭代法

1. 功能

求方程 $f(x)=0$ 在 x_0 附近的根。

2. 计算方法

(1) 将方程(8.1)等价地转化为方程

$$x=g(x) \tag{8.2}$$

(2) 构造迭代公式

$$x_{k+1}=g(x_k),\quad k=0,1,\cdots, \tag{8.3}$$

上式称为不动点迭代法(它将求解方程 $f(x)=0$ 转化为求解函数 $g(x)$ 的不动点)，$g(x)$ 称为迭代函数。

(3) 检验迭代终止条件是否满足，若满足，则求得方程的近似解并退出，否则继续迭代。迭代终止的条件为

$$|x_{k+1}-x_k|<\text{tol},\quad 或 \left|\frac{x_{k+1}-x_k}{x_{k+1}}\right|<\text{tol}$$

3. 使用说明

fixiter(fun, x_0, tol, maxiter)

式中，fun 是迭代函数；x_0 是初始点；tol 是容差；maxiter 是最大迭代次数。程序输出为根的近似值 xp，最后的 $|x_{k+1}-x_k|$ 和实际迭代次数 numiter。

4. Maple 程序

```
> fixiter := proc(fun, x0, tol, maxiter)
    local newx, prevx, k, maxit, eps, xp, err, numiter;
     if nargs < 4 then
          maxit := 1000;
     else
```

```
            maxit := maxiter;
        end if;
    if nargs < 3 then
              eps := 1e-8;
        else
              eps := tol;
  end if;
  prevx := evalf(x0);
  newx := evalf(fun(prevx));
  k := 1;
  while abs(evalf(newx-prevx))>=eps and (k < maxit) do
        prevx := newx;
        newx := evalf(fun(prevx));
        k := k+1;
        if abs(evalf(newx-prevx))> 1 and k > 100 then
            print('此迭代序列发散或收敛速度相当慢,请选择新的迭代函数');
            break;
        end if;
  end do;
  xp := newx;
  err := abs(newx-prevx);
  numiter=k;
  return xp, err, numiter;
  end:
```

例 8.1 用迭代法求方程 $5x^2-21x+15=0$ 的根。

解 有多种方法将方程 $5x^2-21x+15=0$ 等价地转化为 $x=g(x)$。例如，

(a) $x=g_1(x)=\dfrac{21}{5}-\dfrac{3}{x}$;

(b) $x=g_2(x)=x-5x^2+21x-15=-5x^2+22x-15$;

(c) $x=g_3(x)=\dfrac{5x^2+15}{21}$;

(d) $x=g_4(x)=\dfrac{15}{21-5x}$;

(e) $x=g_5(x)=x-\dfrac{5x^2-21x+15}{2x+8}$。

用迭代函数 $g_1(x)$可得

```
> fun1 := x-> 21/5-3/x:
> fixiter(fun1, 0.9, 0.000001);
```

$$3.287434364,\quad 4.06\times10^{-7},\quad 17。$$

原方程的两个根分别为$\dfrac{21}{10}+\dfrac{\sqrt{141}}{10}\approx3.287434209$ 和$\dfrac{21}{10}-\dfrac{\sqrt{141}}{10}\approx0.912565791$。我们选取多个初始点进行迭代,发现迭代后都收敛到较大的根。如图 8.1 所示,长划线的路线是连接点(x_1,x_1),(x_1,x_2),(x_2,x_2),(x_2,x_3),(x_3,x_3),…而成的。它是一条指向 $y=x$ 和 $y=g_1(x)$的右交点的路线,并展示了序列 x_1,x_2,x_3,…的收敛过程。

```
> x[1] := 0.9:
path := NULL:
for i from 1 to 9 do
    x[i+1] := evalf(fun(x[i]));
path := path, [x[i], x[i]], [x[i], x[i+1]], [x[i+1], x[i+1]];
end do:
plot([fun(x), x, [path]], x=-20..8, y=-20..8, legend=['y=x', y=g(x), 'path'], color=
[red, green, blue]);
```

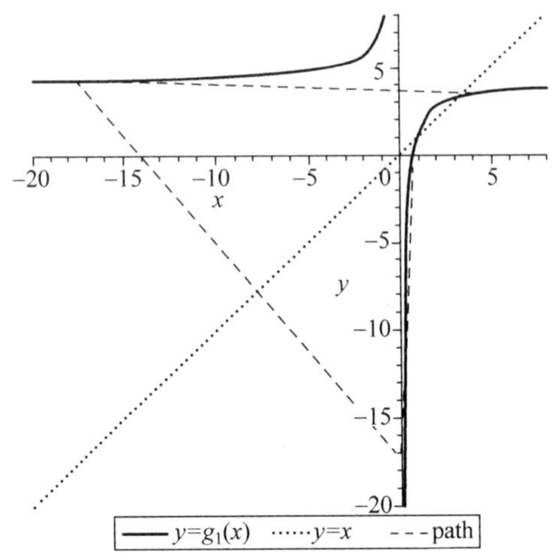

图 8.1　迭代序列收敛示意图

若用迭代函数 $g_2(x)$，则有

```
> fun1 :=x->-5 * x^2+22 * x-15:
> fixiter(fun1, 0.9, 0.000001);
```

此迭代序列发散或收敛速度相当慢，请选择新的迭代函数

$-1.294963472\times10^{623}$, $1.294963472\times10^{623}$, 11

对于同一个求根问题，不同的迭代函数可导致不同的结果。同一个迭代函数，对不同的初始值收敛性也不一定相同。如何选择迭代函数和初始点才能使迭代序列稳定且迅速收敛到要求的根？下面的收敛性定理为选择迭代函数提供了些线索。

定理 8.1　设 $g(x)\in C[a,b]$，且满足：

(1) 对任意的 $x\in[a,b]$，有 $g(x)\in[a,b]$；

(2) $g'(x)$在$[a,b]$上存在且 $0\leqslant L<1$，使得对一切 $x\in[a,b]$有

$$|g'(x)|\leqslant L \tag{8.4}$$

则 $x_{k+1}=g(x_k)$对任意初值 $x_0\in[a,b]$均收敛于 $g(x)$在$[a,b]$的唯一不动点 x^*，且有误差估计式

$$|x^*-x_k|\leqslant\frac{1}{1-L}|x_{k+1}-x_k| \tag{8.5}$$

$$|x^*-x_k|\leqslant\frac{L^k}{1-L}|x_1-x_0| \tag{8.6}$$

8.2 迭代法的加速收敛

如果由式(8.3)生成的迭代序列收敛速度很慢时,可采用 Aitken 加速法和 Steffensen 加速法进行加速。

8.2.1 Aitken 加速法

1. 功能

求方程 $f(x)=0$ 在 x_0 附近的根。

2. 计算方法

(1) 对迭代公式 $x_{k+1}=g(x_k),k=0,1,\cdots$,进行修正,即

$$\bar{x}_{k+1}=x_k-\frac{(x_{k+1}-x_k)^2}{x_{k+2}-2_{k+1}+x_k},\quad k=0,1,\cdots \tag{8.7}$$

称为 Aitken 加速法。

(2) 检验迭代终止条件是否满足,若满足,则求得方程的近似解并退出,否则继续迭代。迭代终止的条件为

$$|\bar{x}_{k+1}-\bar{x}_k|<\text{tol},\quad 或\left|\frac{\bar{x}_{k+1}-\bar{x}_k}{\bar{x}_{k+1}}\right|<\text{tol}$$

3. 使用说明

aitkeniter(fun, x_0, tol, maxiter)

式中,fun 是迭代函数;x_0 是初始点;tol 是容差;maxiter 是最大迭代次数。程序输出为根的近似值 xp,最后的 $|\bar{x}_{k+1}-\bar{x}_k|$ 和实际迭代次数 numiter。

4. Maple 程序

```
> aitkeniter := proc(fun, x0, tol, maxiter)
    local newx1, newx2, newx3, prevx, xx0, xx1, k, maxit, eps, xp, err, numiter, tt;
      if nargs < 4 then
          maxit := 1000;
        else
          maxit := maxiter;
      end if;
   if nargs < 3 then
          eps := 1e-8;
       else
          eps := tol;
end if;
prevx := evalf(x0);
newx1 := evalf(fun(prevx));
newx2 := evalf(fun(newx1));
k := 1;
tt := 100;
xx0 := x0;
while tt >= eps and (k < maxit) do
```

```
            xx1 := prevx-(newx1-prevx)^2/(newx2-2 * newx1+prevx);
            newx3 := evalf(fun(newx2));
            prevx := newx1; newx1 := newx2; newx2 := newx3;
            tt := abs(xx1-xx0);
            xx0 := xx1;
            k := k+1;
      end do;
  xp := xx0;
  err := tt;
  numiter := k;
  return xp, err, numiter;
  end:
```

例 8.2　用 Aitken 加速法求方程 $x^3+2x^2-4=0$ 的根。

解　将 $x^3+2x^2-4=0$ 等价地转化为 $x=g(x)=\sqrt{2-\dfrac{x^3}{2}}$。

```
> fun := x-> sqrt(2-x^3/2):
> aitkeniter(fun, 1.5, 0.000001);
```

$$1.130392897,\quad 9.92\times 10^{-7},\quad 33$$

在精度基本相同的情况下，迭代法需要迭代 80 次，而 Aitken 加速法只需要迭代 33 次。可见，加速效果是很明显的。

8.2.2　Steffensen 加速法

1. 功能

求方程 $f(x)=0$ 在 x_0 附近的根。

2. 计算方法

(1) 把 Aitken 加速技巧与不动点迭代法结合，则由式(8.7)可得到如下迭代法：

$$\begin{cases} y_k=g(x_k),z_k=g(y_k) \\ x_{k+1}=x_k-\dfrac{(y_k-x_k)^2}{z_k-2y_k+x_k}, \quad k=0,1,\cdots \end{cases} \tag{8.8}$$

称为 Steffensen 加速法。

(2) 检验迭代终止条件是否满足，若满足，则求得方程的近似解并退出，否则继续迭代。迭代终止的条件为

$$|x_{k+1}-x_k|<\text{tol}, \quad 或\left|\frac{x_{k+1}-x_k}{x_{k+1}}\right|<\text{tol}$$

注　Steffensen 加速法是将不动点迭代法式(8.3)计算两次合并成一步得到的，它可改写成一种不动点迭代法：

$$x_{k+1}=\psi(x_k), \quad k=0,1,\cdots \tag{8.9}$$

其中，

$$\psi(x)=x-\frac{(g(x)-x)^2}{g(g(x))-2g(x)+x} \tag{8.10}$$

在一定条件下,式(8.9)是平方收敛的。

3. 使用说明

steffniter(fun, x_0, tol, maxiter)

式中,fun 是迭代函数;x_0 是初始点;tol 是容差;maxiter 是最大迭代次数。程序输出为根的近似值 xp,最后的$|x_{k+1}-x_k|$和实际迭代次数 numiter。

4. Maple 程序

```
> steffniter:=proc(fun, x0, tol, maxiter)
   local newx, prevx, yy, zz, k, maxit, eps, xp, err, numiter, tt;
     if nargs<4 then
          maxit:=1000;
      else
          maxit:=maxiter;
      end if;
      if nargs<3 then
           eps:=1e-8;
       else
          eps:=tol;
      end if;
prevx:=evalf(x0);
k:=1;
tt:=100;
while tt>=eps and (k<maxit) do
        yy:=evalf(fun(prevx));
        zz:=evalf(fun(yy));
        newx:=prevx-(yy-prevx)^2/(zz-2*yy+prevx);
        tt:=abs(newx-prevx);
        prevx:=newx;
        k:=k+1;
end do;
xp:=prevx;
err:=tt;
numiter:=k;
return xp, err, numiter;
end:
```

例 8.3 用 Steffensen 加速法求例 8.1 中方程的根,且在求解过程中须分别采用例 8.1(b)和(e)中迭代发散的迭代函数 $g_2(x)$和 $g_5(x)$。

解 用 Maple 程序求解如下:

```
> fun2:=x->-5*x^2+22*x-15:
> steffniter(fun2, 0.9, 0.000001);
```

$$0.9125657914,\quad 9\times10^{-10},\quad 5$$

```
> fun5:=x->x-(5*x^2-21*x+15)/(2*x+8):
> steffniter(fun5, 0.9, 0.000001);
```

$$0.9125657916,\quad 6.41\times10^{-8},\quad 4$$

两个程序计算的结果基本相同,它说明即使迭代法(8.3)不收敛,用 Steffensen 加速法仍可能收敛。

8.3　二分法

1. 功能

若方程 $f(x)=0$ 在$[a,b]$内有唯一实根且 $f(a)f(b)<0$,求其根。

2. 计算方法

(1) 设 $c=\frac{a+b}{2}$,若 $f(c)\approx 0$ 或$\frac{1}{2}(b-a)\approx 0$,则停止迭代。

(2) 如果 $f(a)f(c)>0$,则 $a\leftarrow c$；否则 $b\leftarrow c$。转至(1)。

3. 使用说明

bisect(fun, *a*, *b*, tol, maxiter)

式中,fun$=f(x)$；a,b 分别为左右端点；tol$=|x(k)-x(k-1)|$为上限；maxiter 为最大迭代次数。程序输出为根的近似值 xp 和根的误差估计 err。

4. Maple 程序

```
> bisect := proc(fun, a, b, tol, maxiter)
local aa, bb, c, fa, fb, fc, tolx, maxit, err, tt, k;
aa := a; bb := b;
fa := evalf(fun(aa)); fb := evalf(fun(bb));
if fa * fb > 0 then
    error('必须有 f(a) * f(b)< 0');
end if;
if nargs < 5 then
        maxit := 60;
  else
        maxit := maxiter;
end if;
if nargs < 4 then
      tolx := 1e-8;
else
      tolx := tol;
end if;
k := 0;
tt := 100;
while (tt >= tolx) and (k < maxit) do
   c := (aa+bb)/2;
   fc := evalf(fun(c));
   err := (bb-aa)/2;
   if abs(fc)< 1e-20 or abs(err)< tolx then
            break;
       elif fc * fa > 0 then
          aa := c; fa := fc;
       else
       bb := c;
```

```
        end if;
    tt :=err;
    k :=k+1;
    end do;
    return c, err;
    end:
```

例 8.4 求方程 $e^x=4-x^2$ 的根。

解 首先画出 $y=e^x$ 和 $y=4-x^2$ 的图像,如图 8.2 所示。

```
> plot([exp(x), 4-x^2], x=-2.5..2, y=-1..5, style=[line, line], linestyle=[1, 3]);
```

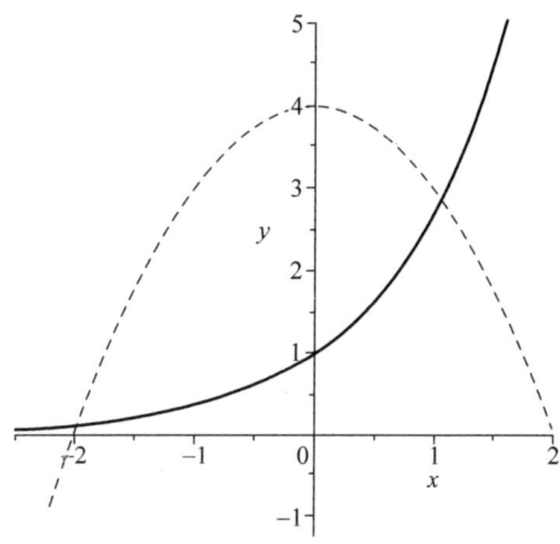

图 8.2 $y=e^x$ 和 $y=4-x^2$ 的图像

由图 8.2 可见,方程在 −2 和 1 附近有两个根。分别取区间[−2.3,−1.6]和[0.8,1.5],用二分法求其根。

```
> fun :=x-> exp(x)-4+x^2;
```

$$\text{fun} := x \to e^x - 4 + x^2$$

```
> bisect(fun, -2.3, -1.6);
```

$$-1.964635593,\quad 5.0\times10^{-9}$$

```
> bisect(fun, 0.8, 1.5);
```

$$1.058006402,\quad 5.5\times10^{-9}$$

注 二分法的优点是计算简单,收敛性有保证,但是它不能求偶重根和复根。

8.4 试位法

与二分法类似,假设 $f(x)$在$[a,b]$上连续且满足 $f(a)f(b)<0$。二分法使用$[a,b]$的中点进行下一次迭代,**试位法**(the false position or regula falsi method)对它进行了改进,它用经过点$(a,f(a))$和$(b,f(b))$的割线 L 与 x 轴的交点$(c,0)$进行下一次迭代,这里,

$$c=b-\frac{f(b)(b-a)}{f(b)-f(a)}=\frac{af(b)-bf(a)}{f(b)-f(a)} \tag{8.11}$$

1. 功能

若方程 $f(x)=0$ 在$[a,b]$内有唯一实根且 $f(a)f(b)<0$,求其根。

2. 计算方法

(1) 取式(8.11)中的 c,若 $f(c)\approx 0$ 或 $b-c\approx 0$ 或 $c-a\approx 0$,则停止迭代。

(2) 如果 $f(a)f(c)>0$,则 $a\leftarrow c$;否则 $b\leftarrow c$。转至(1)。

3. 使用说明

regfals:=proc(fun,*a*,*b*,tol,maxiter)

式中,fun=$f(x)$;a,b 分别为左右端点;tol=min($|x(k)-a|$;$|b-x(k)|$)为误差上限;maxiter 为最大迭代次数。程序输出为根的近似值 xp 和根的误差估计 err=min(|xp$-a$|,|$b-$xp|)。

4. Maple 程序

```
> regfals:=proc(fun, a, b, tol, maxiter)
local aa, bb, c, fa, fb, fc, tolx, maxit, err, k;
aa:=a; bb:=b;
fa:=evalf(fun(aa)); fb:=evalf(fun(bb));
if fa * fb > 0 then
     error('必须有 f(a) * f(b)< 0');
end if;
if nargs < 5 then
          maxit:=200;
   else
          maxit:=maxiter;
end if;
if nargs < 4 then
        tolx:=1e-8;
else
        tolx:=tol;
end if;
for k from 1 to maxit do
    c:=evalf((aa * fb-bb * fa)/(fb-fa));
    fc:=evalf(fun(c));
    err:=evalf(min(abs(c-aa), abs(bb-c)));
    if abs(fc)< 1e-20 or abs(err)< tolx then
                  break;
         elif fc * fa > 0 then
               aa:=c; fa:=fc;
         else
               bb:=c; fb:=fc;
      end if;
end do;
return c, err;
end:
```

例 8.5 求 $f(x)=\tan(\pi-x)-x=0$ 在[1.7,3]上的根。

解

```
> fun := x-> tan(Pi-x)-x:
> regfals(fun, 1.7, 3, 1e-6, 100);
```

$$2.028759213,\quad 6.92\times 10^{-7}$$

注 试位法总是收敛的，但一般只有线性收敛。二分法的终止条件不适用于试位法。如果将这两种方法在第 n 次得到的有根区间记为$[a_n,b_n]$的话，则在二分法中必有 b_n-a_n 趋于 0，而在试位法中，b_n-a_n 越来越小，但它可能不趋于 0，图 8.3 就是这种情况。在图 8.3 中，左端点 a_n 始终不动，都是 1.7，而右端点 b_n(图中的 x_i)始终从根右侧接近于根。

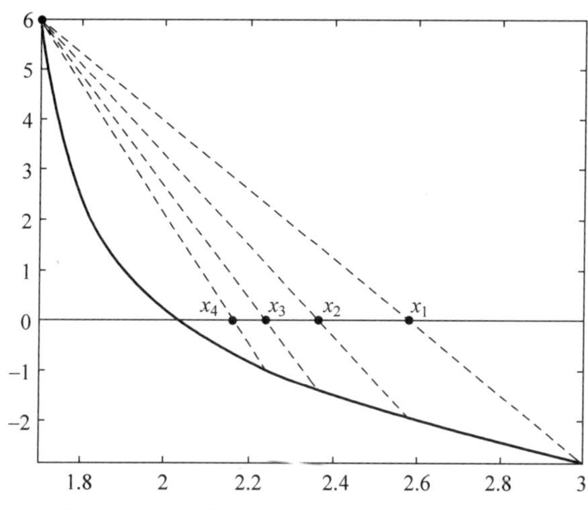

图 8.3 试位法求解 $f(x)=\tan(\pi-x)-x=0$

8.5 Newton-Raphson 法

1. 功能

用牛顿-拉夫森(Newton-Raphson)迭代法求方程 $f(x)=0$ 的一个根。

2. 计算方法

牛顿-拉夫森迭代法是通过对非线性方程逐步线性化的迭代方法。若已知方程 $f(x)=0$ 的根 x^* 的一个近似值 x_k，将 $f(x)$在 x_k 处 Taylor 展开，即

$$f(x)=f(x_k)+f'(x_k)(x-x_k)+\frac{f''(\xi)}{2!}(x-x_k)^2$$

取其线性部分，即用线性方程

$$f(x_k)+f'(x_k)(x-x_k)=0 \tag{8.12}$$

近似 $f(x)=0$。若 $f'(x_k)\neq 0$，方程(8.12)的根记为 x_{k+1}，则得 x^* 的新近似值

$$x_{k+1}=x_k-\frac{f(x_k)}{f'(x_k)},\quad k=0,1,2,\cdots \tag{8.13}$$

式(8.13)称为牛顿-拉夫森法迭代公式，其迭代函数为

$$g(x)=x-\frac{f(x)}{f'(x)} \tag{8.14}$$

3. 使用说明

newraph :=proc(fun, x_0, tol, maxiter)

式中，fun=$f(x)$；x_0 为初始点；tol=$|(x(k+1)-x(k))/x(k+1)|$ 为误差上限，maxiter 为最大迭代次数。程序输出为根的近似值 xp，根的误差估计 err 和实际迭代次数 k。

4. Maple 程序

```
> newraph := proc(fun, x0, tol, maxiter)
# fun-必需以表达式形式输入;
local maxit, tolx, k, fx0, df, xx0, xx1, var, err;
if nargs < 4 then
      maxit := 500;
   else
      maxit := maxiter;
end if;
if nargs < 3 then
      tolx := 1e-8;
else
      tolx := tol;
end if;
xx0 := evalf(x0);
var := MTM[findsym](fun);
df := diff(fun, var);
for k from 1 to maxit do
        fx0 := evalf(subs(var=xx0, fun));
        xx1 := xx0-fx0/subs(var=xx0, df);
        # print(xx1);
        err := evalf(abs(xx1-xx0)/(abs(xx1)+1e-20));
        xx0 := xx1;
      if (err < tolx) or (abs(fx0)< 1e-20) then
          break;
      end if;
end do;
return xx0, err, k;
end:
```

例 8.6　求方程 $f(x)=x^3-5x=0$ 的根。

解　如果取初始点 $x_0=1$，代入 Maple 程序 newraph 计算有下述结果。

```
> fun := x^3-5*x:
> newraph(fun, 1, 1e-6, 6);
```

-1.000000000

1.000000000

-1.000000000

1.000000000

-1.000000000

1.000000000
−1.000000000
1.000000000
−1.000000000
1.000000000
1.000000000, 2.000000000, 11

迭代序列在−1,1之间一直重复。我们求得函数 $f(x)$ 在 $x=1$ 处的切线方程为 $y=-2x-2$,在 $x=-1$ 处的切线方程为 $y=-2x+2$,将这些方程画在同一个图中,从图8.4中容易看出重复的原因。

```
> plot([x^3-5*x, -2*x-2, -2*x+2, [[1, 0], [1, -4]], [[-1, 0], [-1, 4]]], x=-3..3, y=-5..5, linestyle=[1, 5, 5, 2, 2]);
```

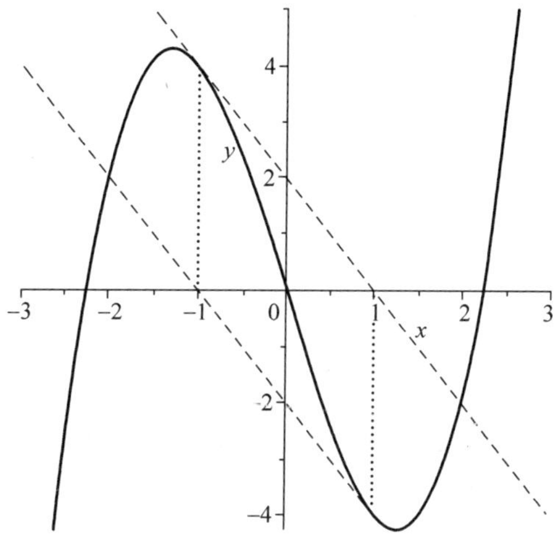

图 8.4 求解 $f(x)=x^3-5x=0$ 的牛顿-拉夫森迭代产生的循环序列

如果改变初始值,则它很快收敛到方程的一个根($0,\sqrt{5}\approx 2.23606797749979$ 或 $-\sqrt{5}$)。

```
> newraph(fun, 0.9, 1e-6, 30);
```

0, 0, 6

```
> newraph(fun, 1.2, 1e-6, 50);
```

$-2.236067978,\quad 8.944271908\times 10^{-10},\quad 8$

```
> newraph(fun, -1.1, 1e-6, 50);
```

$2.236067977,\quad 4.472135956\times 10^{-10},\quad 6$

例 8.7 求方程 $f(x)=\arctan x=0$ 的根。

解 如果取初值 $x_0=1.45$,则有

```
> newraph(arctan(x), 1.45, 1e-6, 50);
```

Float(undefined), Float(undefined), 51

可见它是发散的，如图 8.5 所示。

```
> x0 := 1.45:
y1 := (x-x0)/(1+x0^2)+arctan(x0);
x1 := solve(y1=0);
y2 := (x-x1)/(1+x1^2)+arctan(x1);
x2 := solve(y2=0);
y3 := (x-x2)/(1+x2^2)+arctan(x2);
x3 := solve(y3=0);
plot([arctan(x), y1, y2, y3, [[x0, 0], [x0, arctan(x0)]], [[x1, 0], [x1, arctan(x1)]], [[x2, 0], [x2, arctan(x2)]]], x=-3..3, linestyle=[1, 3, 3, 3, 2, 2, 2]);
```

$$y_1 := 0.3223207091x + 0.4996819652$$

$$x_1 =: -1.550263297$$

$$y_2 := 0.2938310503x - 0.5423920652$$

$$x_2 := 1.845931751$$

$$y_3 := 0.2268878415x + 0.6555037165$$

$$x_3 := -2.889109051$$

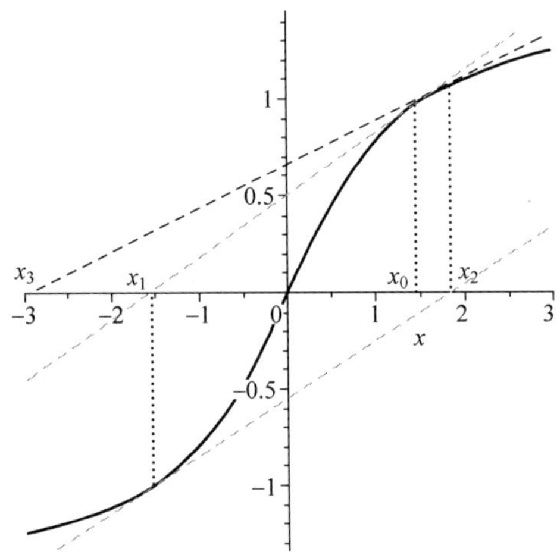

图 8.5　求解 $f(x)=\arctan x=0$ 的牛顿-拉夫森迭代产生的发散序列

如果取初始点 $x_0=1.3$，则很快收敛到精确解 $x^*=0$。

```
> newraph(arctan(x), 1.3, 1e-6, 50);
```

$$0, 0, 8$$

由于牛顿-拉夫森法只是局部收敛，所以初始点必须比较接近根才可能收敛，特别地，当 $f(x)$ 的斜率在解附近有突变时，很可能发散。关于牛顿-拉夫森法的收敛性，有如下定理。

定理 8.2　①假设 $f(x)$ 有 $m(m>2)$ 阶连续导数，x^* 是 $f(x)=0$ 的单根，则当初始值 x_0 充分接近 x^* 时，牛顿-拉夫森迭代法至少二阶收敛；②假设 $f(x)$ 有 $q(q\geqslant 2)$ 阶连续导数，x^* 是 $f(x)=0$ 的 q 重根，则当初始值 x_0 充分接近 x^* 时，牛顿-拉夫森迭代法仅有线性收敛。

例 8.8　求方程 $f(x)=(x^2-2x-3)^8=0$ 的根。

解　显然方程有重根 $x_1=-1, x_2=3$。

```
> fg := (x^2-2*x-3)^8;
> newraph(fg, 1.5, 1e-8, 100);
```

2.999387980,0.00002915561461, 54

可见本例收敛速度比较慢,且误差较大。这主要是方程的根都是重根的原因。

当遇到重根时,牛顿-拉夫森迭代法变慢,为了提高收敛速度,需要对原迭代法做适当的修改或用 Steffensen 加速法。当知道根的重数 m 时,可将迭代函数变为

$$g(x)=x-m\frac{f(x)}{f'(x)} \tag{8.15}$$

如果不知道根的重数,则用 $f(x)=0$ 构造函数

$$\eta(x)=\frac{f(x)}{f'(x)} \tag{8.16}$$

若 x^* 是 $f(x)$的 $m(m\geqslant 2)$重根,则 x^* 是 $\eta(x)$的单根。对 $\eta(x)$用牛顿-拉夫森法则至少具有平方局部收敛。

如果用式(8.16)对例 8.8 改进,此时 $\eta(x)=\frac{f(x)}{f'(x)}=\frac{x^2-2x-3}{8(2x-2)}$,对 $\eta(x)$用牛顿-拉夫森法求解如下。

```
> fgg := (x^2-2*x-3)/(8*(2*x-2)):
> newraph(fgg, 1.5, 1e-8, 100);
```

3.0000000000, 0, 7

仅迭代了 7 次,就收敛到精确解,可见改进后的效果很好。

8.6 割线法

牛顿-拉夫森法用切线近似曲线 $y=f(x)$求得新的近似值,它需要计算导数 $f'(x_k)$。当计算 $f'(x)$比较困难时,可用 $f(x)$在一些点上的函数值来近似。例如,用曲线上两点确定的直线(割线)来近似曲线求得方程的近似根,这种方法称为**割线法(弦截法)**。如果用曲线上的三点作抛物线近似曲线,求得方程新的近似根的方法称为**抛物线法(Muller 法)**。

1. 功能

用割线法求方程 $f(x)=0$ 的一个根。

2. 计算方法

将牛顿-拉夫森迭代公式(8.13)中的 $f'(x_k)$用割线斜率$\frac{f(x_k)-f(x_{k-1})}{x_k-x_{k-1}}$代替,即得割线法迭代公式,表达式如下:

$$x_{k+1}=x_k-\frac{f(x_k)(x_k-x_{k-1})}{f(x_k)-f(x_{k-1})},\quad k=1,2,\cdots \tag{8.17}$$

3. 使用说明

secant:=proc(fun,x_0,x_1,tol,maxiter)

式中,fun=$f(x)$; x_0,x_1 为初始点; tol=$|(x(k+1)-x(k))/x(k+1)|$为误差上限,

maxiter 为最大迭代次数。程序输出为根的近似值 xp，根的误差估计 err 和实际迭代次数 k。

4. Maple 程序

```
> secant := proc(fun, x0, x1, tol, maxiter)
local maxit, tolx, k, fx0, fx1, fx2, xx0, xx1, xx2, err;
if nargs < 5 then
      maxit := 200;
   else
      maxit := maxiter;
end if;
if nargs < 4 then
     tolx := 1e-8;
else
     tolx := tol;
end if;
xx0 := evalf(x0); xx1 := evalf(x1);
fx0 := evalf( fun(xx0)); fx1 := evalf( fun(xx1));
for k from 1 to maxit do
         xx2 := evalf(xx1 - fx1 * (xx1 - xx0)/(fx1 - fx0));
         fx2 := evalf(fun(xx2));
         err := abs(xx2 - xx1)/(abs(xx2) + 1e-20);
         if (err < tolx) or (abs(fx2)< 1e-20) then
              break;
         end if;
         xx0 := xx1; xx1 := xx2; fx0 := fx1; fx1 := fx2;
end do;
return xx2, err, k;
end:
```

例 8.9　求解方程 $9e^{-x}-\sin 2x-3=0$。

解　画出 $9e^{-x}$ 与 $\sin 2x+3$ 的图形(图 8.6)，可见它们在 0.8 附近有唯一的交点。取不同的初值计算如下。

```
> fun := x -> 9 * exp(-x) - sin(2 * x) - 3:
> plot([9 * exp(-x), sin(2 * x)+3], x=-1..4, y=0..10, style=[line, line], linestyle=[1, 3]);
```

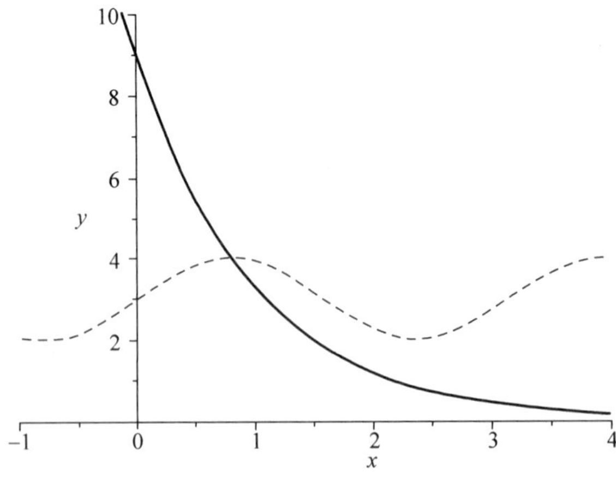

图 8.6　$9e^{-x}$ 与 $\sin 2x+3$ 的图像

```
> secant(fun, 0.6, 1.5, 1e-6, 50);
```

$$0.8112647374, \quad 1.924156108\times10^{-7}, \quad 8$$

```
> secant(fun, 1.0, 1.8, 1e-6, 50);
```

$$0.8112647373, \quad 5.053837313\times10^{-9}, \quad 14$$

```
> secant(fun, 1.0, 1.9, 1e-6, 50);
```

$$119.8401187, \quad 0, \quad 13$$

用 fsolve 命令检验。

```
> fsolve(fun(x)=0);
```

$$0.8112647374$$

可见若取初值 $x_0=1, x_1=1.9$,则出现错误的结果。这是因为割线法是局部收敛,只有初始值充分接近根时才收敛。

例 8.10 设 $f(x)=\dfrac{\operatorname{arcsinh}(1-\sin x+x^2)}{\sqrt{1+x^2}\ln(1+x\arctan(x)^2+\mathrm{e}^{x^2})}$,求 $f(x)$的 3 阶导数 $f'''(x)$的所有零点。

解 记 $g(x)=f'''(x)$,由于 $g(x)$的表达式太复杂,用割线法求其根比较合适。割线法的收敛速度(收敛阶数为$(1+\sqrt{5})/2\approx1.618$)与牛顿-拉夫森法的相当,但不需要求导数 $g'(x)$,$g'(x)$的求解过程比 $g(x)$更复杂。

```
> fun := x -> arcsinh(1-sin(x)+x^2)/(sqrt(1+x^2) * ln(1+x * arctan(x)^2+exp(x^2))):
> g :=(D@@3)(fun):
> plot(g(x), x=-3..3);
```

由图 8.7 可知,$g(x)$共有 5 个根,选择合适的初始点,可用割线法求出它们。

```
> x1 :=secant(g, -1.5, -1.2, 1e-6, 50);
```

$$x_1 := -1.378961671, \quad 2.175549954\times10^{-9}, \quad 7$$

```
> x2 :=secant(g, -0.8, -0.5, 1e-6, 50);
```

$$x_2 := -0.6078300299, \quad 3.208133695\times10^{-8}, \quad 7$$

```
> x3 :=secant(g, 0.3, 0.8, 1e-6, 50);
```

$$x_3 := 0.5079087233, \quad 4.134601167\times10^{-8}, \quad 13$$

```
> x4 :=secant(g, 1.2, 1.5, 1e-6, 50);
```

$$x_4 := 1.349965213, \quad 4.592710938\times10^{-8}, \quad 7$$

```
> x5 :=secant(g, 1.7, 2.5, 1e-6, 50);
```

$$x_5 := 2.068077736, \quad 0.0000073068, \quad 7$$

用 fsolve 命令检验。

```
> fsolve(g(x)=0, x=-1.5..-1.2);
```

$$-1.378961670$$

```
> fsolve(g(x)=0, x=0.2..1.2);
```

$$0.5079087236$$

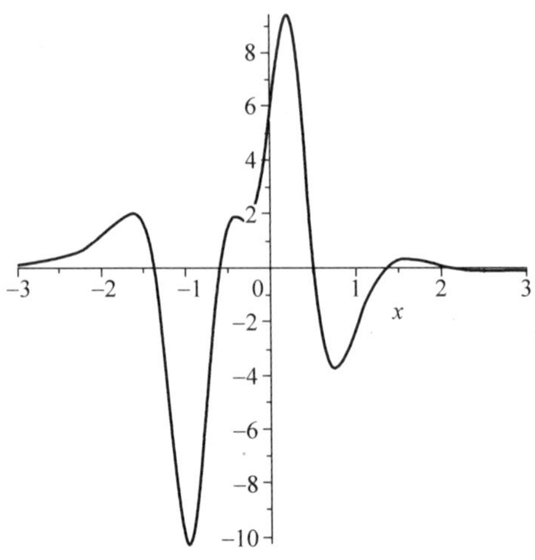

图 8.7　$f'''(x)$的图像

8.7　改进的 Newton 法

设 $x=r$ 是方程 $f(x)=0$ 的根，$x=a$ 是根 r 的近似值，且 $f(x)$是可导的。考查曲线 $y=f(x)$在点$(a,f(a))$处的切线，切线方程为 $y-f(a)=f'(a)(x-a)$。切线与 x 轴的交点为 $x=a-\dfrac{f(a)}{f'(a)}$，它给出了牛顿-拉夫森法的近似值 $b=a-\dfrac{f(a)}{f'(a)}$。我们考查曲线 $y=f(x)$上的两点$(a,f(a))$和$(b,f(b))$的割线，以改进上述近似值。此割线方程为 $y-f(a)=\dfrac{f(b)-f(a)}{b-a}(x-a)$，割线与 x 轴的交点为 $x=a-f(a)\left(\dfrac{b-a}{f(b)-f(a)}\right)$。因为 $b-a=-\dfrac{f(a)}{f'(a)}$，所以 $x=a-\dfrac{(a)^2}{f'(a)(f(a)-f(b))}$。我们取此值 c 为根 r 的下一个近似值（见图 8.8）。如果 $h=\dfrac{f(a)}{f'(a)}$，则 $b=a-h$，$c=a-\left(\dfrac{f(a)}{f(a)-f(b)}\right)h$。如果初始点为 $a=x_0$，第一次近似值 $c=x_1$，则

$$x_1=x_0-\left(\frac{f(x_0)}{f(x_0)-f(x_0-h)}\right)h \tag{8.18}$$

其中 $h=\dfrac{f(x_0)}{f'(x_0)}$。重复此过程可以得到近似序列 $x_0,x_1,x_2,\cdots$，一般地，

$$x_{k+1}=x_k-\left(\frac{f(x_k)}{f(x_k)-f(x_k-h)}\right)h \tag{8.19}$$

其中 $h=\dfrac{f(x_k)}{f'(x_k)}$。可以连续应用此迭代公式直到求得满足精度要求的近似根。迭代公式(8.19)一般比牛顿-拉夫森迭代公式收敛速度更快。此法称为“leap-frog” Newton 法或改进的 Newton 法(the improved Newton method)。

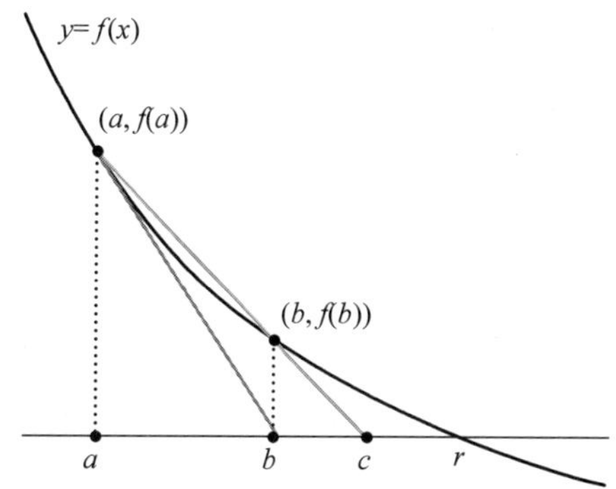

图 8.8 改进的 Newton 法的几何解释

1. 功能

用改进的 Newton 法求方程 $f(x)=0$ 的一个根。

2. 计算方法

利用迭代公式(8.19)。

3. 使用说明

lfnewton :=proc(fun, x_0, tol, maxiter)

式中，fun=$f(x)$；x_0 为初始点；tol=$|(x(k+1)-x(k))/x(k+1)|$ 为误差上限；maxiter 为最大迭代次数。程序输出为根的近似值 xp，根的误差估计 err 和实际迭代次数 k。

4. Maple 程序

```
> lfnewton :=proc(fun, x0, tol, maxiter)
local maxit, tolx, k, fx0, fxh, df, xx0, xx1, var, err, hh;
if nargs<4 then
      maxit :=500;
   else
      maxit :=maxiter;
end if;
if nargs<3 then
     tolx :=1e-8;
else
     tolx :=tol;
end if;
xx0 :=evalf(x0);
var :=MTM[findsym](fun);
df :=diff(fun, var);
for k from 1 to maxit do
       fx0 :=evalf(subs(var=xx0, fun), 50);
       hh :=evalf(fx0/subs(var=xx0, df), 50);
       fxh :=evalf(subs(var=xx0-hh, fun), 50);
       xx1 :=xx0-(fx0/(fx0-fxh)) * hh;
       err :=evalf(abs(xx1-xx0)/(abs(xx1)+1e-20));
       xx0 :=xx1;
       if (err<tolx) or (abs(fx0)<1e-20) then
             break;
       end if;
```

```
end do;
return xx0, err, k;
end:
```

例 8.11　求方程 $e^{-x^2}=x^3-x$ 的根。

解　先画出方程的图像(图 8.9),可见方程在 1 附近有唯一实根。

```
> fun := exp(-x^2)-x^3+x;
plot(fun, x=-2..2);
```

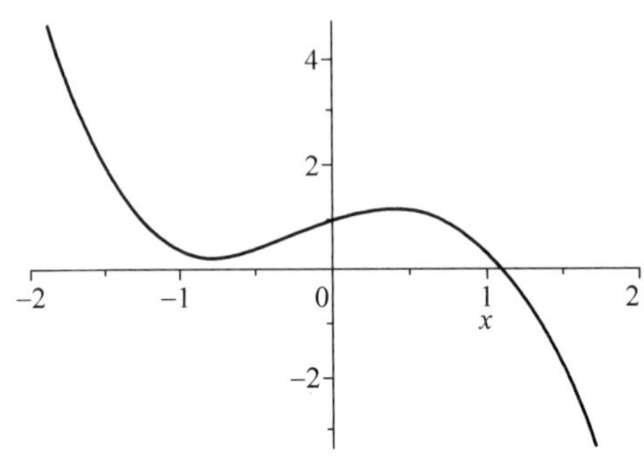

图 8.9　$e^{-x^2}-x^3+x$ **的图像**

```
> lfnewton(fun, 0.85, 1e-6, 50);
```

1.120093740,　0,　4

```
> lfnewton(fun, 0.360, 1e-8, 50);
```

1.120093740,　0,　25

```
> lfnewton(fun, 0.357, 1e-8, 50);
```

1.120093740,　0,　41

```
> lfnewton(fun, 0.355, 1e-8, 100);
```

1.120093740,　0,　97

注意　当初始值接近临界点 fun 的极大值 0.3538379575 时(此时导数接近于 0),收敛速度减慢。

例 8.12　求方程 $x^3-3x^2-5=0$ 的全部根。

解　先画出方程的图像(图 8.10),可见方程在 3.5 附近有唯一实根。

```
> fun1 := x^3-3*x^2-5:
> plot(fun1, x=-2..5);

> lfnewton(fun1, 2.8, 1e-8, 50);
```

3.425988757,　0,　4

```
> lfnewton(fun1, 2.003, 1e-8, 100); #2 是极小值点,导数等于 0
```

3.425988757,　0,　94

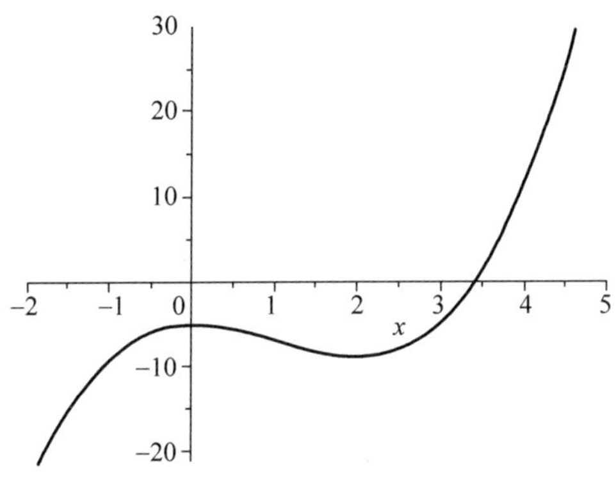

图 8.10 x^3-3x^2-5 的图像

方程另有一对共轭复根，选取初值为复数可求得。

```
> lfnewton(fun1, 1.3+2*I, 1e-8, 50);
```

$$-0.2129943786+1.189145108I,\quad 8.277667256\times10^{-11},\quad 6$$

```
> lfnewton(fun1, 2-0.7*I, 1e-8, 50);
```

$$-0.2129943786-1.189145108I,\quad 8.277667256\times10^{-11},\quad 5$$

```
> fsolve(fun1, x, complex); #用 fsolve 命令检验
```

$$-0.2129943786-1.189145108I,\quad -0.2129943786+1.189145108I,\quad 3.425988757$$

例 8.13 求方程 $f(x)=\arctan\left(\dfrac{x-1}{41}\right)^{\frac{1}{3}}+\dfrac{\sinh(x)}{179}=0$ 的实根。

解 为求得负实数的实立方根，我们必须用 Maple 函数 surd(u,3)建立立方根 $u^{\frac{1}{3}}$。

```
> fun2 := arctan (surd ((x-1)/41), 3)+sinh(x)/179;
```

$$\text{fun}_2 := \arctan\left(\sqrt[3]{\frac{x}{41}-\frac{1}{41}}\right)+\frac{1}{179}\sinh(x)$$

```
> plot(fun2, x=-1..3);
```

所绘制的图像如图 8.11 和图 8.12 所示。

```
> lfnewton(fun2, 0.9, 1e-8,50);
```

$$0.9999883973,\quad 0,\quad 12$$

```
> lfnewton(fun2, 1.01, 1e-8,50);
```

$$0.9999883973,\quad 0,\quad 11$$

```
> evalf[15](fsolve(fun2));
```

$$0.999988397266806$$

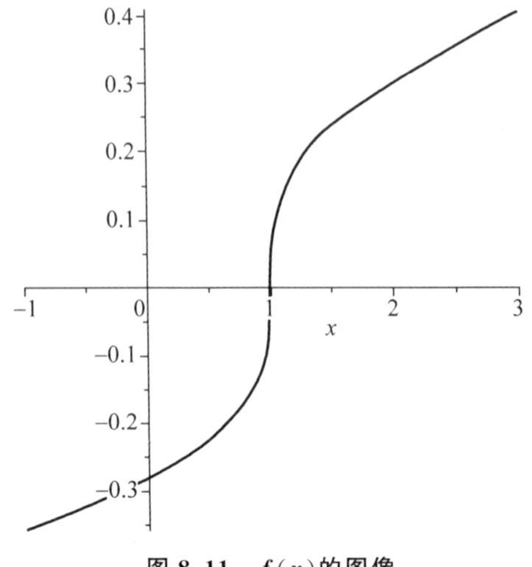

图 8.11　$f(x)$的图像

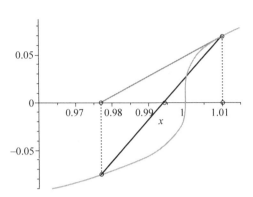

图 8.12　$x_0=1.01$ 时，第一次迭代的几何解释

注　此例用牛顿-拉夫森法无法求出正确的结果(除非初始值非常接近精确解)，这也是改进的 Newton 法比牛顿-拉夫森法的优越之处。

8.8　Halley 法

设 a 是方程 $f(x)=0$ 的根 r 的近似值，且 $f(x)$有二阶导数，则 $f(x)$在 $x=a$ 处的二阶 Taylor 多项式为

$$p(x)=f(a)+f'(a)(x-a)+\frac{1}{2}f''(a)(x-a)^2$$

$p(x)$的零点将是 $f(x)$的零点 r 的更好的近似值，因此，考查方程

$$f(a)+f'(a)(x-a)+\frac{1}{2}f''(a)(x-a)^2=0$$

将方程改写为

$$f(a)+(x-a)\left(f'(a)+\frac{f''(a)(x-a)}{2}\right)=0$$

由此可得

$$x=a-\frac{f(a)}{\left(f'(a)+\dfrac{f''(a)(x-a)}{2}\right)} \tag{8.20}$$

由式(8.12)可得

$$x=a-\frac{f(a)}{f'(a)} \tag{8.21}$$

一般情况下，式(8.20)分母中的 $x-a$ 与式(8.21)中的 $x-a=-\dfrac{f(a)}{f'(a)}$变化不大，$\dfrac{f''(a)(x-a)}{2}$比 $f'(a)$小。将式(8.20)分母中的 $x-a$ 替换为$-\dfrac{f(a)}{f'(a)}$，得到

$$x = a - \frac{f(a)}{\left(f'(a) - \frac{f(a)f''(a)}{2f'(a)}\right)}$$

给定方程 $f(x)=0$ 的根 r 的初始近似值 $x_0=a$，得

$$x_{k+1} = x_k - \frac{f(x_k)}{\left(f'(x_k) - \frac{f(x_k)f''(x_k)}{2f'(x_k)}\right)}, \quad k=0,1,2,\cdots \tag{8.22}$$

式(8.22)称为 **Halley 迭代公式**。

1. 功能

用 Halley 法求方程 $f(x)=0$ 的一个根。

2. 计算方法

利用迭代公式(8.22)。

3. 使用说明

halley：=proc(fun,x_0,tol,maxiter)

式中，fun=$f(x)$，x_0 为初始点；tol=$|(x(k+1)-x(k))/x(k+1)|$ 为误差上限；maxiter 为最大迭代次数。程序输出为根的近似值 xp，根的误差估计 err 和实际迭代次数 k。

4. Maple 程序

```
> halley:=proc(fun, x0, tol, maxiter)
local maxit, tolx, k, fx0, dfv, ddfv, df, ddf, xx0, xx1, var, err;
if nargs<4 then
        maxit:=200;
    else
        maxit:=maxiter;
end if;
if nargs<3 then
        tolx:=1e-8;
else
        tolx:=tol;
end if;
xx0:=evalf(x0);
var:=MTM[findsym](fun);
df:=diff(fun, var);
ddf:=diff(df, var);
for k from 1 to maxit do
        fx0:=evalf(subs(var=xx0, fun), 50);
        dfv:=evalf(subs(var=xx0, df), 50);
        ddfv:=evalf(subs(var=xx0, ddf), 50);
        xx1:=xx0-fx0/(dfv-fx0*ddfv/(2*dfv));
        # print(xx1);
        err:=evalf(abs(xx1-xx0)/(abs(xx1)+1e-20));
        xx0:=xx1;
    if (err<tolx) or (abs(fx0)<1e-20) then
```

```
            break;
        end if;
end do;
return xx0, err, k;
end:
```

例 8.14 求多项式 $x^3-3\pi x^2+\dfrac{78422406}{2648617}x-\dfrac{19349653}{62406}$的全部根。

解 画出函数的图像(图 8.13),可见方程在 3.3 附近有唯一实根。

```
> fun := x^3-3*Pi*x^2+78422406/2648617*x-19349653/624056:
plot(fun, x=1..5);
```

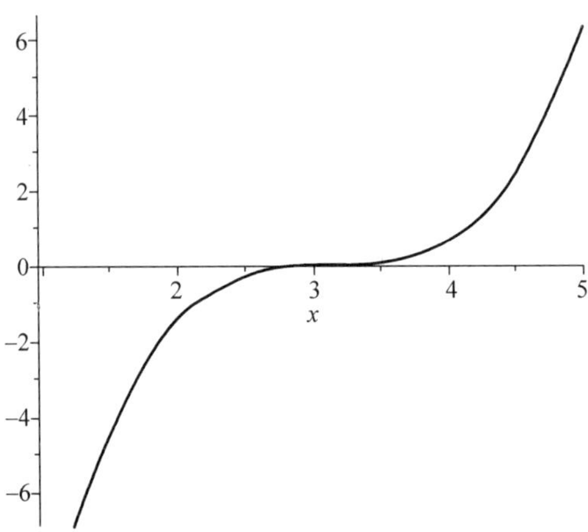

图 8.13 函数图像

```
> halley(fun, 3, 1e-6, 50);
```

$$3.141476562,\quad 5.570628860\times10^{-7},\quad 12$$

从相同的初始点开始,用牛顿-拉夫森法得到类似的结果,需要迭代 20 次,Halley 法一般比牛顿-拉夫森法收敛速度更快。取适当的复数为初值,则得到两个复根。

```
> halley(fun, 2.8-0.5*I, 1e-6, 50);
```

$$3.141650699-0.0001005374739\,\mathrm{I},\quad 1.794258564\times10^{-8},\quad 18$$

```
> halley(fun, 2.9+0.6*I, 1e-6, 50);
```

$$3.141650699+0.0001005368096\,\mathrm{I},\quad 7.672995092\times10^{-7},\quad 16$$

```
> evalf[20](fsolve(fun, x, complex));
```

$$3.14147656233468,\quad 3.14165069921735-0.000100537447943832\,\mathrm{I},$$
$$3.14165069921735-0.000100537447943832\,\mathrm{I}$$

注 如果用缺省的 Digits 设置(=10),fsolve 给出的结果不精确,所以用了 20 位进行验证计算,此处只显示了四舍五入后的 15 位近似值。

例 8.15 求 $f(x)=\tanh(x^7-1)+\frac{x}{24}=0$ 的实根。

解 $f(x)$有单实根，且曲线 $y=f(x)$有两条斜渐近线 $y=\frac{x}{24}\pm1$，如图 8.14 所示。

```
> fun1 := tanh(x^7-1)+x/24:
plot([fun1, x/24+1, x/24-1], x=-5..5, color=[red, black$2], linestyle=[1, 3$2]);
```

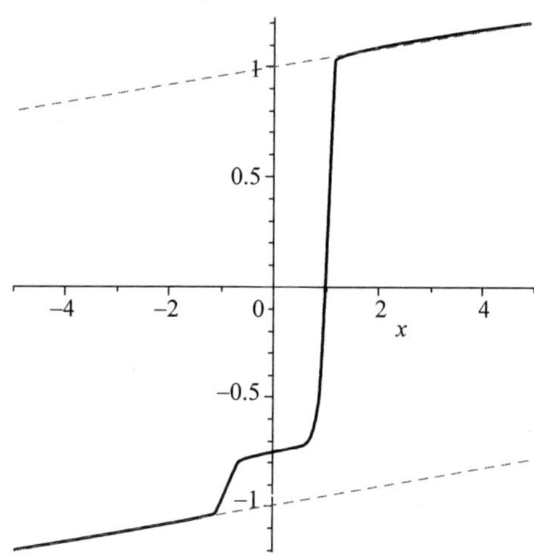

图 8.14 例 8.15 的函数及其渐近线图像

对这个相当病态的函数，通过实验验证牛顿-拉夫森法收敛到 $f(x)$的零点的区间约为 $0.8622255\leqslant x\leqslant1.130341$，而 Halley 法收敛的区间约为 $0.34876917\leqslant x\leqslant1.3300023$。

```
> halley(fun1, 0.34876917, 1e-6, 50);
```

$$0.9939721979,\quad 0,\quad 9$$

```
> halley(fun1, 1.3300023,1e-6, 50);
```

$$0.9939721979,\quad 0,\quad 9$$

如果初始值取在相应的收敛区间之外，将导致迭代的值在 −24,24 之间重复，它们正是 $f(x)$的两条渐近线在 x 轴上的截距。

```
> halley(fun1, 0.34876916, 1e-6, 12);
```

$$1.315873299$$
$$0.3487669625$$
$$1.313896182$$
$$0.3474857288$$
$$1.329391730$$
$$-0.859075719$$
$$-6.053702279$$
$$24.00000000$$
$$-24.00000000$$

24.00000000

−24.00000000

24.00000000

24.00000000,　2.000000000,　13

8.9　Brent 法

1. 功能

用 Brent 法求在区间$[a,b]$上两端点函数值异号的方程 $f(x)=0$ 在$[a,b]$内的一个根。

本算法兼有二分法和反插值的优点,只要函数在方程的有根区间内可求值,则它的收敛速度比二分法快且对病态函数也总能保证收敛。

2. 计算方法

设$[a,b]$为方程 $f(x)=0$ 的一个有根区间,即 $f(a)f(b)<0$,不妨设$|f(b)|\leqslant|f(a)|$,则该方法的具体步骤如下:

(1) 取 $c=a, f(c)=f(a)$。

(2) 若$\frac{1}{2}|c-b|<\varepsilon$ 或 $f(b)=0$,则 b 为满足精度要求的根,程序终止;否则,转至(3)。

(3) 若 $a=c$,则用二分法求根的新近似值 x;若 $a\neq c$,则用$(a,f(a))$,$(b,f(b))$,$(c,f(c))$作反二次插值,且取 $y=0$,则得出根的新近似值为

$$x=b+\frac{P}{Q} \tag{8.23}$$

其中,

$$\begin{cases} P=S(T(R-T)(c-b)-(1-R)(b-a)) \\ Q=(T-1)(R-1)(S-1) \\ R=\dfrac{f(b)}{f(c)} \\ S=\dfrac{f(b)}{f(a)} \\ T=\dfrac{f(a)}{f(c)} \end{cases} \tag{8.24}$$

用 x 代替原来的 b,并将原来的 b 作为新的 a。在上述过程中 b 是当前根的最好近似值,P/Q 是对 b 的微小修正值。当修正值 P/Q 使新的根的近似值 x 落在区间$[c,b]$之外,以及当有根区间用反插值计算衰减很慢时,用二分法求根的近似值。返回(2)重复执行,直到求得满足精度要求的根或达到给定的最大迭代次数。

3. 使用说明

brent:=proc(fun,*a*,*b*,tol,maxiter)

式中,fun$=f(x)$;a,b 分别为左右端点;tol 为精度要求;maxiter 为最大迭代次数。程序输出为根的近似值 xp。

4. Maple 程序

```
> brent := proc(funx, ax, bx, tol, maxiter)
    local a, b, c, fa, fb, fc, fun, k, h1, h2, P, Q, R, S, T, maxit, tolx;
```

```
# funx 用表达式或函数定义
if nargs < 5 then
       maxit := 200;
   else
       maxit := maxiter;
end if;
if not type(funx, procedure) then
           fun := unapply(funx, x);
else
fun := funx;
end if;
a := evalf(ax);
b := evalf(bx);
fa := evalf(fun(a));
fb := evalf(fun(b));
c := a;
fc := fa;
if fa * fb > 0 then
      error('两端点的函数值必须异号');
end if;
    for k from 1 to maxit do
         h1 := b-a;
         if abs(fc)< abs(fb) then
             a := b; b := c; c := a;
             fa := fb; fb := fc; fc := fa;
         end if;
         tolx := (1e-11) * abs(b)+0.5 * tol;
         h2 := (c-b)/2;
       if abs(h2)< tolx then
                 break;
       end if;
       if abs(h2)>= tolx and abs(fa)> abs(fb) then
           S := fb/fa;
           if a=c then
                  P := 2 * h2 * S;
                  Q := 1-S;
           else
                  T := fa/fc;
                  R := fb/fc;
                  P := S * (2 * h2 * T * (R-T)-(b-a) * (1-R));
                  Q := (T-1) * (R-1) * (S-1);
           end if;
           if P > 0 then
                  Q := -Q ;
           end if;
                  P := abs(P);
           if 2 * P < min(abs(3 * h2 * Q-abs(tolx * Q)), abs(h1 * Q)) then
                  h2 := P/Q;
           end if;
       end if;
         if abs(h2)< tolx then
```

```
                if h2>0 then
                        h2 :=tolx;
                    else
                        h2 :=-tolx;
                 end if;
            end if;
      a  := b;
      fa  := fb;
      b :=b+h2;
     if b=b+h2 then
             break;
     end if;
     fb :=evalf(fun(b));
      if ((fb>0 and fc>0) or (fb<0 and fc<0)) then
             c :=a; fc :=fa;
      end if;
end do;
return b;
end:
```

例 8.16　求方程 $J_1(x)=\sin x$ 在区间[2,10]的所有根,其中 $J_1(x)$是第一类 Bessel 函数。

解　首先画出函数图像,如图 8.15 所示。

```
> plot([BesselJ(1, x), sin(x)], x=1.5..10, style=[line, line], linestyle=[1, 3]);
```

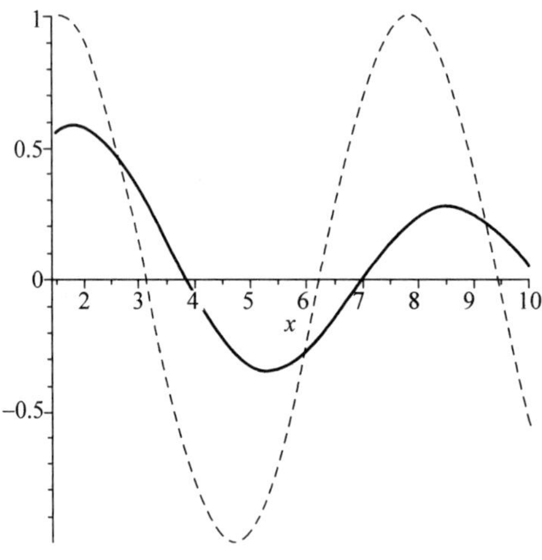

图 8.15　函数 $J_1(x)$与 sin$x$ 的图像

由图 8.15 可见,方程分别在区间[2,3],[5.5,6.5]和[9,9.5]上有一个根,分别用 Brent 程序计算。

```
> fun :=BesselJ(1, x)- sin(x):
brent(fun, 2, 3, 1e-8);
brent(fun, 5.5, 6.5, 1e-10);
brent(fun, 9, 9.5, 1e-9);
```

$$2.676142527$$
$$6.003577849$$
$$9.206729240$$

用 fsolve 检验。

```
> fsolve(fun, x=2.5..3);
fsolve(fun, x=5.5..6.5);
fsolve(fun, x=9..9.5);
```

$$2.676142523$$
$$6.003577849$$
$$9.206729240$$

可见用 Brent 法计算的结果比较精确。

例 8.17 求 $f(x)=\sin(x)^2-\dfrac{\sin(30x)^3}{18}$ 在[1,4]上的所有零点。

解 首先画出函数图像,如图 8.16 所示,由于几个根比较集中,故画出局部图,如图 8.17 所示。

```
> plot(sin(x)^2-sin(30 * x)^3/18, x=1..4);
> plot(sin(x)^2-sin(30 * x)^3/18, x=2.5..3.5);
```

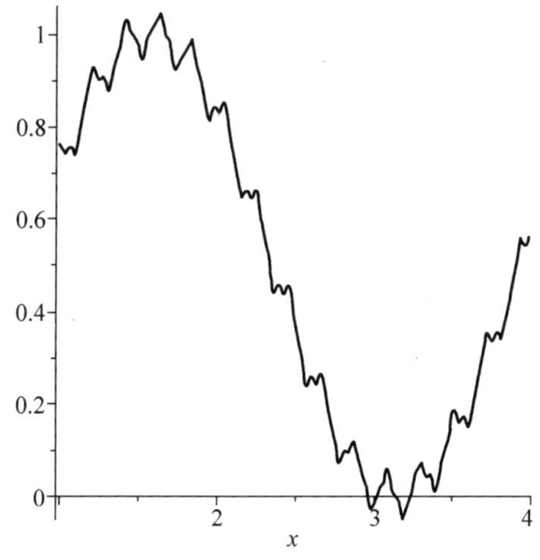

图 8.16 函数 $\sin(x)^2+\dfrac{\sin(30x)^3}{8}$ 的图像

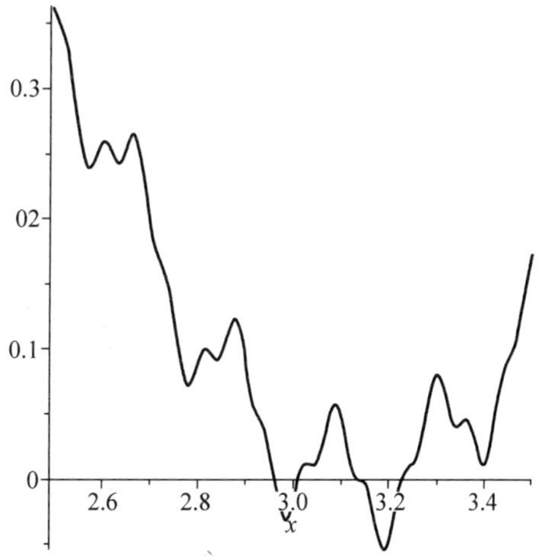

图 8.17 函数 $\sin(x)^2+\dfrac{\sin(30x)^3}{8}$ 的局部图像

由图 8.17 可见,函数分别在区间[2.9,3],[3,3.1],[3.1,3.2]和[3.2,3.3]上有一个零点。

```
> fun1 :=x-> sin(x)^2-sin(30 * x)^3/18;
```

$$\text{fun}_1 := x \rightarrow \sin(x)^2 - \frac{1}{18}\sin(30x)^3$$

```
> brent(fun1, 2.9, 3, 1e-8);
brent(fun1, 3, 3.1,1e-10);
```

```
brent(fun1, 3.1, 3.2, 1e-9);
brent(fun1, 3.2, 3.3, 1e-9);
```

2.964423781

3.012477942

3.142259453

3.228349795

用 fsolve 检验。

```
> fsolve(fun1(x), x=3.2..3.3);
```

3.228349795

8.10　抛物线法

给定曲线 $y=f(x)$上不共线的三点$(x_0,f(x_0))$,$(x_1,f(x_1))$,$(x_2,f(x_2))$,通过这三点作抛物线 $y=p_2(x)$,选取 $p_2(x)=0$ 的一个合适的根 x_3 作为方程 $f(x)=0$ 的新近似根(图 8.18)。这样确定的迭代过程就是**抛物线法**,或称为 **Muller 法**。

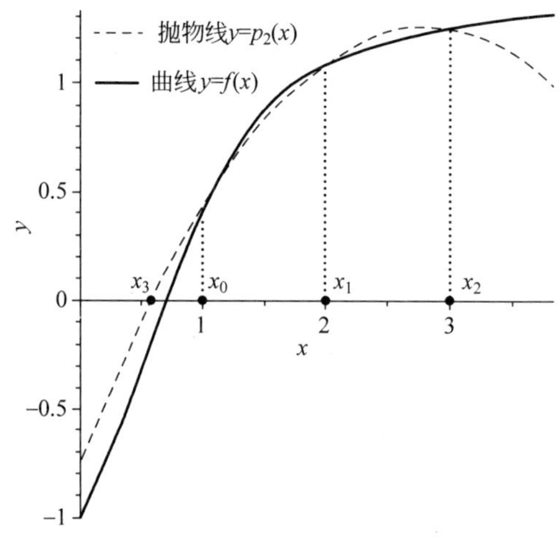

图 8.18　抛物线法的初始点 x_0,x_1,x_2 及新的近似值 x_3

1. 功能

用抛物线法求方程 $f(x)=0$ 的一个根。

2. 计算方法

设通过三点$(x_0,f(x_0))$,$(x_1,f(x_1))$,$(x_2,f(x_2))$的抛物线为

$$p_2(x)=a(x-x_2)^2+b(x-x_2)+c \tag{8.25}$$

这里的常数 a,b 和 c 由下列条件确定:

$$\begin{cases} f(x_0)=a(x_0-x_2)^2+b(x_0-x_2)+c \\ f(x_1)=a(x_1-x_2)^2+b(x_1-x_2)+c \\ f(x_2)=c \end{cases} \tag{8.26}$$

求解线性方程组(8.26)得

$$c = f(x_2) \tag{8.27}$$

$$b = \frac{(x_0 - x_2)^2(f(x_1) - f(x_2)) - (x_1 - x_2)^2(f(x_0) - f(x_2))}{(x_0 - x_2)(x_0 - x_1)(x_1 - x_2)} \tag{8.28}$$

$$a = \frac{(x_1 - x_2)(f(x_0) - f(x_2)) - (x_0 - x_2)(f(x_1) - f(x_2))}{(x_0 - x_2)(x_0 - x_1)(x_1 - x_2)} \tag{8.29}$$

求解二次方程(8.25)，为避免有效位数的损失，用下列二次式求根，得

$$x_3 - x_2 = \frac{-2c}{b \pm \sqrt{b^2 - 4ac}} \tag{8.30}$$

它与求二次根的标准公式等价。为确保方法的稳定性，选取式(8.30)中绝对值较小的根，即“±”的选取应与 b 同号。确定 x_3 后，用 x_1，x_2，x_3 替换 x_0，x_1，x_2，再确定下一个近似值。

3. 使用说明

muller：=proc(fun，x_0，x_1，x_2，tol，maxiter)

式中，fun=$f(x)$；x_0，x_1，x_2 是初始点；tol=$|(x(k+1)-x(k))/x(k+1)|$ 为误差上限；maxiter 为最大迭代次数。程序输出为根的近似值 xp，根的误差估计 err 和实际迭代次数 k。

4. Maple 程序

```
> muller := proc(fun, x0, x1, x2, tol, maxiter)
local maxit, tolx, k, fx0, fx1, fx2, fx3, xx0, xx1, xx2, xx3, err, h, h1, h2, dif1, dif2, delta, a,
b, c;
if nargs < 6 then
      maxit := 200;
   else
      maxit := maxiter;
end if;
if nargs < 5 then
      tolx := 1e-8;
else
      tolx := tol;
end if;
xx0 := evalf(x0); xx1 := evalf(x1); xx2 := evalf(x2);
for k from 1 to maxit do
        h1 := xx1 - xx0; h2 := xx2 - xx1;
        fx0 := evalf( fun(xx0)); fx1 := evalf( fun(xx1)); fx2 := evalf( fun(xx2));
        dif1 := (fx1 - fx0)/h1; dif2 := (fx2 - fx1)/h2;
        a := (dif2 - dif1)/(x2 - x0); b := dif2 + h2 * a; c := fx2;
        delta := sqrt(b^2 - 4 * a * c);
        if abs(b - delta) < abs(b + delta) then
              h := -2 * c/(b + delta);
         else
              h := -2 * c/(b - delta);
        end if;
        xx3 := xx2 + h; fx3 := evalf(fun(xx3));
        err := abs(h)/(abs(xx3) + 1e-20);
        if (err < tolx) or (abs(fx3) < 1e-20) then
             break;
```

```
        end if;
        xx0 := xx1; xx1 := xx2; xx2 := xx3;
        fx0 := fx1; fx1 := fx2; fx2 := fx3;
end do;
return xx2, err, k;
end:
```

例 8.18 求方程 $x^2+\frac{1}{12}\cos(64x)-2=0$ 的根。

解

```
> fun := x -> x^2+cos(64*x)/12-2:
> plot(fun(x), x=-2..2, numpoints=110);

> plot(fun(x), x=1.3..1.5);
```

画出 fun 的图像(图 8.19),其零点不是很清楚,需更近一点观察,画出它的局部图像(图 8.20)。可见,在 $x>0$ 的方向只有一个根在 1.4 和 1.5 之间。取 $x_0=1.1, x_1=2, x_2=3$ 等不同的初值,计算如下。

```
> muller(fun, 1.1, 2, 3);
```

$$1.435409708,\quad 2.143585249\times10^{-10},\quad 8$$

```
> muller(fun, 0.5, 2, 2.3);
```

$$1.435409708,\quad 2.132648590\times10^{-10},\quad 7$$

```
> muller(fun, 0.3, 1.2, 2.6);
```

$$1.435409708,\quad 2.123663454\times10^{-10},\quad 8$$

用 fsolve 检验。

```
> fsolve( x^2+cos(64*x)/12-2=0, x=1..2);
```

$$1.435409708$$

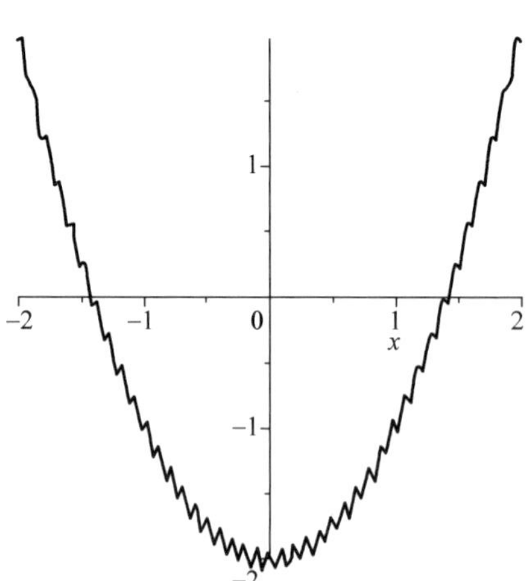

图 8.19 函数 $x^2+\frac{1}{12}\cos(64x)-2$ 的图像

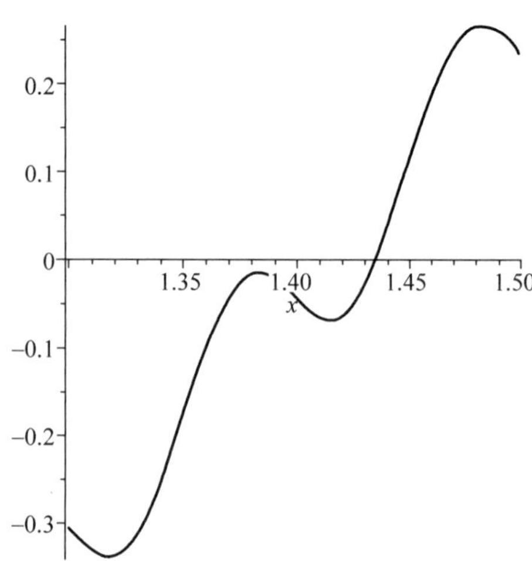

图 8.20 例 8.18 函数的局部图像

可见,抛物线法的计算结果比较精确,收敛速度比较快(在一定条件下,它的收敛阶约为1.839),且对初始值的要求并不高。

例 8.19 求多项式 x^4-4x^2-3x+5 的所有根。

解:4 次多项式应该有 4 个根,首先画出它的图像,如图 8.21 所示,观察它有几个实根。

```
> fun1 := x-> x^4-4*x^2-3*x+5:
> plot(fun1(x), x=-5..5, y=-5..50);
```

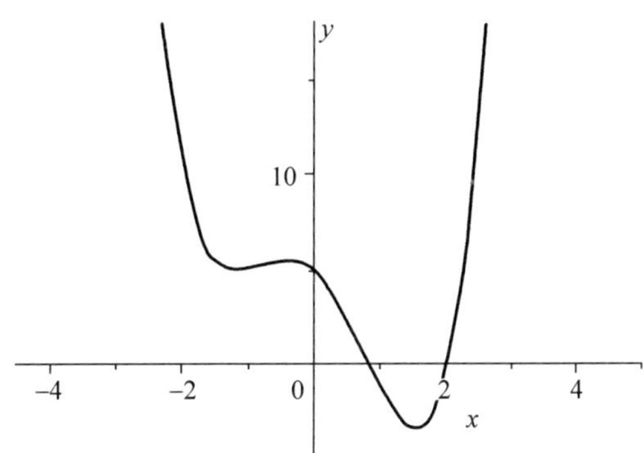

图 8.21 例 8.19 函数的图像

由图 8.21 可见,此多项式有两个实根,分别在 1,2 附近。选取不同的初始值计算如下:

```
> muller(fun1, 0.5, 0.8, 1.5);
```

$$0.8611735333,\quad 1.583197976\times10^{-9},\quad 5$$

```
> muller(fun1, 1, 1.7, 2.6);
```

$$2.069322952,\quad 1.642351378\times10^{-9},\quad 7$$

```
> muller(fun1, -2, -1, 0);
```

$$-1.465248244+0.8116717656\,I,\quad 4.477046683\times10^{-10},\quad 13$$

```
> muller(fun1, -1, -1.5, -0.5);
```

$$-1.465248240-0.8116717721\,I,\quad 2.757891945\times10^{-10},\quad 12$$

```
> muller(fun1, -1, 1.5, -1.2-0.3*I);
```

$$-1.465248240-0.8116717720\,I,\quad 3.203210620\times10^{-10},\quad 13$$

```
> muller(fun1, -1, 1.5, -1.2+0.7*I);
```

$$-1.465248240+0.8116717719\,I,\quad 1.497929564\times10^{-10},\quad 8$$

```
> muller(fun1, -1, 0.6, 1-2*I);
```

$$0.8611735321-8.333\times10^{-14}\,I,\quad 9.669765984\times10^{-14},\quad 7$$

从上述计算可以看出,从实数的初始值出发,可以收敛到复数根或实根,从复数初始值出发也可以收敛到实根或复根。用 fsolve 或 solve 函数检验。

```
> fsolve(x^4-4*x^2-3*x+5, x, complex);
```

$$-1.465248240-0.8116717720\,I,\quad -1.465248240+0.8116717720\,I,$$
$$0.8611735320,\quad 2.069322949$$

```
> rots:=solve(x^4-4*x^2-3*x+5):
> evalf(rots);
```

$$0.8611735320,\quad 2.069322949,\quad -1.465248240+0.8116717720\,I,$$
$$-1.465248240-0.8116717720\,I$$

第9章 非线性方程组的数值解法

n 个变量 n 个方程的非线性方程组的一般形式为

$$\begin{cases} f_1(x_1,x_2,\cdots,x_n)=0 \\ \quad\vdots \\ f_i(x_1,x_2,\cdots,x_n)=0 \\ \quad\vdots \\ f_n(x_1,x_2,\cdots,x_n)=0 \end{cases} \tag{9.1}$$

其中,$f_i(x_1,x_2,\cdots,x_n)(i=1,2,\cdots,n)$是定义在 $D\subset\mathbb{R}^n$ 上的多元实值函数且至少有一个是非线性函数。简记为 $\boldsymbol{F}(\boldsymbol{x})=(f_1(\boldsymbol{x}),f_2(\boldsymbol{x}),\cdots,f_n(\boldsymbol{x}))^{\mathrm{T}}=\boldsymbol{0}$, $\boldsymbol{x}\in D\subset\mathbb{R}^n$。求解形如式(9.1)的非线性方程组的问题越来越多地被提出来,而且非线性方程偏微分方程或常微分方程离散化后,常常需要求解这种方程组。本章主要介绍求解非线性方程的几种常用的数值解法,如不动点迭代法、牛顿法、拟牛顿法、数值延拓法和参数微分法等。

9.1 不动点迭代法

1. 功能

求方程 $\boldsymbol{F}(\boldsymbol{x})=\boldsymbol{0}$ 在 $\boldsymbol{x}_0$ 附近的根。

2. 计算方法

(1) 将方程(9.1)等价地转化为方程

$$x_i=g_i(x_1,x_2,\cdots,x_n),\quad i=1,2,\cdots,n$$

简记为

$$\boldsymbol{x}=\boldsymbol{G}(\boldsymbol{x}),\quad \boldsymbol{x}=(x_1,x_2,\cdots,x_n)\in D \tag{9.2}$$

其中,$\boldsymbol{G}(\boldsymbol{x})=(g_1(\boldsymbol{x}),g_2(\boldsymbol{x}),\cdots,g_n(\boldsymbol{x}))^{\mathrm{T}}$。

(2) 构造迭代公式

$$\boldsymbol{x}^{(k+1)}=\boldsymbol{G}(\boldsymbol{x}^{(k)}),\quad k=0,1,\cdots \tag{9.3}$$

式(9.3)称为不动点迭代法,$\boldsymbol{G}(\boldsymbol{x})$称为迭代函数。

(3) 检验迭代终止条件是否满足。若满足,则求得方程的近似解并退出,否则继续迭代。迭代终止的条件为 norm$(\boldsymbol{x}^{(k+1)}-\boldsymbol{x}^{(k)})<$ tol(或 norm$(\boldsymbol{x}^{(k+1)}-\boldsymbol{x}^{(k)})/$norm$(\boldsymbol{x}^{(k+1)})<$tol)。

3. 使用说明

mulfixiter :=proc(fun, x_0, tol, maxiter)

式中,fun 是迭代函数,fun=[g_1,g_2,…]; x_0 是初始点; tol 是容差; maxiter 是最大迭代次数。程序输出为根的近似值 xp 和实际迭代次数 k。

4. Maple 程序

```
> mulfixiter :=proc(fun, x0, tol, maxiter)
local maxit, tolx, k, xx0, xx1, err;
if nargs<4 then
        maxit :=1000;
  else
        maxit :=maxiter;
end if;
if nargs<3 then
      tolx :=1e-8;
else
      tolx :=tol;
end if;
xx0 :=evalf(x0);
for k from 1 to maxit do
        xx1 :=evalf(fun(xx0));
        err :=norm(xx1-xx0)/(norm(xx1)+1e-20);
        if (err<tolx)   then
        break;
        end if;
    xx0 :=xx1;
end do;
return xx0, k;
end:
> FunctionOfVector  := proc(VectorOfFunctions::Vector)
local L;
# 此函数将(一组)函数(构成的)向量改写为自变量为向量的向量值函数;
L := [args[2.. -1]];
proc(v::Vector)
local i;
eval(VectorOfFunctions, [seq(L[i]=v[i], i=1..nops(L))]);
end;
end:
```

例 9.1 求非线性方程组 $\begin{cases} f_1(x,y)=x^2-2x-y+0.5=0 \\ f_2(x,y)=x^2+4y^2-4=0 \end{cases}$ 的一组解。

解 画出 $f_1(x,y)$和 $f_2(x,y)$的图像(图 9.1),并将 $f_1(x,y)=0$ 转化为 $x=g_1(x,y)=\dfrac{x^2-y+0.5}{2}$,将 $f_2(x,y)=0$ 转化为 $y=g_2(x,y)=\dfrac{-x^2-4y^2+8y+4}{8}$。求解过程如下:

```
> implicitplot([x^2-2*x-y+0.5, x^2+4*y^2-4], x=-3..3, y=-1..2, color=[red, black], linestyle=[1, 3]);
```

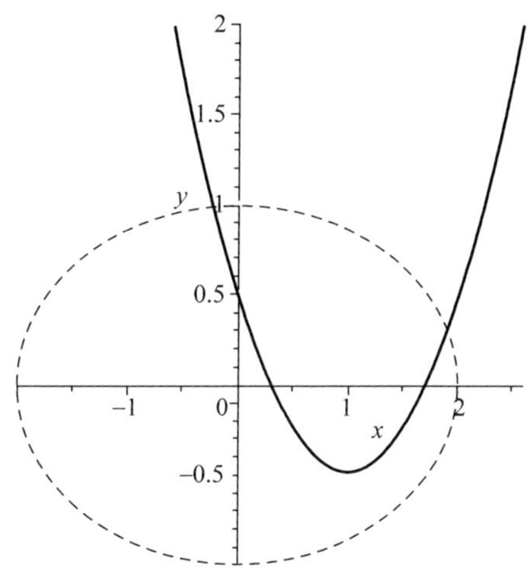

图 9.1　$y=x^2-2x+0.5$ 和 $x^2+4y^2=4$ 的图像

```
> g1 := (x^2-y+0.5)/2;
```

$$g_1(x)=\frac{1}{2}x^2-\frac{1}{2}y+0.25$$

```
> g2 := (-x^2-4*y^2+8*y+4)/8;
```

$$g_2(x)=-\frac{1}{8}x^2-\frac{1}{2}y^2+y+\frac{1}{2}$$

```
> G1 := FunctionOfVector(<g1,g2>, x, y): #利用函数 FunctionOfVector 将 g1, g2 写为向量值函数;
> 'G1'=G1(<x, y>);
```

$$G_1=\begin{bmatrix}\frac{1}{2}x^2-\frac{1}{2}y+0.25\\-\frac{1}{8}x^2-\frac{1}{2}y^2+y+\frac{1}{2}\end{bmatrix}$$

```
> x0 := <0, 1>;
```

$$x_0:=\begin{bmatrix}0\\1\end{bmatrix}$$

```
> mulfixiter(G1, x0, 1e-8, 100);
```

$$\begin{bmatrix}-0.2222145543\\0.9938084179\end{bmatrix},11$$

用 solve 命令检验结果。

```
> qq := solve({x^2-2*x-y+0.5, x^2+4*y^2-4}, [x, y]);
```

$$qq:=[[x=1.900676726,y=0.3112185654],[x=1.160768914+0.6544922733I,y=-0.9025134920+0.2104440245I],[x=-0.2222145551,y=0.9938084186],[x=1.160768914-0.6544922733I,y=-0.9025134920-0.2104440245I]]$$

```
> q := remove(has, qq, I); #删除复根
```

$$q := [[x = 1.900676726, y = 0.3112185654], [x = -0.2222145551, y = 0.9938084186]]$$

可见迭代法收敛到方程组的一组实根(−0.2222145551,0.9938084186)。

9.2 Newton 法

1. 功能

求方程 $\boldsymbol{F}(\boldsymbol{x})=\boldsymbol{0}$ 在 $\boldsymbol{x}_0$ 附近的根。

2. 计算方法

Newton 法的迭代公式为

$$\boldsymbol{x}^{(k+1)} = \boldsymbol{x}^{(k)} - \boldsymbol{F}'(x^{(k)})^{-1}\boldsymbol{F}(\boldsymbol{x}^{(k)}), \quad k = 0,1,\cdots \tag{9.4}$$

(1) 由 $\boldsymbol{x}^{(k)}$ 计算 $\boldsymbol{x}^{(k+1)}$ 的具体步骤如下：

① 计算 $\boldsymbol{F}'(\boldsymbol{x}^{(k)}),\boldsymbol{F}(\boldsymbol{x}^{(k)})$；

② 解线性方程组

$$\boldsymbol{F}'(\boldsymbol{x}^{(k)})\Delta\boldsymbol{x}^{(k)} = -\boldsymbol{F}(\boldsymbol{x}^{(k)}) \tag{9.5}$$

解得

$$\Delta\boldsymbol{x}^{(k)}$$

③ 令 $\boldsymbol{x}^{(k+1)}=\boldsymbol{x}^{(k)}+\Delta\boldsymbol{x}^{(k)}$。

(2) 检验迭代终止条件是否满足，若满足，则求得方程的近似解并退出，否则继续迭代。迭代终止的条件为 $\text{norm}(\boldsymbol{x}^{(k+1)}-\boldsymbol{x}^{(k)})<\text{tol}$（或 $\text{norm}(\boldsymbol{x}^{(k+1)}-\boldsymbol{x}^{(k)})/\text{norm}(\boldsymbol{x}^{(k+1)})<\text{tol}$）。

3. 使用说明

mulnewton :=proc(fun,jac,$\boldsymbol{x}_0$,tol,maxiter)

式中，fun=$\boldsymbol{F}(\boldsymbol{x})$；jac 是 $F(x)$的 Jacobi 矩阵；x_0 为初始点；tol 是容差；maxiter 是最大迭代次数。程序输出为根的近似值 xp，$F(x)$在近似根处的函数值 fp 和实际迭代次数 k。

注 由 fp 是否等于 0 或接近于 0 可以判断求得的 xp 是否为方程组的(近似)解。

4. Maple 程序

```
> restart;
> with(LinearAlgebra):
with(VectorCalculus):
BasisFormat(false):
> mulnewton :=proc(fun, jac, x0, tol, maxiter)
local maxit, tolx, k, xx0, xx1, err, var , Jv, dx, fx0;
# jac 是 F(x)的 Jacobi 矩阵;
if nargs < 5 then
        maxit :=1000;
  else
        maxit :=maxiter;
end if;
if nargs < 4 then
        tolx :=1e-8;
else
```

```
        tolx := tol;
end if;
xx0 := evalf(x0);
for k from 1 to maxit do
        fx0 := evalf(fun(xx0));
        Jv := evalf(jac(xx0));
        dx := Student[LinearAlgebra][LinearSolve] (Jv, -fx0);
        xx1 := xx0+dx;
        err := evalf(norm(xx1-xx0)/(norm(xx1)+1e-20));
        if (err < tolx) then
                break;
        end if;
        xx0 := xx1;
end do;
return xx0, fx, k;
end:
> FunctionOfVector := proc(VectorOfFunctions::Vector)
local L;
L := [args[2.. -1]];
proc(v::Vector)
local i;
eval(VectorOfFunctions, [seq(L[i]=v[i], i=1..nops(L))]);
end;
end:
> FunctionOfMatrix := proc(MatrixOfFunctions )
local L;
# 此函数将(一组)函数(构成的)矩阵改写为自变量为向量的矩阵值函数;
L := [args[2..-1]];
proc(v::Vector)
local i;
eval(MatrixOfFunctions, [seq(L[i]=v[i], i=1..nops(L))]);
end;
end:
```

例 9.2 求方程组$\begin{cases}F_1=8z+3z^2+2y^2+xy-4x^2+9xz-4=0\\F_2=-z+4z^2-4y^2+6xy-6x^2-4yz+39=0\\F_3=9y-2z-3y^2+4xy-8yz+20=0\end{cases}$的一组解。

解 建立方程组。

```
> F1 := 8*z+3*z^2+2*y^2+x*y-4*x^2+9*x*z-4:
F2 := -z+4*z^2-4*y^2+6*x*y-6*x^2-4*y*z+39:
F3 := 9*y-2*z-3*y^2+4*x*y-8*y*z+20:
```

对$\langle F_1,F_2,F_3\rangle$利用 FunctionOfVector 函数构造向量值函数 G_2。

```
> G2 := FunctionOfVector(<F1, F2, F3>, x, y, z):
```

建立$\langle F_1,F_2,F_3\rangle$的 Jacobi 矩阵。

```
> JM := Jacobian(<F1, F2, F3>, [x, y, z]):
```

$$JM := \begin{bmatrix} y-8x+9z & 4y+x & 8+6z+9x \\ 6y-12x & -8y+6x-4z & -1+8z-4y \\ 4y & 9-6y+4x-8z & -2-8y \end{bmatrix}$$

对矩阵 JM，利用 FunctionOfMatrix 函数构造矩阵值函数 JJ。

```
> JJ :=FunctionOfMatrix (JM, x, y, z):
```

将 G_2 视为程序 mulnewton 中的 fun，JJ 视为 jac，取初值，进行计算。

```
> mulnewton(G2, JJ, <-3, 8, 12>, 1e-8, 50);
```

$$\begin{bmatrix} -1.00000000040116954 \\ 1.99999999959739028 \\ 1.00000000007858580 \end{bmatrix}, \quad \begin{bmatrix} 0. \\ 0. \\ 0. \end{bmatrix}, \quad 8$$

可见这组值的确是方程组的一组近似解(精确解为(−1，2，1))。

```
> mulnewton(G2, JJ, <-3, -5 , -1>, 1e-8, 50);
```

$$\begin{bmatrix} -3.11489924064458723 \\ -1.84329570962627698 \\ -1.26968293757334006 \end{bmatrix}, \quad \begin{bmatrix} 0. \\ 0. \\ 0. \end{bmatrix}, \quad 6$$

```
> mulnewton(G2, JJ, <5, -3 , 3>, 1e-8, 50);
```

$$\begin{bmatrix} 1.95470480730116414 \\ -1.23364978086193200 \\ 0.675317590307849990 \end{bmatrix}, \quad \begin{bmatrix} 2\times10^{-9} \\ 2\times10^{-8} \\ -1\times10^{-8} \end{bmatrix}, \quad 6$$

```
> mulnewton(G2, JJ, <5, 3 , 3+I>, 1e-8, 50);
```

$$\begin{bmatrix} 4.83509363325395469+3.37425550754140114\mathrm{I} \\ 6.69098294892547950-3.84982845948344510\mathrm{I} \\ 1.32823684505445106+3.18156406270669922\mathrm{I} \end{bmatrix}, \quad \begin{bmatrix} -9\times10^{-8}+0.\mathrm{I} \\ 0.-6\times10^{-8}\mathrm{I} \\ 0.+0.\mathrm{I} \end{bmatrix}, \quad 10$$

以上从不同的初值出发，经过几次迭代后均得到一组解，通过代入方程组检验(即程序返回的第二组值都近似等于 0)，它们都是方程组的(实或复)近似解。

9.3　修正 Newton 法

1. 功能

求方程 $\boldsymbol{F}(\boldsymbol{x})=\boldsymbol{0}$ 在 $\boldsymbol{x}_0$ 附近的根。

2. 计算方法

Newton 法的迭代公式为：

$$\boldsymbol{x}^{(k+1)}=\boldsymbol{x}^{(k)}-\boldsymbol{F}'(\boldsymbol{x}^{(k)})^{-1}(\boldsymbol{F}(\boldsymbol{x}^{(k)})+\boldsymbol{F}(\boldsymbol{x}^{(k)}-\boldsymbol{F}'(\boldsymbol{x}^{(k)})^{-1}\boldsymbol{F}(\boldsymbol{x}^{(k)}))),\quad k=0,1,\cdots \tag{9.6}$$

(1) 由 $\boldsymbol{x}^{(k)}$ 计算 $\boldsymbol{x}^{(k+1)}$ 的具体步骤如下：

① 计算 $\boldsymbol{F}'(\boldsymbol{x}^{(k)})$，$\boldsymbol{F}(\boldsymbol{x}^{(k)})$；

② 解线性方程组 $\boldsymbol{F}'(\boldsymbol{x}^{(k)})\Delta\boldsymbol{x}^{(k)}=-\boldsymbol{F}(\boldsymbol{x}^{(k)})$，解得 $\Delta\boldsymbol{x}^{(k)}$；

③ 计算 $\boldsymbol{F}(\boldsymbol{x}^{(k)}+\Delta\boldsymbol{x}^{(k)})$，解线性方程组 $\boldsymbol{F}'(\boldsymbol{x}^{(k)})\Delta 2\boldsymbol{x}^{(k)}=-\boldsymbol{F}(\boldsymbol{x}^{(k)}+\Delta\boldsymbol{x}^{(k)})$，解得 $\Delta 2\boldsymbol{x}^{(k)}$；

④ 令 $\boldsymbol{x}^{(k+1)}=\boldsymbol{x}^{(k)}+\Delta\boldsymbol{x}^{(k)}+\Delta 2\boldsymbol{x}^{(k)}$。

(2) 检验迭代终止条件是否满足，若满足，则求得方程的近似解并退出，否则继续迭代。迭代终止的条件为 $\text{norm}(\boldsymbol{x}^{(k+1)}-\boldsymbol{x}^{(k)})<\text{tol}$（或 $\text{norm}(\boldsymbol{x}^{(k+1)}-\boldsymbol{x}^{(k)})/\text{norm}(\boldsymbol{x}^{(k+1)})<\text{tol}$）。

3. 使用说明

impmulnew：=proc(fun,jac,$\boldsymbol{x}_0$,tol,maxiter)

式中，fun=$\boldsymbol{F}(\boldsymbol{x})$；jac 是 $\boldsymbol{F}(\boldsymbol{x})$的 Jacobi 矩阵；$\boldsymbol{x}_0$ 为初始点；tol 是容差；maxiter 是最大迭代次数。程序输出为根的近似值 xp，$F(x)$在 xp 处的值 fp 和实际迭代次数 numiter。

注 由 fp 是否等于 0 或接近于 0 可以判断求得的 xp 是否为方程组的(近似)解。

4. Maple 程序

```
> restart;
> with(LinearAlgebra):
with(VectorCalculus):
BasisFormat(false):
> impmulnew :=proc(fun, jac, x0, tol, maxiter)
local maxit, tolx, k, xx0, xx1, err, Jv, dx, d2x, fx0, f2x0;
if nargs < 5 then
      maxit :=1000;
   else
      maxit :=maxiter;
end if;
if nargs < 4 then
      tolx :=1e-8;
else
      tolx :=tol;
end if;
xx0 :=evalf(x0);
for k from 1 to maxit do
      fx0 :=evalf(fun(xx0));
      Jv :=evalf(jac(xx0));
      dx :=Student[LinearAlgebra][LinearSolve] (Jv, -fx0);
      f2x0 :=evalf(fun(xx0+dx));
      d2x :=Student[LinearAlgebra][LinearSolve] (Jv, -f2x0);
      xx1 :=xx0+dx+d2x;
      err :=evalf(norm(xx1-xx0)/(norm(xx1)+1e-20));
   if (err < tolx)  then
         break;
   end if;
      xx0 :=xx1;
end do;
return xx0, fx0, k;
end:
```

例 9.3 求方程组$\begin{cases}f_1=320-6x^3y-8xy^3-9x^3-3x^2-150x=0\\f_2=5x^3y+6x^2y^2+xy^3+4x^2y+5x^2-50y-36=0\end{cases}$的一组解。

解　建立方程组。

```
> f1 := 320-6*x^3*y-8*x*y^3-9*x^3-3*x^2-150*x:
f2 := 5*x^3*y+6*x^2*y^2+x*y^3+4*x^2*y+5*x^2-50*y-36:
```

对 $\langle f_1, f_2 \rangle$ 利用 FunctionOfVector 函数构造向量值函数 G_1。

```
> G1 :=FunctionOfVector(<f1, f2>, x, y):
> G1 :=FunctionOfVector(<f1, f2>, x, y):
> 'G1'=G1(<x, y>);
```

$$G_1 = \begin{bmatrix} 320-6x^3y-8xy^3-9x^3-3x^2-150x \\ 5x^3y+6x^2y^2+xy^3+4x^2y+5x^2-50y-36 \end{bmatrix}$$

建立 $\langle f_1, f_2 \rangle$ 的 Jacobi 矩阵。

```
> J :=Jacobian(<f1, f2>, [x, y]);
```

$$J = \begin{bmatrix} -18x^2y-8y^3-27x^2-6x-150 & -6x^3-24xy^2 \\ 15x^2y+12xy^2+y^3+8xy+10x & 5x^3+12x^2y+3xy^2+4x^2-50 \end{bmatrix}$$

对矩阵 J，利用 FunctionOfMatrix 函数构造矩阵值函数 J_1。

```
> J1 :=FunctionOfMatrix (J, x, y):
```

将 G_1 视为程序 mulnewton 中的 fun，J_1 视为 jac，取初值，进行计算。

```
> impmulnew(G1, J1, <-5, -10>, 1e-8, 50);
```

$$\begin{bmatrix} 2.00000000038836178 \\ -1.00000000004521894 \end{bmatrix}, \quad \begin{bmatrix} 0. \\ 0. \end{bmatrix}, \quad 9$$

```
> impmulnew(G1, J1, <3, -3>, 1e-8, 50);
```

$$\begin{bmatrix} 2.33514179096059226 \\ -1.41604650829692091 \end{bmatrix}, \quad \begin{bmatrix} 0. \\ -3\times 10^{-8} \end{bmatrix}, \quad 6$$

用 solve 命令检验结果。

```
> rt :=solve({f1, f2}, [x, y]):          # 中间结果太长,此处略去,详情见源程序
> rt1 :=evalf(allvalues(rt)):
> remove(has, [rt1], I);                 # 此处只列出方程组实数解,共有 2 组
```

$$[[x=2.,y-1],[x=2.335141790,y=-1.416046506]]$$

可见两次迭代都收敛到方程组的解，收敛性及迭代次数与初始值密切相关。在一定条件下，修正 Newton 法至少三阶收敛，它比 Newton 法的平方收敛更快。

9.4　拟 Newton 法

在解非线性方程组的 Newton 法的迭代公式(9.4)中，用矩阵 $\boldsymbol{A}_k$ 近似代替 $\boldsymbol{F}'(\boldsymbol{x}_k)$，得到如下的迭代公式：

$$\boldsymbol{x}^{(k+1)} = \boldsymbol{x}^{(k)} - \boldsymbol{A}_k^{-1}\boldsymbol{F}(\boldsymbol{x}^{(k)}), \quad k=0,1,\cdots \tag{9.7}$$

其中 $\boldsymbol{A}_k(k=0,1,\cdots)$ 均为非奇异矩阵。为了避免每次迭代都计算逆矩阵，我们设法构造

$\boldsymbol{H}_k$ 直接逼近 $\boldsymbol{F}'(\boldsymbol{x}^{(k)})^{-1}$。由此得迭代公式为

$$\boldsymbol{x}^{(k+1)}=\boldsymbol{x}^{(k)}-\boldsymbol{H}_k\boldsymbol{F}(\boldsymbol{x}^{(k)}),\quad k=0,1,\cdots \tag{9.8}$$

上述的迭代式(9.7)或式(9.8)称为拟 Newton 法。

选取不同的矩阵序列$\{\boldsymbol{A}_k\}$或$\{\boldsymbol{H}_k\}$,将得到各类拟 Newton 法。下面我们讨论 Broyden 方法。

1. 功能

求方程 $\boldsymbol{F}(\boldsymbol{x})=\boldsymbol{0}$ 在 $\boldsymbol{x}_0$ 附近的根。

2. 计算方法

Broyden 方法的迭代公式为

$$\begin{cases}\boldsymbol{x}^{(k+1)}=\boldsymbol{x}^{(k)}-\boldsymbol{A}_k^{-1}\boldsymbol{F}(\boldsymbol{x}^{(k)})\\ \boldsymbol{A}_{k+1}=\boldsymbol{A}_k+\dfrac{(\Delta\boldsymbol{y}^{(k)}-\boldsymbol{A}_k\Delta\boldsymbol{x}^{(k)})(\Delta\boldsymbol{x}^{(k)})^{\mathrm{T}}}{(\Delta\boldsymbol{x}^{(k)})^{\mathrm{T}}\Delta\boldsymbol{x}^{(k)}}\end{cases},\quad k=0,1,\cdots \tag{9.9}$$

其中 $\Delta\boldsymbol{x}^{(k)}=\boldsymbol{x}^{(k+1)}-\boldsymbol{x}^{(k)}$,$\Delta\boldsymbol{y}^{(k)}=\boldsymbol{F}(\boldsymbol{x}^{(k+1)})-\boldsymbol{F}(\boldsymbol{x}^{(k)})$。

具体计算步骤如下:

(1) 当 $k=0$ 时,取 $\boldsymbol{A}_0=\boldsymbol{F}'(\boldsymbol{x}^{(0)})$(或 $\boldsymbol{A}_0$ 取为 n 阶单位矩阵),计算 $\boldsymbol{F}(\boldsymbol{x}^{(0)})$,解线性方程组 $\boldsymbol{A}_0\Delta\boldsymbol{x}^{(0)}=-\boldsymbol{F}(\boldsymbol{x}^{(0)})$,求得 $\Delta\boldsymbol{x}^{(0)}$ 及 $\boldsymbol{x}^{(1)}=\boldsymbol{x}^{(0)}+\Delta\boldsymbol{x}^{(0)}$,并计算 $\boldsymbol{F}(\boldsymbol{x}^{(1)})$,$\Delta\boldsymbol{y}^{(0)}$ 及 $\boldsymbol{A}_1$。

(2) 对 $k\geqslant 1$,解线性方程组 $\boldsymbol{A}_k\Delta\boldsymbol{x}^{(k)}=-\boldsymbol{F}(\boldsymbol{x}^{(k)})$求得 $\Delta\boldsymbol{x}^{(k)}$,计算 $\boldsymbol{x}^{(k+1)}=\boldsymbol{x}^{(k)}+\Delta\boldsymbol{x}^{(k)}$,$\boldsymbol{F}(\boldsymbol{x}^{(k+1)})$,$\Delta\boldsymbol{y}^{(k)}$ 及 $\boldsymbol{A}_{k+1}$;

(3) 检验迭代终止条件是否满足,若满足,则求得方程的近似解并退出,否则继续迭代。迭代终止的条件为 norm$(\boldsymbol{x}^{(k+1)}-\boldsymbol{x}^{(k)})<$tol(或 norm$(\boldsymbol{x}^{(k+1)}-\boldsymbol{x}^{(k)})$/norm$(\boldsymbol{x}^{(k+1)})<$tol)。

3. 使用说明

broyden:=proc(fun,$\boldsymbol{x_0}$,tol,maxiter)

式中,fun=$\boldsymbol{F}(x)$;x_0 是初始点;tol 是容差;maxiter 是最大迭代次数。程序输出为根的近似值 xp,$\boldsymbol{F}(x)$在 xp 处的值 fp 和实际迭代次数 numiter。

注 由 fp 是否等于 0 或接近于 0 可以判断求得的 xp 是否为方程组的(近似)解。

4. Maple 程序

```
> broyden:=proc(fun, x0, tol, maxiter)
local maxit, tolx, k, xx0, xx1, err, A0, A1, dx, dx1, fx0, fx1, dy, dy1, n, Adx, AA0, w;
# fun 用列向量,以表达式形式给出;
if nargs<5 then
        maxit:=1000;
   else
        maxit:=maxiter;
end if;
if nargs<4 then
        tolx:=1e-8;
   else
        tolx:=tol;
end if;
n:=nops(x0);
```

```
xx0 := evalf(x0);
fx0 := evalf(fun(xx0));
A0 := LinearAlgebra[IdentityMatrix](n);
for k from 1 to maxit do
    dx := Student[LinearAlgebra][LinearSolve] (A0, -fx0);
    xx1 := xx0+dx;
    err := evalf(norm(xx1-xx0)/(norm(xx1)+1e-20));
    if (err < tolx)  then
         break;
    end if;
    fx1 := evalf(fun(xx1));
    dy := fx1-fx0;
    Adx := LinearAlgebra[MatrixVectorMultiply](A0, dx);
    dx1 := LinearAlgebra[Transpose](dx);
    dx1 := convert(dx1, Matrix);
    dy1 := convert(dy-Adx, Matrix);
    AA0 := LinearAlgebra[MatrixMatrixMultiply](dy1, dx1);
    w := LinearAlgebra[MatrixVectorMultiply](dx1, dx);
    w := w[1];
    A1 := A0+AA0/w;
    xx0 := xx1;
    A0 := A1;
    fx0 := fx1;
end do;
return xx0, fx0, k;
end:
```

例 9.4　求方程组$\begin{cases} f_1 = x+\cos(xyz)-1=0 \\ f_2 = (1-x)^{\frac{1}{4}}+y+0.05z^2-0.15z-1=0 \\ f_3 = -x^2-0.1y^2+0.01y+z-1=0 \end{cases}$的一组解。

解　建立方程,用函数 FunctionOfVector(见 9.2 节)构造向量值函数 fun。

```
> f1 := x+cos(x * y * z)-1:
f2 := (1-x)^(1/4)+y+0.05 * z^2-0.15 * z-1:
f3 := -x^2-0.1 * y^2+0.01 * y+z-1:
> fun := FunctionOfVector(<f1, f2, f3>, x, y, z):
> broyden(fun, <0, 3, -1>, 1e-8, 50);
```

$$\begin{bmatrix} 0. \\ 0.100000000219431630 \\ 1.00000000074590778 \end{bmatrix}, \quad \begin{bmatrix} 0. \\ -2\times 10^{-10} \\ 1\times 10^{-9} \end{bmatrix}, \quad 8$$

```
> broyden(fun, <0.3, -1, 5>, 1e-8, 50);
```

$$\begin{bmatrix} -2.34822504542745430\times 10^{-10} \\ 0.0999999997243182 64 \\ 1.00000000038932014 \end{bmatrix}, \quad \begin{bmatrix} -2\times 10^{-10} \\ 0. \\ 0. \end{bmatrix}, \quad 12$$

```
> rt := solve({f1, f2, f3}, [x, y, z]); #用 solve 命令求解
```

Warning, solutions may have been lost

```
rt :=[[x=0.,y=0.1000000000,z=1.000000000],
      [x=0.,y=6.464904318+10.68138487 I,
z=-6.294348524+13.70401238 I],
[x=0.,y=-12.82980864,z=17.58869705],
[x=0.,y=6.464904318-10.68138487 I,
z=-6.294348524-13.70401238 I]]
> remove(has, rt, I); #用 solve 求得的实数解;
      [[x=0.,y=0.1000000000,z=1.000000000],
      [x=0.,y=-12.82980864,z=17.58869705]]
```

9.5 数值延拓法

前面所述的求解非线性方程组的迭代法,基本上都是采用局部收敛的方法,即只有初始值 $\boldsymbol{x}^0$ 充分接近解 x^* 时,迭代序列才收敛到 $\boldsymbol{x}^*$,而在实际计算中要找到满足要求的初始值 $\boldsymbol{x}^0$ 往往很困难。**延拓法**(continuation)在映射 $\boldsymbol{F}$ 满足一定的条件下,可从任一初始值 $\boldsymbol{x}^0$ 出发求得解 $\boldsymbol{x}^*$。延拓法的基本思想是:在所求解的方程组 $\boldsymbol{F}(\boldsymbol{x})=\boldsymbol{0}$ 中进入参数 t,一般取 $t\in[0,1]$,构造一簇映射 $\boldsymbol{H}: D\times[0,1]\subset\mathbb{R}^n\times\mathbb{R}^1\to\mathbb{R}^n$ 代替映射 $\boldsymbol{F}$,使 $\boldsymbol{H}$ 满足条件

$$\boldsymbol{H}(\boldsymbol{x},0)=\boldsymbol{F}_0(\boldsymbol{x}),\boldsymbol{H}(\boldsymbol{x},1)=\boldsymbol{F}(\boldsymbol{x}),\quad \forall\boldsymbol{x}\in D \tag{9.10}$$

其中 $\boldsymbol{F}_0(\boldsymbol{x})=\boldsymbol{0}$ 的解 $\boldsymbol{x}^0$ 是已知的,而方程 $\boldsymbol{H}(\boldsymbol{x},1)=\boldsymbol{0}$ 就是原来的非线性方程组 $\boldsymbol{F}(\boldsymbol{x})=\boldsymbol{0}$。如果方程

$$\boldsymbol{H}(\boldsymbol{x},t)=0,\quad t\in[0,1] \tag{9.11}$$

有解 $\boldsymbol{x}=\boldsymbol{x}(t)$,$\boldsymbol{x}:[0,1]\to\mathbb{R}^n$ 连续依赖于 t,当 $t=1$ 时,$\boldsymbol{x}(1)=\boldsymbol{x}^*$,即为方程 $\boldsymbol{F}(\boldsymbol{x})=\boldsymbol{0}$ 的解。映射 $\boldsymbol{H}: D\times[0,1]\subset\mathbb{R}^{n+1}\to\mathbb{R}^n$ 称为**同伦(homotopy)映射**。延拓法就是把求方程 $\boldsymbol{F}(\boldsymbol{x})=\boldsymbol{0}$ 的问题转化为求同伦方程(9.11)的解,故又称为同伦法。因为延拓法是对原方程嵌入参数 t 而得到的,故又称为**嵌入法(embedding method)**。

定理 9.1 设映射 $\boldsymbol{F}: D\subset\mathbb{R}^n\to\mathbb{R}^n$ 在 D 上连续可导,并假设存在开球 $S=S(\boldsymbol{x}^0,r)\subset D$,使对 $\forall\boldsymbol{x}\in S$,$\|\boldsymbol{F}'(\boldsymbol{x})^{-1}\|\leqslant\beta$ 成立,其中 $r\geqslant\beta\|\boldsymbol{F}(\boldsymbol{x}^0)\|$,则方程

$$\boldsymbol{F}(\boldsymbol{x})=(1-t)\boldsymbol{F}(\boldsymbol{x}^0),\quad t\in[0,1],\boldsymbol{x}\in S \tag{9.12}$$

存在唯一解 $\boldsymbol{x}:[0,1]\to S\subset\mathbb{R}^n$,且 $\boldsymbol{x}(t)$ 连续可导并满足微分方程 Cauchy 问题,即

$$\begin{cases}\boldsymbol{x}'(t)=-[\boldsymbol{F}'(\boldsymbol{x}(t))]^{-1}\boldsymbol{F}(\boldsymbol{x}^0),\\ \boldsymbol{x}(0)=\boldsymbol{x}^0\end{cases}\quad \forall t\in[0,1] \tag{9.13}$$

定理 9.1 表明同伦方程

$$\boldsymbol{H}(\boldsymbol{x},t)=\boldsymbol{F}(\boldsymbol{x})+(t-1)\boldsymbol{F}(\boldsymbol{x}^0)=\boldsymbol{0} \tag{9.14}$$

存在唯一解 $\boldsymbol{x}=\boldsymbol{x}(t)$,且 $\boldsymbol{x}(t)$ 是微分方程(9.13)的解,因此通过求微分方程初值问题(9.13)的数值解,可得到方程 $\boldsymbol{F}(\boldsymbol{x})=\boldsymbol{0}$ 的解,这种方法称为**参数微分法**。

应用 Newton 法求解方程(9.13),可导出一个如下的大范围收敛的 Newton 迭代公式:

$$\begin{cases}\boldsymbol{x}^{k+1}=\boldsymbol{x}^k-\boldsymbol{F}'(\boldsymbol{x}^k)^{-1}\left[\boldsymbol{F}(\boldsymbol{x}^k)-\left(1-\dfrac{k}{N}\right)\boldsymbol{F}(\boldsymbol{x}^0)\right],\quad k=0,1,\cdots,N-1\\ \boldsymbol{x}^{k+1}=\boldsymbol{x}^k-\boldsymbol{F}'(\boldsymbol{x}^k)^{-1}\boldsymbol{F}(\boldsymbol{x}^k),\quad k=N,N+1,\cdots\end{cases} \tag{9.15}$$

这里 $\boldsymbol{x}^0$ 为任给的初值，式(9.15)中的第二式就是解方程 $\boldsymbol{F}(\boldsymbol{x})=\boldsymbol{0}$ 的 Newton 迭代公式，第一式是通过数值延拓法求得足够好的初始近似值 $\boldsymbol{x}^N$，使 Newton 迭代公式产生的序列收敛，在一定条件下它具有平方敛速。

1. 功能

求方程 $\boldsymbol{F}(\boldsymbol{x})=\boldsymbol{0}$ 在 $\boldsymbol{x}^0$ 附近的根。

2. 计算方法

(1) 先利用式(9.15)的第一式计算得 $\boldsymbol{x}^N$，以 $\boldsymbol{x}^N$ 为初值代入式(9.15)的第二式计算。

(2) 检验迭代终止条件是否满足，若满足，则求得方程的近似解并退出，否则继续迭代。迭代终止的条件为

$$\text{norm}(\boldsymbol{x}^{(k+1)}-\boldsymbol{x}^{(k)})<\text{tol}(\text{或 norm}(\boldsymbol{x}^{(k+1)}-\boldsymbol{x}^{(k)})/\text{norm}(\boldsymbol{x}^{(k+1)})<\text{tol})。$$

3. 使用说明

continu：=proc(fun,jac,$\boldsymbol{x}_0$,N,tol,maxiter)

式中，fun=$\boldsymbol{F}(\boldsymbol{x})$；jac 是 $\boldsymbol{F}(\boldsymbol{x})$的 Jacobi 矩阵；$x_0$ 为初始点；tol 是容差；maxiter 是最大迭代次数。程序输出为根的近似值 xp，$\boldsymbol{F}(\boldsymbol{x})$在 xp 处的值 fp 和实际迭代次数 numiter。

注 由 fp 是否等于 0 或接近于 0 可以判断求得的 xp 是否为方程组的(近似)解。

4. Maple 程序

```
> restart;
> with(LinearAlgebra):
with(VectorCalculus):
BasisFormat(false):
> continu:=proc(fun, jac, x0, N, tol, maxiter)
local maxit, tolx, k, j, xx0, xx1, N1, err, Jv, dx, fx0, f0, fxN, bN, dxN, xN;
if nargs<6 then
        maxit:=1000;
    else
        maxit:=maxiter;
end if;
if nargs<5 then
        tolx:=1e-8;
else
        tolx:=tol;
end if;
if nargs<4 then
        N1:=60;
else
        N1:=N;
end if;
xx0:=evalf(x0, 30);
f0:=evalf(fun(xx0), 30);
fxN:=f0;
for j from 0 to N-1 do
        bN:=evalf(fxN-(1-j/N)*f0);
        Jv:=evalf(jac(xx0), 30);
        dxN:=Student[LinearAlgebra][LinearSolve](Jv, -bN);
        xN:=evalf(xx0+dxN, 30);
```

```
            fxN := evalf(fun(xN), 30);
            xx0 := xN;
    end do;
  for k from 1 to maxit do
            fx0 := evalf(fun(xx0),30);
            Jv := evalf(jac(xx0), 30);
            dx := Student[LinearAlgebra][LinearSolve] (Jv, -fx0);
            xx1 := xx0+dx;
            err := evalf(norm(xx1-xx0)/(norm(xx1)+1e-20));
            if (err < tolx) then
                    break;
            end if;
            xx0 := xx1;
  end do;
  return xx0, fx0, k;
  end:
```

例 9.5 求方程组$\begin{cases} f_1 = 6z^2 + 7yz + 3x^2 + 7y^2 - 8x - 231 = 0 \\ f_2 = 9y^2 - 2xyz - 7x^2y - 3xy^2 + 3xz - 432 = 0 \\ f_3 = 8x^3z + 4y^3z - 4x^3y - 4y^4 + 4z^3 + 8x^2y = 0 \end{cases}$的一组解。

解 建立方程组。

```
> f1 := 6 * z^2+7 * y * z+3 * x^2+7 * y^2-8 * x-231:
f2 := 9 * y^2-2 * x * y * z-7 * x^2 * y-3 * x * y^2+3 * x * z-432:
f3 := 8 * x^3 * z+4 * y^3 * z-4 * x^3 * y-4 * y^4+4 * z^3+8 * x^2 * y:
```

用函数 FunctionOfVector 构造向量值函数 G_1。

```
> G1 := FunctionOfVector(<f1, f2, f3>, x, y, z):
> 'G1'=G1(<x, y, z>);
```

$$G_1 = \begin{bmatrix} 6z^2 + 7yz + 3x^2 + 7y^2 - 8x - 231 \\ 9y^2 - 2xyz - 7x^2y - 3xy^2 + 3xz - 432 \\ 8x^3z + 4y^3z - 4x^3y - 4y^4 + 4z^3 + 8x^2y \end{bmatrix}$$

求 Jacobi 矩阵 J_c，并用函数 FunctionOfMatrix 构造矩阵值的函数 J_c。

```
> Jc := Jacobian(<f1, f2, f3>, [x, y, z]):
> Jc := FunctionOfMatrix (Jc, x, y, z):
> 'Jc'=Jc(<x, y, z>);
```

$$J_c = \begin{bmatrix} 6x - 8 & 7z + 14y & 12z + 7y \\ -2yz - 14xy - 3y^2 + 3z & 18y - 2xz - 7x^2 - 6xy & -2xy + 3x \\ 24x^2z - 12x^2y + 16xy & 12y^2z - 4x^3 - 16y^3 + 8x^2 & 8x^3 + 4y^3 + 12z^2 \end{bmatrix}$$

分别用 G_1，J_c 作为程序 continu 中的参数 fun 和 jac 代入程序进行计算。

```
> continu(G1, Jc, <-3, 8, 12>, 80, 1e-8, 50);
```

$$\begin{bmatrix} -3.00000000012865974 \\ -2.99999999812391982 \\ -3.00000000350850904 \end{bmatrix}, \quad \begin{bmatrix} 8.513711723 \times 10^{-8} \\ -2.366906567 \times 10^{-7} \\ 1.32130779628 \times 10^{-6} \end{bmatrix}, \quad 4$$

```
> continu(G1, Jc, <-3, 8, 12>, 30, 1e-8, 50);
```

$$\begin{bmatrix}-7.267385988430898 90\\-1.01785622072757387\\-0.649849235098728828\end{bmatrix},\quad\begin{bmatrix}1.683464366\times10^{-12}\\-2.724444258\times10^{-12}\\9.687409808\times10^{-11}\end{bmatrix},\quad 11$$

```
> continu(G1, Jc, <30, 8, -70>, 60, 1e-8, 50);
```

$$\begin{bmatrix}10.1287508527859522\\-0.628452426093152992\\-0.252127165869200032\end{bmatrix},\quad\begin{bmatrix}4.322271215\times10^{-9}\\-2.251514349\times10^{-8}\\6.096521028\times10^{-7}\end{bmatrix},\quad 7$$

用 solve 命令验证。

```
> rt := solve({f1, f2, f3}, [x, y, z]):     # 此式太复杂,略去,详见程序.
> rt1 := evalf(allvalues(rt)):              # 此式太复杂,略去,详见程序.
> remove(has, [rt1], I);                    # 去除复根,只列出实根
```

[[$x=-3.$, $y=-3.$, $z=-3.$], [$x=10.12875088$, $y=-0.6284524376$, $z=-0.2521271674$]], [[$x=-3.$, $y=-3.$, $z=-3.$], [$x=-7.267385743$, $y=-1.017856195$, $z=-0.6498492264$]], [[$x=-3.$, $y=-3.$, $z=-3.$], [$x=2.691171989$, $y=-3.964211119$, $z=7.360262179$]]

从上述检验结果可见,用 continu 迭代都收敛到方程组的一组解,而且对初值的要求比较宽松,但是利用数值延拓法求初始近似值 $\boldsymbol{x}^N$ 的正整数 N,对最后求得的解有直接影响。

9.6　参数微分法

1. 功能

求方程 $\boldsymbol{F}(\boldsymbol{x})=\boldsymbol{0}$ 在 x_0 附近的根。

2. 计算方法

用 4 阶 Runge-Kutta 公式求解微分方程(9.15)。具体计算步骤如下:

(1) 令 $h=\dfrac{1}{N}$, $\boldsymbol{b}=-h\boldsymbol{F}(\boldsymbol{x})$($\boldsymbol{x}=\boldsymbol{x}_0$ 初值),

(2) 对 $j=1,\cdots,N$,执行①~⑤。

① 令 $\boldsymbol{A}=\boldsymbol{J}(\boldsymbol{x})$($\boldsymbol{F}(\boldsymbol{x})$的 Jacobi 矩阵),解线性方程组 $\boldsymbol{A}\boldsymbol{k}_1=\boldsymbol{b}$;

② 令 $\boldsymbol{A}=\boldsymbol{J}\left(\boldsymbol{x}+\dfrac{1}{2}\boldsymbol{k}_1\right)$,解线性方程组 $\boldsymbol{A}\boldsymbol{k}_2=\boldsymbol{b}$;

③ 令 $\boldsymbol{A}=\boldsymbol{J}\left(\boldsymbol{x}+\dfrac{1}{2}\boldsymbol{k}_2\right)$,解线性方程组 $\boldsymbol{A}\boldsymbol{k}_3=\boldsymbol{b}$;

④ 令 $\boldsymbol{A}=\boldsymbol{J}(\boldsymbol{x}+\boldsymbol{k}_3)$,解线性方程组 $\boldsymbol{A}\boldsymbol{k}_4=\boldsymbol{b}$;

⑤ 令 $\boldsymbol{x}=\boldsymbol{x}+\dfrac{1}{6}(\boldsymbol{k}_1+2\boldsymbol{k}_2+2\boldsymbol{k}_3+\boldsymbol{k}_4)$。

(3) 输出 $\boldsymbol{x}=(\boldsymbol{x}_1,\cdots,\boldsymbol{x}_n)$。

3. 使用说明

paramdif:=proc(fun,jac,$\boldsymbol{x}_0$,$\boldsymbol{N}$)

式中，fun=$\boldsymbol{F}(\boldsymbol{x})$；jac 是 $\boldsymbol{F}(\boldsymbol{x})$中的 Jacobi 矩阵，$x_0$ 为初始点；N 是迭代公式中的正整数。程序输出为根的近似值 xp，$\boldsymbol{F}(\boldsymbol{x})$在 xp 处的值 fp 和实际迭代次数 numiter。

注 由 fp 是否等于 0 或接近于 0 可以判断求得的 xp 是否为方程组的(近似)解。

4. Maple 程序

```
> restart;
> with(LinearAlgebra):
with(VectorCalculus):
BasisFormat(false):
> paramdif := proc(fun, jac, x0, N)
local k1, k2, k3, k4, j, N1, xx1, Jv, b, h, fx0;
# fun 需要表达式定义;
if nargs < 4 then
      N1 := 30;
  else
      N1 := N;
end if;
xx1 := evalf(x0);
fx0 := evalf(fun(xx1), 20);
h := evalf(1/N1, 20);
b := -h * fx0;
for j from 1 to N1 do
         Jv := evalf(jac(xx1), 20);
         k1 := Student[LinearAlgebra][LinearSolve] (Jv, b);
         Jv := evalf(jac(xx1+k1/2), 20);
         k2 := Student[LinearAlgebra][LinearSolve] (Jv, b);
         Jv := evalf(jac(xx1+k2/2), 20);
         k3 := Student[LinearAlgebra][LinearSolve] (Jv, b);
         Jv := evalf(jac(xx1+k3), 20);
         k4 := Student[LinearAlgebra][LinearSolve] (Jv, b);
         xx1 := evalf(xx1+(k1+2 * k2+2 * k3+k4)/6, 20);
end do;
fx0 := evalf(fun(xx1), 20);
return xx1, fx0, j;
end:
```

例 9.6 求方程组$\begin{cases} f_1 = 3x - \cos(xy) - 0.5 = 0 \\ f_2 = x^2 - 81(y+0.1)^2 + \sin(z) + 1.06 = 0 \\ f_3 = \mathrm{e}^{-xy} + 20z + \dfrac{10\pi}{3} - 1 = 0 \end{cases}$的一组解。

解 建立方程组，用函数 FunctionOfVector(见 9.2 节)构造向量值函数 $\boldsymbol{G}_1$。

```
> f1 := 3 * x-cos(x * y)-0.5:
f2 := x^2-81 * (y+0.1)^2+sin(z)+1.06:
f3 := exp(-x * y)+20 * z+(10 * Pi-3)/3:
> G1 := FunctionOfVector(<f1, f2, f3>, x, y, z): # 构造向量值函数, 变量 x, y, z 不加任何括号!
> 'G1'=G1(<x, y, z>);
```

$$G_1=\begin{bmatrix}3x-\cos(xy)-0.5\\x^2-81(y+0.1)^2+\sin(z)+1.06\\e^{-xy}+20z+\frac{10\pi}{3}-1\end{bmatrix}$$

求 Jacobi 矩阵,并用函数 FunctionOfMatrix 构造矩阵值的函数 JF。

```
> JF := Jacobian(<f1, f2, f3>, [x, y, z]);
```

$$JF=\begin{bmatrix}3+\sin(xy)y & \sin(xy)x & 0\\2x & -162y-16.2 & \cos(z)\\-ye^{-xy} & -xe^{-xy} & 20\end{bmatrix}$$

```
> JF := FunctionOfMatrix (JF, x, y, z): #此处的变量 x,y,z 不加任何括号!
> paramdif(G1, JF, <0, 0, 0>, 20);
```

$$\begin{bmatrix}0.4999999999883333333\\1.671166667\times10^{-11}\\-0.5235987755950000000\end{bmatrix},\quad\begin{bmatrix}-3.500000000\times10^{-11}\\-2.795387588\times10^{-10}\\5.7621629\times10^{-11}\end{bmatrix},\quad 21$$

```
> paramdif(G1, JF, <2, -0.3, 0>, 30);
```

$$\begin{bmatrix}0.4983519707400000007\\-0.1996185512890333334\\-0.5288286110166666669\end{bmatrix},\quad\begin{bmatrix}2.268749385\times10^{-9}\\5.820090687\times10^{-8}\\-1.298747700\times10^{-10}\end{bmatrix},\quad 31$$

通过多次实验发现,好的初值非常关键,如果它比较接近解,就易求得精度高的近似解,否则就无法求得近似解。N 的大小好像没什么规律。

常微分方程初值问题的数值解法　第10章

常微分方程求解问题是自然科学和工程技术领域中常见的数学模型。由于它们通常没有解析解，因而需要求其数值近似解。本章主要介绍一阶常微分方程初值问题

$$\begin{cases} \dfrac{\mathrm{d}y}{\mathrm{d}x}=f(x,y), \quad a \leqslant x \leqslant b & (10.1) \\ y(a)=y_0 & (10.2) \end{cases}$$

的数值解法。

求常微分方程初值问题(10.1),(10.2)的解的一类数值方法是离散变量法，也就是求初值问题的解析解 $y=y(x)$ 在一系列离散节点(通常取等距的节点) $x_1,x_2,\cdots,x_N$ 处的近似值 $y_1,y_2,\cdots,y_N$。设初值问题(10.1),(10.2)的精确解 $y=y(x)$ 在 x_k 点处的值为 $y(x_k)$，而在某一数值方法中 $y(x_k)$ 的近似值为 y_k，并记 $f_k=f(x_k,y_k)$。离散化初值问题(10.1)的方法通常有：以差商代替导数的方法、Taylor 级数法和数值积分法。

如果确定序列$\{y_n\}$的计算方法是由 $y_{n+j},f_{n+j}(j=0,1,\cdots,k)$ 的线性关系组成的，即

$$y_{n+k}=\sum_{j=0}^{k-1}\alpha_j y_{n+j}+h\sum_{j=0}^{k}\beta_j f_{n+j} \tag{10.3}$$

则称此方法为 k 步的线性多步法。其中，α_0,β_0 不全为 0，$h=\dfrac{b-a}{N}$ 为步长。如果已知 $y_n,y_{n+1},\cdots,y_{n+k-1}$ 的值，就可通过式(10.3)计算 y_{n+k}。特别地，当 $k=1$ 时，称为线性单步法，其一般形式为

$$y_{n+1}=y_n+h\Phi(x_n,y_n,y_{n+1},h), \tag{10.4}$$

在线性单步法中，若已知初值问题的初始条件 y_0 的值，则可由式(10.4)逐步计算出 $y_1,y_2,\cdots,y_n$。

在式(10.3)中，若 $\beta_k\neq 0$，则称此方法为隐式的线性多步法，否则称为显式的线性多步法。在式(10.3)中，若函数 Φ 不显含 y_{n+1}，则称此方法为显式的单步法，否则称为隐式的单步法。

10.1　Euler 方法

10.1.1　Euler 方法

Euler 方法是求解初值问题(10.1),(10.2)的一种显式单步法，即

$$y_{n+1}=y_n+hf(x_n,y_n),\quad n=0,1,\cdots \tag{10.5}$$

1. 功能

求解初值问题(10.1),(10.2)的数值解。

2. 计算方法

按公式(10.5)计算。

3. 使用说明

eulerdif :=proc(fun,*a*,*b*,y_0,*h*)

式中,fun 是微分方程的一般表达式右端的函数 $f(x,y)$;a,b 分别为自变量的左右端点;y_0 为初始值;h 为步长。程序输出为解的近似值。

4. Maple 程序

```
> eulerdif :=proc(fun, a, b, y0, h)
local n, xk, yk, k, soln;
n :=(b-a)/h;
xk :=a;
yk :=y0;
soln := [xk, yk]:
for k from 1 to n do
    yk := evalf(yk+h * fun(xk, yk), 15);
    xk := xk + h;
    soln := soln, [xk, yk];
    printf("%12.10f  %12.10f  \n", xk, yk);
end do:
return soln;
end:
```

例 10.1　求解初值问题 $\begin{cases}\dfrac{dy}{dx}=-3xy, 0\leqslant x\leqslant 2\\ y(0)=1\end{cases}$,取步长 $h=0.1$。

解　首先用 dsolve 求得其解析解,然后代入程序求数值解。

```
> de := diff(y(x), x)=-3 * x * y(x);
ic := y(0)=1;
psoln := dsolve({de, ic}, y(x));
g :=unapply(rhs(psoln), x);
```

$$de := \frac{dy}{dx}y(x)=-3xy(x)$$

$$ic := y(0)=1$$

$$psoln := y(x)=e^{-\frac{3}{2}x^2}$$

$$g := x \to e^{-\frac{3}{2}x^2}$$

```
> fun :=(x, y)->-3 * x * y:
soln :=eulerdif(fun, 0, 2, 1, 0.1) :
```

0.1000000000　1.0000000000

0.2000000000　0.9700000000

0.3000000000	0.9118000000
0.4000000000	0.8297380000
0.5000000000	0.7301694400
0.6000000000	0.6206440240
0.7000000000	0.5089280997
0.8000000000	0.4020531987
0.9000000000	0.3055604310
1.0000000000	0.2230591147
1.1000000000	0.1561413803
1.2000000000	0.1046147248
1.3000000000	0.0669534239
1.4000000000	0.0408415886
1.5000000000	0.0236881214
1.6000000000	0.0130284667
1.7000000000	0.0067748027
1.8000000000	0.0033196533
1.9000000000	0.0015270405
2.0000000000	0.0006566274

画出解析解和数值解的图形及微分方程的向量场图，如图 10.1 和图 10.2 所示。

```
> plot([[soln], g(x)], x=0..2, y=0..2, color=[black, red], style=[point, line], legend=['数值解', '解析解']);
> DEtools[DEplot](de, y(x), x=-0.1..1, y=0..2, arrows=medium, color=COLOR(RGB, .5, 0, .9));
```

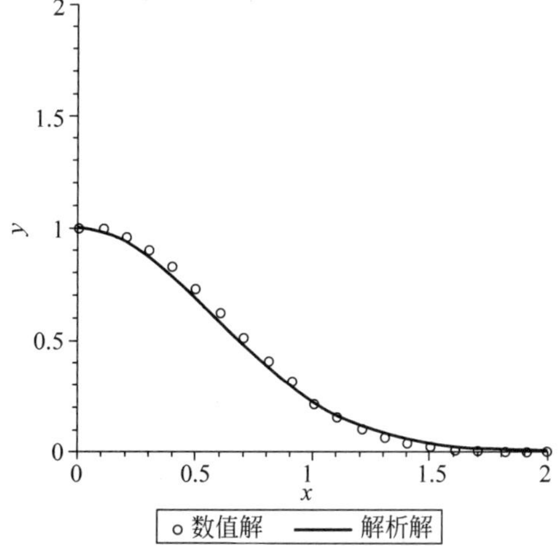

图 10.1 例 10.1 的数值解与解析解比较

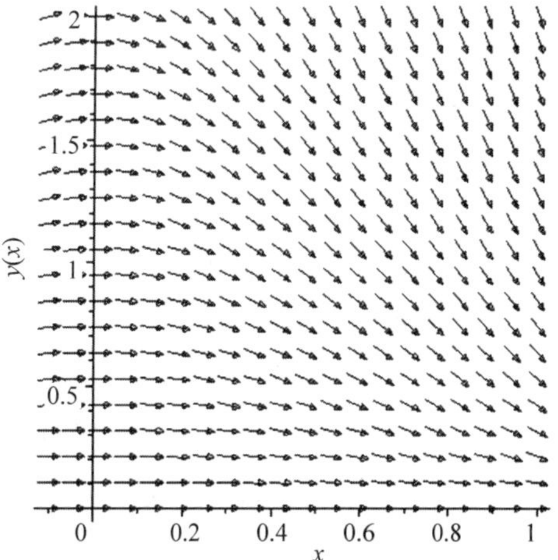

图 10.2 例 10.1 的微分方程的向量场图

10.1.2　改进的 Euler 方法

1. 功能

求解初值问题(10.1),(10.2)的数值解。

2. 计算方法

改进的 Euler 方法是一种显式单步法,其计算公式为

$$y_{n+1}=y_n+\frac{h}{2}[f(x_n,y_n)+f(x_{n+1},y_n+hf(x_n,y_n))],\quad n=0,1,\cdots \tag{10.6}$$

具体计算过程如下:

$$K_1=f(x_n,y_n),\quad K_2=f(x_n+h,y_n+hK_1),\quad y_{n+1}=y_n+\frac{h}{2}(K_1+K_2)$$

3. 使用说明

impeuler :=proc(fun, a, b, y_0, h)

式中,fun 是微分方程的一般表达式右端的函数 $f(x,y)$; a,b 分别为自变量的左右端点; y_0 为初始值; h 为步长。程序输出为解的近似值。

4. Maple 程序

```
> impeuler :=proc(fun, a, b, y0, h)
local n, x1, k, y1, t1, t2, soln;
n :=(b-a)/h;
x1 :=a; y1 :=y0;
soln :=[x1, y1]:
for k from 1 to n do
    t1 :=evalf(y1+h * fun(x1, y1), 20);
    x1 :=x1+h;
    t2 :=evalf(y1+h * fun(x1, t1), 20);
    y1 :=(t1+t2)/2;
    soln := soln, [x1, y1];
    printf("%12.10f   %12.10f   \n", x1, y1);
end do:
return soln;
end:
```

例 10.2　求解初值问题 $\begin{cases}\dfrac{dy}{dx}=y\cos(x), 0\leqslant x\leqslant 3\\ y(0)=1\end{cases}$。

解　首先用 dsolve 求得其解析解,然后代入程序求数值解。

```
> de :=diff(y(x), x)=cos(x) * y(x);
ic := y(0)=1;
soln := dsolve({de, ic}, y(x));
g1 := unapply(rhs(soln), x);
```

$$de:=\frac{d}{dx}y(x)=y(x)\cos(x)$$

$$ic:=y(0)=1$$

$$\text{psoln} := y(x) = e^{\sin(x)}$$

$$g_1 := \exp @ (x \rightarrow \sin(x))$$

```
> fun := (x, y) -> y * cos(x):
> numsoln2 := impeuler(fun, 0, 3, 1, 0.2):
```

0.2000000000	1.2176079900
0.4000000000	1.4710735240
0.6000000000	1.7503470500
0.8000000000	2.0368868610
1.0000000000	2.3041865990
1.2000000000	2.5211987190
1.4000000000	2.6585139620
1.6000000000	2.6956733490
1.8000000000	2.6269135210
2.0000000000	2.4628787840
2.2000000000	2.2275094920
2.4000000000	1.9514980280
2.6000000000	1.6650357600
2.8000000000	1.3923636520
3.0000000000	1.1493048240

画出数值解与解析解的图形及微分方程的向量场图，如图 10.3 和图 10.4 所示。

```
> plot([[numsoln2], g1(x)], x=0..3, y=1..3, color=[black, red, blue], style=[point, line$5, line], legend=['数值解', '解析解']);
```

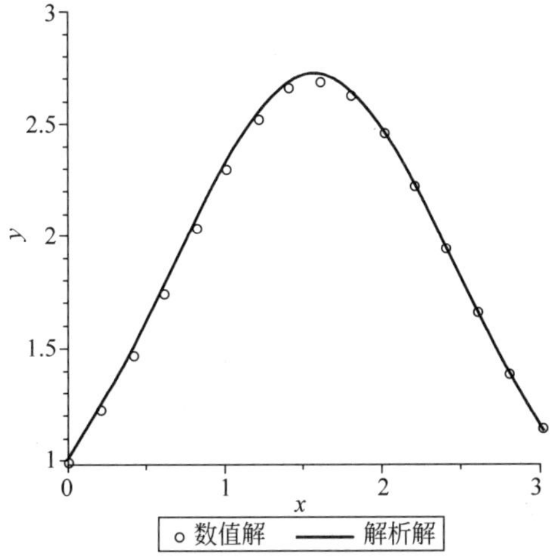

图 10.3　方程的数值解与解析解比较

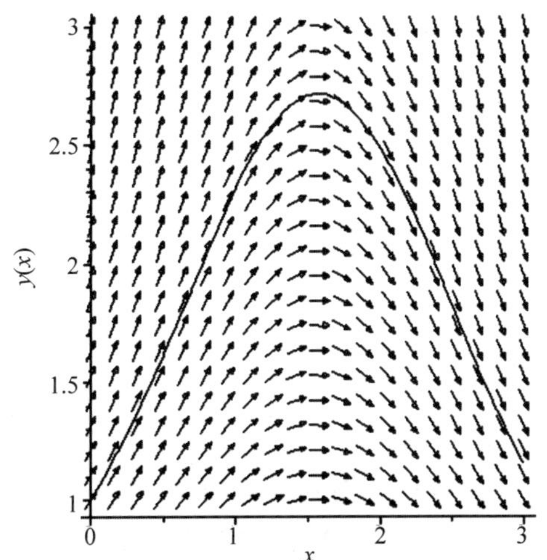

图 10.4　方程的向量场与特解

```
> plot1 := plot(g1(x), x=0..3, style=line, color=blue):
plot2 := DEtools[DEplot](de, y(x), x=0..3, y=1..3, arrows=medium):
> plots[display]([plot1, plot2], labels=['x', 'y(x)']);
```

10.2 Runge-Kutta 方法

R 级的显式 Runge-Kutta 方法的一般形式为

$$y_{n+1}=y_n+h\sum_{r=1}^{R}c_rK_r,\quad n=0,1,\cdots \tag{10.7}$$

其中，

$$\begin{cases}K_1=f(x_n,y_n)\\K_r=f(x_n+a_rh,y_n+h\sum_{s=1}^{r-1}b_{rs}K_s),\quad r=2,3,\cdots,R\end{cases} \tag{10.8}$$

如果希望得到的 R 级的 Runge-Kutta 方法是 R 阶的，则要确定系数 c_r，a_r 和 b_{rs}，使方法的局部截断误差 $T_{n+1}=O(h^{R+1})$。

10.2.1 二阶 Runge-Kutta 方法

要想使二级的 Runge-Kutta 方法是二阶的，则系数 c_r，a_r 和 b_{rs} 需满足

$$c_1+c_2=1,\quad a_2c_2=\frac{1}{2},\quad b_{21}c_2=\frac{1}{2}。 \tag{10.9}$$

这是四个未知数三个方程的方程组，可以得到多组不同的解。将其代回式(10.7)和式(10.8)，就可得到不同的二阶 Runge-Kutta 方法。

二阶 Runge-Kutta 方法中常用的有改进的 Euler 方法、中点方法和 Heun 方法。在式(10.9)中，令 $c_1=\frac{1}{4}$，$c_2=\frac{3}{4}$，$a_2=b_{21}=\frac{2}{3}$，代回式(10.7)和式(10.8)，就得到 Heun 方法，即

$$y_{n+1}=y_n+\frac{h}{4}\left[f(x_n,y_n)+3f\left(x_n+\frac{2}{3}h,y_n+\frac{2}{3}hf(x_n,y_n)\right)\right],\quad n=0,1,\cdots \tag{10.10}$$

1. 功能

求解初值问题(即式(10.1)和式(10.2))的数值解。

2. 计算方法

$$K_1=f(x_n,y_n),\quad K_2=f\left(x_n+\frac{2}{3}h,y_n+\frac{2}{3}hK_1\right),\quad y_{n+1}=y_n+\frac{h}{4}(K_1+3K_2)。$$

3. 使用说明

heunsec：=proc(fun,*a*,*b*,$\boldsymbol{y_0}$,*h*)

式中，fun 是微分方程的一般表达式右端的函数 $f(x,y)$；a，b 分别为自变量的左右端点；h 为步长，y_0 为初始值。程序输出为解的近似值。

4. Maple 程序

```
> with(plots):
> heunsec := proc(fun, a, b, y0, h)
local n, x1, k, y1, k1, k2, soln;
```

```
n := (b-a)/h;
x1 := a;
y1 := y0;
soln := [x1, y1]:
for k from 1 to n do
    k1 := evalf(fun(x1, y1), 20);
    k2 := evalf(fun(x1+2*h/3, y1+2*h*k1/3), 20);
    x1 := x1+h;
    y1 := y1+h*(k1+3*k2)/4;
    soln := soln, [x1, y1];
    printf("%12.10f  %12.10f  \n", x1, y1);
end do:
return soln;
end:
```

例 10.3 求初值问题$\begin{cases}\dfrac{\mathrm{d}y}{\mathrm{d}x}=\sin(xy), -1\leqslant x\leqslant 1\\ y(-1)=0.5\end{cases}$的解，取步长 $h=0.2$。

解 建立方程右端的函数，$h=0.2$，代入程序 heunsec 计算。

```
> fun := (x, y) -> sin(x*y);
> numsoln := heunsec(fun, -1, 1, 0.5 ,0.2):
```

```
-0.8000000000   0.4206786970
-0.6000000000   0.3668970956
-0.4000000000   0.3324319386
-0.2000000000   0.3132274760
 0.0000000000   0.3070486574
 0.2000000000   0.3131879152
 0.4000000000   0.3323636919
 0.6000000000   0.3668320320
 0.8000000000   0.4206925903
 1.0000000000   0.5002448662
```

```
> de := diff(y(x), x)=sin(x*y(x)):
ic := y(-1)=0.5:
soln := dsolve({de, ic}, y(x), type=numeric, range =-1..1): # dsolve 无法求得解析解，这里求其数值解；
```

画出数值解和用二阶 Heun 方法求得的解的图像，如图 10.5 所示。

```
> plt1 := odeplot(soln, -1..1, color=red, legend="dsolve 求得的数值解"): # 用 odeplot 画出数值解的图像；
plt2 := plot([numsoln], x=-1..1, color=blue, style= line, linestyle=3, legend="二阶 Heun 方法求得的解"):
display([plt1, plt2]);
```

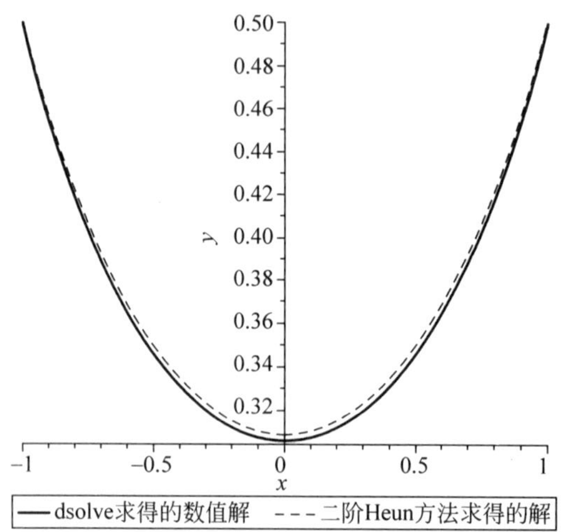

图 10.5　两种数值解的比较

10.2.2　三阶 Runge-Kutta 方法

常用的三阶显式 Runge-Kutta 方法有 Heun 三阶方法和 Kutta 三阶方法。在方程组(10.9)中，令 $c_1=\frac{1}{4}$，$c_2=0$，$c_3=\frac{3}{4}$，$a_2=b_{21}=\frac{1}{3}$，$b_{31}=0$，$a_3=b_{32}=\frac{2}{3}$，可得到如下的 Heun 三阶方法。

$$\begin{cases}K_1=f(x_n,y_n)\\K_2=f\left(x_n+\dfrac{h}{3},y_n+\dfrac{h}{3}K_1\right)\\K_3=f\left(x_n+\dfrac{2h}{3},y_n+\dfrac{2h}{3}K_2\right)\\y_{n+1}=y_n+\dfrac{h}{4}(K_1+3K_3)\end{cases}\tag{10.11}$$

Kutta 三阶方法为

$$\begin{cases}K_1=f(x_n,y_n)\\K_2=f\left(x_n+\dfrac{h}{2},y_n+\dfrac{h}{2}K_1\right)\\K_3=f(x_n+h,y_n-hK_1+2hK_2)\\y_{n+1}=y_n+\dfrac{h}{6}(K_1+4K_2+K_3)\end{cases}\tag{10.12}$$

1. 功能

求解初值问题(10.1)，(10.2)的数值解。

2. 计算方法

用式(10.12)计算。

3. 使用说明

kutta3：=proc(fun，a，b，y_0，h)

式中，fun 是微分方程的一般表达式右端的函数 $f(x,y)$；a，b 分别为自变量的左右端点；y_0 为初始值；h 为步长。程序输出为解的近似值。

4. Maple 程序

```
> with(plots):
> kutta3:=proc(fun, a, b, y0, h)
local n, x1, k, y1, k1, k2, k3, soln;
n:=(b-a)/h;
x1:=a;
y1:=y0;
soln:=[x1, y1]:
for k from 1 to n do
    k1:=evalf(fun(x1, y1), 20);
    k2:=evalf(fun(x1+h/2, y1+h*k1/2), 20);
    k3:=evalf(fun(x1+h, y1-h*k1+2*h*k2), 20);
    x1:=x1+h;
    y1:=y1+h*(k1+4*k2+k3)/6;
    soln:= soln, [x1, y1];
    printf("%12.10f   %12.10f   \n", x1, y1);
end do:
return soln;
end:
```

例 10.4 求初值问题$\frac{dy}{dx}=-xy^2(0\leqslant x\leqslant 2, y(0)=1)$。

解 建立方程右端的函数,取步长 $h=0.2$,代入程序 kutta3 计算。

```
> fun:=(x, y)->-x*y^2:
> numsoln:=kutta3(fun, 0, 2, 1, 0.2):
```

```
0.2000000000   0.9805226667
0.4000000000   0.9261546941
0.6000000000   0.8477242838
0.8000000000   0.7578205567
1.0000000000   0.6668521474
1.2000000000   0.5815107338
1.4000000000   0.5051035131
1.6000000000   0.4386026180
1.8000000000   0.3816545145
2.0000000000   0.3332903785
```

```
> de:=diff(y(x), x)=-x*y(x)^2:
ic := y(0)=1:
soln:= dsolve({de, ic}, y(x)): #dsolve求得解析解;
g1:= unapply(rhs(soln), x);
```

$$g_1 := x \to \frac{2}{2+x^2}$$

画出三阶 Kutta 方法求得的解和解析解的图像及微分方程的向量场,如图 10.6 和图 10.7 所示。

```
> plot([[numsoln], g1](x), x=0..2, color=[blue, red], style=[point, line], legend=["三阶Kutta方法求得的解","解析解"]);
> plt1 := DEtools[DEplot](de, y(x), x=0..2, y=0..1, arrows=medium, color=COLOR(RGB, 0.9, 0, 0.5)):
plt2 := plot([numsoln], color=blue, style= line, legend="三阶 Kutta 方法求得的解"):
display(plt1, plt2);
```

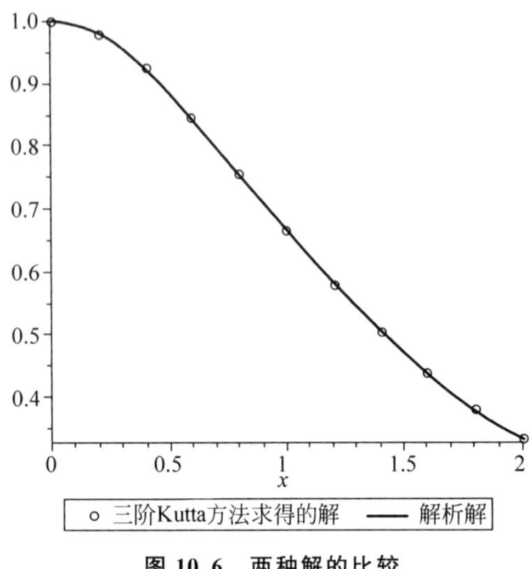

图 10.6 两种解的比较

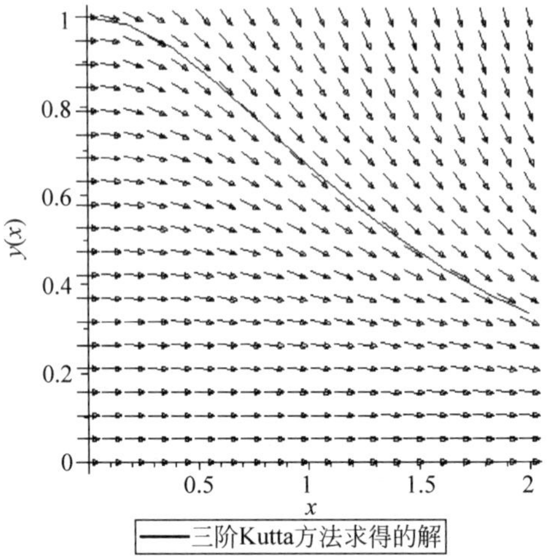

图 10.7 方程的向量场与特解

10.2.3 四阶 Runge-Kutta 方法

常用的四阶显式 Runge-Kutta 方法有经典 Runge-Kutta 方法和 Gill 方法。其中,经典 Runge-Kutta 方法为

$$\begin{cases} K_1 = f(x_n, y_n) \\ K_2 = f\left(x_n + \frac{h}{2}, y_n + \frac{h}{2}K_1\right) \\ K_3 = f\left(x_n + \frac{h}{2}, y_n + \frac{h}{2}K_2\right) \\ K_4 = f(x_n + h, y_n + hK_3) \\ y_{n+1} = y_n + \frac{h}{6}(K_1 + 2K_2 + 2K_3 + K_4) \end{cases} \tag{10.13}$$

Gill 方法为

$$\begin{cases} K_1 = f(x_n, y_n) \\ K_2 = f\left(x_n + \frac{h}{2}, y_n + \frac{h}{2}K_1\right) \\ K_3 = f\left(x_n + \frac{h}{2}, y_n + \frac{\sqrt{2}-1}{2}hK_1 + \left(1 - \frac{\sqrt{2}}{2}\right)hK_2\right) \\ K_4 = f\left(x_n + h, y_n - \frac{\sqrt{2}}{2}hK_2 + \left(1 + \frac{\sqrt{2}}{2}\right)hK_3\right) \\ y_{n+1} = y_n + \frac{h}{6}(K_1 + (2-\sqrt{2})K_2 + (2+\sqrt{2})K_3 + K_4) \end{cases} \tag{10.14}$$

1. 功能

求解初值问题(10.1),(10.2)的数值解。

2. 计算方法

用式(10.13)计算。

3. 使用说明

rungek4 :=proc(fun,a,b,y_0,h)

式中,fun 是微分方程的一般表达式右端的函数 $f(x,y)$;a,b 分别为自变量的左右端点;y_0 为初始值;h 为步长。程序输出为解的近似值。

4. Maple 程序

```
> with(plots):
> rungek4 := proc(fun, a, b, y0, h)
local n, x1, k, y1, k1, k2, k3, k4, soln;
n := (b-a)/h;
x1 := a;
y1 := y0;
soln := [x1, y1]:
for k from 1 to n do
    k1 := evalf(fun(x1, y1), 20);
    k2 := evalf(fun(x1+h/2, y1+h*k1/2), 20);
    k3 := evalf(fun(x1+h/2, y1+h*k2/2), 20);
    k4 := evalf(fun(x1+h, y1+h*k3), 20);
    x1 := x1+h;
    y1 := y1+h*(k1+2*k2+2*k3+k4)/6;
    soln := soln, [x1, y1];
    printf("%12.10f   %12.10f   \n", x1, y1);
end do:
return soln;
end:
```

例 10.5 用经典 Runge-Kutta 方法,求解初值问题 $\frac{\mathrm{d}y}{\mathrm{d}x}=\frac{2(9x^2-x+9)}{(1+x^2)^2}-18y$,$0\leqslant x\leqslant 1$,$y(0)=3$,分别取步长 $h=0.2$,0.1 和 0.05,并与精确解对比。

解 建立函数,代入程序 rungek4 计算。由于数值较多,此处略去执行程序后的结果,详细数据见表 10.1。

```
> fun := (x, y)-> 2*(9+9*x^2-x)/(1+x^2)^2-18*y:
> numsoln0 := rungek4(fun, 0, 1, 3, 0.2):
> numsoln1 := rungek4(fun, 0, 1, 3, 0.1):
> numsoln2 := rungek4(fun, 0, 1, 3, 0.05):
> de := diff(y(x), x)=2*(9+9*x^2-x)/(1+x^2)^2-18*y(x):
ic := y(0)=3:
soln := dsolve({de, ic}, y(x)): #dsolve 求得解析解;
g1 := unapply(rhs(soln), x); #解析解的表达式 g1;
```

$$g_1 := \frac{1}{1+x^2}+2\mathrm{e}^{-18x}$$

画出步长为 0.1 及步长为 0.05 时,RK4 方法求得的解的图像,及解析解的图像,如图 10.8 所示。

```
> plot([[numsoln1], [numsoln2], g1](x), x=0..1, color=[blue, black, red], linestyle=[dot, solid, dashdot], legend=["RK4 方法求得的解, 步长 0.1", "RK4 方法求得的解, 步长 0.05", "解析解"]):
```

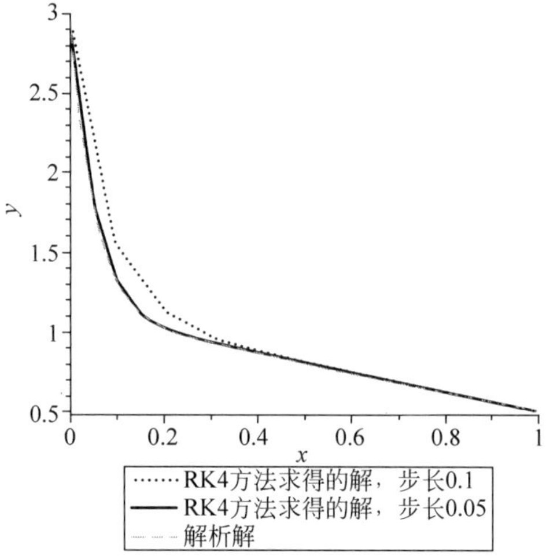

图 10.8　方程的解析解与不同步长的数值解比较

现将用不同步长求得的方程的数值解和解析解在相应节点处的值，及数值解的相对误差列入表 10.1 中。

表 10.1　方程的解析解与不同步长的数值解比较

节点 x_i	y_i (步长 0.2)	误差 $y_i-y(x_i)$	y_i (步长 0.1)	误差 $y_i-y(x_i)$	y_i (步长 0.05)	误差 $y_i-y(x_i)$	解析解 $y(x_i)$
0	3	0	3	0	3	0	3
0.05					1.819143626	0.00849807	1.810645554
0.10			1.559700932	0.23900415	1.327621998	0.00692521	1.320696786
0.15					1.116627915	0.00422178	1.112406136
0.20	7.128474707	6.11228880	1.123020934	0.10683503	1.018462760	0.00227685	1.016185906
0.25					0.964535559	0.00114110	0.963394464
0.30			0.9626584670	0.03619411	0.927004585	0.00054023	0.926464355
0.35					0.894782672	0.00024147	0.894541206
0.40	19.96828139	19.1047193	0.874390925	0.01082879	0.863662347	0.00010021	0.863562137
0.45					0.832244974	0.00003706	0.8322079099
0.50			0.803202180	0.00295536	0.800258037	0.00001122	0.800246817
0.55					0.767857202	0.00000253	0.767854668
0.60	60.00162692	59.2662920	0.736124263	0.00078935	0.735336274	0.00000136	0.735334917
0.65					0.703007448	0.00000316	0.703004285
0.70			0.671467026	0.00031934	0.671153563	0.00000588	0.671147684
0.75					0.640011340	0.00000860	0.6400027420
0.80	184.4811525	183.871395	0.610053013	0.00029580	0.609768161	0.00001095	0.609757212
0.85					0.580564791	0.00001281	0.580551977
0.90			0.552840336	0.00035396	0.552500560	0.00001419	0.552486372
0.95					0.525639370	0.00001512	0.525624254
1.0	570.9514302	570.451430	0.500399247	0.00039922	0.500015690	0.00001566	0.500000030

从表 10.1 可见，当步长 $h=0.2$ 时，求得的结果相差很大，完全不可信。当步长 $h=0.1$ 时，求得的数值解与精确解的误差逐渐变小，但是在左端点附近的误差较大。当步长 $h=0.05$ 时，求得的数值解与精确解相当接近，结果比较可信。实验证明如果步长取得更小，则求得的数值解与精确解更接近。

10.3 高阶 Runge-Kutta 方法

对于 R 级的显式 Runge-Kutta 方法，在 $R=1,2,3,4$ 时，可以分别得到一、二、三、四阶的方法。但是，通常 R 级的方法不一定是 R 阶的。设 $p(R)$ 为 R 级显式方法可以达到的最大阶数，则有如下结果：

① 当 $R=1,2,3,4$ 时，$p(R)=R$。

② 当 $R=5,6,\cdots,9$ 时，$p(5)=4, p(6)=5, p(7)=6, p(8)=6, p(9)=7$。

③ 当 $R=10,11,\cdots, p(R)\leqslant R-2$。

10.3.1 Kutta-Nyström 五阶六级方法

1. 功能

求解初值问题（即式（10.1）和式（10.2））的数值解。

2. 计算方法

用式（10.15）计算。

$$\begin{cases} K_1=f(x_n,y_n) \\ K_2=f\left(x_n+\dfrac{1}{3}h, y_n+\dfrac{1}{3}hK_1\right) \\ K_3=f\left(x_n+\dfrac{2}{5}h, y_n+\dfrac{1}{25}h(4K_1+6K_2)\right) \\ K_4=f\left(x_n+h, y_n+\dfrac{1}{4}h(K_1-12K_2+15K_3)\right) \\ K_5=f\left(x_n+\dfrac{2}{3}h, y_n+\dfrac{1}{81}h(6K_1+90K_2-50K_3+8K_4)\right) \\ K_6=f\left(x_n+\dfrac{4}{5}h, y_n+\dfrac{1}{75}h(6K_1+36K_2+10K_3+8K_4)\right) \\ y_{n+1}=y_n+\dfrac{h}{192}(23K_1+125K_3-81K_5+125K_6) \end{cases} \tag{10.15}$$

3. 使用说明

kuttan5：=proc(fun, a, b, y_0, h)

式中，fun 是微分方程的一般表达式右端的函数 $f(x,y)$；a，b 分别为自变量的左右端点；y_0 为初始值；h 为步长。程序输出为解的近似值。

4. Maple 程序

```
> with(plots):
> kuttan5 := proc(fun, a, b, y0, h)
```

```
local n, x1, k, y1, k1, k2, k3, k4, k5, k6, t3, t4, t5, t6, soln;
n := (b-a)/h;
x1 := a; y1 := y0;
soln := [x1, y1]:
for k from 1 to n do
    k1 := evalf(fun(x1, y1), 30);
    k2 := evalf(fun(x1+h/3, y1+h*k1/3), 30);
    t3 := y1+h*(4*k1+6*k2)/25;
    k3 := evalf(fun(x1+2*h/5, t3), 30);
    t4 := y1+h*(k1-12*k2+15*k3)/4;
    k4 := evalf(fun(x1+h, t4), 30);
    t5 := y1+h*(6*k1+90*k2-50*k3+8*k4)/81;
    k5 := evalf(fun(x1+2*h/3, t5), 30);
    t6 := y1+h*(6*k1+36*k2+10*k3+8*k4)/75;
    k6 := evalf(fun(x1+4*h/5, t6), 30);
    x1 := x1+h;
    y1 := y1+h*(23*k1+125*k3-81*k5+125*k6)/192;
    soln := soln, [x1, y1];
    printf("%12.10f    %12.10f    \n", x1, y1);
end do:
return soln;
end:
```

10.3.2　Huta 六阶八级方法

1. 功能

求解初值问题(即式(10.1)和式(10.2))的数值解。

2. 计算方法

用如下的式(10.16)计算。

$$
\begin{cases}
K_1 = f(x_n, y_n) \\
K_2 = f\left(x_n + \frac{1}{9}h, y_n + \frac{1}{9}hK_1\right) \\
K_3 = f\left(x_n + \frac{1}{6}h, y_n + \frac{1}{24}h(K_1 + 3K_2)\right) \\
K_4 = f\left(x_n + \frac{1}{3}h, y_n + \frac{1}{6}h(K_1 - 3K_2 + 4K_3)\right) \\
K_5 = f\left(x_n + \frac{1}{2}h, y_n + \frac{1}{8}h(-5K_1 + 27K_2 - 24K_3 + 6K_4)\right) \\
K_6 = f\left(x_n + \frac{2}{3}h, y_n + \frac{1}{9}h(221K_1 - 981K_2 + 867K_3 - 102K_4 + K_5)\right) \\
K_7 = f\left(x_n + \frac{5}{6}h, y_n + \frac{1}{48}h(-183K_1 + 678K_2 - 472K_3 - 66K_4 + 80K_5 + 3K_6)\right) \\
K_8 = f\left(x_n + h, y_n + \frac{1}{82}h(716K_1 - 2079K_2 + 1002K_3 + 834K_4 - 454K_5 - 9K_6 + 72K_7)\right) \\
y_{n+1} = y_n + \frac{h}{840}(41K_1 + 216K_3 + 24K_4 + 272K_5 + 27K_6 + 216K_7 + 41K_8))
\end{cases}
\tag{10.16}
$$

3. 使用说明

huta6 :=proc(fun,*a*,*b*,y_0,*h*)

式中,fun 是微分方程的一般表达式右端的函数 $f(x,y)$;a,b 分别为自变量的左右端点;y_0 为初始值;h 为步长。程序输出为解的近似值。

4. Maple 程序

```
> huta6 :=proc(fun, a, b, y0, h)
local n, x1, k, y1, k1, k2, k3, k4, k5, k6, k7, k8, t3, t4, t5, t6, t7, t8, soln;
n :=(b-a)/h;
x1 :=a;
y1 :=evalf(y0);
soln :=[x1, y1]:
for k from 1 to n do
    k1 :=evalf(fun(x1, y1), 30);
    k2 :=evalf(fun(x1+h/9, y1+h*k1/9), 30);
    t3 :=y1+h*(k1+3*k2)/24;
    k3 :=evalf(fun(x1+h/6, t3), 30);
    t4 :=y1+h*(k1-3*k2+4*k3)/6;
    k4 :=evalf(fun(x1+h/3, t4), 30);
    t5 :=y1+h*(-5*k1+27*k2-24*k3+6*k4)/8;
    k5 :=evalf(fun(x1+h/2, t5), 30);
    t6 :=y1+h*(221*k1-981*k2+867*k3-102*k4+k5)/9;
    k6 :=evalf(fun(x1+2*h/3, t6), 30);
    t7 :=y1+h*(-183*k1+678*k2-472*k3-66*k4+80*k5+3*k6)/48;
    k7 :=evalf(fun(x1+5*h/6, t7), 30);
    t8 :=y1+h*(716*k1-2079*k2+1002*k3+834*k4-454*k5-9*k6+72*k7)/82;
    k8 :=evalf(fun( x1+h, t8), 30);
    x1 :=x1+h;
    y1 :=y1+h*(41*k1+216*k3+27*k4+272*k5+27*k6+216*k7+41*k8)/840;
    soln := soln, [x1, y1];
    printf("%12.10f    %12.10f    \n", x1, y1);
end do:
return soln;
end:
```

例 10.6 分别用 Kutta-Nyström 五阶六级方法和 Huta 六阶八级方法求解初值问题:$\frac{dy}{dx}=xe^{3x}-2y, 0\leqslant x\leqslant 1, y(0)=0$,并计算它们与精确解的误差。

解 建立函数,分别代入程序 kuttan5 和 huta6 计算,并将计算结果填入表 10.2 中。

```
> fun :=(x, y)-> x*exp(3*x)-2*y;
> soln1 :=kuttan5(fun, 0, 1, 0, 0.1):
> soln2 :=huta6(fun, 0, 1, 0, 0.1):
> de :=diff(y(x), x)=x*exp(3*x)-2*y(x);
ic := y(0)=0;
soln := dsolve({de, ic}, y(x)); #dsolve 求得解析解;
g1 := unapply(rhs(soln), x);
```

画出五阶 Kutta 方法求得的解与解析解的图像(图 10.9)及六阶 Huta 方法求得的解与解析解的图像(图 10.10)。

```
> plot([[soln1], g1](x), x=0..1, color=[blue, red], style=[point, line], legend=["五阶 Kutta
```

方法求得的解", "解析解"]):

```
> plot([[soln2], g1](x), x=0..1, color=[blue, red], style=[point, line], legend=["六阶 Huta
方法求得的解", "解析解"]):
```

表 10.2　五、六阶方法的数值解与解析解的比较(步长 0.1)

节点 x_i	Kutta 五阶方法 y_i	误差 $y_i - y(x_i)$	Huta 六阶方法 y_i	误差 $y_i - y(x_i)$	解析解 $y(x_i)$
0.1	0.0057519529	0.0101×10^{-5}	0.0057520538	0.0017×10^{-7}	0.00575205397160
0.2	0.0268125703	0.0232×10^{-5}	0.0268128015	0.0034×10^{-7}	0.02681280184143
0.3	0.0711441198	0.0408×10^{-5}	0.0711445270	0.0067×10^{-7}	0.07114452766690
0.4	0.1507771822	0.0653×10^{-5}	0.1507778343	0.0117×10^{-7}	0.15077783547415
0.5	0.2836155222	0.1000×10^{-5}	0.2836165200	0.0187×10^{-7}	0.28361652186714
0.6	0.4960180737	0.1492×10^{-5}	0.4960195628	0.0283×10^{-7}	0.49601956562952
0.7	0.8264786765	0.2193×10^{-5}	0.8264808655	0.0431×10^{-7}	0.82648086981443
0.8	1.3308538338	0.3193×10^{-5}	1.3308570200	0.0640×10^{-7}	1.33085702639678
0.9	2.0897697826	0.4614×10^{-5}	2.0897743876	0.0941×10^{-7}	2.08977439701106
1.0	3.2190926852	0.6634×10^{-5}	3.2190993053	0.1374×10^{-7}	3.21909931903949

从表 10.2 可以看出,五、六阶方法的数值解的精度已经相当高了。为了提高数值解精度,除了用更高阶的公式外,另一个方法就是缩小步长。例如,在本例题中如果取步长为 0.05,则在表 10.2 中,五阶 Kutta 方法的误差都在 10^{-6} 数量级上,而六阶 Huta 方法的误差都在 10^{-9} 数量级上。

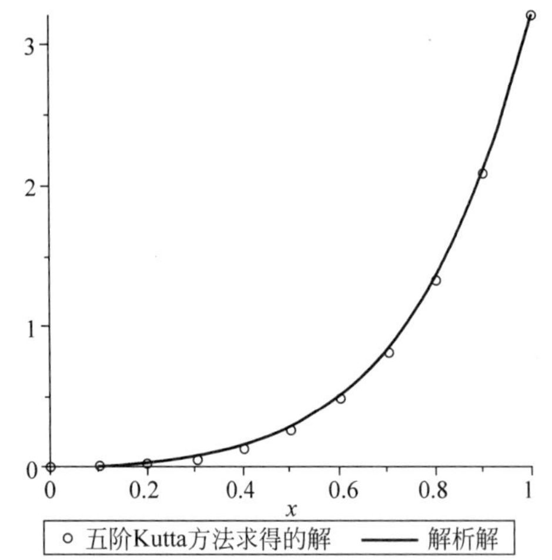

图 10.9　五阶 Kutta 方法的数值解与解析解比较

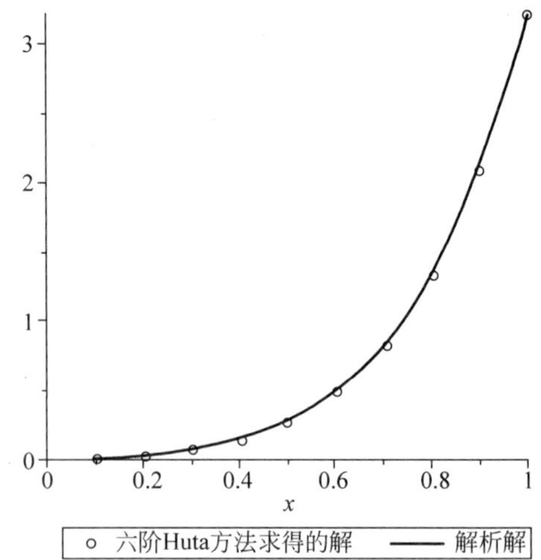

图 10.10　六阶 Huta 方法的数值解与解析解比较

10.4　Runge-Kutta-Fehlberg 方法

在微分方程的数值解法中,步长的选择是很重要的。由于步长与问题本身和所用的数值方法都有关系,所以要做到合理的选择也是比较困难的。因为在微分方程解比较平缓的

区域，可以使用较大的步长，而变化较剧烈的区域，应使用较小的步长，所以考虑变步长的方法，使各节点上整体截断误差$|y(x_n)-y_n|$($n=0, 1, 2,\cdots$)不超过某一允许值，而使用的节点尽量少。

要保证初值问题解的精确性，一种方法是分别用步长 h 和 $h/2$ 进行两次求解，并比较较大步长所对应的节点处的结果。但这样对较小的步长将需要大量计算，而且当结果不够好时必须重新计算。

Runge-Kutta-Fehlberg 方法是一种变步长控制误差的方法。它用如下的一个过程来确定是否使用了正确的步长 h：在每一步中，使用两个不同的求近似解的方法，并比较其结果。如果低精度算法的结果与高精度算法的相近，则接受近似(此时没有必要减小 h)；相反，如果两种算法得到的结果的差超出了指定的精度，则减小步长 h；如果结果超过了要求的有效位数，则增加步长。内置的 ode23 和 ode45 就采用了这种方法。上面提到的两种(p 阶和 $p+1$ 阶)方法，可以都选为 Runge-Kutta 方法。一种流行的方法是 Runge-Kutta-Fehlberg 方法，简称为 R-K-F 方法。下面介绍 $p=4$ 时的 R-K-F 四阶方法(R-K-F 方法还有 $p=5,6,7$ 等更高阶的情形，可参阅相关文献)。

1. 功能

求解初值问题(10.1)，(10.2)的数值解。

2. 计算方法

分别取四阶和五阶公式，其中用到的 K_i($i=1,2,3,4,5$)都是相同的，则它们的表达式为

$$\tilde{y}_{n+1}=y_n+\frac{25}{216}K_1+\frac{1408}{2565}K_3+\frac{2197}{4104}K_4-\frac{1}{5}K_5 \tag{10.17}$$

$$\hat{y}_{n+1}=y_n+\frac{16}{135}K_1+\frac{6656}{12825}K_3+\frac{28561}{56430}K_4-\frac{9}{50}K_5+\frac{2}{55}K_6 \tag{10.18}$$

其中，

$$\begin{cases}K_1=hf(x_n,y_n)\\ K_2=hf\left(x_n+\dfrac{h}{4},y_n+\dfrac{1}{4}K_1\right)\\ K_3=hf\left(x_n+\dfrac{3h}{8},y_n+\dfrac{3}{32}K_1+\dfrac{9}{32}K_2\right)\\ K_4=hf\left(x_n+\dfrac{12h}{13},y_n+\dfrac{1932}{2197}K_1-\dfrac{7200}{2197}K_2+\dfrac{7296}{32}K_3\right)\\ K_5=hf\left(x_n+h,y_n+\dfrac{439}{216}K_1-8K_2+\dfrac{3680}{513}K_3-\dfrac{845}{4104}K_4\right)\\ K_6=hf\left(x_n+\dfrac{h}{2},y_n-\dfrac{8}{27}K_1+2K_2+\dfrac{3544}{2565}K_3+\dfrac{1859}{4104}K_4-\dfrac{11}{40}K_5\right)\end{cases}$$

一般选

$$q=0.84\times\left(\frac{\varepsilon h}{|\tilde{y}_{n+1}-\hat{y}_{n+1}|}\right)^{\frac{1}{4}} \tag{10.19}$$

具体计算时，先选定一个 h(或取为上一步的 h)，计算

$$\frac{|\hat{y}_{n+1}-\tilde{y}_{n+1}|}{h}=\left|\frac{1}{360}K_1-\frac{128}{4275}K_3-\frac{2197}{75240}K_4+\frac{1}{50}K_5+\frac{2}{55}K_6\right|/h$$

如果$\frac{|\hat{y}_{n+1}-\tilde{y}_{n+1}|}{h}<\varepsilon$，则按式(10.17)计算 y_{n+1}，转入下一步。否则，按式(10.19)计算 q，再将 qh 作为新的步长重新计算。

3. 使用说明

rungekf45 := proc(fun, a, b, y_0, $h_{\min}$, $h_{\max}$, tol)

式中，fun 是微分方程的一般表达式右端的函数 $f(x,y)$；a，b 分别为自变量的左右端点；y_0 为初始值；$h_{\min}$ 为步长最小值；$h_{\max}$ 为步长最大值；tol 为容差。程序输出为解的近似值。

4. Maple 程序

```
> with(plots):
> rungekf45 := proc(fun, a, b, y0, hmin, hmax, tol)
local h, x1, k, y1, k1, k2, k3, k4, k5, k6, t3, t4, t5, t6, R, q, soln;
x1 := a;
y1 := evalf(y0);
soln := [x1, y1];
h := hmax;
while (x1 < b) do
    k1 := h * evalf(fun(x1, y1), 30);
    k2 := h * evalf(fun(x1+h/4, y1+k1/4), 30);
    t3 := y1 +3 * k1/32+9 * k2/32;
    k3 := h * evalf(fun(x1+3 * h/8, t3), 30);
    t4 := y1 +1932 * k1/2197-7200 * k2/2197+7296 * k3/2197;
    k4 := h * evalf(fun(x1+12 * h/13, t4), 30);
    t5 := y1+439 * k1/216-8 * k2+3680 * k3/513-845 * k4/4104;
    k5 := h * evalf(fun(x1+h, t5), 30);
    t6 := y1- 8 * k1/27 +2 * k2-3544 * k3/2565 + 1859 * k4/4104-11 * k5/40 ;
    k6 := h * evalf(fun(x1+h/2, t6), 30);
    R := abs(k1/360 - 128 * k3/4275 - 2197 * k4/75240 + k5/50 + 2 * k6/55 )/h;
    q := 0.84 * (tol/R )^(1/4);
if R < tol then
        y1 := y1+16 * k1/135+6656 * k3/12825 +28561 * k4/56430-9 * k5/50 +2 * k6/55;
        x1 := x1+h;
        soln := soln, [x1, y1];
        printf("%12.10f    %12.10f  \n", x1, y1);
end if;
if q<=0.1 then
          h := 0.1 * h;
    elif q>=4 then
          h := 4 * h;
   else
        h := q * h;
end if;
if   h > hmax   then
        h := hmax;
 end if;
if x1+h>=b then
        h := b-x1;
        elif   h < hmin   then
          disp( '求解需要比 hmin 更小的步长');
```

```
        break;
end if;
end do;
return soln;
end:
```

例 10.7 用 R-K-F 方法求解初值问题$\frac{\mathrm{d}y}{\mathrm{d}x}=y-x^2+1, 0\leqslant x\leqslant 1, y(0)=0.5$。

解 建立函数，代入程序 rungekf45 计算，并将计算结果填入表 10.3 中。

```
> fun := (x, y) -> y-x^2+1;
> soln1 := rungekf45(fun, 0, 1, 0.5, 0.001, 0.2, 1e-6):
> soln2 := rungekf45(fun, 0, 1, 0.5, 0.001, 0.1, 1e-6):
> de := diff(y(x), x)=y(x)-x^2+1:
ic := y(0)=0.5:
soln := dsolve({de, ic}, y(x)): #dsolve 求得解析解;
g1 := unapply(rhs(soln), x):
```

画出 $h=0.2$ 及 $h=0.1$ 时 R-K-F 方法求得的解与解析解的图像，如图 10.11 所示。

```
> plot([[soln1], [soln2], g1](x), x=0..1, color=[blue, green , red], style=[point, point, line], linestyle=[1, 3, 2], legend=["rkf45 方法 h=0.2 求得的解", "rkf45 方法 h=0.1 求得的解","解析解"]):
```

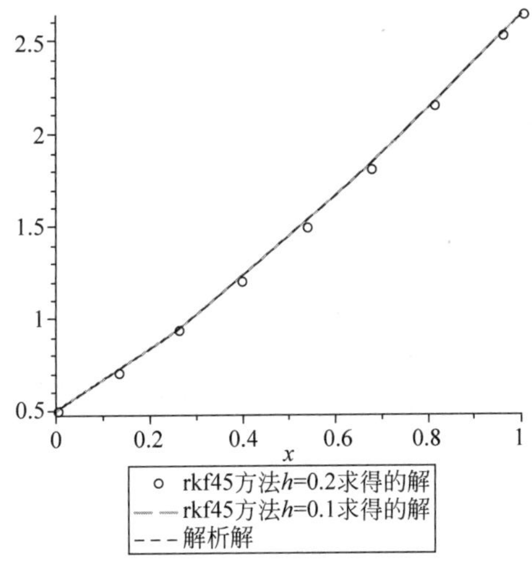

图 10.11 R-K-F 方法的数值解与解析解比较

表 10.3 方程的解析解与不同步长的数值解比较

节点 $x_i(h=0.2)$	数值解 y_i	解析解 $y(x_i)$	误差 $\lvert y(x_i)-y_i \rvert$
0	0.5	0.5	0
0.1323343177	0.7114360639	0.71143637348819	3.09588×10^{-7}
0.2637456897	0.9461546105	0.94615510689606	4.96396×10^{-7}
0.3968946541	1.2077150320	1.20772162608990	6.59409×10^{-6}
0.5322087348	1.4963191100	1.49632298997526	3.87998×10^{-6}
0.6702615749	1.8123994130	1.81238583455938	1.35784×10^{-5}

续表

节点 $x_i(h=0.2)$	数值解 y_i	解析解 $y(x_i)$	误差 $\lvert y(x_i)-y_i\rvert$
0.8118558145	2.1567796720	2.15677796610174	1.70590×10^{-6}
0.9582707525	2.5312322360	2.53120971160170	2.25244×10^{-5}
1.0000000000	2.6408590330	2.64085908577048	0.52770×10^{-7}

节点 $x_i(h=0.1)$	数值解 y_i	解析解 $y(x_i)$	误差 $\lvert y(x_i)-y_i\rvert$
0	0.5	0.5	0
0.1	0.6574145401	0.65741454096218	0.00862×10^{-7}
0.2	0.8292986191	0.82929862091992	0.01820×10^{-7}
0.3	1.0150705930	1.01507059621200	0.03212×10^{-7}
0.4	1.2140876470	1.21408765117936	0.04179×10^{-7}
0.5	1.4256393580	1.42563936464994	0.06650×10^{-7}
0.6	1.6489405910	1.64894059980475	0.08805×10^{-7}
0.7	1.8831236360	1.88312364626476	0.10265×10^{-7}
0.8	2.1272295240	2.12722953575377	0.11754×10^{-7}
0.9	2.3801984320	2.38019844442152	0.12421×10^{-7}
1.0	2.6408590720	2.64085908577048	0.13770×10^{-7}

注 ①从表中数据可以看出,R-K-F方法有时不用等距节点,其结果已经相当精确;②在本程序中,影响结果精确度有两个因素,即步长 h 和容差 tol。

10.5 线性多步法

求解初值问题 $y'=f(x,y),\ a\leqslant x\leqslant b,y(a)=y_0$ 的线性 k 步法的一般公式为

$$y_{n+k}=\sum_{j=0}^{k-1}\alpha_j y_{n+j}+h\sum_{j=0}^{k}\beta_j f_{n+j} \tag{10.20}$$

其中,α_j,β_j 为常数,且 α_0,β_0 不全为0,$h=(b-a)/N,x_i=a+ih,i=0,1,\cdots,N$。如果已知 $y_n,y_{n+1},\cdots,y_{n+k-1}$ 的值,就可通过式(10.20)计算 y_{n+k}。要计算序列$\{y_n\}$,首先需要 k 个出发值 $y_0,y_1,\cdots,y_{k-1}$,但微分方程初值问题只提供了 y_0,还有 $k-1$ 个出发值 $y_1,y_2,\cdots,y_{k-1}$ 需要通过其他方法求得。

在式(10.20)中,若 $\beta_k=0$,则可直接计算 y_{n+k},此时称式(10.20)是显式的;若 $\beta_k\neq0$,则当 f 不是 y 的线性函数时,不能直接计算 y_{n+k},此时称式(10.20)是隐式的。

在区间$[x_{n+k-l},x_{n+k}]$上,初值问题 $y'=f(x,y),\ a\leqslant x\leqslant b,y(a)=y_0$ 的解满足

$$y(x_{n+k})=y(x_{n+k-l})+\int_{x_{n+k-l}}^{x_{n+k}}f(t,y(t))\mathrm{d}t \tag{10.21}$$

如果用各种数值积分公式近似式(10.21)右端的积分式,就可得到多种计算 $y(x_{n+k})$ 的近似值 y_{n+k} 的计算方法,这些方法称为基于数值积分公式的方法。

在式(10.21)中,取 $k=l=2$,该式右端的积分式用节点 x_n,x_{n+1},x_{n+2} 的 Simpson 数值积分公式近似,再以 y_{n+j} 代替 $y(x_{n+j})(j=0,1,2)$,就得到如下的 Simpson 方法:

$$y_{n+2}=y_n+\frac{h}{3}(f_n+4f_{n+1}+f_{n+2}) \tag{10.22}$$

它是二步四阶的方法。

在式(10.21)中,取 $k=l=4$,该式右端函数用节点 x_{n+1},x_{n+2},x_{n+3} 的二次插值多项式近似,代入积分式后,再用 y_{n+j} 代替 $y(x_{n+j})(j=0,1,2,3,4)$,就得到

$$y_{n+4}=y_n+\frac{4h}{3}(2f_{n+1}-f_{n+2}+2f_{n+3}) \tag{10.23}$$

这就是 Milne 方法,它是四步四阶的方法。

在式(10.21)中,取 $l=1$,得到

$$y(x_{n+k})=y(x_{n+k-1})+\int_{x_{n+k-1}}^{x_{n+k}} f(t,y(t))\mathrm{d}t \tag{10.24}$$

再用数值积分公式计算,这类方法称为 **Adams 方法**。

如果在式(10.21)中,$f(t,y(t))$ 用 $r+1$ 个节点 $\{x_{n+k-1-j}\}|_{j=0}^{r}$ 的插值多项式代替,代入式(10.24)进行积分运算,并以近似值 y_{n+j} 代替 $y(x_{n+j})$,就得到如下的 Adams-Bashforth 方法:

$$y_{n+k}=y_{n+k-1}+h(\rho_{r0}f_{n+k-1}+\rho_{r1}f_{n+k-2}+\cdots+\rho_{rr}f_{n+k-1-r}) \tag{10.25}$$

其中,

$$\rho_{rj}=\frac{1}{h}\int_{x_{n+k-1}}^{x_{n+k}} l_j(x)\mathrm{d}x,\quad j=0,1,\cdots,r$$

式中,$l_j(x)$ 是节点 $x_{n+k-1-j}$ 上的插值基函数。方法(10.25)是 $r+1$ 步的显式公式,也称 Adams 显式方法,其中的系数和阶如表 10.4 所示。

表 10.4 Adams 显式方法的系数表

r	$r+1$ (步)	p (阶)	ρ_{r0}	ρ_{r1}	ρ_{r2}	ρ_{r3}	ρ_{r4}
0	1	1	1				
1	2	2	$\frac{3}{2}$	$-\frac{1}{2}$			
2	3	3	$\frac{23}{12}$	$-\frac{16}{12}$	$\frac{5}{12}$		
3	4	4	$\frac{55}{24}$	$-\frac{59}{24}$	$\frac{37}{24}$	$-\frac{9}{24}$	
4	5	5	$\frac{1901}{720}$	$-\frac{2774}{720}$	$\frac{2616}{720}$	$-\frac{1274}{720}$	$\frac{251}{720}$

如果在式(10.21)中,$f(t,y(t))$ 用 $r+1$ 个节点 $\{x_{n+k-j}\}|_{j=0}^{r}$ 的插值多项式代替,代入式(10.24)进行积分运算,并以近似值 y_{n+j} 代替 $y(x_{n+j})$,就得到如下的 Adams-Moulton 方法:

$$y_{n+k}=y_{n+k-1}+h(\rho_{r0}f_{n+k}+\rho_{r1}f_{n+k-1}+\cdots+\rho_{rr}f_{n+k-r}) \tag{10.26}$$

其中

$$\rho_{rj}=\frac{1}{h}\int_{x_{n+k-1}}^{x_{n+k}} l_j(x)\mathrm{d}x,\quad j=0,1,\cdots,r$$

式中,$l_j(x)$ 是节点 x_{n+k-j} 上的插值基函数。当 $r\geqslant 1$ 时,方法(10.26)是 r 步的隐式公式,也称 **Adams 隐式方法**,其中的系数和阶如表 10.5 所示。

表 10.5　Adams 隐式方法的系数表

r	步	p（阶）	ρ_{r0}	ρ_{r1}	ρ_{r2}	ρ_{r3}	ρ_{r4}
0	1	1	1				
1	1	2	$\frac{1}{2}$	$\frac{1}{2}$			
2	2	3	$\frac{5}{12}$	$\frac{8}{12}$	$-\frac{1}{12}$		
3	3	4	$\frac{9}{24}$	$\frac{19}{24}$	$-\frac{5}{24}$	$\frac{1}{24}$	
4	4	5	$\frac{251}{720}$	$\frac{646}{720}$	$-\frac{264}{720}$	$\frac{106}{720}$	$-\frac{19}{720}$

1. 功能

用 Adams 显式方法求解初值问题(10.1),(10.2)的数值解。

2. 计算方法

(1) 如果提供 2 个初值 y_0, y_1,则用 Adams-Bashforth 二步(2 阶)显式公式：

$$y_{n+1}=y_n+\frac{h}{2}[3f(x_n,y_n)-f(x_{n-1},y_{n-1})],\quad n=1,2,\cdots,N-1 \tag{10.27}$$

(2) 如果提供 3 个初值 y_0, y_1, y_2,则用 Adams-Bashforth 三步显式公式：

$$y_{n+1}=y_n+\frac{h}{12}[23f(x_n,y_n)-16f(x_{n-1},y_{n-1})+5f(x_{n-2},y_{n-2})],$$
$$n=2,3,\cdots,N-1 \tag{10.28}$$

(3) 如果提供 4 个初值 $y_0, {}_1, y_2, y_3$,则用 Adams-Bashforth 四步显式公式：

$$y_{n+1}=y_n+\frac{h}{24}[55f(x_n,y_n)-59f(x_{n-1},y_{n-1})+37f(x_{n-2},y_{n-2})-$$
$$9f(x_{n-3},y_{n-3})],\quad n=3,4,\cdots,N-1 \tag{10.29}$$

(4) 如果提供 5 个初值 y_0, y_1, y_2, y_3, y_4,则用 Adams-Bashforth 五步显式公式：

$$y_{n+1}=y_n+\frac{h}{720}[1901f(x_n,y_n)-2774f(x_{n-1},y_{n-1})+2616f(x_{n-2},y_{n-2})-$$
$$1274f(x_{n-3},y_{n-3})+251f(x_{n-4},y_{n-4})],\quad n=4,5,\cdots,N-1 \tag{10.30}$$

3. 使用说明

adamsba：=proc(fun,*a*,*b*,*y*

式中,fun 是微分方程的一般表达式右端的函数 $f(x,y)$；a,b 分别为自变量的左右端点；y_0 为初始值(向量)；h 为步长。程序输出为解的近似值。程序将根据提供的初始向量的维数 $r(2\sim5)$,使用 Adams-Bashforthr 步显式公式进行计算。

4. Maple 程序

```
> with(plots):
> adamsba:=proc(fun, a, b, y0, h)
local n, k, y1, y2, y3, y4, y5,y6, x0, x1, x2, x3, x4, x5, x6, ff1, ff2, ff3, ff4, ff5, N, soln;
N:=(b-a)/h;
n:=nops(y0);
if n>5 or n<2 then
```

```
        error("输入的初始值错误,本程序只能接受2~5个初始值,请重新输入!");
end if;
if n=2 then
x1 :=a;
y1 :=evalf(y0[1]);
soln :=[x1, y1];
x2 :=x1+h;
y2 :=evalf(y0[2]);
print(x2, y2);
soln := soln, [x2, y2];
ff1 :=evalf(fun(x1, y1), 30);
  for k from 3 to N+1 do
        ff2 :=evalf(fun(x2, y2), 30);
        y3 :=y2+h*(3*ff2-ff1)/2;
        x3 :=x2+h;
        y2 :=y3;
        x2 :=x3;
        ff1 :=ff2;
     soln := soln, [x3, y3];
       printf("%12.10f    %12.10f   \n", x3, y3);
   end do;
end if;
if n=3 then
x1 :=a;
y1 :=evalf(y0[1]);
soln :=[x1, y1];
x2 :=x1+h;
y2 :=evalf(y0[2]);
print(x2, y2);
soln := soln, [x2, y2];
x3 :=x2+h;
y3 :=evalf(y0[3]);
print(x3, y3);
soln := soln, [x3, y3];
ff1 :=evalf(fun(x1, y1), 30);
ff2 :=evalf(fun(x2, y2), 30);
  for k from 4 to N+1 do
        ff3 :=evalf(fun(x3, y3), 30);
        y4 :=y3+h*(23*ff3-16*ff2+5*ff1)/12;
        x4 :=x3+h;
        y3 :=y4;
        x3 :=x4;
        ff1 :=ff2;
        ff2 :=ff3;
        soln := soln, [x4, y4];
        printf("%12.10f    %12.10f   \n", x4, y4);
   end do;
end if;
if n=4 then
x1 :=a;
y1 :=evalf(y0[1]);
```

```
soln := [x1, y1];
x2 := x1+h;
y2 := evalf(y0[2]);
print(x2, y2);
soln := soln, [x2, y2];
x3 := x2+h;
y3 := evalf(y0[3]);
print(x3, y3);
soln := soln, [x3, y3];
x4 := x3+h;
y4 := evalf(y0[4]);
print(x4, y4);
soln := soln, [x4, y4];
ff1 := evalf(fun(x1, y1), 30);
ff2 := evalf(fun(x2, y2), 30);
ff3 := evalf(fun(x3, y3), 30);
  for k from 5 to N+1 do
        ff4 := evalf(fun(x4, y4), 30);
        y5 := y4+h*(55*ff4-59*ff3+37*ff2-9*ff1)/24;
        x5 := x4+h;
        y4 := y5;
        x4 := x5;
        ff1 := ff2; ff2 := ff3; ff3 := ff4;
        soln := soln, [x5, y5];
        printf("%12.10f   %12.10f  \n", x5, y5);
   end do;
end if;
if n=5 then
x1 := a;
y1 := evalf(y0[1]);
soln := [x1, y1];
x2 := x1+h;
y2 := evalf(y0[2]);
print(x2, y2);
soln := soln, [x2, y2];
x3 := x2+h;
y3 := evalf(y0[3]);
print(x3, y3);
soln := soln, [x3, y3];
x4 := x3+h;
y4 := evalf(y0[4]);
print(x4, y4);
soln := soln, [x4, y4];
x5 := x4+h;
y5 := evalf(y0[5]);
print(x5, y5);
soln := soln, [x5, y5];
ff1 := evalf(fun(x1, y1), 30);
ff2 := evalf(fun(x2, y2), 30);
ff3 := evalf(fun(x3, y3), 30);
ff4 := evalf(fun(x4, y4), 30);
```

```
    for k from 6 to N+1 do
            ff5 := evalf(fun(x5, y5), 30);
            y6 := y5+h*(1901*ff5-2774*ff4+2616*ff3-1274*ff2+251*ff1)/720;
            x6 := x5+h;
            y5 := y6;
            x5 := x6;
            ff1 := ff2; ff2 := ff3; ff3 := ff4; ff4 := ff5;
            soln := soln, [x6, y6];
            printf("%12.10f   %12.10f  \n", x6, y6);
     end do;
  end if;
  return soln;
  end:
```

例 10.8 用 Adams-Bashforth 4 步（显式）方法求解初值问题 $y'=\left(1+\frac{3}{2}\cos(3x)\right)\sqrt{y}, 0\leqslant x\leqslant 2, y(0)=1$。

解 首先建立方程右端的函数,然后用 dsolve 求得精确解。

```
> fun := (x, y)->(1+3/2*cos(3*x))*sqrt(y);
```

$$fun := (x,y) \rightarrow \left(1+\frac{3}{2}\cos(3x)\right)\sqrt{y}$$

```
> de := diff(y(x), x)=(1+3/2*cos(3*x))*sqrt(y(x)):
ic := y(0)=1:
soln := dsolve({de, ic}, y(x)): #dsolve 求得解析解;
g1 := unapply(rhs(soln), x);
```

$$g_1 := x \rightarrow \frac{1}{4}x^2+\frac{1}{4}x\sin(3x)+x+\frac{1}{16}\sin(3x)^2+\frac{1}{2}\sin(3x)+1$$

```
> x0 := [0, 0.05, 0.1, 0.15]:
> y0 := map(g1, x0): #求得精确解在节点 0, 0.05, 0.1, 0.15 处的函数值,并以 y0 为 Adams-Bashforth 4 步方法的初始值;
> soln4 := adamsba(fun, 0, 2, y0, 0.05): #因数据较多,此处略去数据结果;
```

用 4 阶 Runge-Kutta 公式求得的解为:

```
> solnrk := [0, 1], [0.5e-1, 1.128607744], [.10, 1.263106310], [.15, 1.401243582], [.20, 1.540479582], [.25, 1.678086152], [.30, 1.811262912], [.35, 1.937262446], [.40, 2.053516852], [.45, 2.157757644], [.50, 2.248121451], [.55, 2.323235003], [.60, 2.382274451], [.65, 2.424995973], [.70, 2.451736737], [.75, 2.463387442], [.80, 2.461339619], [.85, 2.447412565], [.90, 2.423765965], [.95, 2.392804946], [1.00, 2.357084353], [1.05, 2.319218541], [1.10, 2.281801950], [1.15, 2.247344263], [1.20, 2.218222264], [1.25, 2.196648657], [1.30, 2.184656380], [1.35, 2.184095409], [1.40, 2.196637905], [1.45, 2.223786886], [1.50, 2.266883478], [1.55, 2.327108220], [1.60, 2.405472821], [1.65, 2.502800126], [1.70, 2.619691653], [1.75, 2.756483853], [1.80, 2.913195939], [1.85, 3.089473637], [1.90, 3.284534368], [1.95, 3.497119997], [2.00, 3.725463408]:
```

绘制 Bashforth 四阶方法及 R-K 四阶方法求得的解的图像和解析解的图像,如图 10.12 所示。

```
> plot([[soln4], [solnrk], g1](x), x=0..2, color=[blue, green, red], style=[point, point, line], linestyle=[1, 3, 2], legend=[ "Bashforth 四阶方法求得的解","Runge-Kutta 四阶方法求得的解","解析解"]);
```

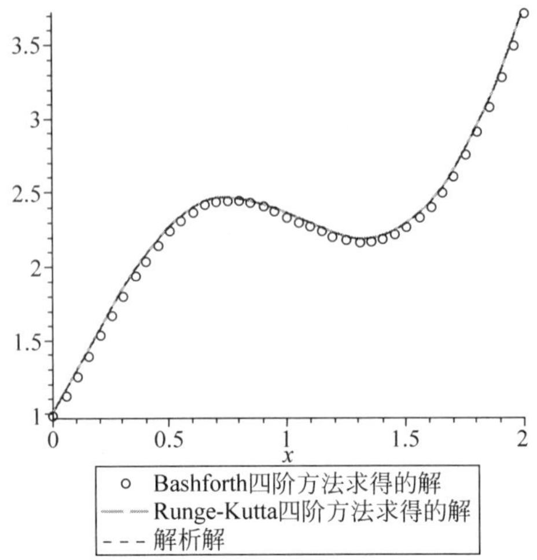

图 10.12　四阶 R-K 方法及 Bashforth 四阶方法的数值解与解析解比较

从图 10.12 可以看出，Bashforth 四阶方法和 Runge-Kutta 四阶方法求得的解都与解析解比较接近，从图中很难看出差别，因此作出误差图，如图 10.13 所示。

```
> xx0 := [seq(0+i*0.05, i=0..40)]: # 构造节点;
> yy0 := map(g1, xx0): # 计算解析解在节点处的函数值;
> solv := seq([0, yy0[i]], i=1..41):
> plot([[soln4-solv], [solnrk-solv]], x=0..2, color=[blue, red], style=[line, point], legend=["Adams-Bashforth 四阶方法求得的解与解析解的差", "Runge-Kutta 四阶方法求得的解与解析解的差"]);
```

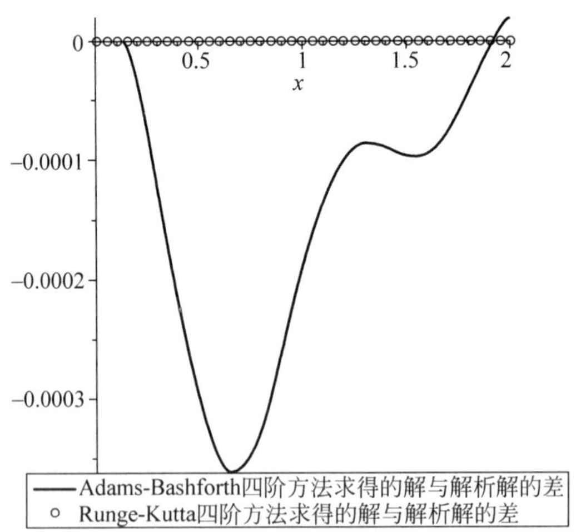

图 10.13　四阶 R-K 方法及 Adams 四阶方法的数值解的误差比较

从图 10.13 可见，Adams-Bashforth 四阶方法求得的解要比同阶的 Runge-Kutta 方法求得解的误差大很多。Adams-Bashforth 方法的优点在于它的计算量小,因为它每一步仅需要计算一个函数值,而 Runge-Kutta 四阶方法每一步需要计算四个函数值。Adams 显式方法一般不单独使用,将 Adams 显式方法与 Adams 隐式方法联合使用,则得到预测-校正方法。

10.6 预测-校正方法

不论是单步法还是多步法,隐式法一般比同阶的显式法精确,而且数值稳定性好,但是在隐式公式中,通常很难解出 y_{n+1},需要迭代法求解,这样又增加了计算量。在实际计算中,很少单独用显示公式或隐式公式,而是将它们联合使用,即先用显式公式求出 $y(x_{n+1})$ 的预测值,记作 $\bar{y}_{n+1}$,再用隐式公式对预测值进行校正,求出 $y(x_{n+1})$的近似值 y_{n+1}。这样的数值方法称为预测-校正方法。

10.6.1 四阶 Adams 预测-校正方法

1. 功能

用四阶 Adams 预测-校正方法求解初值问题(即式(10.1)和式(10.2))的数值解。

2. 计算方法

(1) 首先用四阶 Runge-Kutta 公式计算出 y_1,y_2,y_3,再以 y_0,y_1,y_2,y_3 作为初值进行(2)~(3);

(2) 预测值

$$y_{n+1}^{(0)}=y_n+\frac{h}{24}[55f(x_n,y_n)-59f(x_{n-1},y_{n-1})+37f(x_{n-2},y_{n-2})-9f(x_{n-3},y_{n-3})];$$

(3) 校正预测值

$$y_{n+1}=y_n+\frac{h}{24}[9f(x_{n+1},y_{n+1}^{(0)})+19f(x_n,y_n)-5f(x_{n-1},y_{n-1})+f(x_{n-2},y_{n-2})]。$$

3. 使用说明

adprecor4 := proc(fun, *a*, *b*, *y*₀, *h*)

式中,fun 是微分方程的一般表达式右端的函数 $f(x,y)$;a,b 分别为自变量的左右端点;y_0 为初始值(向量);h 为步长。程序输出为解的近似值。

4. Maple 程序

```
> adprecor4 := proc(fun, a, b, y0, h)
local n, yy, x1, i, j, k1, k2, k3, k4, ybar, ff0, ff1, ff2, ff3, ff4, y4, y5, soln;
n := (b-a)/h;
yy := Vector(4);
x1 := evalf(a);
yy[1] := evalf(y0);
soln := [x1, yy[1]]:
printf("%12.10f    %12.10f  \n", x1, yy[1]);
```

```
ff0 := evalf (fun(x1, yy[1]), 30);
for j from 1 to 3 do
    k1 := evalf(fun(x1, yy[j]), 20);
    k2 := evalf(fun(x1+h/2, yy[j]+h * k1/2), 20);
    k3 := evalf(fun(x1+h/2, yy[j]+h * k2/2), 20);
    k4 := evalf(fun(x1+h, yy[j]+h * k3), 20);
    x1 := a+j * h;
     yy[j+1] := evalf(yy[j]+h * (k1+2 * k2+2 * k3+k4)/6);
     soln := soln, [x1, yy[j+1]];
     printf("%12.10f    %12.10f  \n", x1, yy[j+1]);
end do;
ff1 := evalf(fun(a+h, yy[2]), 30);
ff2 := evalf(fun(a+2 * h, yy[3]), 30);
y4 := yy[4];
for i from 5 to n+1 do
      ff3 := evalf(fun(a+(i-2) * h, y4), 30);
      ybar := y4+h * (55 * ff3-59 * ff2+37 * ff1-9 * ff0)/24;
      x1 := a+(i-1) * h;
      ff4 := evalf(fun(x1, ybar), 30);
      y5 := y4+h * (9 * ff4+19 * ff3-5 * ff2+ff1)/24;
      soln := soln, [x1, y5];
      printf("%12.10f    %12.10f   \n", x1, y5);
      ff0 := ff1;
      ff1 := ff2;
      ff2 := ff3;
      y4 := y5;
 end do;
return soln;
end:
```

例 10.9 用四阶 Adams 预测-校正方法求解初值问题 $y'=x^2y^2(1\leqslant x\leqslant 2, y(0)=1/3)$。

解 首先建立方程右端的函数,然后用 dsolve 求得精确解。

```
> fun := (x, y)-> x^2 * y^2:
> de := diff(y(x), x)=x^2 * y(x)^2:
ic := y(1)=1/3:
soln := dsolve({de, ic}, y(x)): # dsolve 求得解析解;
g1 := unapply(rhs(soln), x);
```

$$g_1 := x \rightarrow -\frac{3}{x^3-10}$$

```
>> solnv5 := adprecor4(fun, 1, 2, 1/3, 0.05);
```

```
1.0000000000    0.3333333333
1.0500000000    0.3392753648
1.1000000000    0.3460606770
1.1500000000    0.3538100943
1.2000000000    0.3626694005
```

1.2500000000	0.3728159001
1.3000000000	0.3844681715
1.3500000000	0.3978988441
1.4000000000	0.4134525945
1.4500000000	0.4315718003
1.5000000000	0.4528339458
1.5500000000	0.4780075874
1.6000000000	0.5081386013
1.6500000000	0.5446877292
1.7000000000	0.5897589435
1.7500000000	0.6464972288
1.8000000000	0.7198230183
1.8500000000	0.8178898666
1.9000000000	0.9552572824
1.9500000000	1.1606946530
2.0000000000	1.4999360770

绘制四阶 Adams 预测-校正方法求得的解及解析解的图像,如图 10.14 所示。

```
> plot([[solnv5], g1](x), x=1..2, color=[blue, red], style=[point, line], legend=[ "四阶adams 预测校正方法求得的解","解析解"]);
```

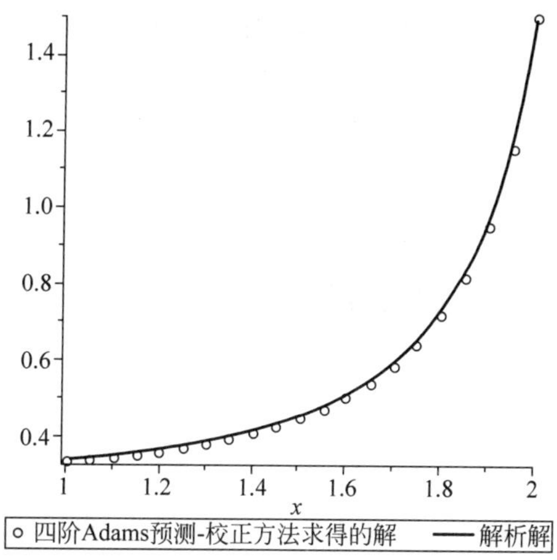

图 10.14 四阶 Adams 预测-校正方法的数值解与解析解比较

用四阶 Runge-Kutta 公式求得的解为

```
> solnrk4 := [1, 1/3], [1.05, .3392753648], [1.10, .3460606770], [1.15, .3538100943], [1.20, .3626692486], [1.25, .3728155384], [1.30, .3844675189], [1.35, .3978977825], [1.40, .4134509498], [1. 45, . 4315693112], [1. 50, . 4528302120], [1. 55, . 4780019822], [1.60, .5081301183], [1.65, .5446747088], [1.70, .5897385692], [1.75, .6464645832], [1.80, .7197693216], [1.85, .8177994687], [1.90, .9551049721], [1.95, 1.160465707], [2.00, 1.499898606]:
```

```
> xx0 := [seq(1+i*0.05, i=0..20)]: #构造节点
> yy0 := map(g1, xx0): #解析解在节点处的函数值;
> solv0 := seq([0, yy0[i]], i=1..21):
```

绘制四阶 Adams 预测-校正方法及四阶 R-K 方法求得的解与解析解的差的图像，如图 10.15 所示。

```
> plot([[solnv5-solv0], [solnrk4-solv0]], x=1..2, color= [blue, red], style=[line, point], legend=["四阶 Adams 预测-校正方法求得的解与解析解的差", "四阶 Runge-Kutta 方法求得的解与解析解的差"]);
```

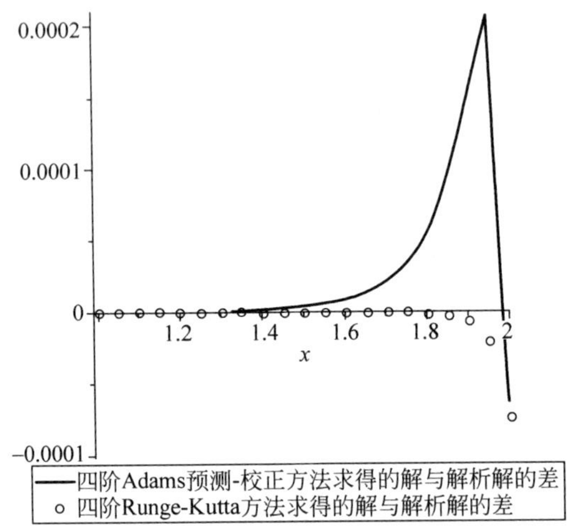

图 10.15　四阶 Adams 预测-校正方法及四阶 R-K 方法求得的解与解析解的差的图像

通过多个实例的实验结果，我们发现四阶 Adams 预测-校正方法的误差一般都比四阶 R-K 方法的误差大，其实还可对四阶 Adams 预测-校正方法加以修正，得到改进的四阶 Adams 预测-校正方法。

10.6.2　改进的 Adams 四阶预测-校正方法

1. 功能

用改进的 Adams 四阶预测-校正方法求解初值问题(即式(10.1)和式(10.2))的数值解。

2. 计算方法

(1) 首先用四阶 Runge-Kutta 公式计算出 y_1, y_2, y_3，再以 y_0, y_1, y_2, y_3 作为初值进行(2)～(5)；

(2) 预测值

$$p_{n+1} = y_n + \frac{h}{24}[55f(x_n, y_n) - 59f(x_{n-1}, y_{n-1}) + 37f(x_{n-2}, y_{n-2}) - 9f(x_{n-3}, y_{n-3})];$$

(3) 修正预测值

$$m_{n+1} = p_{n+1} - \frac{251}{270}(p_n - c_n),$$

$$m'_{n+1}=f(x_{n+1},m_{n+1});$$

(4) 校正值

$$c_{n+1}=y_n+\frac{h}{24}[9m'_{n+1}+19f(x_n,y_n)-5f(x_{n-1},y_{n-1})+f(x_{n-2},y_{n-2})];$$

(5) 修正校正值

$$y_{n+1}=c_{n+1}+\frac{19}{270}(p_{n+1}-c_{n+1})。$$

3. 使用说明

imadprecor ∶= proc(fun, *a*, *b*, y_0, *h*)

式中,fun 是微分方程的一般表达式右端的函数 $f(x,y)$; a,b 分别为自变量的左右端点; y_0 为初始值(向量); h 为步长。程序输出为解的近似值。

4. Maple 程序

```
> imadprecor ∶= proc(fun, a, b, y0, h)
local n, yy, x1, i, j, k1, k2, k3, k4, ybar, mm, mm1, ff0, ff1, ff2, ff3, y4, y5, c0, c1, p0, p1,
soln;
n ∶= (b-a)/h;
yy ∶= Vector(4);
x1 ∶= evalf(a);
yy[1] ∶= evalf(y0);
soln ∶= [x1, yy[1]]:
printf("%12.10f    %12.10f  \n", x1, yy[1]);
ff0 ∶= evalf (fun(x1, yy[1]), 30);
for j from 1 to 3 do
      k1 ∶= evalf(fun(x1, yy[j]), 20);
      k2 ∶= evalf(fun(x1+h/2, yy[j]+h * k1/2), 20);
      k3 ∶= evalf(fun(x1+h/2, yy[j]+h * k2/2), 20);
      k4 ∶= evalf(fun(x1+h, yy[j]+h * k3), 20);
      x1 ∶= a+j * h;
      yy[j+1] ∶= evalf(yy[j]+h * (k1+2 * k2+2 * k3+k4)/6);
      soln ∶= soln, [x1, yy[j+1]];
      printf("%12.10f    %12.10f    \n", x1, yy[j+1]);
 end do;
 ff1 ∶= evalf(fun(a+h, yy[2]), 30);
 ff2 ∶= evalf(fun(a+2 * h, yy[3]), 30);
 y4 ∶= yy[4];
c0 ∶= 0;
p0 ∶= 0;
for i from 5 to n+1 do
       ff3 ∶= evalf(fun(a+(i-2) * h, y4), 30);
       p1 ∶= y4+h * (55 * ff3-59 * ff2+37 * ff1-9 * ff0)/24;
       x1 ∶= a+(i-1) * h;
       mm1 ∶= p1-251 * (p0-c0)/270;
       mm ∶= evalf(fun(x1, mm1), 30);
       c1 ∶= y4+h * (9 * mm+19 * ff3-5 * ff2+ff1)/24;
       y5 ∶= c1+19 * (p1-c1)/270;
       soln ∶= soln, [x1, y5];
       printf("%12.10f    %12.10f    \n", x1, y5);
       ff0 ∶= ff1; ff1 ∶= ff2; ff2 ∶= ff3;
       y4 ∶= y5;
       c0 ∶= c1;
```

```
    p0 := p1;
  end do;
return soln;
end:
```

例 10.10　利用改进的 Adams 四阶预测-校正方法重新求解例 10.9 的初值问题，并与四阶 Adams 预测-校正方法的结果进行比较。

解

```
> solnv1 := imadprecor(fun, 1, 2, 1/3, 0.05): # 这里给出了解题全过程，但是由于本例的数据结果较多，故略去，详细数据可在执行程序后的屏幕中看到，此处只给出图形.
> plot([[solnv1], g1](x), x=1..2, color=[blue, red], style=[point, line], legend=[ "改进的Adams 四阶预测-校正方法求得的解","解析解"]);
```

由于改进的 Adams 四阶预测-校正方法求得的解与解析解比较接近，从图 10.16 中很难看出差别，下面作出误差图。

```
> xx0 := [seq(1+i*0.05, i=0..20)]: # 构造节点
> yy0 := map(g1, xx0): # 解析解在节点处的函数值;
> solv0 := seq([0, yy0[i]], i=1..21):
> plot([[solnv1-solv0], [solnv5-solv0], [solnrk4-solv0]], x=1..2, color=[blue, red, green], style=[line, line, point], linestyle=[1, 3, 2], legend=[" 改进的 Adams 四阶预测-校正方法求得的解与解析解的差", "四阶 Adams 预测-校正方法求得的解与解析解的差", "四阶 Runge-Kutta 方法求得的解与解析解的差"]);
```

从图 10.17 可以看出，改进的 Adams 四阶预测-校正方法解的精度比 Adams 四阶预测-校正方法解的精度有了明显的提高，但是比经典四阶 R-K 方法解的精度还差些。

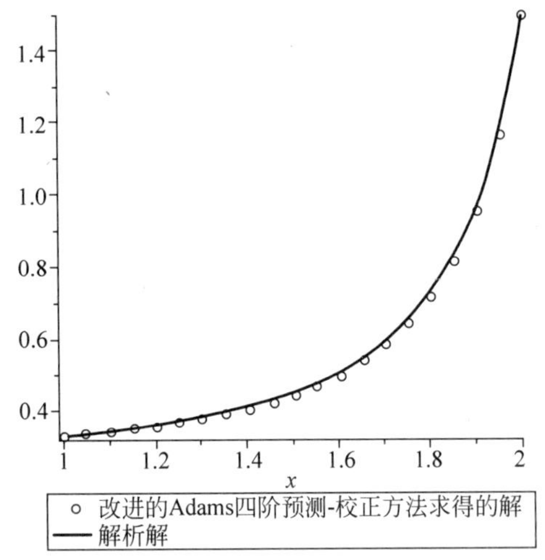

图 10.16　改进的 Adams 四阶预测-校正方法求得的解与解析解的对比

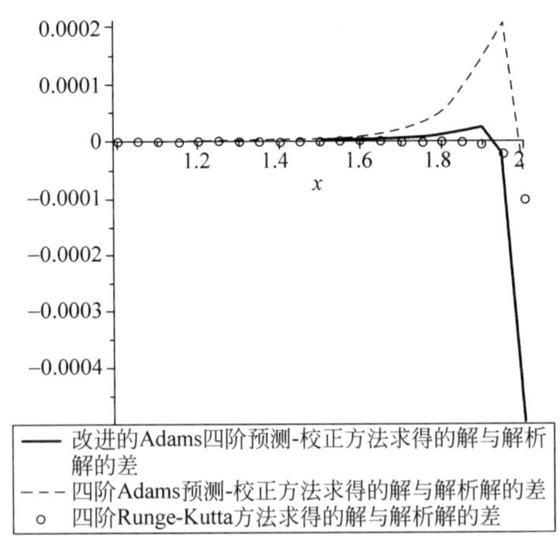

图 10.17　各方法求得的解与解析解的差

10.6.3　Hamming 预测-校正方法

1. 功能

用 Hamming 预测-校正方法求解初值问题(即式(10.1)和式(10.2))的数值解。

2. 计算方法

(1) 首先用四阶 Runge-Kutta 公式计算出 y_1, y_2, y_3，再以 y_0, y_1, y_2, y_3 作为初值进行(2)～(5)；

(2) 预测值

$$p_{n+1} = y_{n-3} + \frac{4h}{3}[2f(x_n, y_n) - f(x_{n-1}, y_{n-1}) + 2f(x_{n-2}, y_{n-2})]$$

(3) 修正预测值

$$q_{n+1} = p_{n+1} - \frac{112}{121}(p_n - c_n)$$

$$q'_{n+1} = f(x_{n+1}, q_{n+1})$$

(4) 校正值

$$c_{n+1} = \frac{1}{8}[9y_n - y_{n-2} + 3h(q'_{n+1} + 2f(x_n, y_n) - f(x_{n-1}, y_{n-1}))]$$

(5) 修正校正值

$$y_{n+1} = c_{n+1} + \frac{9}{121}(p_{n+1} - c_{n+1})$$

3. 使用说明

hamprecor：＝proc(fun,a,b,y_0,h)

式中，fun 是微分方程的一般表达式右端的函数 $f(x,y)$；a，b 分别为自变量的左右端点；y_0 为初始值(向量)；h 为步长。程序输出为解的近似值。

4. Maple 程序

```
> hamprecor := proc(fun, a, b, y0, h)
local n, yy, x1, i, j, k1, k2, k3, k4, ybar, qq, qq1, ff0, ff1, ff2, ff3, c0, c1, p0, p1, soln;
n := (b-a)/h;
yy := Vector(5);
x1 := evalf(a);
yy[1] := evalf(y0);
soln := [x1, yy[1]]:
printf("%12.10f    %12.10f   \n", x1, yy[1]);
ff0 := evalf (fun(x1, yy[1]), 30);
for j from 1 to 3 do
     k1 := evalf(fun(x1, yy[j]), 20);
     k2 := evalf(fun(x1+h/2, yy[j]+h * k1/2), 20);
     k3 := evalf(fun(x1+h/2, yy[j]+h * k2/2), 20);
     k4 := evalf(fun(x1+h, yy[j]+h * k3), 20);
     x1 := a+j * h;
     yy[j+1] := evalf(yy[j]+h * (k1+2 * k2+2 * k3+k4)/6);
     soln := soln, [x1, yy[j+1]];
     printf("%12.10f    %12.10f   \n", x1, yy[j+1]);
end do;
ff1 := evalf(fun(a+h, yy[2]), 30);
ff2 := evalf(fun(a+2 * h, yy[3]), 30);
c0 := yy[4];
p0 := yy[4];
for i from 5 to n+1 do
     ff3 := evalf(fun(a+(i-2) * h, yy[4]), 30);
```

```
      p1 := yy[1] + 4 * h * (2 * ff3 - ff2 + 2 * ff1)/3;
      x1 := a + (i - 1) * h;
      qq1 := p1 - 112 * (p0 - c0)/121;
      qq := evalf(fun(x1, qq1), 30);
      c1 := (9 * yy[4] - yy[2] + 3 * h * (qq + 2 * ff3 - ff2))/8;
      yy[5] := c1 + 9 * (p1 - c1)/121;
      soln := soln, [x1, yy[5]];
      printf("%12.10f    %12.10f    \n", x1, yy[5]);
      ff1 := ff2; ff2 := ff3;
      yy[1] := yy[2]; yy[2] := yy[3]; yy[3] := yy[4]; yy[4] := yy[5];
      c0 := c1; p0 := p1;
   end do;
  return soln;
  end:
```

例 10.11　利用 Hamming 预测-校正方法求解初值问题$\frac{dy}{dx}=(1+2(x+1)\sin(3x))\cdot e^{-y}$，$0\leqslant x\leqslant 5$，$y(0)=0$，并与改进的 Adams 四阶预测-校正方法得到的结果进行比较。

解　首先建立方程右端的函数，然后用 dsolve 求得精确解。

```
> fun1 := (x, y) -> (1 + 2 * (x + 1) * sin(3 * x)) * exp(-y(x)); # 这里给出了解题全过程，但是由于本例的数据结果较多，故略去，详细数据可在执行程序后的屏幕中看到，此处只给出图形.
> de  := diff(y(x), x) = (1 + 2 * (x + 1) * sin(3 * x)) * exp(-y(x)):
ic  := y(0) = 0:
dsolve({de, ic}, y(x)):
g1 := unapply(rhs(%), x);
```

$$g_1 := x \rightarrow \ln\left(x+\frac{2}{9}\sin(3x)-\frac{2}{3}x\cos(3x)-\frac{2}{3}\cos(3x)+\frac{5}{3}\right)$$

绘制 Hamming 预测-校正法求得解与解析解的图像，如图 10.18 所示。

```
> solnv2 := hamprecor(fun1, 0, 5, 0, 0.05):
> plot([[solnv2], g1](x), x=0..5, color=[blue, red], style=[point, line], legend=[ "Hamming预测-校正法求得的解","解析解"]);
```

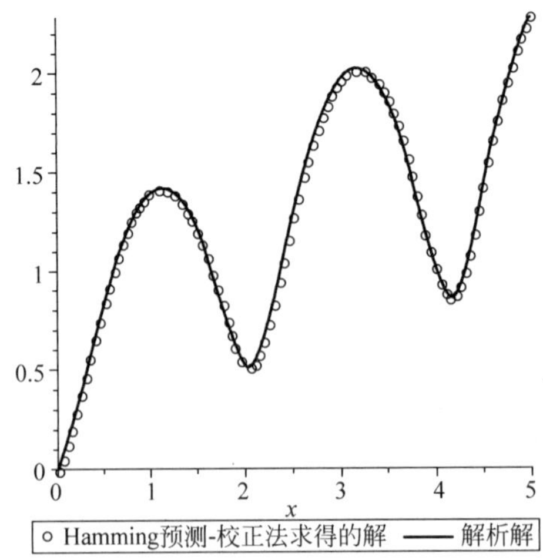

图 10.18　Hamming 预测-校正法求得的解与解析解的图像

```
> solnv3 := imadprecor(fun1, 0, 5, 0, 0.05):
> xx0 := [seq(0+i*0.05, i=0..100)]: #构造节点
> yy0 := map(g1, xx0): 求解析解在节点处的函数值;
> solnv0 := seq([0, yy0[i]], i=1..101):
> plot([[solnv2-solnv0], [solnv3-solnv0]], x=0..5, color=[blue, red], style=[line, point],
legend=[" Hamming 预测-校正方法求得的解与解析解的差", "改进的 Adams 四阶预测-校正方法
求得的解与解析解的差"]);
```

从图 10.19 可见，Hamming 预测-校正方法与改进的 Adams 四阶预测-校正方法的数值解基本相同。

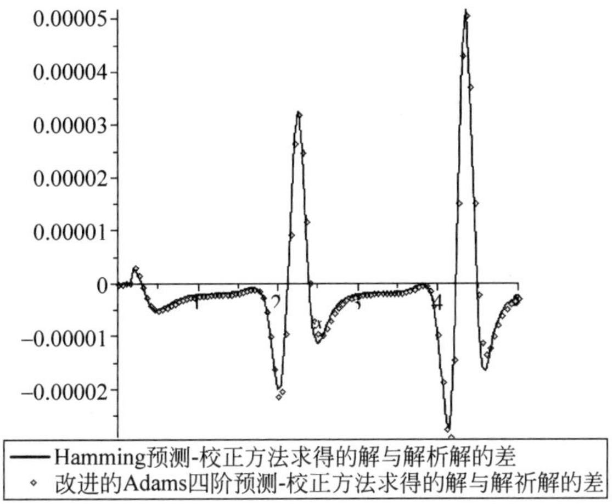

图 10.19　Hamming 预测-校正法及改进的 Adams 四阶预测-校正法求得的解与解析解之差的图像

10.7　变步长的多步法

1. 功能

用 Adams 变步长预测-校正方法求解初值问题(即式(10.1)和式(10.2))的数值解。

2. 计算方法

此变步长的预测-校正方法用 4 步显式 Adams-Bashforth 方法作为预测式，用 3 步隐式 Adams-Moulton 方法作为校正式，具体算法见如下的 Maple 程序。

3. 使用说明

vsprecor4 := proc(fun, a, b, y_0, h_{min}, h_{max}, tol)

式中，fun 是微分方程的一般表达式右端的函数 $f(x,y)$；a，b 分别为自变量的左右端点；y_0 为初始值(向量)；h_{min} 为步长最小值；h_{max} 为步长最大值；tol 为容差。程序输出为解的近似值。

4. Maple 程序

```
> vsprecor4 := proc(fun, a, b, y0, hmin, hmax, tol)
local nflag, yy, yy0, yp, last, flag, x1, h, i, j, k, k1, k2, k3, k4, q, R, w, soln, solnv, solnx,
solny;
h := hmax;
```

```
yy := Vector(5);
x1 := evalf(a);
yy[1] := evalf(y0);
yy0 := evalf(y0);
solnx[1] := x1;
solny[1] := yy0;
soln := [x1, yy0];
nflag := 0;
last := 0;
flag := 1;
k := 1;
while (nflag=0) do
    if flag =1 then
        for i from 1 to 3 do
            yy[i] := evalf (fun(x1, yy0), 30);
            k1 := evalf(fun(x1, yy0), 20);
            k2 := evalf(fun(x1+h/2, yy0+h * k1/2), 20);
            k3 := evalf(fun(x1+h/2, yy0+h * k2/2), 20);
            k4 := evalf(fun(x1+h, yy0+h * k3), 20);
            x1 := x1+h;
            yy0 := evalf(yy0+h * (k1+2 * k2+2 * k3+k4)/6);
            solnx[k+i] := x1;
            solny[k+i] := yy0;
        end do;
      k := k+3;
    end if;
        yy[4] := evalf(fun(x1, yy0), 30);
        yp := yy0+h * (55 * yy[4]-59 * yy[3]+37 * yy[2]-9 * yy[1])/24;
        yy[5] := evalf(fun(x1+h, yp), 30);
        yy0 := yy0+h * (9 * yy[5]+19 * yy[4]-5 * yy[3]+yy[2])/24;
        R := 19 * abs(yy0-yp)/(270 * h);
        q := evalf((tol/(2 * R))^(1/4), 30);
        if (R < tol) then
              k := k+1;
              x1 := x1+h;
              solnx[k] := x1;
              solny[k] := yy0;
              yy[1] := yy[2];
              yy[2] := yy[3];
              yy[3] := yy[4];
            if last=1 then
              nflag := 1;
            elif (R < 0.1 * tol or x1+h > b) then
                if (R < 0.1 * tol)    then
                      h := min(hmax, min(q * h, 4 * h));
                end if;
                      if ((x1+4 * h)> b) then
                          h := (b-x1)/4;
                          last := 1;
                      end if;
                flag := 1;
```

```
            else
                flag :=0;
            end if;
        else
              h :=max(q * h, 0.1 * h);
              if h < hmin then
                    error ("求解需要更小的步长!");
                    break;
              end if;
                   if flag=1 then
                        k :=k-3
                   end if;
               x1 :=solnx[k];
               yy0 :=solny[k];
               flag :=1;
               if (x1+4 * h)> b then
                    h :=(b-x1)/4;
                    last :=1;
                else
                    last :=0;
               end if;
        end if;
end do;
for j from 2 to k do
    soln :=soln, [solnx[j], solny[j]];
end do;
return soln;
end:
```

例 10.12 用 Adams 变步长预测-校正方法求解初值问题$\frac{dy}{dx}=y(2-y)$,$0\leqslant x\leqslant 5$,$y(0)=\frac{1}{20}$。

解 建立函数,先用 dsolve 求解析解。

```
> fun :=(x, y)-> y(x) * (2-y(x)):
> de :=diff(y(x), x)=y(x) * (2-y(x));
ic := y(0)=1/20:
soln := dsolve({de, ic}, y(x)); #dsolve 求得解析解;
g1 := unapply(rhs(soln), x);
```

$$g_1 := x \to \frac{2}{1+39e^{-2x}}$$

$$ic := y(0) = \frac{1}{20}$$

$$soln := y(x) = \frac{2}{1+39e^{-2x}}$$

$$g_1 := x \to \frac{2}{1+39e^{-2x}}$$

分别取 $h_{max}=0.25, 0.15, 0.05$,代入程序计算得:

```
> sol := vsprecor4(fun, 0, 5, 0.05, 0.01, 0.25, 1e-6):
```

由于本例数据结果太多，故用“:”结束命令抑制数据结果的输出，此处只给出执行后的图形，详细的数据结果可将命令后的“:”改为“;”然后执行程序，即可在屏幕上显示全部数据。

```
> sol1 := vsprecor4(fun, 0, 5, 0.05, 0.01, 0.15, 1e-6):
> sol2 := vsprecor4(fun, 0, 5, 0.05, 0.01, 0.05, 1e-6):
> plot([[sol], [sol2], g1](x), x=0..5, color=[red, blue, green], linestyle=[dash, dashdot, solid], legend=["变步长的数值解(h=0.25)", "变步长的数值解(h=0.15)", "解析解"]);
```

所绘制的图像如图 10.20 所示。

```
> xx0 := [sol[..,1]]:          # 提取 sol 中的节点;
> xx1 := [sol1[..,1]]:         # 提取 sol1 中的节点;
> xx2 := [sol2[..,1]]:         # 提取 sol2 中的节点;
> yy0 := map(g1, xx0):         # 计算解析解在节点 xx0 处的函数值;
> yy1 := map(g1, xx1):         # 计算解析解在节点 xx1 处的函数值;
> yy2 := map(g1, xx2):         # 计算解析解在节点 xx1 处的函数值;
> soln0 := seq([0, yy0[i]], i=1..nops(yy0)):
> soln1 := seq([0, yy1[i]], i=1..nops(yy1)):
> soln2 := seq([0, yy2[i]], i=1..nops(yy2)):
> plot([[sol-soln0], [sol1-soln1], [sol2-soln2]], x=0..5, color=[red, blue, green], linestyle=[dash, dashdot, solid], legend=["变步长的数值解(h=0.25)与解析解的差","变步长的数值解(h=0.15)与解析解的差", "变步长的数值解(h=0.05)与解析解的差"]);
```

所绘制的图像如图 10.21 所示。

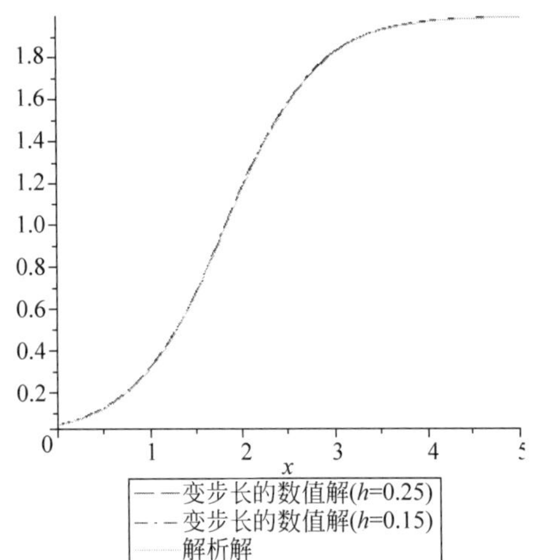

图 10.20　$h=0.15$、$h=0.25$ 时变步长的数值解图像

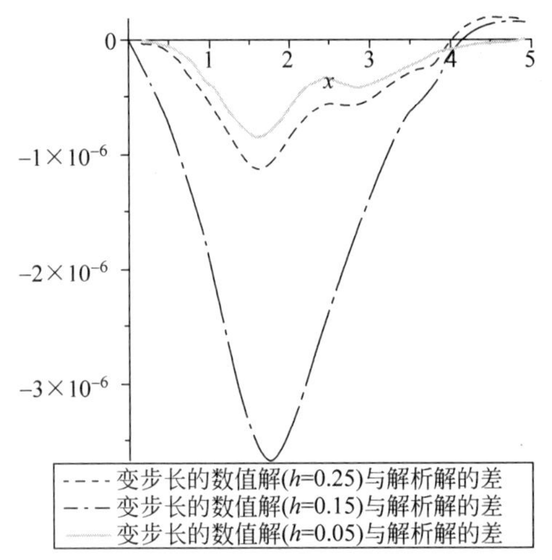

图 10.21　$h=0.05$、$h=0.15$、$h=0.25$ 时，变步长的数值解与解析解之差的图像

10.8　Gragg 外推法

1. 功能

用 Gragg 外推法求解初值问题（即式(10.1)和式(10.2)）的数值解。

2. 计算方法

Step 1 nk=[2,4,6,8,12,16,24,32].
Step 2 令 $T_0=a$;
$W_0=y_0$;
h=hmax;
Flag=1.(Flag 用作退出 Step4 中的循环)
Step 3 For i=1,2,…,7
For j = 1,…,i
令 $Q_{i,j}=(nk_{i+1}/nk_j)^2$
Step 4 While(Flag=1)do Steps 5-20.
Step 5 令 k=1;
Nflag=0.(当达到精度要求时,Nflag 置为 1)
Step 6 While(k<8 and Nflag=0)do Steps 7-14.
Step 7 令 $hk=h/hk_k$;
$T=T_0$;
$W_2=W_0$;
$W_3=W_2+hk\cdot f(T,W_2)$;
$T=T_0+hk$.
Step 8 For $j=1,\dots,nk_k-1$
令 $W_1=W_2$;
$W_2=W_3$;
$W_3=W_1+2\cdot hk\cdot f(T,W_2)$;(中点方法)
$T=T_0+(j+1)\cdot hk$.
Step 9 令 $Y_k=[W_3+W_2+hk\cdot f(T,W_3)]/2$.
Step 10 If k≥2 then do Steps 11-13.
Step 11 令 j=k;
$V=Y_1$.
Step12 While(j≥2)do
令 $Y_{j-1}=Y_j+(Y_j-Y_{j-1})/(Q_{k-1,j-1}-1)$;外推计算 $Y_{j-1}=Y_{k,k-j+2}$
j=j-1.
Step 13 If $abs(Y_1-V)<=tol$ then 令 Nflag=1.
Step 14 令 k=k+1.
Step 15 令 k=k-1.
Step 16 If Nflag=0 then do Steps 17 and 18
else do Steps 19 and 20.
Step 17 令 h=h/2. (拒绝 w 的新值,减小 h)
Step 18 If h<hmin then
OUTPUT('超出最小的 hmin');
令 Flag=0.
Step 19 令 $W_0=Y_1$;
$T_0=T_0+h$;
OUTPUT(T_0,W_0,h).
Step 20 If $T_0\geq b$ then 令 Flag=0.
else if $T_0+h>b$ then 令 $h=b-T_0$
else if (k<3 and h<0.5(hmax)then 令 h=2h.
Step 21 停止.

3. 使用说明

gragextra:=proc(fun,*a*,*b*,y_0,h_{min},h_{max},tol)

式中，fun 是微分方程的一般表达式右端的函数 $f(x,y)$；a，b 分别为自变量的左右端点；y_0 为初始值(向量)；$h_{\min}$ 为步长最小值；$h_{\max}$ 为步长最大值；tol 为容差。程序输出为解的近似值。

4. Maple 程序

```
> gragextra:=proc(fun, a, b, y0, hmin, hmax, tol)
local Flag, nk, j, i, T0, h, Q, k, Nflag, hk, T, W0,W1,W2, W3, M, Y, V, S, num;
nk := [2, 4, 6, 8, 12, 16, 24, 32];    # Step 1
# Step 2
S:=[];
T0  :=a;
W0:=y0;
h  :=hmax;
Flag:=1;    # Flag 用作退出 Step 4 中的循环
# Step 3
for i from 1 to 7 do
      for j from 1 to i do
           Q[i, j]  := (nk[i+1]/nk[j]) * (nk[i+1]/nk[j]);
      end do;
end do;
# Step 4
while Flag=1 do
# Step 5
          k  := 1;
          Nflag  := 0;    # 当达到精度要求时, Nflag 置为 1
# Step 6
while k <= 8 and Nflag = 0 do
# Step 7
           hk  := h/nk[k];
           T  := T0;
           W2  := W0;
           W3  := W2+hk * evalf(fun(T, W2), 32);    # Euler first Step
           T  := T0+hk;
# Step 8
          M  := nk[k]-1;
           for j from 1 to M do
                   W1  := W2;
                   W2  := W3;
                   W3  := W1+2 * hk * evalf(fun(T, W2), 32);    #中点方法
                   T := T0+(j+1) * hk;
          end do;
# Step 9
              Y[k]  := (W3+W2+hk * evalf(fun(T, W3), 32))/2;
# Step 10
       if k >= 2 then
# Step 11
           j  := k;
           V  := Y[1];
# Step 12
           while j >= 2 do
```

```
            Y[j-1] := Y[j]+(Y[j]-Y[j-1])/(Q[k-1, j-1]-1);
                                             #外推计算 Y[j-1]=Y[k, k-j+2]
            j := j-1;
          end do;
    # Step 13
          if abs(Y[1] -V) <= tol    then
              Nflag := 1;
          end if;
        end if;
    # Step 14
          k := k+1;
          end do;
    # Step 15
          k := k-1;
    # Step 16
        if Nflag = 0 then
    # Step 17
            h :=h/2;    # 拒绝 W 的新值，减小 h
    # Step 18
              if h < hmin then
                fprint("'超出最小的 hmin ");
                Flag :=0;
              end if;
          else
    # Step 19
              W0 := Y[1];
              T0 :=T0+ h;
              S :=S, [T0, W0];
              printf('%12.12f    %11.12f    %11.8f    %6d\n', T0, W0, h, k);
    # Step 20
              if T0 >= b then
                  Flag :=0;
              else
                  if T0 + h > b then
                      h := b- T0;
                  else
                      if k <= 3 then
                          h := 2 * h;
                      end if;
                  end if;
              end if;
              if h > hmax then
                  h := h/2;
              end if;
        end if;
    end do;
    return S;
    end:
```

例 10.13 利用 Gragg 外推法求解初值问题$\dfrac{dy}{dx}=\dfrac{\ln(x+2)+5\cos(3x)}{y^3}$，$0\leqslant x\leqslant 3$，$y(0)=1$。

解 首先建立方程右端的函数，然后用 dsolve 求得精确解。

```
> fun := (x, y)->(ln(x+2)+5*cos(3*x))/y(x)^3:
> de := diff(y(x), x)=(ln(x+2)+5*cos(3*x))/y(x)^3:
ic := y(0)=1:
soln := dsolve({de, ic}, y(x)): #dsolve求得解析解;
g1 := unapply(rhs(soln), x);
```

$$g_1 := x \rightarrow \frac{1}{3}\sqrt{3}\,(9 + 36\ln(x+2)x + 72\ln(x+2) - 36x + 60\sin(3x) - 72\ln(2))^{1/4}$$

```
> soln1 := gragextra(fun, 0, 3, 1, 0.01, 0.25, 1e-6):
```

0.125000000000	1.396534127000	0.12500000	7
0.250000000000	1.584131497000	0.12500000	4
0.375000000000	1.691557268000	0.12500000	4
0.500000000000	1.744789139000	0.12500000	3
0.750000000000	1.720857018000	0.25000000	4
1.000000000000	1.536874863000	0.25000000	4
1.250000000000	1.184260252000	0.25000000	5
1.500000000000	0.830896385700	0.25000000	7
1.750000000000	1.264284343000	0.25000000	8
2.000000000000	1.669720771000	0.25000000	4
2.250000000000	1.936155552000	0.25000000	4
2.500000000000	2.081770507000	0.25000000	4
2.750000000000	2.120278951000	0.25000000	4
3.000000000000	2.070863899000	0.25000000	4

```
> soln2 := gragextra(fun, 0, 3, 1, 0.01, 0.15, 1e-6):
> soln3 := gragextra(fun, 0, 3, 1, 0.01, 0.05, 1e-6);
> plot([[soln2[2..21]], g1](x), x=0..3, color=[blue, red], style=[point, line], legend=
["Gragg外推法求得的解","解析解"]);
```

所绘制的图像如图 10.22 所示。

```
> solnv1 := soln1[2..15]:
> xx1 := [solnv1[..,1]]:
> solnv2 := soln2[2..21]:
> xx2 := [solnv2[..,1]]:
> solnv3 := soln3[2..61]:
> xx3 := [solnv3[.., 1]]:
> yy1 := evalf(map(g1, xx1)):
> yy2 := evalf(map(g1, xx2)):
> yy3 := evalf(map(g1, xx3)):
> solnv10 := seq([0, yy1[i]], i=1..14):
> solnv20 := seq([0, yy2[i]], i=1..20):
> solnv30 := seq([0, yy3[i]], i=1..60):
> plot([[solnv1-solnv10], [solnv2-solnv20], [solnv3-solnv30]], x=0..3, color=[blue, red,
green], linestyle=[dash, dashdot, solid], legend=[" Gragg外推法求得的解(h=0.25)与解析解的
```

差"," Gragg 外推法求得的解(h=0.15)与解析解的差"," Gragg 外推法求得的解(h=0.05)与解析解的差"]);

所绘制的图像如图 10.23 所示。

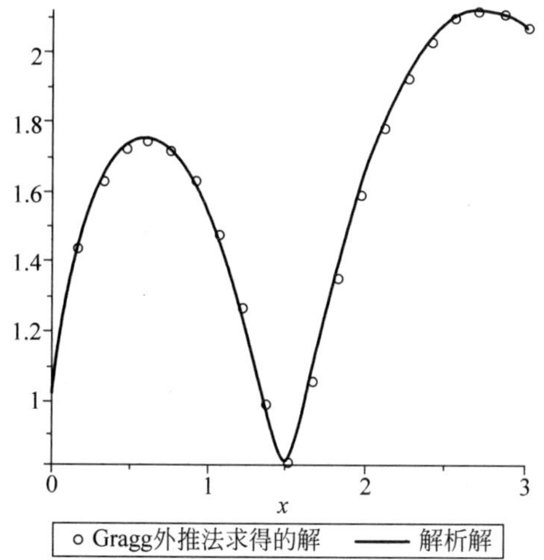

图 10.22 Gragg 外推法求得的解与解析解对比

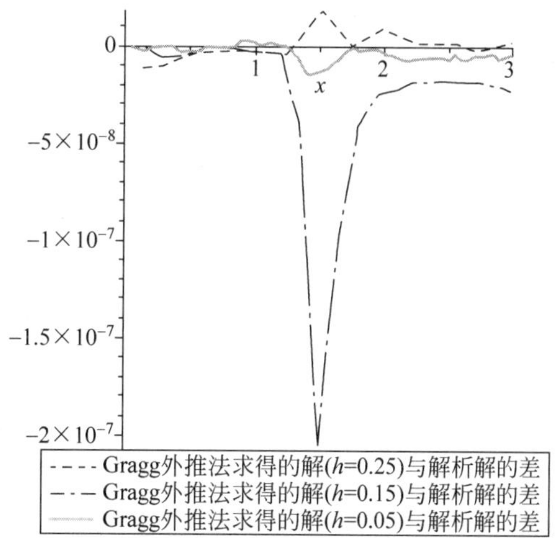

图 10.23 Gragg 外推法求得的解与解析解的差

注 此程序求得的数值解的精度与程序中三个参数 $h_{\min}$, $h_{\max}$ 和 tol 都有密切关系。

10.9 常微分方程组和高阶微分方程的数值解法

给定一阶微分方程组的初值问题:

$$\begin{cases} y_i' = f_i(x, y_1, \cdots, y_m), \quad i=1,2,\cdots,m;\ a \leqslant x \leqslant b \\ y_i(a) = \alpha_i, \quad i=1,2,\cdots,m \end{cases} \tag{10.31}$$

采用向量的记号,记

$$\boldsymbol{y} = [y_1, \cdots, y_m]^{\mathrm{T}}$$
$$\boldsymbol{y}(x) = [y_1(x), \cdots, y_m(x)]^{\mathrm{T}}$$
$$\boldsymbol{f}(x, \boldsymbol{y}) = [f_1(x, \boldsymbol{y}), \cdots, f_m(x, \boldsymbol{y})]^{\mathrm{T}}$$
$$\boldsymbol{y}' = [y_1', \cdots, y_m']^{\mathrm{T}}$$
$$\boldsymbol{\alpha} = [\alpha_1, \cdots, \alpha_m]^{\mathrm{T}}$$

则初值问题(10.31)可以简单地写成

$$\begin{cases} \boldsymbol{y}' = \boldsymbol{f}(x, \boldsymbol{y}), \quad a \leqslant x \leqslant b \\ \boldsymbol{y}(a) = \boldsymbol{\alpha} \end{cases} \tag{10.32}$$

前面讨论的关于微分方程的初值问题的数值解法,完全适用于一阶微分方程组的初值问题(10.32)。本节将经典的四阶 Runge-Kutta 方法推广到求解一阶微分方程组的初值问题(10.32)。

10.9.1　常微分方程组的数值解法

1. 功能

用四阶 Runge-Kutta 方法求解一阶微分方程组的初值问题(10.32)。

2. 计算方法

计算公式如下：

$$\begin{cases} \boldsymbol{K}_1=\boldsymbol{f}(x_j,\boldsymbol{w}_j) \\ \boldsymbol{K}_2=\boldsymbol{f}\left(x_j+\dfrac{h}{2},\boldsymbol{w}_j+\dfrac{h}{2}\boldsymbol{K}_1\right) \\ \boldsymbol{K}_3=\boldsymbol{f}\left(x_j+\dfrac{h}{2},\boldsymbol{w}_j+\dfrac{h}{2}\boldsymbol{K}_2\right) \\ \boldsymbol{K}_4=\boldsymbol{f}(x_j+h,\boldsymbol{w}_j+h\boldsymbol{K}_3) \\ \boldsymbol{w}_{j+1}=\boldsymbol{w}_j+\dfrac{h}{6}(\boldsymbol{K}_1+2\boldsymbol{K}_2+2\boldsymbol{K}_3+\boldsymbol{K}_4),j=0,1,\cdots,N-1 \end{cases}$$

其中，$h=(b-a)/N$，$x_{j+1}=x_j+h$，$j=0,1,\cdots,N-1$，$x_0=a$，$\boldsymbol{w}_0=\boldsymbol{\alpha}$ 。$\boldsymbol{w}_j$ 是问题(10.32)的解 $\boldsymbol{y}(x)$在 $x=x_j$ 处的数值解。

记

$$\boldsymbol{w}_j=[w_{1,j},w_{2,j},\cdots,w_{m,j}]^{\mathrm{T}}$$

则

$$y_i(x_j)\approx w_{i,j},\quad \boldsymbol{w}_0=[w_{1,0},w_{2,0},\cdots,w_{m,0}]^{\mathrm{T}}=[\alpha_1,\alpha_2,\cdots,\alpha_m]^{\mathrm{T}}$$

再记

$$\boldsymbol{K}_l=[k_{l,1},k_{l,2},\cdots,k_{l,m}]^{\mathrm{T}},\quad l=1,2,3,4$$

则经典四阶 Runge-Kutta 方法的计算公式的分量形式为

$$k_{1,i}=f_i(x_j,w_{1,j},w_{2,j},\cdots,w_{m,j}),\quad i=1,2,\cdots,m$$

$$k_{2,i}=f_i\left(x_j+\frac{h}{2},w_{1,j}+\frac{h}{2}k_{1,1},w_{2,j}+\frac{h}{2}k_{1,2},\cdots,w_{m,j}+\frac{h}{2}k_{1,m}\right),\quad i=1,2,\cdots,m$$

$$k_{3,i}=f_i\left(x_j+\frac{h}{2},w_{1,j}+\frac{h}{2}k_{2,1},w_{2,j}+\frac{h}{2}k_{2,2},\cdots,w_{m,j}+\frac{h}{2}k_{2,m}\right),\quad i=1,2,\cdots,m$$

$$k_{4,i}=f_i(x_j+h,w_{1,j}+hk_{3,1},w_{2,j}+hk_{3,2},\cdots,w_{m,j}+hk_{3,m}),\quad i=1,2,\cdots,m$$

$$w_{i,0}=\alpha_i,\quad i=1,2,\cdots,m$$

$$w_{i,j+1}=w_{i,j}+\frac{h}{6}(k_{1,i}+2k_{2,i}+2k_{3,i}+k_{4,i}),\quad i=1,\cdots,m,j=0,1,\cdots,N-1$$

3. 使用说明

rk4sys2 :=proc(fun,$\boldsymbol{a}$,$\boldsymbol{b}$,$\boldsymbol{y}_0$,$\boldsymbol{h}$)

式中，fun 是微分方程的一般表达式右端的函数 $f(x,y)$；a,b 为自变量的左右端点；$\boldsymbol{y}_0$ 为初始值(向量)；h 为步长。程序输出为解的近似值。

4. Maple 程序

```
> restart;
> with(plots):
```

```
> with(DEtools):
> rk4sys2 := proc(fun::[procedure, procedure], a, b, alpha, h)
local j, K1, K2, K3, K4, L1, L2, L3, L4, ulist, vlist, uvlist, t0, t, u,v, N;
# 此程序只能求解两个方程的方程组
N :=ceil((b-a)/h);
t0 :=a;
u := alpha[1];
v := alpha[2];
ulist := [t0, u];
vlist := [t0, v];
uvlist :=[u, v];
t :=t0;
for j from 1 to N do
      K1 :=evalf(h * fun[1](t, u, v));
      L1 :=evalf(h * fun[2](t, u, v));
      K2 :=evalf(h * fun[1](t+h/2, u+K1/2, v+L1/2));
      L2 := evalf(h * fun[2](t+h/2, u+K1/2, v+L1/2));
      K3 :=evalf(h * fun[1](t+h/2, u+K2/2, v+L2/2));
      L3 :=evalf(h * fun[2](t+h/2, u+K2/2, v+L2/2));
      K4 :=evalf(h * fun[1](t+h, u+K3, v+L3));
      L4 :=evalf(h * fun[2](t+h, u+K3, v+L3));
      u :=evalf(u+(K1+2 * K2+2 * K3+K4)/6);
      v :=evalf(v+(L1+2 * L2+2 * L3+L4)/6);
      t :=t0+j * h;
      ulist :=ulist, [t, u];
      vlist :=vlist, [t, v];
      uvlist :=uvlist, [u, v];
od;
return [[ulist], [vlist], [uvlist]];
end:
> rk4sys3 :=proc(fun::[procedure, procedure, procedure], a, b, alpha, h)
local j, K1, K2, K3, K4, L1, L2, L3, L4, M1, M2, M3, M4, ulist, vlist, wlist, uvwlist, t0, t,
u, v, w, N;
# 此程序只能求解三个方程的方程组
N :=ceil((b-a)/h);
t0 :=a;
u := alpha[1];
v := alpha[2];
w :=alpha[3];
ulist := [t0, u];
vlist := [t0, v];
wlist := [t0, w];
uvwlist :=[u, v, w];
t :=t0;
for j from 1 to N do
      K1 :=evalf(h * fun[1](t, u, v, w));
      L1 :=evalf(h * fun[2](t, u, v, w));
      M1 :=evalf(h * fun[3](t, u, v, w));
      K2 :=evalf(h * fun[1](t+h/2, u+K1/2, v+L1/2, w+M1/2));
      L2 := evalf(h * fun[2](t+h/2, u+K1/2, v+L1/2, w+M1/2));
      M2 := evalf(h * fun[3](t+h/2, u+K1/2, v+L1/2, w+M1/2));
      K3 :=evalf(h * fun[1](t+h/2, u+K2/2, v+L2/2, w+M2/2));
      L3 :=evalf(h * fun[2](t+h/2, u+K2/2, v+L2/2, w+M2/2));
      M3 :=evalf(h * fun[3](t+h/2, u+K2/2, v+L2/2, w+M2/2));
      K4 :=evalf(h * fun[1](t+h, u+K3, v+L3, w+M3));
      L4 :=evalf(h * fun[2](t+h, u+K3, v+L3, w+M3));
      M4 :=evalf(h * fun[3](t+h, u+K3, v+L3, w+M3));
```

```
        u := evalf(u+(K1+2 * K2+2 * K3+K4)/6);
        v := evalf(v+(L1+2 * L2+2 * L3+L4)/6);
        w := evalf(w+(M1+2 * M2+2 * M3+M4)/6);
        t := t0+j * h;
        ulist := ulist, [t, u];
        vlist := vlist, [t, v];
        wlist := wlist, [t, w];
        uvwlist := uvwlist, [u, v, w];
    od;
    return [[ulist], [vlist], [wlist], [uvwlist]];
    end:
```

例 10.14　求解微分方程组 $\frac{\mathrm{d}x}{\mathrm{d}t}=-5x+17y$，$\frac{\mathrm{d}y}{\mathrm{d}t}=-2x+5y+\sin(5t)$，$x(0)=1$，$y(0)=-3$。

解　法一　先建立微分方程右端的函数，然后用 rk4sys2 程序求解。

```
> f := (t, x, y)->-5 * x+17 * y:
g := (t, x, y)->-2 * x+5 * y+sin(5 * t):
> Q := rk4sys2([f, g], 0, 20, [1, -3], 0.05): # 此处数据较多,故略去,只给出图形解;
> plot([Q[1], Q[2]], 0..20, color=[blue, red], style=[line, line], linestyle=[1, 3], scaling=
constrained, legend=['图形 x(t)', '图形 y(t)']);
> plot(Q[3], -20..20, color=red); # 画出方程组的相图
```

所绘制的图像如图 10.24 和图 10.25 所示。

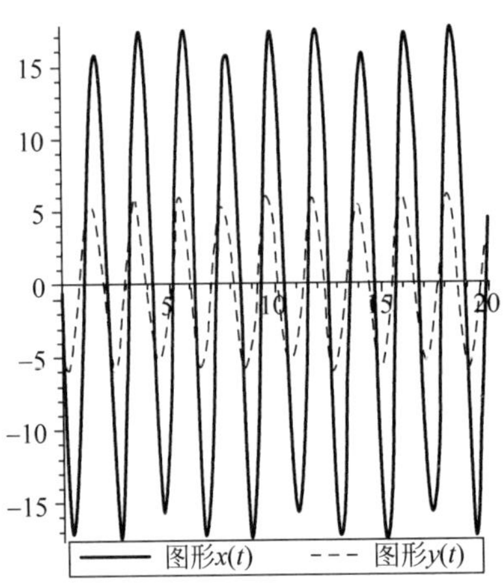

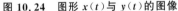

图 10.24　图形 $x(t)$ 与 $y(t)$ 的图像

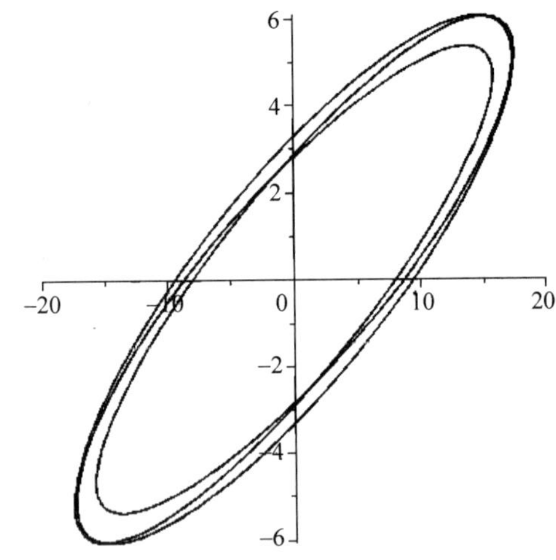

图 10.25　方程组的相图

法二　用 Maple 的 dsolve 求(符号)解。

```
> ansa := dsolve({diff(x(t), t)=-5 * x(t)+17 * y(t), diff(y(t), t)=-2 * x(t)+5 * y(t)+sin(5 * t),
x(0)=1, y(0)=-3}, {x(t), y(t)});
```

$$\text{ansa} := \left\{x(t)=-\frac{811}{48}\sin(3t)+\cos(3t)-\frac{17}{16}\sin(5t),\right.$$

$$\left.y(t)=-\frac{43}{16}\cos(3t)-\frac{247}{48}\sin(3t)-\frac{5}{16}\cos(5t)-\frac{5}{16}\sin(5t)\right\}$$

由此可求解曲线在任意 t 处的值,例如,$t=1$ 时,

```
> evalf(subs(t=1, ansa[1]));
evalf(subs(t=1, ansa[2]));
```

$$x(1)=-2.355475591$$
$$y(1)=2.14544196$$

用程序 rk4sys2 求得的值为:-2.355711952,2.145366126。可见,rk4sys2 求的结果的精度不高。

例 10.15 求解 Lorenz 微分方程组$\frac{dx}{dt}=-10x+10y,\frac{dy}{dt}=28x-y-xz,\frac{dz}{dt}=-\frac{8}{3}z+xy,x(0)=-8,y(0)=8,z(0)=27$。

解 法一 先建立微分方程右端的函数,然后用 rk4sys3 程序求解。

```
> f2 := (t, x, y, z)-> 10 * (y-x):
g2 := (t, x, y, z)-> 28 * x-y-x * z:
h2 := (t, x, y, z)-> x * y-8 * z(t)/3:
> Q2 := rk4sys3([f2, g2, h2], 0, 20, [-8, 8, 27], 0.01):
> plot([Q2[1], Q2[2], Q2[3]], 0..2, color=[blue, red, green], style=[point, line, line],
linestyle=[1, 2, 3], legend=["x(t)的图形", "y(t)的图形", "z(t)的图形"]);
> pointplot3d(Q2[4], style=line, axes=boxed, color=blue); # 画出方程组的相图
```

所绘制的图像如图 10.26 和图 10.27 所示。

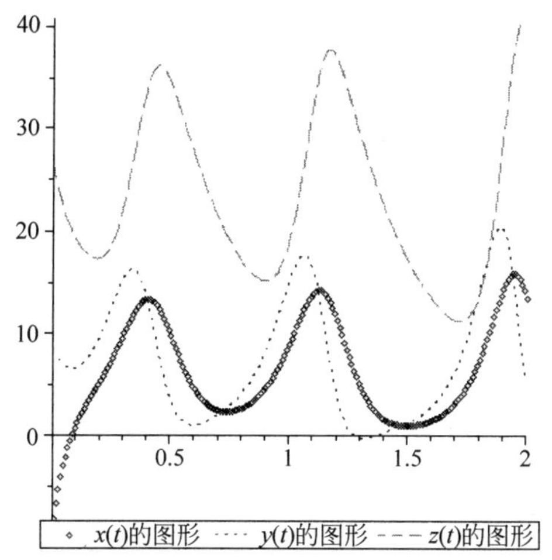

图 10.26 $x(t),y(t)$ 与 $z(t)$ 的图像

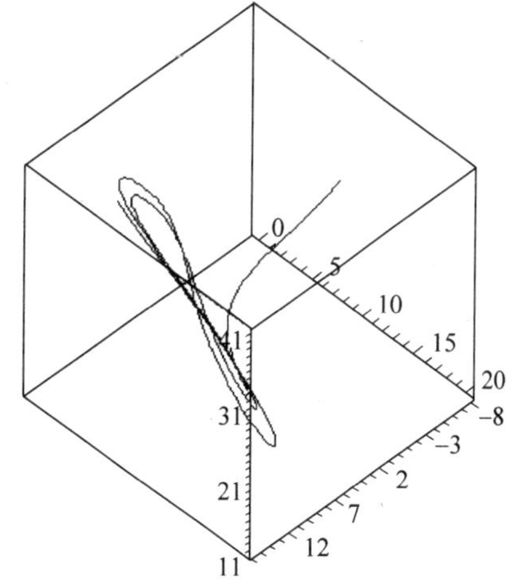

图 10.27 方程组的相图

用符号方法确实能解一些常微分方程,不过大部分微分方程是求不出符号解的,在 Maple 中求微分方程数值解的方法是使用 dsolve 的选项 type=numeric。

法二 用 Maple 的 dsolve 求数值解(注:dsolve 无法求出本例的符号解)。

```
> eqf2 := diff(x(t), t)=10 * (y(t)-x(t));
```

$$eqf2 := \frac{d}{dt}x(t)=10y(y)-10x(t)$$

```
> eqg2 := diff(y(t), t) = 28 * x(t) - y(t) - x(t) * z(t);
```

$$eqg2 := \frac{d}{dt}y(t) = 28x(t) - y(y) - x(t)z(t)$$

```
> eqh2 := diff(z(t), t) = x(t) * y(t) - 8 * z(t)/3;
```

$$eqh2 := \frac{d}{dt}z(t) = x(t)y(y) - \frac{8}{3}z(t)$$

```
> ansa2 := dsolve({eqf2, eqg2, eqh2, x(0) = -8, y(0) = 8, z(0) = 27}, { x(t), y(t), z(t)}, numeric);
```

ansa2 := proc(x_rkf45)... end proc

此时得到的解是一个过程，由它可以求出 t 点所对应的 x,y,z 的值，例如 $t=0,1,2$ 的值分别为

```
> ansa2(0);
```

$$[t=0, x(t)=-8, y(t)=8, z(t)=27]$$

```
> ansa2(1);
```

$$[t=1, x(t)=9.05710676698335072, y(t)=14.5589007867787058, z(t)=18.4151467282001100]$$

```
> ansa2(2);
```

$$[t=2, x(t)=13.5638544012068074, y(t)=5.54748445161827420, z(t)=40.5572603653252202]$$

通常我们用图形的方式表示微分方程的解，此时我们需要 plots 程序包中的 odeplot 过程。

```
> odeplot(ansa2, [t, x(t)], 0 ..20, color=blue);
> odeplot(ansa2, [t, y(t)], 0 ..20, color= red);
> odeplot(ansa2, [t, z(t)], 0 ..20, color= green);
> odeplot(ansa2, [ x(t), y(t), z(t)], 0 ..20, numpoints=600);
```

所绘制的图像如图 10.28～图 10.32 所示。

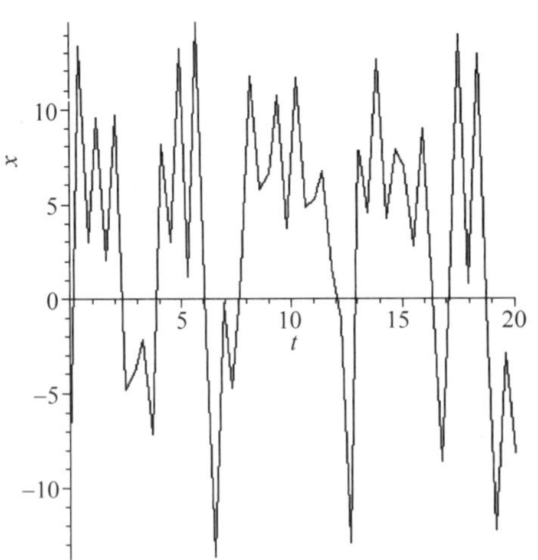

图 10.28　$x(t)$的图像

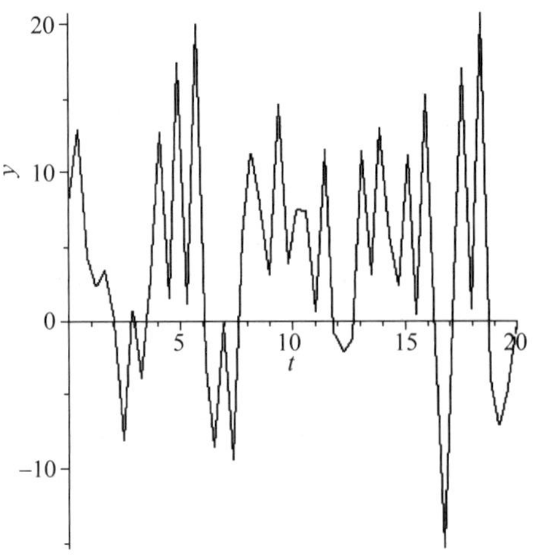

图 10.29　$y(t)$的图像

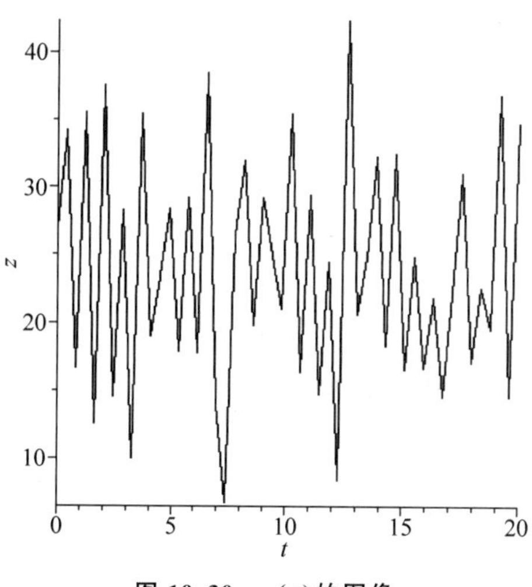

图 10.30 $z(t)$的图像

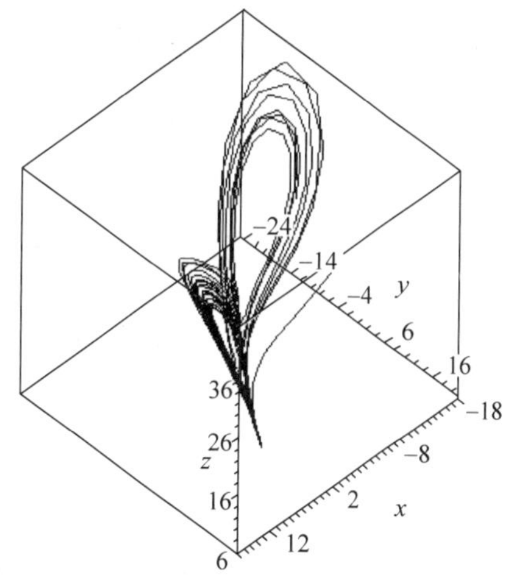

图 10.31 方程组的相图

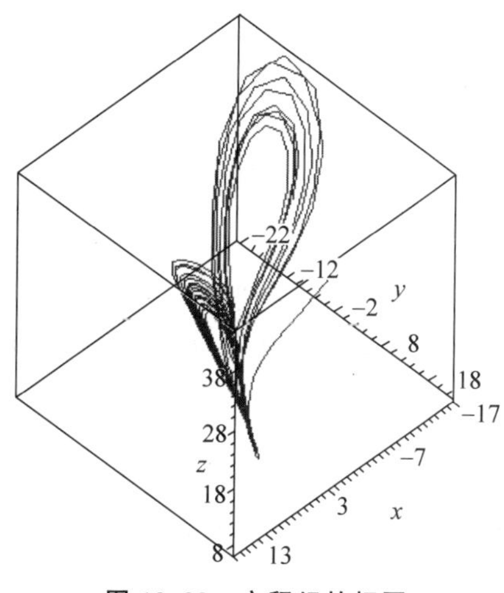

图 10.32 方程组的相图

Maple 提供了两类图形命令可以表示微分方程的解。第一类命令就是我们上面所用到的来自于 plots 程序包的 odeplot 命令，它可以用可视化的方式表达微分方程的数值解。第二类命令来自于 DEtools 程序包，这类命令不需要解出微分方程就可以给出它的相位场或相位曲线，由这些图形我们可以研究微分方程的基本特征。

```
> DEplot3d([eqf2, eqg2, eqh2], [x(t), y(t), z(t)], t=0..20, [[x(0)=-8, y(0)=8, z(0)=
27]], linecolor =blue, thickness=1, numpoints=600);
```

注 用 rk4sys3 程序求解本例时，只在区间[0,2]使用了该程序。由于本例较复杂，且 rk4sys3 使用的是四阶方法，精度较低，经计算，若在较大区间使用该程序，则误差很大。当用 dsolve 求解时，默认的是用的 Fehlberg 的 4～5 阶 Runge-Kutta 算法，且采用变步长方法，所以它的精度较高。

10.9.2 高阶微分方程的数值解法

m 阶微分方程初值问题

$$\begin{cases} y^{(m)}=f(x,y,y',\cdots,y^{(m-1)}), \quad a \leqslant x \leqslant b \\ y(a)=\alpha_1, \quad y'(a)=\alpha_2,\cdots,y^{(m-1)}(a)=\alpha_m \end{cases} \tag{10.33}$$

可化为一阶微分方程组的初值问题。令

$$y_1=y, \quad y_2=y',\cdots,y_m=y^{(m-1)}$$

则问题(10.33)化为关于 $y_1,y_2,\cdots,y_m$ 的一阶微分方程组的初值问题

$$\begin{cases} y'_1=y_2 \\ y'_2=y_3 \\ \vdots \\ y'_{m-1}=y_m \\ y'_m=f(x,y_1,y_2,\cdots,y_m) \end{cases} \tag{10.34}$$

式中,$a\leqslant x\leqslant b$,$y_1(a)=\alpha_1$,$y_2(a)=\alpha_2$,$\cdots$,$y_m(a)=\alpha_m$。

例 10.16 求解 Van der Pol 微分方程 $y''-(1-y^2)y'+y=0$,$y(0)=-3$,$y'(0)=-0.1$。

解 令 $z=y'$则原微分方程化为微分方程组

$$\begin{cases} y'=z \\ z'=(1-y^2)z-y \end{cases}$$

法一 先建立微分方程右端的函数,然后用 rk4sys2 程序求解。

```
> eqf:=(t, y, z)->z:
eqg:=(t, y, z)->(1-y^2)*z-y:
> ansq:=rk4sys2([eqf, eqg], 0, 15, [0, -0.1], 0.05):
> plot(ansq[1], 0..15, color= red, legend='图形 y(t)');
```

所绘制的图像如图 10.33 所示。

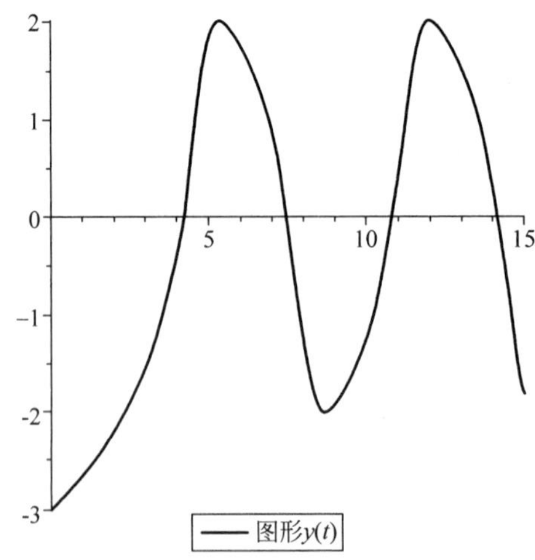

图 10.33 图像 $y(t)$的图像

法二 用 Maple 的 dsolve 求数值解(注：dsolve 无法求出本例的符号解)。

```
> eqn:=diff(y(t), t$2)-(1-y(t)^2)*diff(y(t), t)+y(t);
> init:=y(0)=-3, D(y)(0)=-0.1;
> soln:=dsolve({eqn, init}, y(t), type=numeric);
```

$$\mathrm{eqn} := \frac{\mathrm{d}^2}{\mathrm{d}t^2}y(t) - (1 - y(t)^2)\left(\frac{\mathrm{d}}{\mathrm{d}t}y(t)\right) + y(t)$$

$$\mathrm{init} := y(0) = -3, \quad D(y)(0) = -0.1$$

$$\mathrm{Soln} := \mathrm{proc}(\mathrm{x\_rkf45})\ldots\ \mathrm{end\ proc}$$

用 plots 程序包中的过程 odeplot 画出微分方程解的图形。

```
> odeplot(soln, [t, y(t)], 0..15); #与图 10.33 基本相同,略去 ;
```

我们可求任意 t 点所对应的 y,z 的值,例如 $t=1,1.05,15$ 的值为

```
> soln(1);
```

$$\left[t=1, y(t)=-2.66796101350963476, \frac{\mathrm{d}}{\mathrm{d}t}y(t)=0.422750151896862492\right]$$

```
> soln(1.05);
```

$$\left[t=1.05, y(t)=-2.64672085575193262, \frac{\mathrm{d}}{\mathrm{d}t}(y(t)=0.426870876535489884\right]$$

```
> soln(15);
```

$$\left[t=15, y(t)=-1.83021697557886798, \frac{\mathrm{d}}{\mathrm{d}t}y(t)=-1.16946882323850310\right]$$

用 rk4sys2 程序求得 $y(t)$的值为

$$[1.00,-2.667962001],[1.05,-2.646721866],[15.00,-1.830203553]$$

用 rk4sys2 程序求得 $y'(t)$的值为

$$[1.00,0.4227496016],[1.05,0.4268703972],[15.00,-1.169514028]$$

我们也可用 DEtools 程序包中的 DEplot 画出微分方程解的图像。

```
> DEplot(eqn, y(t), t=0..15, [[y(0)=-3, D(y)(0)=-0.1]], linecolor =red, thickness=1,
numpoints=500); #与图 10.33 基本相同,略去.
```

第11章 常微分方程边值问题的数值解法

二阶微分方程

$$y''=f(x,y,y'),\quad a\leqslant x\leqslant b,-\infty<y<+\infty \tag{11.1}$$

的两点边值问题,简称边值问题,其边值条件有下面三类:

第一边界条件:

$$y(a)=\alpha,\quad y(b)=\beta \tag{11.2}$$

第二边界条件:

$$y'(a)=\alpha,\quad y'(b)=\beta \tag{11.3}$$

第三边界条件:

$$y'(a)-\alpha_0 y(a)=\alpha_1,\quad y'(b)+\beta_0 y(b)=\beta_1 \tag{11.4}$$

其中 $\alpha_0\geqslant 0,\beta_0\geqslant 0,\alpha_0+\beta_0>0$。

我们分别称它们为第一、第二和第三边界问题。

11.1 打靶法

11.1.1 线性边值问题的打靶法

对于线性边值问题

$$y''=p(x)y'+q(x)y+r(x),\quad a\leqslant x\leqslant b \tag{11.5}$$

$$y(a)=\alpha,\quad y(b)=\beta \tag{11.6}$$

考虑两个初值问题:

$$y_1''=p(x)y_1'+q(x)y_1+r(x),\quad a\leqslant x\leqslant b \tag{11.7}$$

$$y_1(a)=\alpha,\quad y_1'(a)=0 \tag{11.8}$$

以及

$$y_2''=p(x)y_2'+q(x)y_2,\quad a\leqslant x\leqslant b \tag{11.9}$$

$$y_2(a)=0,\quad y_2'(a)=1 \tag{11.10}$$

设 y_1 是初值问题(11.7)和问题(11.8)的解,设 y_2 是初值问题(11.9)~(11.10)的解,并设 $y_2(b)\neq 0$,则边值问题(11.5)~(11.6)的解为

$$y(x)=y_1(x)+\frac{\beta-y_1(b)}{y_2(b)}y_2(x) \tag{11.11}$$

1. 功能

求解边值问题(11.5)~(11.6)的数值解。

2. 计算方法

用四阶 Runge-Kutta 方法分别求得初值问题(11.7)～(11.8)的解 $y_1(x)$和初值问题(11.9)和问题(11.10)的解 $y_2(x)$，然后利用式(11.11)得到边值问题(11.5)～(11.6)的数值解，这就是线性边值问题的打靶法。

3. 使用说明

shootlin：=proc(fun$_1$，fun$_2$，*a*，*b*，alpha，beta，*h*)

式中，fun_1，fun_2 分别是初值问题(11.7)～(11.8)和初值问题(11.9)～(11.10)的一阶微分方程组，用 M-文件定义；a，b 为自变量的左右端点；alpha，beta 为初始值；h 为步长。程序输出为解的近似值。

4. Maple 程序

```
> with(plots):
> with(DEtools):
> shootlin :=proc(fun1, fun2, a, b, alpha, beta, h)
local k, N, Za, T, U, V, S, Z, W;
N :=ceil((b-a)/h);
Za :=[alpha, 0];
Z :=rk4sys2(fun1, a, b, Za, h);
T :=Z[1][..,1];
U :=Z[1][..,2];
# 解微分方程组 fun2;
Za :=[0, 1];
Z :=rk4sys2(fun2, a, b, Za, h);
V :=Z[1][..,2];
#求边值问题的解;
W :=U+(beta-U[N+1]) * V/V[N+1];
S :=[a, alpha];
for k from 1 to N do
        S := S, [T[k+1], W[k+1]];
    printf("%12.10f    %12.10f \n", T[k+1], W[k+1]);
end do;
return S;
end:
> rk4sys2 :=proc(fun::[procedure, procedure], a, b, alpha, h)
local j, K1, K2, K3, K4, L1, L2, L3, L4, ulist, vlist, t0, t, u,v, N;
N :=ceil((b-a)/h);
t0 :=a;
u := alpha[1];
v := alpha[2];
ulist := [t0, u];
vlist := [t0, v];
t :=t0;
for j from 1 to N do
        K1 :=evalf(h * fun[1](t, u, v));
        L1 :=evalf(h * fun[2](t, u, v));
        K2 :=evalf(h * fun[1](t+h/2, u+K1/2, v+L1/2));
        L2 := evalf(h * fun[2](t+h/2, u+K1/2, v+L1/2));
        K3 :=evalf(h * fun[1](t+h/2, u+K2/2, v+L2/2));
```

```
        L3:=evalf(h*fun[2](t+h/2, u+K2/2, v+L2/2));
        K4:=evalf(h*fun[1](t+h, u+K3, v+L3));
        L4:=evalf(h*fun[2](t+h, u+K3, v+L3));
        u:=evalf(u+(K1+2*K2+2*K3+K4)/6);
        v:=evalf(v+(L1+2*L2+2*L3+L4)/6);
        t:=t0+j*h;
        ulist:=ulist, [t, u];
        vlist:=vlist, [t, v];
    od;
return [ulist], [vlist];
end:
```

例 11.1　用线性边值问题的打靶法求解 $y''(x)=y'(x)-y(x)-2\sin x$，$y(0)=5$，$y(2)=-10$。

解　先将二阶微分方程写为两个微分方程组，然后调用程序 shootlin 计算。

```
> f1:=(x, y, z)->z:
g1:=(x, y, z)->z-y+3*exp(2*x)-2*sin(x):
> f2:=(x, y, z)->z:
g2:=(x, y, z)->z-y:
> soln:=shootlin([f1, g1], [f2, g2], 0, 2, 5, -10, 0.1):
```

0.1000000000	3.3866467280
0.2000000000	1.6045177390
0.3000000000	−0.3389464710
0.4000000000	−2.4318953760
0.5000000000	−4.6572902290
0.6000000000	−6.9920065000
0.7000000000	−9.4057934530
0.8000000000	−11.8600619800
0.9000000000	−14.3064648400
1.0000000000	−16.6852252400
1.1000000000	−18.9231593200
1.2000000000	−20.9313254700
1.3000000000	−22.6022180100
1.4000000000	−23.8064035100
1.5000000000	−24.3884752200
1.6000000000	−24.1621721300
1.7000000000	−22.9044745300
1.8000000000	−20.3484453600
1.9000000000	−16.1745345900
2.0000000000	−10.0000000100

绘图程序如下，所得图像如图 11.1 所示。

```
> plot([soln], x=0..2, color=red, legend="打靶法求得的数值解");
```

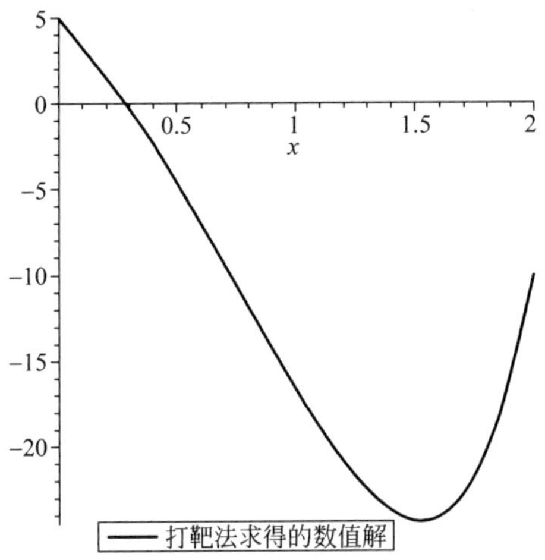

图 11.1 求得的函数图像

11.1.2 非线性边值问题的打靶法

解二阶微分方程的边值问题：

$$\begin{cases} y''=f(x,y,y'), & a\leqslant x\leqslant b, -\infty<y<+\infty, \\ y(a)=\alpha, & y(b)=\beta。\end{cases} \tag{11.12}$$

的打靶法的基本思想是把边值问题化为初值问题来解。具体做法是通过反复调整初始时的斜率 $y'(a)=t$ 的值，使初值问题

$$\begin{cases} y''=f(x,y,y') \\ y(a)=\alpha, \quad y'(a)=t \end{cases} \tag{11.13}$$

的解 $y(x,t)$ 在 $x=b$ 的值 $y(b,t)$ 满足

$$y(b,t)=\beta \quad 或 \quad |y(b,t)-\beta|<\varepsilon$$

其中 ε 为允许的误差界。这样，我们把 $y(b,t)$ 作为边值问题(11.12)的(近似)解。

要想成功地运用打靶法，就要求 $\lim\limits_{k\to\infty}y(b,t_k)=y(b)=\beta$。实际上，$\{t_k\}$ 可以看成非线性方程 $y(b,t)-\beta=0$ 的近似解序列。若用割线法解此非线性方程，则 t_k 的选取需按式(11.14)计算。选取初值 t_0,t_1，则计算

$$t_k=t_{k-1}-\frac{(y(b,t_{k-1})-\beta)(t_{k-1}-t_{k-2})}{y(b,t_{k-1})-y(b,t_{k-2})}, \quad k=2,3,\cdots \tag{11.14}$$

直到 $|y(b,t_k)-\beta|<\varepsilon$ 为止，其中 ε 为允许的误差界。

1. 功能

求解边值问题(11.12)的数值解。

2. 计算方法

给定初值 t_0，误差限 tol，最大迭代次数 $n_{\max}$。

(1) 取 $t=t_0$，用四阶 Runge-Kutta 方法求得初值问题(11.13)的解 $y(x,t_0)$。若 $|y(b,t_0)-\beta|<\varepsilon$，则 $y(x,t_0)$ 作为边值问题(11.12)的解。

(2) 令 $t=t_1=\dfrac{\beta}{y(b,t_0)}t_0$，用四阶 Runge-Kutta 方法求得初值问题(11.13)的解 $y(x,t_1)$。若 $|y(b,t_1)-\beta|<\varepsilon$，则 $y(x,t_1)$作为边值问题(11.12)的解。

(3) 对 $k=2,3,\cdots,n_{\max}$，按式(11.14)计算 t_k。用四阶 Runge-Kutta 方法求得初值问题(11.13)的解 $y(x,t_k)$。若 $|y(b,t_k)-\beta|<\varepsilon$，则 $y(x,t_k)$作为边值问题(11.12)的解。

3. 使用说明

shtnlin：=proc(fun, a, b, alpha, beta, h, t_0, tol, $n_{\max}$)

式中，fun 是初值问题(11.12)的二阶微分方程，用函数定义；a，b 为自变量的左右端点；alpha，beta 为初始值；h 为步长；t_0 为给定的初值；tol 为误差限，默认 tol$=10^{-8}$；$n_{\max}$ 为最大迭代次数，默认 $n_{\max}=20$。程序输出为解的近似值。

4. Maple 程序

```
> shtnlin := proc(fun, a, b, alpha, beta, h, t0, tol, nmax)
local tt0, tol1, nmax1, bdc, s, s1, z1, s2, z2, t1, t, k, N;
N := ceil((b-a)/h);
if nargs < 9 then
      nmax1 := 20;
   else
      nmax1 := nmax;
end if;
if nargs < 8 then
     tol1 := 1e-8;
   else
     tol1 := tol;
end if;
if nargs < 7 then
     tt0 := (beta-alpha)/(b-a);
   else
     tt0 := t0;
end if;
bdc := [alpha, tt0];
s1 := rk4sys2(fun, a, b, bdc, h); # 调用程序 rk4sys2,参见 11.1.1
z1 := s1[1][N+1, 2];
if abs(z1-beta)< tol1 then
    s := s1;
     break;
end if;
t1 := beta/z1 * tt0;
bdc := [alpha, t1];
s2 := rk4sys2(fun, a, b, bdc, h);
z2 := s2[1][N+1, 2];
if abs(z2-beta)< tol1 then
      s := s2;
      break;
end if;
for k from 2 to nmax1 do
         t := t1-(z2-beta) * (t1-tt0)/(z2-z1);
         bdc := [alpha, t];
```

```
        s2 := rk4sys2(fun, a, b, bdc, h);
        z2 := s2[1][N+1,2];
if abs(z2-beta)< tol1 then
         s := s2;
        break;
end if;
  tt0 := t1;
  t1 := t;
end do;
s := s2;
return s;
end:
```

例 11.2 用非线性线性边值问题的打靶法求解 $y''(t)=\frac{1}{t}y'+\frac{2}{y}y'$，$y(1)=4$，$y(2)=8$。

解 先将二阶微分方程写为微分方程组(令 $z=y'$)，然后调用程序 shtnlin 计算。

```
> ff := (t, y, z) -> z :
gg := (t, y, z) -> z/t+2 * z/y :
> Q := shtnlin([ff, gg], 1, 2, 4, 8, 0.1, 2);
Q  := [[[1, 4], [1.1, 4.227957070], [1.2, 4.489700351], [1.3, 4.787147389], [1.4, 5.122080555],
[1.5, 5.496135031], [1.6, 5.910793387], [1.7, 6.367385876], [1.8, 6.867095327],
[1.9, 7.410965391], [2.0, 7.999910980]], [[1, 2.117336725], [1.1, 2.445203804],
[1.2, 2.792864919], [1.3, 3.159051518], [1.4, 3.542340308], [1.5, 3.941221850],
[1.6, 4.354162812], [1.7, 4.779657879], [1.8, 5.216269464], [1.9, 5.662655203],
[2.0, 6.117584501]]
```

绘图程序如下，所得的图像如图 11.2 所示。

```
> plot(Q[1], 1..2, color=red, legend="非线性打靶法求得的数值解");
```

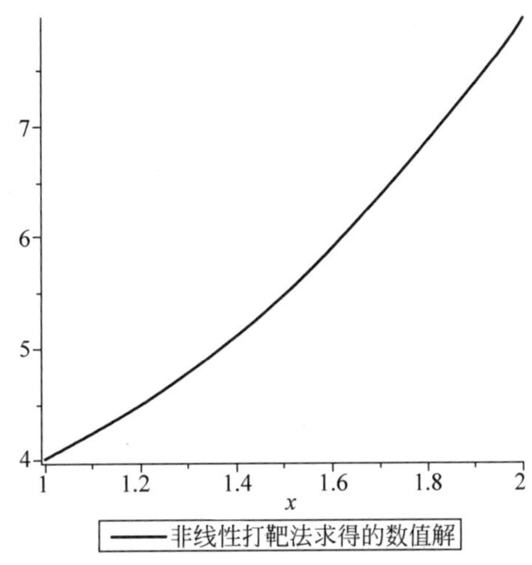

图 11.2 求得的函数图像

若用程序 dsolve 求解，则有

```
> qq2 := diff(y(t), t, t) - diff(y(t), t)/t - 2 * (diff(y(t), t))/y(t);
```

$$qq2 := \frac{d^2}{dt^2}y(t) - \frac{\frac{d}{dt}y(t)}{t} - \frac{2\frac{d}{dt}y(t)}{y(t)}$$

```
> Ya2 := dsolve({qq2, y(1)=4, y(2)=8}, y(t), numeric);
```

Ya2 := proc(x_bvp)... end proc

```
> Ya2(1.9);
```

$$\left[t = 1.9, y(t) = 7.41104193841534542, \frac{d}{dt}y(t) = 5.66277579598470470\right]$$

用 shtnlin 求得的 $y(x)$ 和 $y'(x)$ 在 $x=1.9$ 处的值分别为 7.410965391，5.662655203。与程序 dsolve 求得的值相比有些误差，程序 shtnlin 的精度稍差一些。而且打靶法所求得的结果与初值 t_0 有密切的联系，甚至无法求出某些例子的近似结果。这里只是讲述常微分方程初值问题的处理方法，有些方法对一些问题不一定适用。

11.2　有限差分法

差分法是以差商代替导数，从而把微分方程离散化为一个差分方程组，然后以此方程组的解作为微分方程边值问题的近似解的一种求解方法。它是解微分方程边值问题的一种基本数值方法。

11.2.1　线性边值问题的差分方法

考虑第一边值问题(11.5)～(11.6)。将区间 $[a,b]$ N 等分，令 $x_n=a+nh$，$h=(b-a)/N$，$n=0,1,\cdots,N$。设 $y(x)$ 是第一边值问题的解，把 $y(x_{n+1})$ 和 $y(x_{n-1})$ 在 x_n 按 Taylor 公式展开，略去余项就可得到解边值问题(11.5)～(11.6)截断误差为 $O(h^2)$ 的差分方程组：

$$\begin{cases} y_0=\alpha \\ \dfrac{y_{n+1}-2y_n+y_{n-1}}{h^2}-p(x_n)\dfrac{y_{n+1}-y_{n-1}}{h^2}-q(x_n)y_n=r(x_n) \\ y_N=\beta \end{cases} \tag{11.15}$$

其中 $y_n(n=1,\cdots,N-1)$ 是 $y(x_n)$ 的近似值，方程组写成矩阵形式为

$$\boldsymbol{A}\boldsymbol{y}=\boldsymbol{b} \tag{11.16}$$

其中

$$\boldsymbol{y}=\begin{pmatrix} y_1 \\ y_2 \\ \vdots \\ y_{N-1} \end{pmatrix},\quad \boldsymbol{b}=\begin{pmatrix} -h^2r(x_1)+\left(1+\dfrac{h}{2}p(x_1)\right)\alpha \\ -h^2r(x_2) \\ \vdots \\ -h^2r(x_{N-2}) \\ -h^2r(x_{N-1})+\left(1-\dfrac{h}{2}p(x_{N-1})\right)\beta \end{pmatrix}$$

$$
\boldsymbol{A}=\begin{pmatrix}
2+h^2q(x_1) & -1+\frac{h}{2}p(x_1) & & & \\
-1-\frac{h}{2}p(x_2) & 2+h^2q(x_2) & -1+\frac{h}{2}p(x_2) & & \\
 & \ddots & \ddots & \ddots & \\
 & & -1-\frac{h}{2}p(x_{N-2}) & 2+h^2q(x_{N-2}) & -1+\frac{h}{2}p(x_{N-2}) \\
 & & & -1-\frac{h}{2}p(x_{N-1}) & 2+h^2q(x_{N-1})
\end{pmatrix}
$$

1. 功能

求解边值问题(11.5),(11.6)的数值解。

2. 计算方法

求解方程组(11.16)得到边值问题(11.5),(11.6)的数值解。

3. 使用说明

findiff:=proc($\mathbf{fun_1}$,$\mathbf{fun_2}$,$\mathbf{fun_3}$,$\boldsymbol{a}$,$\boldsymbol{b}$,alpha,beta,$\boldsymbol{N}$)

式中,fun_1,fun_2,fun_3 分别是初值问题(11.5)的 $p(x)$,$q(x)$和 $r(x)$,需要用函数定义;a,b 分别为自变量的左右端点;alpha,beta 为初始值;N 为区间等分数。程序输出为解的近似值。

4. Maple 程序

```
> findiff:=proc(fun1, fun2, fun3, a, b, alpha, beta, N)
local i, g, h, x, q, v, r, f, c, d, x0, w, ww, s;
h:=(b-a)/N;
g:=Vector(N-1);
d:=Vector(N-1);
f:=Vector(N-2);
c:=Vector(N-2);
for i from 1 to N-1 do
    x[i]:=a+i*h;
    q[i]:=evalf(fun2(x[i]), 20);
    v[i]:=evalf(fun3(x[i]), 20);
    r[i]:=evalf(fun1(x[i]), 20);
    g[i]:=2+q[i]*h^2;
end do;
for i from 1 to N-2 do
f[i]:=-1-h*r[i+1]/2;
c[i]:=-1+h*r[i]/2;
end do;
d[1]:=-v[1]*h^2+alpha*(1+h*r[1]/2);
d[N-1]:=-v[N-1]*h^2+beta*(1-h*r[N-1]/2);
for i from 2 to N-2 do
    d[i]:=-v[i]*h^2;
end do;
w:=tridi(f, g, c, d); #追赶法解三对角方程组
s:=[a, alpha];
for i from 1 to N-1 do
```

```
        x0[i] :=a+i*h;
        s :=s, [x0[i], w[i]];
      printf("%12.10f   %12.10f \n", x0[i], w[i]);
end do;
return s;
end:
> tridi := proc(a, b, c, d) #追赶法解三对角方程组
local i, x, n, t, L, U;
n :=LinearAlgebra[Dimension](b);
x :=Vector(n);
L :=Vector(n-1);
U :=Vector(n);
L[1] :=c[1]/b[1];
for i from 2 to n-1 do
        L[i] :=c[i]/(b[i]-a[i-1] * L[i-1]);
end do;
U[1] :=d[1]/b[1];
for i from 2 to n do
        U[i] :=(d[i]-a[i-1] * U[i-1])/(b[i]-a[i-1] * L[i-1]);
end do;
 x[n] :=U[n];
for i from n-1 by -1 to 1 do
         x[i] :=U[i]-L[i] * x[i+1];
end do;
return x;
end:
```

例 11.3　求解边值问题 $y''=-\dfrac{2}{x}y'+\dfrac{2}{x^2}y+\dfrac{\sin(\ln x)}{x^2}, 1\leqslant x\leqslant 2, y(1)=1, y(2)=2$。

解　建立函数 $p(x), q(x), r(x)$，代入程序 findiff 计算 $y_i(i=1,2,\cdots,N-1)$，并将部分计算结果填入表 11.1(全部数据结果在可执行程序后看到)。

```
> fun1 :=x->-2/x:
fun2 :=x-> 2/x^2:
fun3 :=x-> sin(ln(x))/x^2:
> findiff(fun1, fun2, fun3, 1, 2, 1, 2, 20):
```

建立微分方程，然后用 dsolve 求解析解。

```
> qua := diff(y(x), x, x) +2 * diff(y(x), x)/x-2 * y(x)/x^2-sin(ln(x))/x^2=0;
```

$$\text{qua} := \frac{d^2}{dx^2}y(x)+\frac{2\left(\frac{d}{d(x)}y(x)\right)}{x}-\frac{2y(x)}{x^2}-\frac{\sin(\ln(x))}{x^2}=0$$

```
> Y :=dsolve({qua, y(1)=1, y(2)=2}, y(x));
```

$$Y := y(x)=x\left(\frac{13}{14}+\frac{4}{35}\cos\left(\frac{1}{2}\ln(2)\right)^2+\frac{12}{35}\sin\left(\frac{1}{2}\ln(2)\right)\cos\left(\frac{1}{2}\ln(2)\right)\right)+$$
$$\frac{1}{x^2}\left(\frac{6}{35}-\frac{4}{35}\cos\left(\frac{1}{2}\ln(2)\right)^2-\frac{12}{35}\sin\left(\frac{1}{2}\ln(2)\right)\cos\left(\frac{1}{2}\ln(2)\right)\right)-$$

$$\frac{1}{5}\cos\left(\frac{1}{2}\ln(x)\right)^2-\frac{3}{5}\sin\left(\frac{1}{2}\ln(x)\right)\cos\left(\frac{1}{2}\ln(x)\right)+\frac{1}{10}$$

求解析解在节点处的函数值 $y(x_i)(i=1,2,\cdots,19)$，并将部分计算结果填入表 11.1(全部数据结果在可执行程序后看到)。

```
> for i from 1 to 19 do
evalf(eval(Y, x=1+0.05 * i));
end do;
```

表 11.1 部分计算结果

x_i	$y_i(h=0.05)$	$y(x_i)$	$\|y(x_i)-y_i\|$
1.0	1	1	0
1.1	1.0926220700	1.092629297	7.2270×10^{-6}
1.2	1.1870743690	1.187084841	1.0472×10^{-5}
1.3	1.2833709480	1.283382365	1.1417×10^{-5}
1.4	1.3814349400	1.381445951	1.1011×10^{-5}
1.5	1.4811495990	1.481159416	9.8170×10^{-6}
1.6	1.5823842970	1.582392463	8.1660×10^{-6}
1.7	1.6850077090	1.685013962	6.2530×10^{-6}
1.8	1.7888943270	1.788898535	4.2080×10^{-6}
1.9	1.8939273990	1.893929509	2.1100×10^{-6}
2.0	2	2	0

11.2.2 非线性边值问题的差分方法

1. 功能

求解边值问题(11.1)～(11.2)的数值解。

2. 计算方法

设 $y(x)$ 是第一边值问题的解，把 $y(x_{n+1})$ 和 $y(x_{n-1})$ 在 x_n 按 Taylor 公式展开，略去余项就可得到解边值问题(11.1)～(11.2)的差分方程组：

$$\begin{cases}y_0=\alpha\\ \dfrac{y_{n+1}-2y_n+y_{n-1}}{h^2}-f\left(x_n,y_n,\dfrac{y_{n+1}-y_{n-1}}{2h}\right)=0, \quad n=1,2,\cdots,N-1\\ y_N=\beta\end{cases}\tag{11.17}$$

解方程组(11.17)可以选用解非线性方程组的牛顿法。将方程组(11.17)中的 $y_0=\alpha,y_N=\beta$ 代入 $n=1,n=N-1$ 的方程中，未知数写成向量 $\boldsymbol{y}=(y_1,\cdots,y_{N-1})^{\mathrm{T}}$，则牛顿法的迭代公式为

$$\boldsymbol{y}^{(k)}=\boldsymbol{y}^{(k-1)}-\boldsymbol{J}(\boldsymbol{y}^{(k-1)})^{-1}\boldsymbol{F}(\boldsymbol{y}^{(k-1)})\tag{11.18}$$

其中，$\boldsymbol{J}(\boldsymbol{y})$ 是方程组左端函数的 Jacobi 矩阵，可写成一个三对角矩阵，其第 i 行第 j 列的元素为

$$\boldsymbol{J}(\boldsymbol{y})_{ij}=\begin{cases}-1+\dfrac{h}{2}f_{y'}\left(x_i,y_i,\dfrac{y_{i+1}-y_{i-1}}{2h}\right), & i=j-1;\ j=2,3,\cdots,N-1\\ 2+h^2f_y\left(x_i,y_i,\dfrac{y_{i+1}-y_{i-1}}{2h}\right), & i=j;\ j=1,2,\cdots,N-1\\ -1-\dfrac{h}{2}f_{y'}\left(x_i,y_i,\dfrac{y_{i+1}-y_{i-1}}{2h}\right), & i=j+1;\ j=1,2,\cdots,N-2\end{cases}$$

式中 $y_0=\alpha, y_N=\beta$。

每迭代一步要解的三对角方程组为

$$
\boldsymbol{J}(\boldsymbol{y})\begin{pmatrix} v_1 \\ v_2 \\ \vdots \\ v_{N-2} \\ v_{N-1} \end{pmatrix} = -\begin{pmatrix} 2y_1-y_2-\alpha+h^2 f\left(x_1, y_1, \dfrac{y_2-\alpha}{2h}\right) \\ -y_1+2y_2-y_3+h^2 f\left(x_2, y_2, \dfrac{y_3-y_1}{2h}\right) \\ \vdots \\ -y_{N-3}+2y_{N-2}-y_{N-1}+h^2 f\left(x_{N-2}, y_{N-2}, \dfrac{y_{N-1}-y_{N-3}}{2h}\right) \\ -y_{N-2}+2y_{N-1}-\beta+h^2 f\left(x_{N-1}, y_{N-1}, \dfrac{\beta-y_{N-2}}{2h}\right) \end{pmatrix}
$$

其中,系数矩阵和右端向量中的 y_i 均取为 $y_i^{(k-1)}$。解出 v_i 后,令 $y_i^{(k)}=y_i^{(k-1)}+v_i(i=1,2,\cdots,N-1)$,即完成一次迭代。

3. 使用说明

nonldiff :=proc(fun,*a*,*b*,alpha,beta,*N*,n_{max})

式中,fun 表示 $f(x,y,z)$,需要用表达式定义,z 表示 y 的导数 y';a,b 为自变量的左右端点;alpha,beta 为初始值;N 为区间$[a,b]$的等分数;n_{max} 为最大迭代次数。程序输出为解的近似值。

4. Maple 程序

```
> with(LinearAlgebra):
interface(rtablesize=infinity):
> nonldiff :=proc(fun, a, b, alpha, beta, N, nmax)
local h, j, k, w, fy, fdy, x1, t, d, g, c, v, x0, f, s;
g :=Vector(N-1);
d :=Vector(N-1);
f :=Vector(N-2);
c :=Vector(N-2);
w :=Vector(N-1);
v :=Vector(N-1);
h :=(b-a)/N;
for j from 1 to N-1 do
        w[j] :=alpha+j * h * (beta-alpha)/(b-a);
end do;
k :=1;
fy :=diff(fun, 'y');
fdy :=diff(fun, 'z');
while k<=nmax do
      x1 :=a+h;
      t :=(w[2]-alpha)/(2 * h);
    d[1] :=-(2 * w[1]-w[2]-alpha+h^2 * evalf(subs(x=x1, y=w[1], z= t, fun), 20));
    g[1] :=2+h^2 * evalf(subs(x=x1, y=w[1], z= t, fy), 20);
    c[1] :=-1+(h/2) * evalf(subs(x=x1, y=w[1], z=t, fdy), 20);
   for j from 2 to N-2 do
       x1 :=a+j * h;
       t :=(w[j+1]-w[j-1])/(2 * h);
```

```
            f[j-1] :=-1-(h/2) * evalf(subs(x=x1, y=w[j], z= t, fdy), 20);
            g[j] :=2+h^2 * evalf(subs(x=x1, y=w[j], z=t, fy), 20);
            c[j] :=-1+(h/2) * evalf(subs(x=x1, y=w[j], z= t, fdy), 20);
            d[j] :=-(2 * w[j]-w[j+1]-w[j-1]+h^2 * evalf(subs(x=x1, y=w[j], z=
t, fun), 20));
      end do;
          x1 :=b-h;
          t :=(beta-w[N-2])/(2 * h);
          f[N-2] :=-1-(h/2) * evalf(subs(x=x1, y=w[N-1], z=t, fdy), 20);
          g[N-1] :=2+h^2 * evalf(subs(x=x1, y=w[N-1], z=t, fy), 20);
          d[N-1] :=-(2 * w[N-1]-w[N-2]-beta+h^2 * evalf(subs(x=x1, y=w[N-1],
z=t, fun), 20));
          v :=tridi(f, g, c, d); #追赶法解三对角方程组,见 11.2.1;
          w :=w+v;
          k :=k+1;
end do;
s :=[a, alpha];
for j from 1 to N-1 do
        x0[j] :=a+j * h;
        s :=s, [x0[j], w[j]];
      printf("%12.10f       %12.10f \n",    x0[j], w[j]);
end do;
return s;
end:
```

例 11.4 求解边值问题 $y''=\frac{1}{8}(32+2x^3-yy'),1\leqslant x\leqslant 3,y(1)=17,y(3)=\frac{43}{3}$。

解 建立微分方程右端的函数 $f(x,y,z)$,然后代入程序计算 $y_i(i=1,2,\cdots,N-1)$。

```
> fun :=(32+2 * x^3-y * z)/8;
```

$$\text{fun} :=4+\frac{1}{4}x^3-\frac{1}{8}yz$$

```
> soln :=nonldiff(fun, 1, 3, 17, 43/3, 40, 10):
```

将部分计算结果填入表 11.2 的第二列(全部数据结果在可执行程序后看到)。

```
> plot([soln], x=1..3, legend="非线性差分法求得的数值解");
```

所绘制的图像如图 11.3 所示。建立微分方程,然后用 dsolve 求解(此例无法求得符号解,只能求出数值解)。

```
> qua1 := diff(y(x), x, x) +y(x) * diff(y(x), x)/8-x^3/4-4=0;
```

$$\text{qua}_1 :=\frac{d^2}{dx^2}y(x)+\frac{1}{8}y(x)\left(\frac{d}{dx}y(x)\right)-\frac{1}{4}x^3-4=0$$

```
> Y :=dsolve({qua1, y(1)=17, y(3)=43/3}, y(x), numeric);
```

$$Y :=\text{proc(x\_bvp)... end proc}$$

```
> for i from 1 to 39 do
Y(1+0.05 * i);
end do;
```

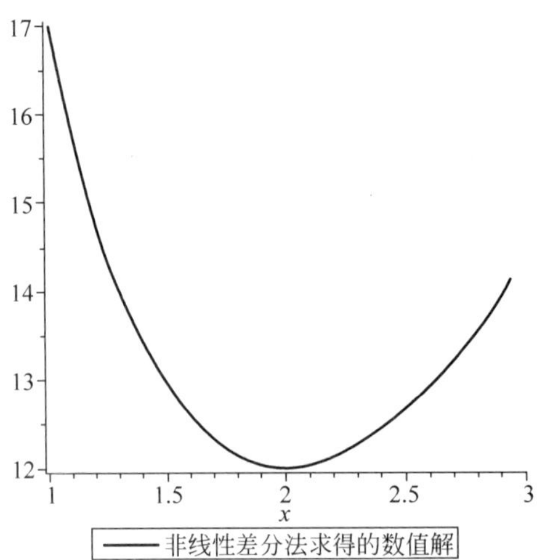

图 11.3　非线性差分法求得的数值解

用 dsolve 求得的解在节点处的值为 $y(x_i)(i=1,2,\cdots,39)$，将部分计算结果填入表 11.2 的第三列(全部数据结果在可执行程序后看到)。

表 11.2　部分计算结果

x_i	$y_i(h=0.05)$	$y(x_i)$	误差$\|y(x_i)-y_i\|$
1.0	17	17	0
1.1	15.7552172079	15.755454550535	2.3734×10^{-4}
1.2	14.7729360054	14.773333351386	3.9735×10^{-4}
1.3	13.9971899519	13.997692339765	5.0238×10^{-4}
1.4	13.3880042357	13.388571472223	5.6724×10^{-4}
1.5	12.9160647060	12.916666719503	6.0201×10^{-4}
1.6	12.5593861828	12.560000057556	6.1387×10^{-4}
1.7	12.3011566931	12.301764765143	6.0807×10^{-4}
1.8	12.1283004156	12.128888948717	5.8853×10^{-4}
1.9	12.0304943764	12.031052672062	5.5830×10^{-4}
2.0	11.9994801917	12.000000013720	5.1982×10^{-4}
2.1	12.0285725203	12.029047591836	4.7507×10^{-4}
2.2	12.1123014802	12.112727178571	4.2570×10^{-4}
2.3	12.2461484609	12.246521650026	3.7319×10^{-4}
2.4	12.4263478791	12.426666618754	3.1874×10^{-4}
2.5	12.6497366539	12.649999946641	2.6329×10^{-4}
2.6	12.9136382739	12.913846098413	2.0782×10^{-4}
2.7	13.2157727477	13.215925896398	1.5315×10^{-4}
2.8	13.5541857872	13.554285698373	9.9911×10^{-5}
2.9	13.9271926770	13.927241372529	4.8696×10^{-5}
3.0	14.333333333	14.33333333333	0

第12章 偏微分方程的数值解法

应用科学、物理、工程领域中的许多问题都可建立偏微分方程的数学模型。由于大多数偏微分方程的理论解很难得到或不能解析地表示出来，因而求其数值解就显得尤为重要。

数值求解偏微分方程定解问题的主要方法有两种：差分法和有限元法。它们的共同特点是将连续的偏微分方程进行离散化，从而用适当形式将其化为线性代数方程组，并通过求解线性代数方程组给出其数值解。本章主要讨论有限差分法，它是以函数的一阶导数和二阶导数的近似公式为基础的。

在本章我们考虑一般的二阶偏微分方程：

$$A\frac{\partial^2 u}{\partial x^2}+B\frac{\partial^2 u}{\partial x\partial y}+C\frac{\partial^2 u}{\partial y^2}=f\left(x,y,u,\frac{\partial u}{\partial x},\frac{\partial u}{\partial y}\right),\quad x_0\leqslant x\leqslant x_f,y_0\leqslant y\leqslant y_f \tag{12.1}$$

边界条件为

$$\begin{cases}u(x,y_0)=b_{y0}(x)\\u(x,y_f)=b_{yf}(x)\\u(x_0,y)=b_{x0}(y)\\u(x_f,y)=b_{xf}(y)\end{cases} \tag{12.2}$$

这些偏微分方程可分成三类：

① 如果 $B^2-4AC<0$，则方程称为椭圆型方程；

② 如果 $B^2-4AC=0$，则方程称为抛物型方程；

③ 如果 $B^2-4AC>0$，则方程称为双曲型方程。

12.1 椭圆型方程

常见的椭圆型偏微分方程包括 **Laplace 方程**、**Poisson 方程**和 **Helmholtz 方程**。**Helmholtz 方程**的形式为：

$$\frac{\partial^2 u}{\partial x^2}+\frac{\partial^2 u}{\partial y^2}+g(x,y)u(x,y)=f(x,y) \tag{12.3}$$

该方程定义在区域 $D=\{(x,y)|x_0\leqslant x\leqslant x_f,y_0\leqslant y\leqslant y_f\}$上，具有边界条件

$$\begin{cases} u(x,y_0)=b_{y0}(x) \\ u(x,y_f)=b_{yf}(x) \\ u(x_0,y)=b_{x0}(y) \\ u(x_f,y)=b_{xf}(y) \end{cases} \tag{12.4}$$

如果式(12.3)中的 $g(x,y)=0$,且 $f(x,y)=0$,则称式(12.3)为 Laplace 方程；如果式(12.3)中的 $g(x,y)=0$,则称式(12.3)为 Poisson 方程。

为了应用差分方法,将区域 D 分别沿 x 轴方向 M 等分,y 轴方向 N 等分,步长分别为 $\Delta x=(x_f-x_0)/M$,$\Delta y=(y_f-y_0)/N$,然后用三点二阶中心差分代替二阶导数,则可得

$$\left.\frac{\partial^2 u(x,y)}{\partial x^2}\right|_{x_j,y_i} \approx \frac{u_{i,j+1}-2u_{i,j}+u_{i,j-1}}{\Delta x^2}$$

$$\left.\frac{\partial^2 u(x,y)}{\partial y^2}\right|_{x_j,y_i} \approx \frac{u_{i+1,j}-2u_{i,j}+u_{i-1,j}}{\Delta y^2}$$

其中 $x_j=x_0+j\Delta x$,$y_i=y_0+i\Delta y$,$u_{i,j}=u(x_j,y_i)$。因此,对每个内点(x_j,y_i),$1\leqslant i\leqslant N-1$,$1\leqslant j\leqslant M-1$,我们可以得到差分方程

$$\frac{u_{i,j+1}-2u_{i,j}+u_{i,j-1}}{\Delta x^2}+\frac{u_{i+1,j}-2u_{i,j}+u_{i-1,j}}{\Delta y^2}+g_{i,j}u_{i,j}=f_{i,j} \tag{12.5}$$

其中 $u_{i,j}=u(x_j,y_i)$,$g_{i,j}=g(x_j,y_i)$,$f_{i,j}=f(x_j,y_i)$。为了采用迭代法,我们需将差分方程和边界条件改写成如下形式：

$$u_{i,j}=r_y(u_{i,j+1}+u_{i,j-1})+r_x(u_{i+1,j}+u_{i-1,j})+r_{xy}(g_{i,j}u_{i,j}-f_{i,j}) \tag{12.6}$$

$$u_{i,0}=b_{x0}(y_i),\quad u_{i,M}=b_{xf}(y_i),\quad u_{0,j}=b_{y0}(x_j),\quad u_{N,j}=b_{yf}(x_j) \tag{12.7}$$

其中

$$r_x=\frac{\Delta x^2}{2(\Delta x^2+\Delta y^2)},\quad r_y=\frac{\Delta y^2}{2(\Delta x^2+\Delta y^2)},\quad r_{xy}=\frac{\Delta x^2\Delta y^2}{2(\Delta x^2+\Delta y^2)} \tag{12.8}$$

可取边界值的平均值作为 $u_{i,j}$ 的初始值。

1. 功能

用差分法求解椭圆型偏微分方程(12.3)和方程(12.4)的数值解。

2. 计算方法

采用迭代法,用式(12.6)～式(12.8)求解。

3. 使用说明

helmtz：=proc(f,g,b_{x0},b_{xf},b_{y0},b_{yf},Dom,M,N,maxiter)

式中,f,g 及边界函数 b_{x0}、b_{xf}、b_{y0}、b_{yf} 需要用函数定义；M 为 x 轴方向的节点数；N 为 y 轴方向的节点数；tol 为容差；maxiter 为最大迭代次数。程序输出为解的近似值。

4. Maple 程序

```
> restart;
with(plots):
> helmtz:=proc(f, g, bx0, bxf, by0, byf, Dom, M, N, maxiter)
local x0, xf, y0, yf, dx, dy, data, xx, yy, m, n, bvaver, i, j, F, G, u, u0, itr, dx2, dy2, dxy2,
rx, ry, rxy;
x0:= Dom[1]; xf :=Dom[2]; y0:=Dom[3]; yf:=Dom[4];
```

```
dx := evalf((xf-x0)/M);
dy := evalf((yf-y0)/N);
xx := [seq(x0+j * dx, j=0..M)];
yy := [seq(y0+i * dy, i=0..N)];
# 边界条件;
for m from 1 to N+1 do
        u[m, 1] := evalf(bx0(yy[m]), 20);
        u[m, M+1] := evalf(bxf(yy[m]), 20);
end do; #左右边界;
for n from 1 to M+1 do
        u[1, n] := evalf(by0(xx[n]), 20);
        u[N+1, n] := evalf(byf(xx[n]), 20);
end do; #底/上边界;
bvaver := sum(u[i, 1], i=2..N)+sum(u[i, M+1], i=2..N)+sum(u[1, j], j=2..M)+
sum(u[ N+1, j], j=2..M); #边界的平均值作为初始值;
for j from 2 to M do
    for i from 2 to N do
        u[i, j] := bvaver/(2 * (M+N-2));
    end do;
end do;
for i from 1 to N do
     for j from 1 to M do
          F[i, j] := evalf(f (xx[j], yy[i]), 20);
          G[i, j] := evalf(g( xx[j], yy[i]), 20);
     end do;
end do;
dx2 := dx * dx; dy2 := dy * dy; dxy2 := 2 * (dx2+dy2);
rx := dx2/dxy2; ry := dy2/dxy2; rxy := rx * dy2;
for itr from 1 to maxiter do
   for j from 2 to M do
    for i from 2 to N do
    u[i, j] := evalf(ry * (u[i, j+1]+u[i, j-1])+rx * (u[i+1, j]+u[i-1, j]) +rxy * (G[i, j] *
u[i, j]- F[i, j]), 20);
    end do;
  end do;
end do;
data := [seq([seq([x0+(j-1) * dx, y0+(i-1) * dy, u[i, j]], i=2..N)], j=2..M)];
return data;
end:
```

例 12.1 求解在区域 $R=\{(x,y)\mid 0\leqslant x\leqslant 4, 0\leqslant y\leqslant 4\}$ 内的 Laplace 方程 $\nabla^2 u=0$ 的近似解,边界值为

$$u(0,y)=\mathrm{e}^y-\cos y$$

$$u(4,y)=\mathrm{e}^y\cos 4-\mathrm{e}^4\cos y$$

$$u(x,0)=\cos x-\mathrm{e}^x$$

$$u(x,4)=\mathrm{e}^4\cos x-\mathrm{e}^x\cos 4$$

解 建立函数 f,g 及边界函数 b_{x0} 等,然后代入程序计算。

```
> ff := (x, y)-> 0:
```

```
> gg := (x, y) -> 0:
> bx0 := y -> exp(y) - cos(y):
> bxf := y -> cos(4) * exp(y) - exp(4) * cos(y):
> by0 := x -> cos(x) - exp(x):
> byf := x -> exp(4) * cos(x) - cos(4) * exp(x):
> soln := helmtz(ff, gg, bx0, bxf, by0, byf, [0, 4, 0, 4], 20, 20, 100):
```

由于数据较多，此处只给出图形结果（如图 12.1 所示），执行 Maple 程序 helmtz 后可看到详细数据。

```
surfdata(soln, axes=frame);
```

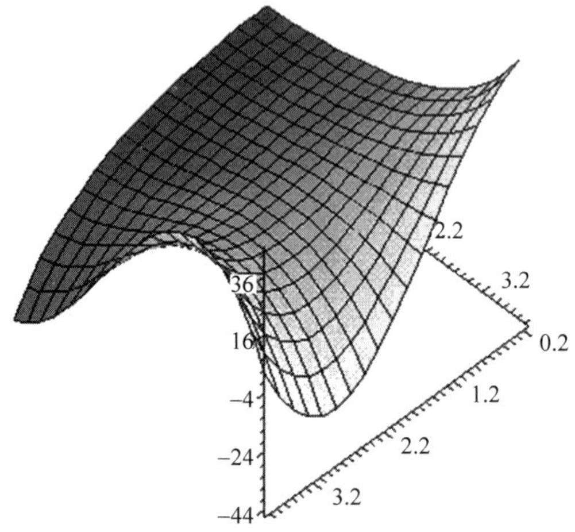

图 12.1　差分法求得的 $u=u(x,y)$

例 12.2　求解 Poisson 方程：

$$\frac{\partial^2 u}{\partial x^2}+\frac{\partial^2 u}{\partial y^2}=x\mathrm{e}^y,\quad 0<x<2,0<y<1,$$

边界条件为

$$u(0,y)=0,\quad u(2,y)=2\mathrm{e}^y,\quad 0\leqslant y\leqslant 1$$

$$u(x,0)=x,\quad u(x,1)=\mathrm{e}x,\quad 0\leqslant x\leqslant 2$$

解　建立函数 f,g 及边界函数 b_{x0} 等，取 $M=6,N=5$，然后代入程序计算。

```
> ff2 := (x, y) -> x * exp(y):
> gg2 := (x, y) -> 0:
> bx02 := y -> 0:
> bxf2 := y -> 2 * exp(y):
> by02 := x -> x:
> byf2 := x -> exp(1) * x;
> soln2 := helmtz(ff2, gg2, bx02, bxf2, by02, byf2, [0, 2, 0, 1], 6, 5, 50);
```

此方程的精确解为 $u(x,y)=x\mathrm{e}^y$，将上述程序计算的结果 $u_{i,j}$ 填入表 12.1，并与 $u(x_j,y_i)$ 比较，所得的结果详见表 12.1。

表 12.1 计算结果

x_j	y_i	$u_{i,j}$	$u(x_j,y_i)$	$\lvert u_{i,j}-u(x_j,y_i)\rvert$
0.333333	0.2	0.40726461566	0.4071342527	1.3036296×10^{-4}
0.333333	0.4	0.49748324363	0.4972748993	2.0834433×10^{-4}
0.333333	0.6	0.60759607824	0.6073729333	2.2314494×10^{-4}
0.333333	0.8	0.74200706422	0.7418469760	1.6008822×10^{-4}
0.666667	0.2	0.81452374765	0.8142685053	2.5524235×10^{-4}
0.666667	0.4	0.99495757248	0.9945497987	4.0777378×10^{-4}
0.666667	0.6	1.21518317540	1.214745867	4.3730840×10^{-4}
0.666667	0.8	1.48400853603	1.483693952	3.1458403×10^{-4}
1	0.2	1.22176620807	1.221402758	3.6345007×10^{-4}
1	0.4	1.49240472223	1.491824698	5.8002423×10^{-4}
1	0.6	1.82274271130	1.822118800	6.2391130×10^{-4}
1	0.8	2.22599270089	2.225540928	4.5177289×10^{-4}
1.333333	0.2	1.62896368501	1.628537011	4.2667401×10^{-4}
1.333333	0.4	1.98977830106	1.989099597	6.7870406×10^{-4}
1.333333	0.6	2.43022655925	2.429491733	7.3482625×10^{-4}
1.333333	0.8	2.96792825343	2.967387904	5.4034943×10^{-4}
1.666667	0.2	2.03604232162	2.035671263	3.7105862×10^{-4}
1.666667	0.4	2.48695838730	2.486374497	5.8389030×10^{-4}
1.666667	0.6	3.03750550133	3.036864667	6.4083433×10^{-4}
1.666667	0.8	3.70972406552	3.709234880	4.8918552×10^{-4}

```
> surfdata(soln2,axes=frame);
```

所求得函数的图像如图 12.2 所示。

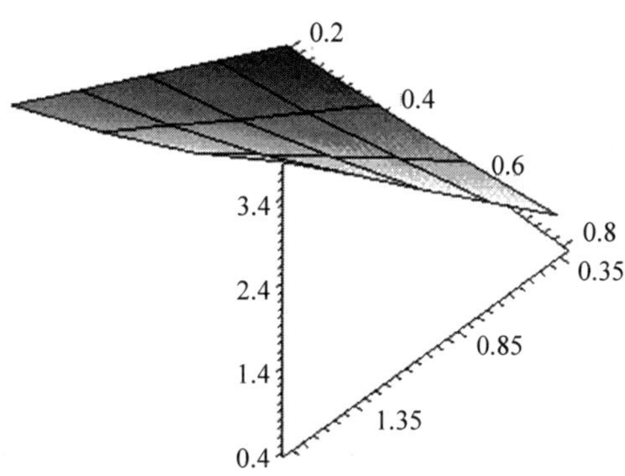

图 12.2 差分法求得的 $u=u(x,y)$

例 12.3 求解 Helmholtz 方程：$\frac{\partial^2 u(x,y)}{\partial x^2}+\frac{\partial^2 u(x,y)}{\partial y^2}+4\pi(x^2+y^2)u(x,y)=4\pi\cos(\pi(x^2+y^2)$，$0\leqslant x\leqslant1,0\leqslant y\leqslant1$，边界条件为

$$u(0,y)=\sin(\pi y^2),\quad u(1,y)=\sin(\pi(y^2+1))$$

$$u(x,0)=\sin(\pi x^2),\quad u(x,1)=\sin(\pi(x^2+1))$$

解 建立函数 f,g 及边界函数 b_{x0} 等，然后代入程序计算。

```
> ff3 := (x, y) -> 4 * Pi * cos(Pi * (x^2+y^2)):
> gg3 := (x, y) -> 4 * Pi * (x^2+y^2):
> bx03 := y-> sin(Pi * y^2):
> bxf3 := y-> sin(Pi * (y^2+1)):
> by03 := x-> sin(Pi * x^2):
> byf3 := x-> sin(Pi * (x^2+1)):
> soln3 := helmtz(ff3, gg3, bx03, bxf3, by03, byf3, [0, 1, 0, 1], 40, 40, 500):
```

由于数据较多，此处只给出图形结果(图 12.3)，执行 Maple 程序 helmtz 后可看到全部数据。

```
> surfdata(soln3, axes=frame);
```

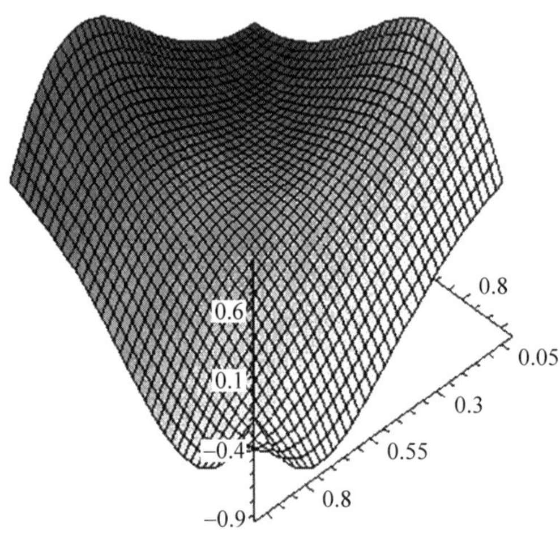

图 12.3　差分法求得的 $u=u(x,y)$

12.2　抛物型方程

最简单的抛物型方程是一维热传导方程，其表达式为

$$\frac{\partial u(x,t)}{\partial t}=A\frac{\partial^2 u(x,t)}{\partial x^2},\quad 0\leqslant x\leqslant x_f,0\leqslant t\leqslant T \tag{12.9}$$

其中 $A>0$，初始条件为

$$u(x,0)=f(x),\quad 0\leqslant x\leqslant x_f \tag{12.10}$$

边界条件

$$u(0,t)=b_0(t),\quad u(x_f,t)=b_{xf}(t),\quad 0\leqslant t\leqslant T \tag{12.11}$$

12.2.1　显式向前 Euler 方法

将区间$[0,x_f]$$M$ 等分，步长 $\Delta x=x_f/M$，区间$[0,T]$$N$ 等分，步长 $\Delta t=T/N$，如图 12.4 所示。从最下面的行($t=t_1=0$)开始，初始值为 $u(x_i,t_1)=f(x_i)$。下面介绍在连续行$\{u(x_i,t_j):i=1,2,\cdots,M+1\}$内，其中 $j=2,3,\cdots,N+1$，求解网格节点 $u(x,t)$的数值近

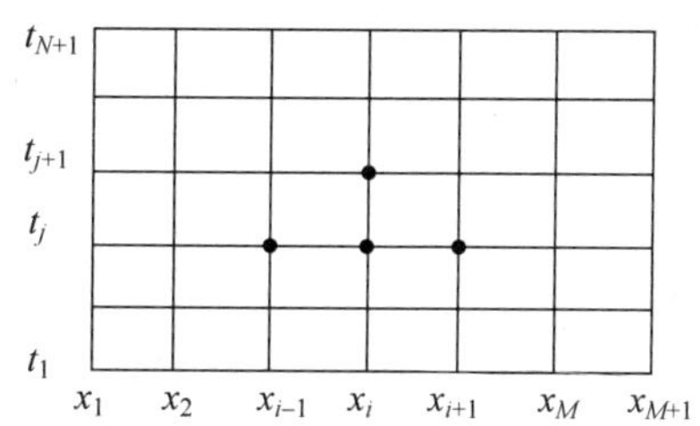

图 12.4 在区域内求解 $u_t(x,t)=Au_{xx}(x,t)$ 的网格

似值的方法。

求解 $u_t(x,t)$ 和 $u_{xx}(x,t)$ 的差分公式为

$$u_t(x,t)=\frac{u(x,t+\Delta t)-u(x,t)}{\Delta t}+O(\Delta t^2) \tag{12.12}$$

$$u_{xx}(x,t)=\frac{u(x-\Delta x,t)-2u(x,t)+u(x+\Delta x,t)}{(\Delta x)^2}+O(\Delta x^2) \tag{12.13}$$

将式(12.12)和式(12.13)中的 $O(\Delta t^2)$ 和 $O(\Delta x^2)$ 略去,并用近似值 $u_{i,j}$ 代替 $u(x_{i,j})$,则有

$$\frac{u_{i,j+1}-u_{i,j}}{\Delta t}=A\ \frac{u_{i-1,j}-2u_{i,j}+u_{i+1,j}}{\Delta x^2} \tag{12.14}$$

将 $r=A\ \dfrac{\Delta t}{\Delta x^2}$ 代入式(12.14),可得到显式向前差分公式

$$u_{i,j+1}=(1-2r)u_{i,j}+r(u_{i-1,j}+u_{i+1,j}) \tag{12.15}$$

设 j 行的近似值 $u_{i-1,j}, u_{i,j}, u_{i+1,j}$ 已知,通过式(12.15)可得到网格中的第 $j+1$ 行 $u_{i,j+1}$。

注意 显式向前差分公式(12.15)的稳定条件是 r 满足 $0\leqslant r\leqslant\frac{1}{2}$。

1. 功能

用显式向前差分法求解抛物型偏微分方程(12.9)～方程(12.11)的数值解。

2. 计算方法

采用迭代法,用式(12.15)求解。

3. 使用说明

fordpara:=proc(A, x_f, T, fun, b_{x0}, b_{xf}, M, N)

式中,x_f 为 x 变化范围的右端点;T 为 t 变化范围的右端点;fun 及边界函数 b_{x0},b_{xf} 需要用 inline 函数或 M 文件定义;M 为 x 轴方向的节点数;N 为 y 轴方向的节点数。程序输出为解的近似值。

4. Maple 程序

```
> restart;
with(plots):
> fordpara:=proc(A, xf, T, fun, bx0, bxf, M, N)
local dx, dt, data, xx, tt, r, i, j, u;
dx:=evalf(xf/M);
dt:=evalf(T/N);
```

```
xx := [seq(j * dx, j=0..M)];
tt := [seq(i * dt, i=0..N)];
# 边界条件;
for j from 1 to N+1 do
        u[1, j] := evalf(bx0(tt[j]), 20);
        u[M+1, j] := evalf(bxf(tt[j]), 20);
end do;
for i from 1 to M+1 do
        u[i, 1] := evalf(fun(xx[i]), 20);
    end do;
r := evalf(A * dt/dx/dx);
for j from 1 to N do
     for i from 2 to M do
          u[i, j+1] := evalf(r * (u[i+1, j]+u[i-1, j])+(1-2 * r) * u[i, j], 20);
     end do;
end do;
data  := [seq([seq([i * dx, j * dt, u[i+1, j+1]], i=0..M )], j=0..N)];
return data;
end:
```

例 12.4 考虑热传导方程$\frac{\partial u(x,t)}{\partial t}-\frac{\partial^2 u(x,t)}{\partial x^2}=0, 0\leqslant x\leqslant 1, 0\leqslant t\leqslant 0.5$，初始条件为$u(x,0)=\sin(\pi x), 0\leqslant x\leqslant 1$，边界条件为$u(0,t)=0, u(x_f,t)=0, 0<t$。

此问题的解是$u(x,t)=e^{-\pi^2 t}\sin(\pi x)$，分别对$M=10, N=500$（此时，$\Delta x=0.1, \Delta t=0.001, r=0.1$）和$M=10, N=50$（此时，$\Delta x=0.1, \Delta t=0.01, r=1$），用向前差分法求$t=0.5$时的近似解。

解

```
> fun := x-> sin(Pi * x):
> bx0 := t-> 0:
> bxf := t-> 0:
> soln := fordpara(1, 1, 0.5, fun, bx0, bxf, 10, 500): 图形结果见图 12.5
> soln1 := fordpara(1, 1, 0.5, fun, bx0, bxf, 10, 50):
```

将 soln，soln1 中的部分结果$u[i,501]$和$u[i,51]$填入表 12.2 中，并计算$u(i,0.5)$的值，结果如表 12.2 所示。由于此处的$r=1$不满足稳定条件，所以此处算得的值$u[i,51]$与精确值$u(x_i,0.5)$的误差很大，见表 12.2。

表 12.2　部分计算结果

x_i	$u(x_i,0.5)$	$u[i,501]$ $\Delta t=0.001$	$\lvert u(x_i,0.5)-u[i,501]\rvert$	$u[i,51]$ $\Delta t=0.01$	$\lvert u(x_i,0.5)-u[i,51]\rvert$
0.0	0	0	0	0	0
0.1	0.0022224142	0.0022590306	3.66164×10^{-5}	0.38431872×10^{6}	0.384319×10^{6}
0.2	0.0042272830	0.0042969315	6.96485×10^{-5}	-0.7270430×10^{6}	0.72704×10^{6}
0.3	0.0058183559	0.0059142189	9.58630×10^{-5}	0.99216768×10^{6}	0.992168×10^{6}
0.4	0.0068398875	0.0069525812	1.12694×10^{-4}	-1.15373957×10^{6}	1.153740×10^{6}
0.5	0.0071918834	0.0073103765	1.18493×10^{-4}	1.19839883×10^{6}	1.198399×10^{6}

续表

x_i	$u(x_i,0.5)$	$u[i,501]$ $\Delta t=0.001$	$\lvert u(x_i,0.5)-u[i,501]\rvert$	$u[i,51]$ $\Delta t=0.01$	$\lvert u(x_i,0.5)-u[i,51]\rvert$
0.6	0.0068398875	0.0069525812	1.12694×10^{-4}	-1.1257490×10^{6}	1.12575×10^{6}
0.7	0.0058183559	0.0059142189	9.58630×10^{-5}	0.94687804×10^{6}	0.946878×10^{6}
0.8	0.0042272830	0.0042969315	6.96485×10^{-5}	-0.6817534×10^{6}	0.68175×10^{6}
0.9	0.0022224142	0.0022590306	3.66164×10^{-5}	0.35632818×10^{6}	0.356328×10^{6}
1.0	0	0	0	0	0

```
surfdata(soln, axes=frame);
```

所绘制的图像如图 12.5 所示。

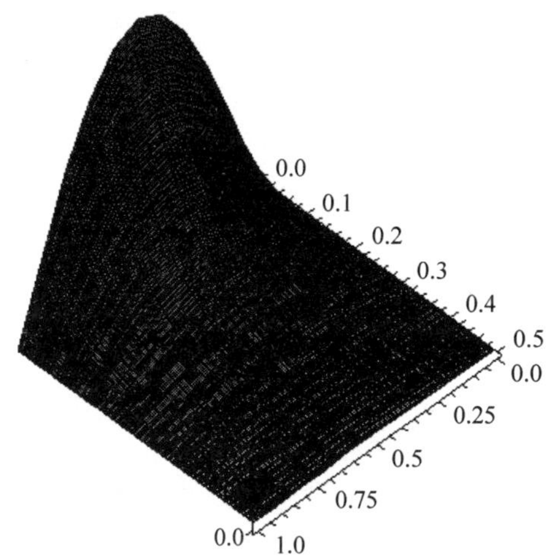

图 12.5　$r=0.1$,向前差分法

12.2.2　隐式向后 Euler 方法

如果用向后差分公式,则有

$$\frac{u_{i,j}-u_{i,j-1}}{\Delta t}=A\frac{u_{i-1,j}-2u_{i,j}+u_{i+1,j}}{\Delta x^2}\tag{12.16}$$

$$u_{i,j-1}=-ru_{i-1,j}(1+2r)u_{i,j}-ru_{i+1,j}\tag{12.17}$$

其中 $r=A\dfrac{\Delta t}{\Delta x^2}$,$i=1,2,\cdots,M-1$。

如果 $u(0,j)$,$u(M,j)$可由边界条件取得,则上述方程可写为线性方程组:

$$\begin{pmatrix}1+2r & -r & & \vdots & & \\ -r & 1+2r & -r & \vdots & & \\ & -r & 1+2r & \vdots & & \\ \cdots & \cdots & \cdots & \vdots & \cdots & \cdots \\ & & & \vdots & 1+2r & -r \\ & & & \vdots & -r & 1+2r\end{pmatrix}\begin{pmatrix}u(1,j)\\ u(2,j)\\ u(3,j)\\ \vdots \\ u(M-2,j)\\ u(M-1,j)\end{pmatrix}=\begin{pmatrix}u(1,j-1)+ru(0,j)\\ u(2,j-1)\\ u(3,j-1)\\ \vdots \\ u(M-2,j-1)\\ u(M-1,j-1)+ru(M,j)\end{pmatrix}\tag{12.18}$$

1. 功能

用隐式向后差分法求解抛物型偏微分方程(12.9)～方程(12.11)的数值解。

2. 计算方法

求解线性方程组(12.18)。

3. 使用说明

backdpara:=proc(A, x_f, T, fun, b_{x0}, b_{xf}, M, N)

式中,x_f 为 x 变化范围的右端点;T 为 t 变化范围的右端点;fun 及边界函数 b_{x0},b_{xf} 需要用函数定义;M 为 x 轴方向的节点数;N 为 y 轴方向的节点数。程序输出为解的近似值。

4. Maple 程序

```
> restart;
with(plots):
> backdpara:=proc(A, xf, T, fun, bx0, bxf, M, N)
local aa, bb, cc, dd, d1, dx, dt, data, xx, tt, r, i, j, u, uu;
dx:=evalf(xf/M);
dt:=evalf(T/N);
xx:=[seq(j*dx, j=0..M)];
tt:=[seq(i*dt, i=0..N)];
for j from 1 to N+1 do
    u[1, j]:=evalf(bx0(tt[j]), 20);          # 边界条件;
    u[M+1, j]:=evalf(bxf(tt[j]), 20);
end do;
for i from 1 to M+1 do
    u[i, 1]:=evalf(fun(xx[i]), 20);
end do;
r:=evalf(A*dt/dx/dx);
aa:=[seq(-r+0*i, i=1..M-2)];
aa:=convert(aa, Vector);
cc:=aa;
bb:=[seq(1+2*r+0*i, i=1..M-1)];
bb:=convert(bb, Vector);
dd:=[seq(0, i=1..M-1)];
for j from 2 to N+1 do
        dd[1]:=u[2, j-1]+r*u[1, j];
        dd[M-1]:=u[M, j-1]+r*u[M+1, j];
        for i from 2 to M-2 do
                dd[i]:=u[i+1, j-1];
        end do;
        dd:=convert(dd, Vector);
        uu:= tridi(aa, bb, cc, dd);          #追赶法解三对角方程组,参见 11.2
        for i from 2 to M do
                u[i, j]:=uu[i-1];
        end do;
end do;
data := [seq([seq([i*dx, j*dt, u[i+1, j+1]], i=0..M )], j=0..N)];
return data;
end:
```

12.2.3 Crank-Nicholson 方法

由 John Crank 和 Phyllis Nicholson 发明的隐式差分格式是基于求解网格中在行之间的点$(x,t+\Delta t/2)$处的方程(12.9)的数值近似解，而且求解$u_t(x,t+\Delta t/2)$的近似值公式是从中心差分公式得到的，表示为

$$u_t\left(x,t+\frac{\Delta t}{2}\right)=\frac{u(x,t+\Delta t)-u(x,t)}{\Delta t}+O(\Delta t^2) \tag{12.19}$$

$u_{xx}(x,t+\Delta t/2)$的近似值是$u_{xx}(x,t)$和$u_{xx}(x,t+\Delta t)$近似值的平均值，精度为$O(\Delta x^2)$，即

$$\begin{aligned}u_{xx}\left(x,t+\frac{\Delta t}{2}\right)=&\frac{1}{2\Delta x^2}(u(x-\Delta x,t+\Delta t)-2u(x,t+\Delta t)+u(x+\Delta x,t+\Delta t)+\\&u(x-\Delta x,t)-2u(x,t)+u(x+\Delta x,t))+O(\Delta x^2)\end{aligned} \tag{12.20}$$

将式(12.19)、式(12.20)代入式(12.9)，并忽略误差项$O(\Delta t^2)$和$O(\Delta x^2)$，然后可得到采用符号$u_{i,j}=u(x_i,t_j)$表示的隐式差分公式：

$$-ru_{i-1,j+1}+(2+2r)u_{i,j+1}-ru_{i+1,j+1}=ru_{i-1,j}+2(1-r)u_{i,j}+ru_{i+1,j} \tag{12.21}$$

其中，$r=A\dfrac{\Delta t}{\Delta x^2}$，$i=1,2,\cdots,M-1$。式(12.21)右边的项都是已知的，因此可以写成矩阵形式

$$Au^{(j+1)}=B, \tag{12.22}$$

其中，

$$A=\begin{pmatrix}2+2r & -r & & \vdots & & \\ -r & 2+2r & -r & \vdots & & \\ & -r & 2+2r & \vdots & & \\ \cdots & \cdots & \cdots & \vdots & \cdots & \cdots \\ & & & \vdots & 2+2r & -r \\ & & & \vdots & -r & 2+2r\end{pmatrix}$$

$$u^{(j+1)}=\begin{pmatrix}u(1,j+1)\\u(2,j+1)\\u(3,j+1)\\\vdots\\u(M-2,j+1)\\u(M-1,j+1)\end{pmatrix}$$

$$B=\begin{pmatrix}ru(0,j)+r[u(0,j-1)+u(2,j-1)]+(2-2r)u(1,j-1)\\r[u(1,j-1)+u(3,j-1)]+(2-2r)u(2,j-1)\\r[u(2,j-1)+u(4,j-1)]+(2-2r)u(3,j-1)\\\vdots\\r[u(M-3,j-1)+u(M-1,j-1)]+(2-2r)u(M-2,j-1)\\ru(M,j)+r[u(M-2,j-1)+u(M,j-1)]+(2-2r)u(M-1,j-1)\end{pmatrix}$$

1. 功能

用 Crank-Nicholson 法求解抛物型偏微分方程(12.9)～方程(12.11)的数值解。

2. 计算方法

求解线性方程组(12.22)。

3. 使用说明

crank_nich ：=proc(A，x_f，T，fun，b_{x0}，b_{xf}，M，N)

式中，x_f 为 x 变化范围的右端点；T 为 t 变化范围的右端点；fun 及边界函数 b_{x0}，b_{xf} 需要用函数定义；M 为 x 轴方向的节点数；N 为 y 轴方向的节点数。程序输出为解的近似值。

4. Maple 程序

```
> restart;
with(plots):
> crank_nich := proc(A, xf, T, fun, bx0, bxf, M, N)
local aa, bb, cc, dd, d1, dx, dt, data, xx, tt, r, i, j, u, uu;
dx := evalf(xf/M);
dt := evalf(T/N);
xx := [seq(j * dx, j=0..M)];
tt := [seq(i * dt, i=0..N)];
for j from 1 to N+1 do
    u[1, j] := evalf(bx0(tt[j]), 20);          # 边界条件;
    u[M+1, j] := evalf(bxf(tt[j]), 20);
end do;
for i from 1 to M+1 do
    u[i, 1] := evalf(fun(xx[i]), 20);
end do;
r := evalf(A * dt/dx/dx);
aa := [seq(-r, i=1..M-2)];
aa := convert(aa, Vector);
cc := aa;
bb := [seq(2+2 * r, i=1..M-1)];
bb := convert(bb, Vector);
dd := [seq(0, i=1..M-1)];
for j from 2 to N+1 do
      dd[1] := r * u[1, j]+r * (u[1, j-1]+u[3, j-1])+(2-2 * r) * u[2, j-1];
      dd[M-1] := r * u[M+1, j]+r * (u[M-1, j-1]+u[M+1, j-1])+(2-2 * r) * u[M, j-1];
        for i from 2 to M-2 do
              dd[i] := r * (u[i, j-1]+u[i+2, j-1])+(2-2 * r) * u[i+1, j-1];
        end do;
      dd := convert(dd, Vector);
      uu := tridi(aa, bb, cc, dd);          #追赶法解三对角方程组,参见 11.2
        for i from 2 to M do
              u[i, j] := uu[i-1];
      end do;
end do;
data := [seq([seq([i * dx, j * dt, u[i+1, j+1]], i=0..M )], j=0..N)];
return data;
end:
```

例 12.5　考虑热传导方程$\frac{\partial u(x,t)}{\partial t}-\frac{\partial^2 u(x,t)}{\partial x^2}=0, 0\leqslant x\leqslant 1, 0\leqslant t\leqslant 0.5$，初始条件为$u(x,0)=\sin(\pi x), 0\leqslant x\leqslant 1$，边界条件为$u(0,t)=0, u(x_f,t)=0, 0<t$。

此问题的解是$u(x,t)=\mathrm{e}^{-\pi^2 t}\sin(\pi x)$，对$M=10, N=50$（此时，$\Delta x=0.1, \Delta t=0.01, r=1$），分别用向后差分法和 Crank-Nicholson 法求$t=0.5$时的近似解。

解　在例 12.4 中曾求解过此题，由于它不满足向前差分法的稳定条件，所以求出的数值与精确值的误差很大。现在用向后差分法和 Crank-Nicholson 法再次求解。

```
> fun := x-> sin(Pi * x):
> bx0 := t-> 0:
> bxf := t-> 0:
> soln2 := backdpara(1, 1, 0.5, fun, bx0, bxf, 10, 50):
> surfdata(soln2, axes=frame);
> soln3 := crank_nich(1, 1, 0.5, fun, bx0, bxf, 10, 50):
> surfdata(soln3, axes=frame);
```

所绘制的图像如图 12.6 和图 12.7 所示。

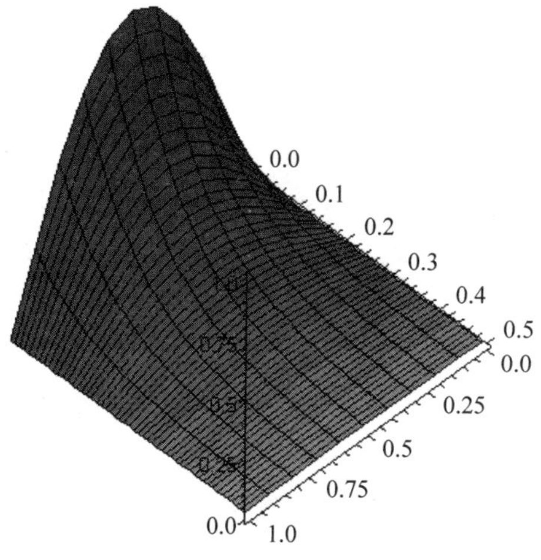

图 12.6　向后差分法

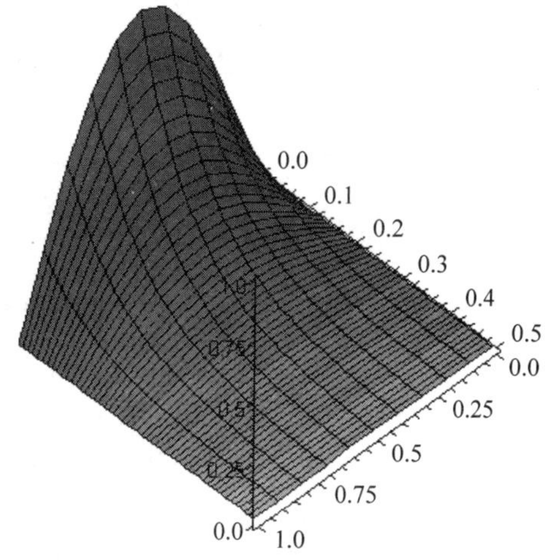

图 12.7　Crank-Nicholson 法

由于数据较多，故略去，可在 Maple 执行窗口将上述命令中的冒号“:”改为分号“;”，然后执行命令，就可看到全部数据。将 soln2，soln3 的部分结果 $u[i,51]$ 填入表 12.3 中，并计算 $u(x_i,0.5)$，结果如表 12.3 所示。由于隐式向后差分法和 Crank-Nicholson 法是无条件稳定的，所以此处求得的值与精确比较接近，而且 Crank-Nicholson 法的精度更高。

表 12.3　部分计算结果

x_i	$u(x_i,0.5)$（精确值）	$u[i,51]$ $\Delta t=0.01$（向后差分法）	$\lvert u(x_i,0.5)-u[i,51]\rvert$（误差）	$u[i,51]$ $(\Delta t=0.01)$（Crank-Nicholson 法）	$\lvert u(x_i,0.5)-u[i,51]\rvert$（误差）
0.0	0	0	0	0	0
0.1	0.0022224142	0.0028980166	6.756024×10^{-4}	0.0023051234	8.27092×10^{-5}

续表

x_i	$u(x_i,0.5)$ (精确值)	$u[i,51]$ $\Delta t=0.01$ (向后差分法)	$\lvert u(x_i,0.5)-u[i,51]\rvert$ (误差)	$u[i,51]$ $(\Delta t=0.01)$ (Crank-Nicholson 法)	$\lvert u(x_i,0.5)-u[i,51]\rvert$ (误差)
0.2	0.0042272830	0.0055123552	0.00128507	0.0043846052	1.57322×10^{-4}
0.3	0.0058183559	0.0075871061	0.00176875	0.0060348913	2.165354×10^{-4}
0.4	0.0068398875	0.0089191781	0.00207929	0.0070944403	2.545528×10^{-4}
0.5	0.0071918834	0.0093781789	0.00218630	0.0074595359	2.676525×10^{-4}
0.6	0.0068398875	0.0089191781	0.00207929	0.0070944403	2.545528×10^{-4}
0.7	0.0058183559	0.0075871061	0.00176875	0.0060348913	2.165354×10^{-4}
0.8	0.0042272830	0.0055123552	0.00128507	0.0043846052	1.573222×10^{-4}
0.9	0.0022224142	0.0028980166	6.756024×10^{-4}	0.0023051234	8.27092×10^{-5}
1.0	0	0	0	0	0

12.2.4 二维抛物型方程

另一个抛物型偏微分方程的例子是二维的热传导方程，表示为

$$\frac{\partial u(x,y,t)}{\partial t}=A\left(\frac{\partial^2 u(x,y,t)}{\partial x^2}+\frac{\partial^2 u(x,y,t)}{\partial y^2}\right) \tag{12.23}$$

$x_0\leqslant x\leqslant x_f,y_0\leqslant y\leqslant y_f,0\leqslant t\leqslant T$。初始条件为

$$u(x,y,0)=f(x,y) \tag{12.24}$$

边界条件为

$$\begin{aligned} &u(x_0,y,t)=b_{x0}(y,t),\quad u(x_f,y,t)=b_{xf}(y,t)\\ &u(x,y_0,t)=b_{y0}(x,t),\quad u(x,y_f,t)=b_{yf}(x,t)\end{aligned} \tag{12.25}$$

同 Crank-Nicholson 法一样，一阶导数用中点在$(t_k+t_{k+1})/2$的三点中心差分代替，u_{xx}和u_{yy}由三点中心差分代替，则有

$$A\left(\frac{u_{i,j+1}^{k+1}-2u_{i,j}^{k+1}+u_{i,j-1}^{k+1}}{\Delta x^2}+\frac{u_{i+1,j}^{k}-2u_{i,j}^{k}+u_{i-1,j}^{k}}{\Delta y^2}\right)=\frac{u_{i,j}^{k+2}-u_{i,j}^{k+1}}{\Delta t} \tag{12.26}$$

它可写为如下的差分公式：

$$-r_y(u_{i-1,j}^{k+1}+u_{i+1,j}^{k+1})+(1+2r_y)u_{i,j}^{k+1}=r_x(u_{i,j-1}^{k}+u_{i,j+1}^{k})+(1-2r_x)u_{i,j}^{k},$$
$$j=1,2,\cdots,M_x-1 \tag{12.27a}$$

$$-r_x(u_{i,j-1}^{k+2}+u_{i,j+1}^{k+2})+(1+2r_x)u_{i,j}^{k+2}=r_y(u_{i-1,j}^{k+1}+u_{i+1,j}^{k+1})+(1-2r_y)u_{i,j}^{k+1},$$
$$i=1,2,\cdots,M_y-1 \tag{12.27b}$$

其中，$r_x=\frac{A\Delta t}{\Delta x^2},r_y=\frac{A\Delta t}{\Delta y^2},\Delta x=\frac{x_f-x_0}{M_x},\Delta y=\frac{y_f-y_0}{M_y},\Delta t=\frac{T}{N}$。

1. 功能

求解二维抛物型偏微分方程(12.23)～方程(12.25)的数值解。

2. 计算方法

求解线性方程组(12.27)。

3. 使用说明

heat2parab :=proc(A, Dom, T, f_{xy0}, b_{xyt}, M_x, M_y, N)

式中，Dom=$[x_0, x_f, y_0, y_f]$，x_0, x_f 分别为 x 变化范围的左右端点，y_0, y_f 分别为 y 变化范围的左右端点；T 为 t 变化范围的右端点，f_{xy0} 及边界函数 b_{xyt} 需要用函数定义；M_x 为 x 轴方向的节点数；M_y 为 y 轴方向的节点数，N 为 t 轴方向的节点数。程序输出为最后时刻解的近似值。

4. Maple 程序

```
> restart;
with(plots):
> heat2parab := proc(A, Dom, T, fxy0, bxyt, Mx, My, N)
local aax, bbx, ccx, ddx, aay, bby, ccy, ddy, d1, dx, dy, dt, data, xx, yy, tt, i, j, ii, jj, k, u,
uu, uu1, rx, ry;
dx := evalf((Dom[2]-Dom[1])/Mx);
dy := evalf((Dom[4]-Dom[3])/My);
dt := evalf(T/N);
xx := [seq(Dom[1]+j * dx, j=0..Mx)];
yy := [seq(Dom[3]+j * dy, j=0..My)];
# 初始化
for j from 1 to Mx+1 do
    for i from 1 to My+1 do
            u[i, j] := evalf(fxy0(xx[j], yy[i]));
    end do;
end do;
rx := evalf(A * dt/(dx * dx));
ry := evalf(A * dt/(dy * dy));
aay := [seq(-ry, i=1..Mx-2)];
aay := convert(aay, Vector);
ccy := aay;
bby := [seq(1+2 * ry, i=1..Mx-1)];
bby := convert(bby, Vector);
ddy := [seq(0, i=1..Mx-1)];
aax := [seq(-rx, i=1..My-2)];
aax := convert(aax, Vector);
ccx := aax;
bbx := [seq(1+2 * rx, i=1..My-1)];
bbx := convert(bbx, Vector);
ddx := [seq(0, i=1..My-1)];
for k from 1 to N do
    uu1 := u;
    tt := k * dt;
for i from 1 to My+1 do
    u[i, 1] := evalf(bxyt(xx[1], yy[i], tt));
    u[i, Mx+1] := evalf(bxyt(xx[Mx+1], yy[i], tt)); # 边界条件;
end do;
for j from 1 to Mx+1 do
    u[1, j] := evalf(bxyt(xx[j], yy[1], tt));
    u[My+1, j] := evalf(bxyt(xx[j], yy[My+1], tt));
end do;
```

```
if (k mod 2)=0 then
   for i from 2 to My do
      ddy[1] :=ry*u[i, 1]+rx*(uu1[i-1, 2]+uu1[i+1, 2])+(1-2*rx)*uu1[i, 2];
      ddy[Mx-1] :=ry*u[i, Mx+1]+rx*(uu1[i-1, Mx]+uu1[i+1, Mx])+(1-2*rx)*
uu1[i, Mx];
      for jj from 3 to Mx-1 do
         ddy[jj-1] :=rx*(uu1[i-1, jj]+uu1[i+1, jj])+(1-2*rx)*uu1[i, jj];
      end do;
      ddy :=convert(ddy, Vector);
      uu := tridi(aay, bby, ccy, ddy); # Eq.(12.27a)
      for jj from 2 to Mx do
         u[i, jj] :=uu[jj-1];
      end do;
   end do;
else
    for j from 2 to Mx do
      ddx[1] :=rx*u[1, j]+ry*(uu1[2, j-1]+uu1[2, j+1])+(1-2*ry)*uu1[2, j];
      ddx[My-1] :=rx*u[My+1, j]+ry*(uu1[My, j-1]+uu1[My, j+1])+(1-2*ry)*
uu1[My, j];
      for ii from 3 to My-1 do
        ddx[ii-1] :=ry*(uu1[ii, j-1]+uu1[ii, j+1])+(1-2*ry)*uu1[ii, j];
      end do;
      ddx :=convert(ddx, Vector);
      uu := tridi(aax, bbx, ccx, ddx); # Eq.(12.27b)
      for ii from 2 to My do
         u[ii, j] :=uu[ii-1];
      end do;
    end do;
end if;
end do;
data := [seq([seq([Dom[1]+j*dx, Dom[3]+i*dy, u[i+1, j+1]], i=0..My)], j=0..
Mx )];
return data;
end:
```

例 12.6　考虑方程$\frac{\partial u(x,y,t)}{\partial t}=10^{-5}\left(\frac{\partial^2 u(x,y,t)}{\partial x^2}+\frac{\partial^2 u(x,y,t)}{\partial y^2}\right)$,$0\leqslant x\leqslant\pi/2$,$0\leqslant y\leqslant\pi/2$,$0\leqslant t\leqslant 100$,初始条件为 $u(x,y,0)=\sin x+\sin y$,边界条件为：当 $x=0$,$x=\pi/2$,$y=0$,$y=\pi/2$ 时,$u(x,y,t)=e^{-0.00001t}(\sin x+\sin y)$。取 $M_x=10$,$M_y=10$,$N=20$,求时刻 $T=100$ 时的近似解。

解　此问题的精确解就是 $u(x,y,t)=e^{-0.00001t}(\sin x+\sin y)$。先建立初始函数和边界函数,然后代入程序求解。

```
> fxy0 :=(x, y)-> sin(x)+sin(y):
> bxyt :=(x, y, t)-> exp(-0.00001*t)*(sin(x)+sin(y)):
> Dom :=[0, Pi/2, 0, Pi/2]:
> soln :=heat2parab(0.00001, Dom, 100, fxy0, bxyt, 10,10 , 20):
```

注　由于数据较多,所以此处用冒号禁止输出数据,将上述命令中的冒号":"改为分号";",

然后执行命令,就可看到全部数据。将 soln 的部分计算结果填入表 12.4,并计算对应的精确解的值,可见计算的近似值是比较精确的。

表 12.4 部分计算结果

x_i	y_i	$u(x_i,y_i,100)$ (精确解)	$u_{i,i}$ (近似值)	$\lvert u(x_i,y_i,100)-u_{i,i}\rvert$ (误差)
0.0	0.0	0	0	0
π/20	π/20	0.3125562177	0.3125565329	3.1520×10^{-7}
π/10	π/10	0.6174162638	0.6174165973	3.3350×10^{-7}
3π/20	3π/20	0.9070734726	0.9070738024	3.2980×10^{-7}
π/5	π/5	1.174395522	1.174395838	3.1600×10^{-7}
π/4	π/4	1.412800055	1.412800352	2.9700×10^{-7}
3π/10	3π/10	1.616416764	1.616417031	2.6700×10^{-7}
7π/20	7π/20	1.780231927	1.780232156	2.2900×10^{-7}
2π/5	2π/5	1.900211871	1.900211994	1.2300×10^{-7}
9π/20	9π/20	1.973402292	1.973398641	3.6510×10^{-6}
π/2	π/2	1.998001000	1.998001000	0

```
> surfdata(soln, axes=frame);
```

所绘制的图像如图 12.8 所示。

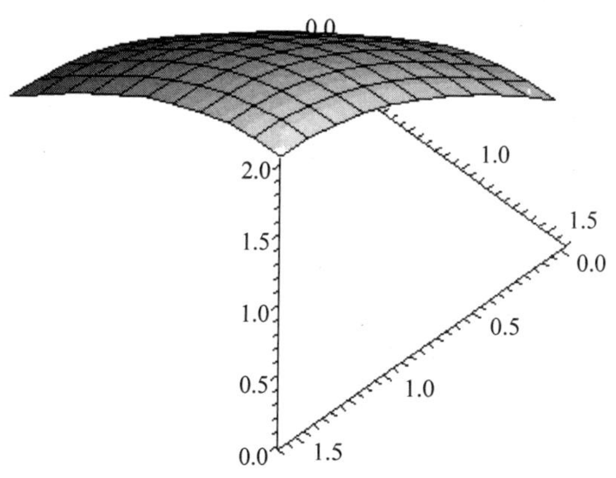

图 12.8 时刻 $T=100$ 时的近似解

例 12.7 考虑方程 $\dfrac{\partial u(x,y,t)}{\partial t}=10^{-4}\left(\dfrac{\partial^2 u(x,y,t)}{\partial x^2}+\dfrac{\partial^2 u(x,y,t)}{\partial y^2}\right)$, $0\leqslant x\leqslant 4$, $0\leqslant y\leqslant 4$, $0\leqslant t\leqslant 6000$,初始条件为 $u(x,y,0)=0$,边界条件为:当 $x=0$, $x=4$, $y=0$, $y=4$ 时, $u(x,y,t)=e^y\cos x-e^x\cos y$。取 $M_x=50$, $M_y=40$, $N=50$,分别求时刻 $t=100$ 和最后时刻 $t=6000$ 时的近似解。

解 先建立初始函数和边界函数,然后代入程序求解,只显示图形结果。

```
> fxy1 :=(x, y)->0;
> bxyt1 :=(x, y, t)-> exp(y) * cos(x)-exp(x) * cos(y);
> Dom :=[0, 4, 0, 4];
> soln1 :=heat2parab(0.00001, Dom, 100, fxy1, bxyt1, 50, 40 , 50):
```

```
> surfdata(soln1, axes=frame);
```

所绘制的时刻 $t=100$ 时的近似解的图像如图 12.9 所示。

```
> soln2 := heat2parab(0.00001, Dom, 6000, fxy1, bxyt1, 50, 40 , 50):
> surfdata(soln2, axes=frame);
```

所绘制的时刻 $t=6000$ 时的近似解的图像如图 12.10 所示。

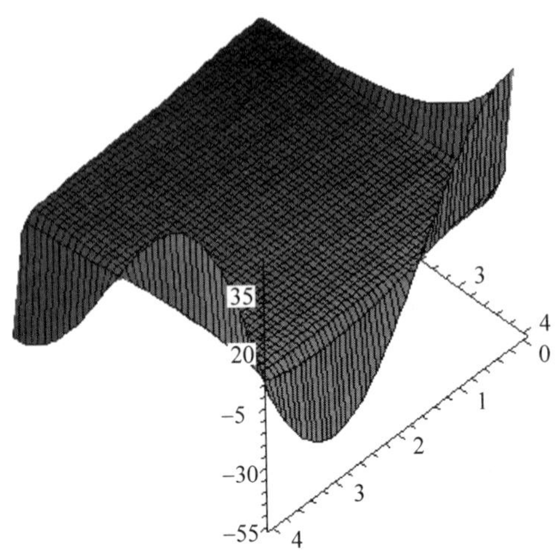

图 12.9　时刻 $t=100$ 时的近似解

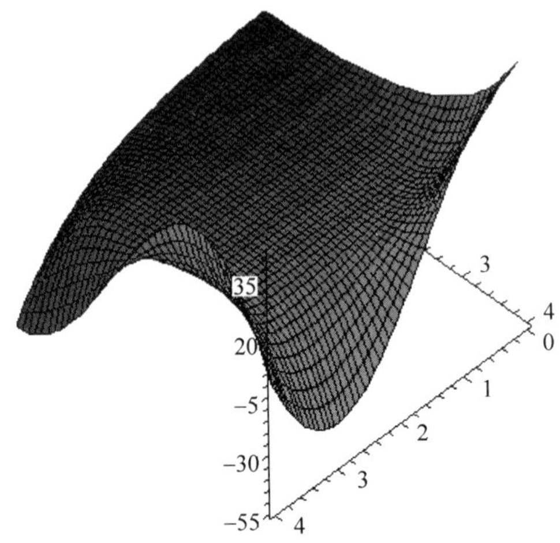

图 12.10　时刻 $t=6000$ 时的近似解

12.3　双曲型方程

12.3.1　一维波动方程

双曲型偏微分方程的一个例子是一维波动方程，其表达式为

$$\frac{\partial^2 u(x,t)}{\partial t^2}=A\frac{\partial^2 u(x,t)}{\partial x^2},\quad 0\leqslant x\leqslant x_f, 0\leqslant t\leqslant T \tag{12.28}$$

边界条件和初始条件分别为

$$\begin{aligned} &u(0,t)=b_0(t),\quad u(x_f,t)=b_{xf}(t)\\ &u(x,0)=f(x),\quad \frac{\partial u}{\partial t}\Big|_{t=0}=g(x)\end{aligned} \tag{12.29}$$

1. 功能

求解一维波动方程(12.28)～方程(12.29)的数值解。

2. 计算方法

与抛物型偏微分方程一样，用三点中心差分近似二阶导数，则有

$$\frac{u_{i,j+1}-2u_{i,j}+u_{i,j-1}}{\Delta t^2}=A\frac{u_{i+1,j}-2u_{i,j}+u_{i-1,j}}{\Delta x^2} \tag{12.30}$$

其中 $\Delta x=\dfrac{x_f}{M}$，$\Delta t=\dfrac{T}{N}$。由此可得如下的差分方法：

$$u_{i,j+1}=r(u_{i-1,j}+u_{i+1,j})+(2-2r)u_{i,j}-u_{i,j-1} \tag{12.31}$$

其中，$r=A\dfrac{\Delta t^2}{\Delta x^2}$。由于 $u_{i,-1}=u(x_i,-\Delta t)$ 未知，所以我们无法从式(12.31)直接求得 $u_{i,1}=r(u_{i-1,0}+u_{i+1,0})+(2-2r)u_{i,0}-u_{i,-1}$。对初始条件的导数利用中心差分近似，有 $g(x_i)=\dfrac{u_{i,1}-u_{i,-1}}{2\Delta t}$，以此替换式(12.31)中的 $u_{i,-1}$，可得

$$u_{i,1}=\frac{r}{2}(u_{i-1,0}+u_{i+1,0})+(1-r)u_{i,0}+g(x_i)\Delta t。 \tag{12.32}$$

利用式(12.32)求得 $u_{i,1}$，然后用式(12.31)求 $u_{i,j+1}(j=1,2,\cdots)$。在求解过程中，需注意以下事实：①r 必须满足 $r\leqslant 1$ 才能保证稳定性；②解的精度随 r 的增大(Δx 的减小)而增高。因此，选择 $r=1$ 是合理的。

3. 使用说明

hypbwave:=proc(A,x_f,T,b_{x0},b_{xt},f_x,g_x,M,N)

式中，x_f 为 x 变化范围的右端点；T 为 t 变化范围的右端点；f_x，g_x 及边界函数 b_{x0}，b_{xf} 需要用函数定义；M 为 x 轴方向的节点数；N 为 t 轴方向的节点数。程序输出为近似解。

4. Maple 程序

```
> restart;
with(plots):
> hypbwave:=proc(A, xf, T, bx0, bxt, fx, gx, M, N)
local dx, dy, dt, data, xx, tt, i, j, u, uu1, r;
dx:=evalf(xf/M);
dt:=evalf(T/N);
xx:=[seq(j*dx, j=0..M)];
tt:=[seq(j*dt, j=0..N)];
for i from 1 to M+1 do
    u[i, 1]:=evalf(fx( xx[i]));
end do;
for j from 1 to N+1 do
    u[1, j]:=evalf(bx0(tt[j]));
    u[M+1, j]:=evalf(bxf(tt[j]));
end do;
r:=evalf(A*(dt/dx)^2);
for i from 2 to M do
    u[i, 2]:=r*(u[i-1, 1]+u[i+1, 1])/2+(1-r)*u[i, 1]+dt*evalf(gx(xx[i]));
end do;
for j from 3 to N+1 do
    for i from 2 to M do
        u[i, j]:=r*(u[i-1, j-1]+u[i+1, j-1])+(2-2*r)*u[i, 1] -u[i, j-2];
    end do;
end do;
uu1:=seq([seq([i*dx, j*dt, u[i+1, j+1]], j=0..N)], i=0..M );
return uu1;
end:
```

例 12.8　求波动方程$\frac{\partial^2 u(x,t)}{\partial t^2}-\frac{\partial^2 u(x,t)}{\partial x^2}=0, 0<x<1, 0<t<1$ 在边界条件为 $u(0,t)=u(1,t)=0, 0<t$ 和初始条件为 $u(x,0)=\sin(2\pi x), \frac{\partial u}{\partial t}(x,0)=2\pi\sin(2\pi x) 0\leqslant x\leqslant 1$ 下的近似解(取 $M=10, N=10$)，并将其在 $t=0.3$ 时的近似解与精确解 $u(x,t)=\sin(2\pi x)(\cos(2\pi t)+\sin(2\pi t))$进行比较。

解　建立边界和初始条件函数,然后代入程序求解。

```
> bx0 := t-> 0:
> bxf := t-> 0:
> fx := x-> sin(2 * Pi * x):
> gx := x-> 2 * Pi * sin(2 * Pi * x):
> soln := hypbwave(1, 1, 1, bx0, bxt, fx, gx, 10, 10):
```

由于数据较多,所以此处用冒号禁止输出数据,将上述命令中的冒号":"改为分号";",然后执行命令,就可看到全部数据。将 soln 的部分结果填入表 12.5,并计算对应的精确解的值,结果显示计算的近似值有不小的误差。可通过增加 M,N 的值来提高精度,例如,若取 $M=N=100$,近似值与精确值在节点处的最大误差为 6.5828×10^{-4}。

表 12.5　部分结果

x_i	$t=0.3$	$u(x_i,0.3)$	$u_{i,4}$	$\lvert u(x_i,0.3)-u_{i,4}\rvert$
0	0.3	0	0	0
0.1	0.3	0.3773813624	0.415930802	0.0385494396
0.2	0.3	0.6106158710	0.672990174	0.0623743030
0.3	0.3	0.6106158710	0.672990174	0.0623743030
0.4	0.3	0.3773813624	0.415930801	0.0385494386
0.5	0.3	0	0	0
0.6	0.3	−0.3773813624	−0.415930801	0.0385494386
0.7	0.3	−0.6106158710	−0.672990173	0.0623743020
0.8	0.3	−0.6106158710	−0.672990173	0.0623743020
0.9	0.3	−0.3773813624	−0.415930802	0.0385494396
1.0	0.3	0	0	0

```
> surfdata([soln], axes=frame);
```

所绘制的图像如图 12.11 所示。

利用 pdsolve 求解如下:

```
> pde := diff(u(x, t), t, t) = diff(u(x, t), x, x);
```

$$pde := \frac{\partial^2}{\partial t^2}u(x,t)=\frac{\partial^2}{\partial x^2}u(x,t)$$

```
> ibc := [u(0, t)=bx0(t), u(1, t)=bxf(t), u(x, 0)=fx(x), D[2](u)(x, 0)=gx(x)];
#边界初始条件;
```

$$ibc := [u(0,t)=0, u(1,t)=0, u(x,0)=\sin(2\pi x), D_2(u)(x,0)=2\pi\sin(2\pi x)]$$

```
> Q := pdsolve(pde, ibc, numeric, spacestep=.01, timestep=.01):
```

```
> Q: -plot3d(x=0..1,t=0..1, axes=box, tickmarks=[2, 6, 3]);
```

所绘制的图像如图 12.12 所示。

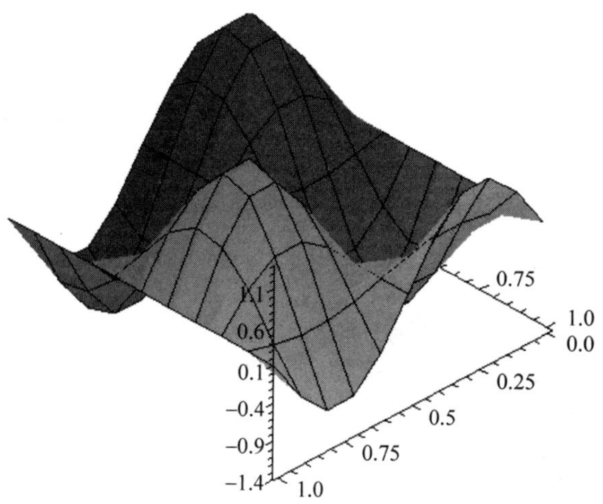

图 12.11 波动方程所表示的振弦(差分法)

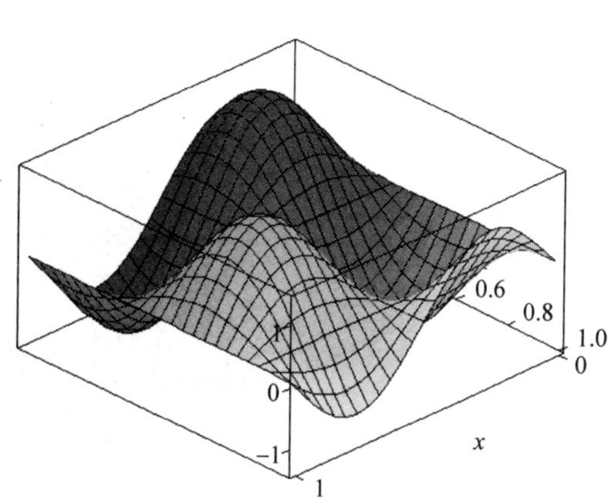

图 12.12 波动方程所表示的振弦(pdsolve)

```
> Q: -animate(t=0..1, frames=180);
```

图 12.13 为动画,在 Maple 中点击此图,然后按工具栏中的"▷(Start/Resume playing the animation)"按钮,即可播放动画。

给出计算 $u(x,t)$值的函数。

```
> U1 := rhs(Q: -value(output=listprocedure)[3]);
```

U1 := proc()... end proc

直接代入 U1 求值即可,例如

```
> U1(0.8, 0.3);
```

−0.61187836910

而 $u(0.8,0.3)=-0.61061587104$,所以 pdsolve 求的在 $x=0.8,t=0.3$ 处的近似值与精确值的误差为 0.0012624981。

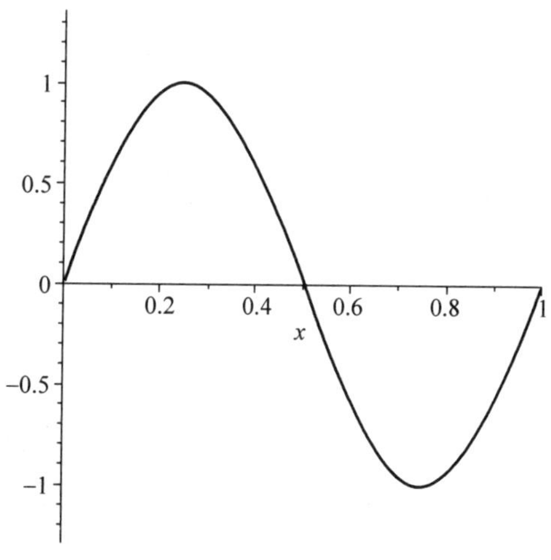

图 12.13 瞬图

例 12.9 求解波动方程$\frac{\partial^2 u(x,t)}{\partial t^2}-\frac{\partial^2 u(x,t)}{\partial x^2}=0,0<x<\pi,0<t<2\pi$,其中边界条件为 $u(0,t)=u(1,t)=0,0<t$,初始条件为 $u(x,0)=\begin{cases}\frac{\sin(2x)}{2}, & 0\leqslant x<\frac{\pi}{2}\\ 0, & \frac{\pi}{2}\leqslant x\leqslant\pi\end{cases}$,$\frac{\partial u}{\partial t}(x,0)=0$。

解 建立边界和初始条件函数,然后代入程序求解。

```
> bx01 := t-> 0:
```

```
> bxf1 :=t-> 0:
> fx1 :=x -> piecewise(x < Pi/2, sin(2 * x)/2, 0) :
> gx1 :=x-> 0:
> soln1 :=hypbwave(1, Pi, 2 * Pi, bx01, bxt1, fx1, gx1, 40, 80):
> surfdata([soln1],axes=frame);
```

所绘制的图像如图 12.14 所示。

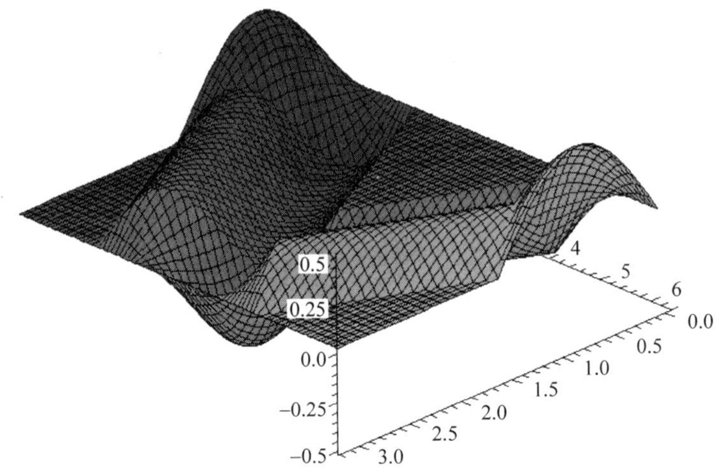

图 12.14　波动方程所表示的振弦(差分法)

利用 pdsolve 求解如下：

```
> pde := diff(u(x, t), t, t) = diff(u(x, t), x, x) :
> ibc := [u(0, t)=bx01(t), u(Pi, t)=bxf1(t), u(x, 0)=fx1(x), D[2](u)(x, 0)=gx1(x)] :
> Q1 := pdsolve(pde, ibc, numeric, spacestep=.01, timestep=.01):
> Q1: -plot3d(x=0..Pi, t=0..2 * Pi, axes=box, tickmarks=[2, 6, 3]);
```

所绘制的图像如图 12.15 所示。

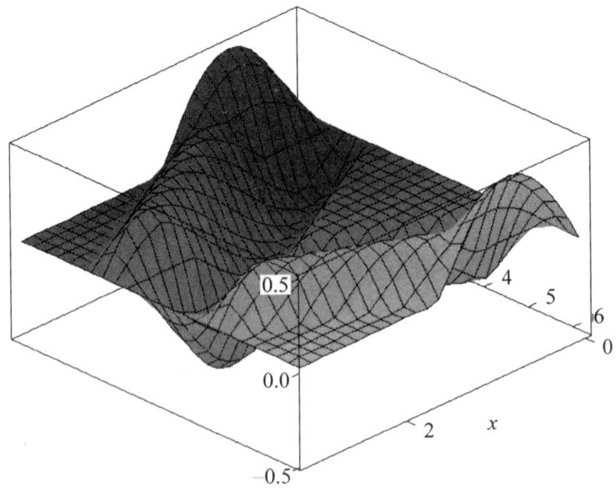

图 12.15　波动方程所表示的振弦(pdsolve)

12.3.2 二维波动方程

双曲型偏微分方程的另一个例子是二维波动方程，其表达式为

$$\frac{\partial^2 u(x,y,t)}{\partial t^2}=A\left(\frac{\partial^2 u(x,y,t)}{\partial x^2}+\frac{\partial^2 u(x,y,t)}{\partial y^2}\right),\quad 0\leqslant x\leqslant x_f,0\leqslant y\leqslant y_f,0\leqslant t\leqslant T \tag{12.33}$$

边界条件和初始条件分别为

$$\begin{cases}u(0,y,t)=b_{x0}(y,t), & u(x_f,y,t)=b_{xf}(y,t)\\ u(x,0,t)=b_{y0}(x,t), & u(x,y_f,t)=b_{yf}(x,t)\\ u(x,y,0)=f(x,y), & \left.\dfrac{\partial u}{\partial t}\right|_{t=0}=g(x,y)\end{cases} \tag{12.34}$$

1. 功能

求解二维波动方程(12.33)～方程(12.34)的数值解。

2. 计算方法

与一维波动方程一样，用三点中心差分近似二阶导数，则有

$$\frac{u_{i,j}^{k+1}-2u_{i,j}^{k}+u_{i,j}^{k-1}}{\Delta t^2}=A\left(\frac{u_{i,j+1}^{k}-2u_{i,j}^{k}+u_{i,j-1}^{k}}{\Delta x^2}+\frac{u_{i+1,j}^{k}-2u_{i,j}^{k}+u_{i-1,j}^{k}}{\Delta y^2}\right) \tag{12.35}$$

其中，$\Delta x=\dfrac{x_f}{M_x}$，$\Delta y=\dfrac{y_f}{M_y}$，$\Delta t=\dfrac{T}{N}$。由此可得如下的差分方法：

$$u_{i,j}^{k+1}=r_x(u_{i,j+1}^{k}+u_{i,j-1}^{k})+2(1-r_x-r_y)u_{i,j}^{k}+r_y(u_{i+1,j}^{k}+u_{i-1,j}^{k})-u_{i,j}^{k-1} \tag{12.36}$$

其中，$r_x=A\dfrac{\Delta t^2}{\Delta x^2}$，$r_y=A\dfrac{\Delta t^2}{\Delta y^2}$。由于 $u_{i,j}^{-1}=u(x_j,y_i,-\Delta t)$未知，所以我们无法从式(12.36)直接求得($k=0$)：

$$u_{i,j}^{1}=r_x(u_{i,j+1}^{0}+u_{i,j-1}^{0})+2(1-r_x-r_y)u_{i,j}^{0}+r_y(u_{i+1,j}^{0}+u_{i-1,j}^{0})-u_{i,j}^{-1}。 \tag{12.37}$$

对初始条件的导数利用中心差分近似，有

$$g(x_j,y_i)=\frac{u_{i,j}^{1}-u_{i,j}^{-1}}{2\Delta t} \tag{12.38}$$

以此替换式(12.37)中的 $u_{i,j}^{-1}$，可得

$$u_{i,j}^{1}=\frac{1}{2}[r_x(u_{i,j+1}^{0}+u_{i,j-1}^{0})+r_y(u_{i+1,j}^{0}+u_{i-1,j}^{0})]+(1-r_x-r_y)u_{i,j}^{0}+g(x_j,y_i)\Delta t \tag{12.39}$$

利用式(12.39)求得 $u_{i,j}^{1}$，然后再用式(12.36)求 $u_{i,j}^{k+1}$($k=1,2,\cdots$)。差分法稳定的充分条件是 $r=\dfrac{4A\Delta t^2}{\Delta x^2+\Delta y^2}\leqslant 1$。

3. 使用说明

hypbwave2 :=proc($\boldsymbol{A},\boldsymbol{x_f},\boldsymbol{y_f},\boldsymbol{T},\boldsymbol{b_{xyt}},\boldsymbol{f_{xy}},\boldsymbol{g_{xy}},\boldsymbol{M_x},\boldsymbol{M_y},\boldsymbol{N}$)

式中，x_f 为 x 变化范围的右端点；y_f 为 y 变化范围的右端点；T 为 t 变化范围的右端点；$b_{xyt}=[b_{x0},b_{xf},b_{y0},b_{yf}]$，边界函数 $b_{x0},b_{xf},b_{y0},b_{yf}$ 及 f_{xy},g_{xy} 需要用函数定义；M_x 和 M_y 分别为 x、y 轴方向的节点数；N 为 t 轴方向的节点数。程序输出为最后时刻 T 的近似解。

4. Maple 程序

```
> restart;
with(plots):
> hypbwave2 := proc(A, xf, yf, T, bxyt, fxy, gxy, Mx, My, N)
local dx, dy, dt, data, xx, yy, tt, i, j, k, u, uu, ut, uu1, uu2, rx, ry;
dx := evalf(xf/Mx); dy := evalf(yf/My);
dt := evalf(T/N);
xx := [seq(j * dx, j=0..Mx)];
yy := [seq(j * dy, j=0..My)];
tt := [seq(j * dt, j=0..N)];
u := [ seq([seq(0, j=0..Mx)], i=0..My)];
ut := [ seq([seq(0, j=0..Mx)], i=0..My)];
for j from 2 to Mx do
    for i from 2 to My do
        u[i, j] := evalf(fxy( xx[j], yy[i]));
        ut[i, j] := evalf(gxy(xx[j], yy[i]));
    end do;
end do;
rx := evalf(A * (dt/dx)^2); ry := evalf(A * (dt/dy)^2);
uu1 := u;
for k from 0 to N do
     tt := k * dt;
     for i from 1 to My+1 do
          u[i, 1] := evalf(bxyt[1](yy[i], tt));
          u[i, Mx+1] := evalf(bxyt[2]( yy[i], tt));
     end do;
     for j from 1 to Mx+1 do
          u[1, j] := evalf(bxyt[3](xx[j], tt));
          u[My+1, j] := evalf(bxyt[4](xx[j], tt));
     end do;
     if k=0 then
        for i from 2 to My do
            for j from 2 to Mx do
              u[i, j] := 0.5 * (rx * (uu1[i, j-1]+uu1[i, j+1])+ry * (uu1[i-1, j]+uu1[i+
                    1, j])) +(1-rx-ry) * u[i, j] + dt * ut[i, j]; # 式(12.39)
            end do;
        end do;
     else
        for i from 2 to My do
           for j from 2 to Mx do
             u[i, j] := rx * (uu1[i, j-1]+uu1[i, j+1])+ry * (uu1[i-1, j]+uu1[i+1, j])
                   +2 * (1-rx-ry) * u[i, j]-uu2[i, j]; # 式(12.36);
           end do;
        end do;
   end if;
   uu2 := uu1;
   uu1 := u;
end do;
```

```
data := seq([seq([j * dx, i * dy, u[i+1, j+1]], i=0..My)], j=0..Mx );
return data;
end:
```

例 12.10 求解波动方程$\frac{\partial^2 u(x,y,t)}{\partial t^2}=\frac{1}{4}\left(\frac{\partial^2 u(x,y,t)}{\partial x^2}+\frac{\partial^2 u(x,y,t)}{\partial y^2}\right)$,$0<x<2$,$0<y<2$,$0<t<2$,其中边界条件为$u(0,y,t)=u(2,y,t)=0$,$u(x,0,t)=u(x,2,t)=0$,初始条件为$u(x,y,0)=0.1\sin(\pi x)\sin(\pi y/2)$,$\frac{\partial u}{\partial t}(x,y,0)=0$。

解 建立边界和初始条件函数,然后代入程序求解,有如下图形结果。

```
> bx0 :=(y, t)->0 :
> bxf :=(y, t)->0 :
> by0 :=(x, t)->0 :
> byf :=(x, t)->0:
> fxy :=(x, y)->0.1 * sin(Pi * x) * sin(Pi * y/2):
> gxy :=(x, y)->0; > gxy :=(x, y)->0:
> bxyt :=[bx0, bxf, by0, byf]:
> soln :=hypbwave2(0.25, 2, 2, 0, bxyt, fxy, gxy, 30, 30, 30): # t=0 时刻的近似解
> surfdata([soln], axes=frame);
```

所绘制的图像如图 12.16 所示。

```
> soln1 :=hypbwave2(0.25, 2, 2, 1.9, bxyt, fxy, gxy, 30, 30, 30): # t=1.9 时刻的近似解;
> surfdata([soln1], axes=frame);
```

所绘制的图像如图 12.17 所示。

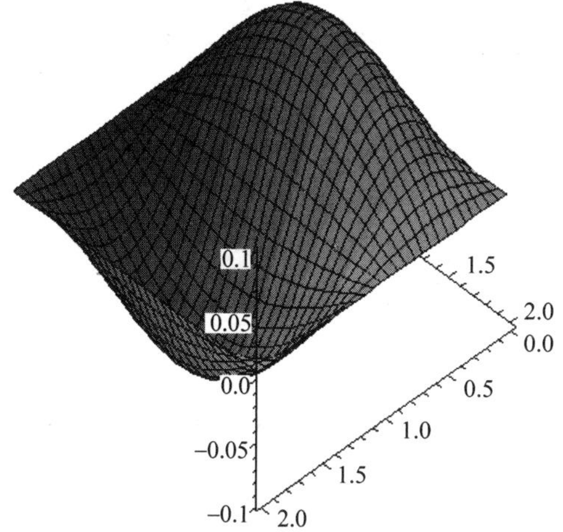

图 12.16 $t=0$ 时刻波动方程所表示的振弦

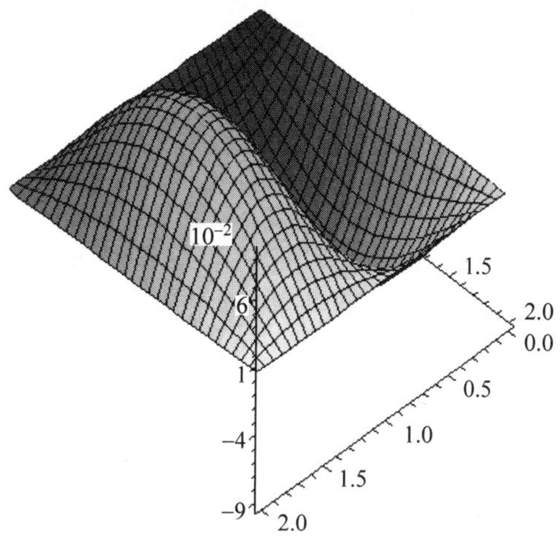

图 12.17 $t=1.9$ 时刻波动方程所表示的振弦

参考文献

[1] 林成森. 数值分析[M]. 北京：科学出版社，2007.

[2] 《现代应用数学手册》编委会. 现代应用数学手册：计算与数值分析卷[M]. 北京：清华大学出版社，2005.

[3] MATHEWS J，FINK K 著. 数值方法(MATLAB 版)[M]. 4 版. 周璐，陈渝，钱方，等译. 北京：电子工业出版社，2005.

[4] 翟瑞彩，谢伟松. 数值分析[M]. 天津：天津大学出版社，2000.

[5] HEATH M. 科学计算导论[M]. 2 版. 北京：清华大学出版社，2001.

[6] YANG W Y，CAO W，CHUANG T S，MORRIS J. Applied numerical methods using MATLAB[M]. John Wiley & Sons，Inc.，Hoboken，New Jersey，2005.

[7] NAKAMURA S. 科学计算引论：基于 MATLAB 的数值分析[M]. 2 版. 梁恒，刘晓艳，等译. 北京：电子工业出版社，2002.

[8] 林成森. 数值计算方法(上、下册)[M]. 2 版. 北京：科学出版社，2005.

[9] RECKTENWALD G. 数值方法和 MATLAB 实现与应用[M]. 伍卫国，万群，张辉，等译. 北京：机械工业出版社，2004.

[10] BURDEN R，FAIRES J. Numerical analysis[M]. 7th ed. Brooks/Cole Thomson，Pacific Grove，CA，2001.

[11] 何光渝. Visual C++常用数值算法程序集[M]. 北京：科学出版社，2002.

[12] 徐士良. 常用算法程序集(C 语言描述)[M]. 2 版. 北京：清华大学出版社，2004.

[13] 徐士良. 计算机常用算法[M]. 2 版. 北京：清华大学出版社，1995.

[14] KREYSZIG E. Advanced engineering mathematics[M]. 9th ed. John Wiley & Sons，Inc. 2006.

[15] WILKINSON J 著. 代数特征值问题[M]. 石钟慈，邓健新，译. 北京：科学出版社，2001.

[16] 张光澄，等编. 非线性最优化计算方法[M]. 北京：高等教育出版社，2005.

[17] 施吉林，刘淑珍，陈桂芝. 计算机数值方法[M]. 北京：高等教育出版社，2001.

[18] 薛定宇，陈阳泉. 高等应用数学问题的 MATLAB 求解. 北京：清华大学出版社，2004.

[19] KAW A，KALU E. Numerical methods with applications[M]. Lulu. com，2008.

[20] 李庆扬，莫孜中，祁力群. 非线性方程组的数值解法[M]. 北京：科学出版社，1987.

[21] PRESS W，TEUKOLSK S，VETTERLING W，FLANNERY B. Numerical recipes：the art of scientific computing：3th ed [M]. Cambridge：Cambridge University Press，2007.

[22] STONE P's Maple Worksheets. http://www. peterstone. name/Maplepgs/maple_index. html.

[23] Holistic Numerical Methods Institute. Transforming numerical methods education for the STEM undergraduate. http://numericalmethods. eng. usf. edu/index. html.

[24] GERALD C F，WHEATLEY P O. Applied numerical analysis[M]. 7th ed. Boston：Addison-Wesley，2004.

[25] MOLER C. Numerical computing with MATLAB[2004]. http://www. mathworks. com/moler/chapters. html

[26] BROWN G Jr. On Halley's variation of Newton's method[J]. The American Mathematical Monthly，1977，84(9)：726-728.

[27] FANG L，SUN L，HE G. An efficient Newton-type method with fifth-order convergence for solving nonlinear equations[J]. Computational & Applied Mathematics，2008，27(3)：269-274.

[28] ABABNEH O, AHMAD R, ISMAIL E. On cases of fourth-order Runge-Kutta methods[J]. European Journal of Scientific Research, 2009, 31(4): 605-615.

[29] RAZALI N, AHMAD R. Solving Lorenz system by using Runge-Kutta method[J]. European Journal of Scientific Research, 2009, 32(2): 241-251.

[30] AMAT S, BUSQUIER S, GUTIÉRREZ J. Geometric constructions of iterative functions to solve nonlinear equations[J]. Journal of Computational and Applied Mathematics, 2003, 157: 197-205.

[31] KASTURIARACHI A. Leap-frogging Newton's method[J]. Int. J. Math. Educ. Sci. Technol., 2002, 33(4): 521-527.

[32] BIAZAR J, POURABD M. A maple program for solving systems of linear and nonlinear integral equations by Adomian decomposition method[J]. Int. J. Contemp. Math. Sciences, 2007, 2(29): 1425-1432.

[33] BIAZAR J, GHANBARI B. A modification on Newton's method for solving systems of nonlinear equations[J]. World Academy of Science, Engineering and Technology, 2009, 58: 897-901.

[34] 王斌. 非线性方程组的 BFS 秩 2 拟 Newton 方法及其在 MATLAB 中的实现[J]. 云南民族大学学报(自然科学版),2009, 18(3): 213-217.

[35] 夏省祥,于正文. 三次样条函数的自动求法[J]. 山东建筑工程学院学报, 2003, 18(4): 86-89.

[36] 陈晓霞, 等. Maple 指令参考手册[M]. 北京: 国防工业出版社,2002.

[37] ABELL M, BRASELTON J. Maple by Example[M]. 3th ed. USA: Elsevier Academic Press, 2005

[38] XIA S X, Computing Multiple Integrals by MATLAB, the Electronic Journal of Mathematics and Technology[J]. 2012, 6(2): 159-174.

[39] XIA S X, YANG W C, SHELOMOVSKIY V. Computing signed areas and volumes with Maple, the Electronic Journal of Mathematics and Technology[J]. 2012, 6(2): 175-195.

[40] 夏省祥,于正文. 常用数值算法及其 Matlab 实现[M]. 北京: 清华大学出版社,2014.

[41] YU G H, ZHAO Y L, WEI Z X. A descent nonlinear conjugate gradient method for large-scale unconstrained optimization[J]. Applied Mathematics and Computation, 2007. 187(2): 636-643.

[42] YU G H. A derivative-free method for solving large-scale nonlinear systems of equations[J]. Journal of Industrial and Management Optimization, 2010, 6(1): 149-160.

[43] AL-BAALI M, NARUSHIMA Y, YABE H. A family of three-term conjugate gradient methods with sufficient descent property for unconstrained optimization[J]. Computational Optimization & Applications, 2015, 60(1): 89-110.

[44] ANDREI N. An unconstrained optimization test functions[J]. Advance Modelling Optimization, 2008, 10(1): 147-161.

[45] DONG X L, LIU H W, XU Y L, et al. Some nonlinear conjugate gradient methods with sufficient descent condition and global convergence[J]. 2015, Optimization Letters, 9: 1421-1432.

[46] SAAD Y, VORST H. Iterative solution of linear systems in the 20th century[J]. Journal of Computational and Applied Mathematics, 2000, 123(1-2): 1-33.

[47] TEBBENS J, TUMA M. Preconditioner updates for solving sequences of linear systems in matrix-free environment [J]. Numerical Linear Algebra with Applications, 2010, 17(6): 997-1019.

[48] BELLAVIA S, MORINI B, PORCELLI M. New updates of incomplete LU factorizations and applications to large nonlinear systems[J]. Optimization Methods and Software, 2014, 29(2): 321-340.

[49] URIBE D, NEUGEBAUER C. Sharp error bouds for the trapezoidal rule and Simpson's rule[J]. J. Ineqal. Pure Appl. Math., 2002, 2(4): 1-22.

[50] CHOI S, HONG B. An error of Simpson's quadrature in the average case setting[J]. J. Korean Math Soc., 1996, 33(2): 235-247.

[51] YANG S, WANG X. Fourier-Chebyehev coefficients and Gauss-Turan Quadrature with Chebyshev weight[J]. Journal of Computational Mathematics, 2003, 21: 189-194.

[52] KOU J, LI Y, WANG X. Third-order modification of Newton's method[J]. Appl. Math. Comput., 2007, 205: 1-5.

[53] WU T. A new formula of solving nonlinear equation by Adomian and Homotopoy method[J]. Appl. Math. Comput, 2006, 172: 903-907.

[54] FANG L, HE G. Some modifications of Newton's method with higher-order convergence for solving nonlinear equations [J]. J. Comput. Appl. Math., 2009, 228: 296-303.

[55] CHUN C. A new iterative method for solving nonlinear equations[J]. Applied Mathematics and Computation. 2006, 178(2): 415-422.

[56] XIA S X, XIA G X. An application of Gröbner bases[J]. The Montana Mathematics Enthusiast, 2009, 6(3): 381-394.

[57] KOU J. The improvements of modified Newton's method[J]. Applied Mathematics and Computation, 2007, 189(1): 602-609.

程序索引

2.1 Gausseli 用 Gauss 顺序消去法化矩阵为上三角矩阵 13

2.2 Gausselimpiv 用 Gauss 列主元消去法化矩阵为上三角矩阵 20

2.3 GaussJor 用列主元的 Gauss-Jordan 消去法化矩阵为简化梯形矩阵 24

2.4 LUDecomp 将非退化矩阵 A 分解成单位下三角矩阵 L 与上三角矩阵 U 的乘积 32

2.5 LLtdecomp 用 LL^T 分解法求解线性方程组 40

2.6 LDLtdecomp 用 LDL^T 分解法求解线性方程组 43

2.7 Tridiag 用追赶法求解三对角方程组 46

2.8 QRDecom 用 QR 分解法求解线性方程组 49

2.9.2 Iteratepro 改进线性方程组解的精度 55

2.10 Jacobiiter 用 Jacobi 迭代法求解线性方程组 61

2.11 Gaussdel 用 Gauss-Seidel 迭代法求解线性方程组 63

2.12 SOR 用松弛迭代法求解线性方程组 68

2.13 JGConverge 判断 Jacobi 迭代法或 Gauss-Seidel 迭代法的收敛性 73

3.1 Laginterp 用 Lagrange 插值法求插值多项式 76

3.2 Newinterp 用 Newton 插值法求插值多项式 79

3.3 Herminterp 求 Hermite 插值多项式 83

3.4 Hermit3p 求分段 3 次 Hermite 插值多项式 87

3.5.1 splinter1 求紧压三次样条插值函数 92

3.5.2 splinter2 求满足端点曲率调整边界条件的样条插值函数 95

3.5.3 splinter3 求满足非节点(notaknot)边界条件的三次样条插值函数 98

3.5.4 splinter4 求出满足周期边界条件时的三次样条插值函 102

4.1 Remezpoly 用 Remez 算法求函数的 n 次最佳一致逼近多项式 106

4.2 Chebappr 求函数的近似最佳一致逼近多项式 109

4.3 lesquare 求函数的最佳平方逼近多项式 112

4.4.1 Legepoly 求函数的 Legendre 最佳平方逼近多项式 115

4.4.2 chebpoly 求函数的 Chebyshev 最佳平方逼近多项式 118

4.5.1 lesfit 用最小二乘法求离散数据的拟合多项式 121

4.5.2 lesorthfit 用正交多项式作最小二乘拟合 124

4.6 padepoly 求函数的 Pade 有理逼近 130

5.1.1 drawcomtrzd 用复合梯形公式求积分 134

5.1.2 comsimp 用复合 Simpson 公式求积分 137

5.1.3 comcotes 用复合 Cotes 公式求积分 138

5.2.1 trapzstep 用变步长的复合梯形公式求积分 140

5.2.2 simpstep 用变步长的复合 Simpson 公式求积分 141

5.2.3 cotestep 用变步长的复合 Cotes 公式求积分 142

5.3 romberseq 用 Romberg 公式求积分 144

5.4 adapsimp 用自适应 Simpson 公式求积分 146

5.5.1 gausslegendre 用 Gauss-Legendre 公式求积分 148

5.5.2 gausschebys 用 Gauss-Chebyshev 公式求积分 150

5.5.3 gausslaguerre 用 Gauss-Laguerre 公式求积分 153
5.5.4 gausshermite 用 Gauss-Hermite 公式求积分 155
5.6.1 gaussradau 用 Gauss-Radau 公式求积分 157
5.6.2 gausslobatto 用 Gauss-Lobatto 求积公式 159
5.7.1 simp2int 用复合 Simpson 公式求二重积分 160
5.7.2 simpch2int 利用变步长的 Simpson 公式求二重积分 164
5.7.3 gauss2int 用复合 Gauss 公式求二重积分 168
5.8 gauss3int 用复合 Gauss 公式求三重积 171
6.1 goldenopt 用黄金搜索法求单峰一元函数的极小值 178
6.2 fibopt 用 Fibonacci 搜索法求单峰一元函数的极小值 180
6.3 quadopt 用二次逼近法求单峰一元函数的极小值 182
6.4 triopt 用三次插值法求单峰一元函数的极小值 184
6.5 newtonopt 用 Newton 法求单峰一元函数的极小值 186
7.1.1 hessenb 将实矩阵正交相似约化为上 Hessenberg 矩阵 188
7.1.2 QRDecomhouse 将实矩阵分解为正交矩阵与上三角矩阵的乘积 190
7.2.1 powereig 用乘幂法求实矩阵的主特征值和主特征向量 193
7.2.2 fanpower 用反幂法求实矩阵的按模最小的特征值和特征向量 195
7.2.3 invshift 用移位反幂法求实矩阵的特征值和特征向量 197
7.3 jacobieig 用 Jacobi 法求实对称矩阵的全部特征值和特征向量 201
7.4 symqr 用 QR 方法求实对称矩阵的全部特征值 204
7.5.1 hessenqr 用 QR 方法求实矩阵的全部特征值 206
7.5.2 shiftqr 用原点移位的 QR 方法求实矩阵的全部特征值 209
7.5.3 shift2qr 用双重步 QR 方法求实矩阵的全部特征值 213
8.1 fixiter 用迭代法求方程的一个根 216
8.2.1 aitkeniter 用 Aitken 加速法求方程的一个根 219
8.2.2 steffniter 用 Steffensen 加速法求方程的一个根 221
8.3 bisect 用二分法求方程的一个根 222
8.4 regfals 用试位法法求方程的一个根 224
8.5 newraph 用 Newton-Raphson 迭代法求方程的一个根 226
8.6 secant 用割线法求方程的一个根 229
8.7 lfnewton 用改进的 Newton 法求方程的一个根 233
8.8 halley 用 Halley 法求方程的一个根 237
8.9 brent 用 Brent 法求方程的一个根 240
8.10 muller 用抛物线法求方程的一个根 245
9.1 mulfixiter 用不动点迭代法求非线性方程组的一组解 250
9.2 mulnewton 用 Newton 法求非线性方程组的一组解 252
9.3 impmulnew 用修正 Newton 法求非线性方程组的一组解 255
9.4 broyden 用 Broyden 方法求非线性方程组的一组解 257
9.5 continu 用数值延拓法求非线性方程组的一组解 260
9.6 paramdif 用参数微分法求非线性方程组的一组解 262
10.1.1 euler 用 Euler 方法求一阶常微分方程的数值解 266
10.1.2 impeuler 用改进的 Euler 方法求一阶常微分方程的数值解 268
10.2.1 heunsec 用 Heun 方法求一阶常微分方程的数值解 270
10.2.2 kutta3 用三阶 Kutta 方法求一阶常微分方程的数值解 272
10.2.3 rungek4 用经典 Runge-Kutta 方法求一阶常微分方程的数值解 275

10.3.1 kuttan5 用 Kutta-Nyström 五阶六级方法求一阶常微分方程的数值解 277
10.3.2 huta6 用 Huta 六阶八级方法求一阶常微分方程的数值解 279
10.4 rungekf45 用 Runge-Kutta-Fehlberg 方法求一阶常微分方程的数值解 282
10.5 adamsba 用 Adams-Bashforth 方法求一阶常微分方程的数值解 286
10.6.1 adprecor4 用四阶 Adams 预测-校正方法求一阶常微分方程的数值解 291
10.6.2 imadprecor 用改进的四阶 Adams 预测-校正方法求一阶常微分方程的数值解 295
10.6.3 hamprecor 用 Hamming 预测-校正方法求一阶常微分方程的数值解 297
10.7 vsprecor4 用 Adams 变步长预测-校正方法求一阶常微分方程的数值解 299
10.8 gragextra 用 Gragg 外推法求一阶常微分方程的数值解 303
10.9.1 rk4sys2 用四阶 Runge-Kutta 方法求解一阶常微分方程组的数值解 308
10.9.2 rk4sys2 用四阶 Runge-Kutta 方法求解高阶常微分方程的数值解 314
11.1.1 shootlin 用打靶法求解二阶线性微分方程的边值问题 317
11.1.2 shtnlin 用打靶法求解二阶非线性微分方程的边值问题 320
11.2.1 findiff 用差分法求解二阶线性微分方程的边值问题 323
11.2.2 nonldiff 用差分法求解二阶非线性微分方程的边值问题 326
12.1 helmtz 用差分法求椭圆型偏微分方程的数值解 330
12.2.1 forwdpara 用显式向前差分法求抛物型偏微分方程的数值解 335
12.2.2 backdpara 用隐式向后差分法求抛物型偏微分方程的数值解 338
12.2.3 crank_nich 用 Crank-Nicholson 法求抛物型偏微分方程的数值解 340
12.2.4 heat2parab 求二维热传导方程的数值解 343
12.3.1 hypbwave 求一维波动方程的数值解 347
12.3.2 hypbwave2 求二维波动方程的数值解 351